Friedrich G. Barth
Biologie einer Begegnung

Friedrich G. Barth

# Biologie einer Begegnung

Die Partnerschaft
der Insekten und Blumen

Deutsche Verlags-Anstalt

Mit 40 Tafeln (47 farbige und 16 einfarbige Bilder)
und 97 Strichzeichnungen.

Zeichnungen: G. Tambour, J. Müller-Rabe und H. Hahn

CIP-Kurztitelaufnahme der Deutschen Bibliothek

*Barth, Friedrich G.:*
Biologie einer Begegnung: d. Partnerschaft
d. Insekten u. Blumen / Friedrich G. Barth. –
Stuttgart: Deutsche Verlags-Anstalt, 1982.
ISBN 3-421-02726-9

© Deutsche Verlags-Anstalt GmbH, Stuttgart
Alle Rechte vorbehalten
Gesamtherstellung: Wilhelm Röck, Weinsberg
Printed in Germany

Für Ortrun, Natalie und Raphael

# Inhalt

Vorwort . . . . . . . . . . . . . . . . 9

*Eine Partnerschaft*

1 Eselsfeigen in ägyptischen Königsgräbern . . . . . . . . 13

*Von Bestäubung und Bestäubern*

2 Wozu ist die Blüte da? . . . . . . . . . . . . . . . . . . 21
3 Das Kaleidoskop der Blütenformen . . . . . . . . . . . 26
4 Selbstbestäubung und Fremdbestäubung . . . . . . . . 31
5 Transportprobleme, Darwin und
  »Das entdeckte Geheimnis der Natur« . . . . . . . . . 34
6 Blütengäste . . . . . . . . . . . . . . . . . . . . . . . . 38
7 Soziobiologie und das egoistische Gen im Bienenstaat . 61

*Das Sammelgeschäft*

8 Das Pollenkorn, eine Wissenschaft für sich . . . . . . . 65
9 Körbchen, Bürsten und Kehrmaschinen . . . . . . . . 69
10 Nektar . . . . . . . . . . . . . . . . . . . . . . . . . . 77
11 Nektarsammeln und die Biomechanik des
   Schmetterlingsrüssels . . . . . . . . . . . . . . . . . . 83

*Die Sinne und das Verhalten*

12 Insekten sehen Farben . . . . . . . . . . . . . . . . . 95
13 Sehzellen zerlegen das Spektrum . . . . . . . . . . . . 102
14 Bienenfarben und Blumenfarben . . . . . . . . . . . . 121
15 Optische Wegweiser auf der Blüte . . . . . . . . . . . 126
16 Imitieren Blütenmale Pollen? . . . . . . . . . . . . . . 133
17 Formensehen . . . . . . . . . . . . . . . . . . . . . . 136
18 Duften und Riechen . . . . . . . . . . . . . . . . . . 144

19  Porenplatten und räumliches Riechen. . . . . . . . . .  150
20  Die Nase von Fliegen, Käfern und Faltern . . . . . . .  165
21  Elementarprozesse im Sinnesorgan . . . . . . . . . . .  171
22  Schmecken mit den Füßen . . . . . . . . . . . . . .  181
23  Parfümsammler und die Tricks der Orchideen . . . . .  186
24  Das falsche Weibchen. . . . . . . . . . . . . . . . .  195
25  Lernen und Vergessen . . . . . . . . . . . . . . . .  203
26  Ordnung in der Zeit – Pünktlichkeit ist der halbe Erfolg  . 222
27  Die Sprache der Bienen und ihr sinnesphysiologisches
    Instrumentarium . . . . . . . . . . . . . . . . . . .  228
28  Zur Evolution des Bienentanzes . . . . . . . . . . . .  242
29  Die wärmeregulierte Hummel und die Ökonomie
    im Verhalten . . . . . . . . . . . . . . . . . . . . .  253

*Co-Evolution*

30  Gekoppelte Evolution im Wettstreit um begrenzte
    Ressourcen . . . . . . . . . . . . . . . . . . . . . .  267

*Anhang*

Literatur . . . . . . . . . . . . . . . . . . . . . . . .  279
Abbildungsnachweis . . . . . . . . . . . . . . . . . .  296
Namen- und Sachverzeichnis . . . . . . . . . . . . .  297

*Tafeln*

Tafel  1 bis Tafel 12. . . . . . . . . . . . . . . . . .   49–60
Tafel 13 bis Tafel 24. . . . . . . . . . . . . . . . . .  109–120
Tafel 25 bis Tafel 32. . . . . . . . . . . . . . . . . .  153–160
Tafel 33 bis Tafel 40. . . . . . . . . . . . . . . . . .  209–216

# Vorwort

Blumen sind auffällig, zu bunt, zu unmittelbar ästhetisch, als daß man sie übersehen könnte. Selbst für den, der sich nicht zu den erfahrenen Naturbetrachtern zählt, spricht aus ihnen ein Hauch Poesie. Sie gehören zu den kleinen Wundern, die wir alle einmal entdecken. Dennoch: Blumen sind nicht an uns gerichtet. Sie sind nicht schön, um es für uns zu sein. Was wir sehen, hat eine viel ernstere biologische Funktion. Hinter der Ästhetik steckt ein nüchternes Geschäft, bei dem die Mechanismen des Überlebens wirksam greifen müssen. In der Evolution ist das Bessere der unerbittliche Feind des Guten. Hinter dem, was unsere menschlichen Empfindungen so direkt anspricht, stecken Meisterstücke biologischer Anpassung.

Blumen können wir erst richtig verstehen, wenn wir uns auch mit den Insekten beschäftigen, die sie besuchen. Es vollzieht sich hier ein Handel: Futter gegen Bestäubung. Das Kaleidoskop der Blütenformen, der Regenbogen voller Farben, das Bouquet von Düften – all das hat sich entwickelt, weil es vorteilhaft war, den Insekten bei der Suche nach Nektar und Pollen Wegweiser aufzustellen. Und weil es dem Überleben jeder Art nützte, sich durch eigene Merk-Male und Erkennungs-Zeichen von den anderen Bewohnern desselben Lebensraumes zu unterscheiden, also im wahrsten Sinne des Wortes eigen-artig zu sein. In ihren Blüten stellen die von den Insekten bestäubten Blütenpflanzen mehr als in anderen Organen ihre genetische Vielfalt zur Schau. Den Bestäubern gibt dies die Möglichkeit zur Unterscheidung. Dies ist wichtig, da doch der richtige Pollen von ihnen auf die richtige Narbe transportiert werden muß.

Was sich uns heute als faszinierendes Schauspiel der Begegnung zwischen Blumen und Insekten darstellt, ist das Ergebnis einer langen Co-Evolution. Die bunte Blumenwiese ist zugleich Umwelt und Abbild der Insekten. Eine mindestens einhundert Millionen Jahre alte intime Partnerschaft hat umgekehrt auch die blütenbesuchenden Insekten in vielfältiger Weise gezeichnet.

Nicht nur Bau und Funktion ihres Sammelwerkzeuges, auch die Leistungen ihrer Sinne, ihr Verhalten, ja so komplexe Fähigkeiten wie das Lernen sind davon betroffen.

In diese Welt möchte mein Buch in allgemeinverständlicher Form einführen. Der zoologische Aspekt soll dabei im Vordergrund stehen und den Leistungen der Sinne ein besonders breiter Raum gegeben werden. Dies hängt nicht nur mit meinem eigenen Fach zusammen, sondern erscheint mir auch deshalb wichtig, weil die bisherige zusammenfassende Literatur ganz überwiegend aus dem Blickwinkel der Botanik geschrieben ist, deren Domäne die Blütenökologie ja auch klassischerweise ist. Die moderne Zoologie hat an einigen Brennpunkten des Geschehens durch neue Fragestellungen und die erfolgreiche Anwendung neuer Techniken das Stadium des – übrigens sehr wichtigen – eher katalogisierenden Beschreibens weit hinter sich gelassen und Einblicke in Mechanismen freigegeben, die zum Teil noch vor wenigen Jahren unverstanden waren und noch heute nur einem kleinen Kreis von Spezialisten vertraut sind. Dies ist die »neue« Biologie der Begegnung. Sie baut, wie könnte es anders sein, auf dem klassischen Ansatz auf, und es wäre töricht, dem Haus das Fundament zu nehmen. Aus demselben Grund ist trotz des zoologischen Übergewichtes wenigstens ein bescheidener botanischer Rahmen unerläßlich. Viele der meisterlichen älteren Arbeiten haben ihre volle Bedeutung bis auf den heutigen Tag behalten, und ich hoffe, dies an der richtigen Stelle zum Ausdruck gebracht zu haben. Überdies wird ein Problem nicht selten gerade im Licht der geschichtlichen Entwicklung einer Fragestellung besonders transparent.

Dieses Buch hat nichts von einer Enzyklopädie, es beansprucht keineswegs Vollständigkeit, und die Auswahl der behandelten Probleme ist trotz ihrer sachlichen Begründung subjektiv. Ich habe es geschrieben, weil ich meine, daß das, was die moderne Biologie zu unserer Thematik zu sagen hat, nicht der Neugier einiger Wissenschaftler überlassen bleiben darf.

Die moderne Biologie ist eine experimentelle Wissenschaft. Ich habe das eigentliche experimentelle Vorgehen an verschiedenen Stellen relativ ausführlich geschildert und damit zweierlei versucht: die Logik des Gedankens zu präzisieren und dem Leser einen möglichst direkten Einblick in die Werkstatt des Biologen zu geben. Wir müssen unsere Augen weit aufmachen, wollen wir über das bloße Staunen hinauskommen – und stellt sich nicht immer wieder heraus, daß der liebe Gott im Detail steckt? Der Leser möge es mir nachsehen, wenn ich mich bisweilen recht akribisch auf Einzelheiten einlasse. Wer in den Genuß des Erkennens harmonischer Wechselbeziehungen kommen und etwas von der Freude verspüren will, die in dem Zusammenfügen vieler Einzelheiten zu einer Ordnung liegt, muß sich auch um Details kümmern. Andernfalls bleiben die eingangs genannte

Poesie und Ästhetik nur ein sehr matter oberflächlicher Abglanz dessen, was die viel größere Aufmerksamkeit verdient. Möglicherweise haben sich die Biologen die Kopernikanische Wende und später die Darwinistische mehr zu Herzen genommen als viele ihrer Zeitgenossen. Jedenfalls ist für sie der Mensch durchaus nicht immer das Maß aller Dinge. So sind sie – scheint mir – oftmals bereiter, die Dinge der Natur in ihrer Ursprünglichkeit zu belassen, ihnen ihre Eigenheiten bereitwillig zuzugestehen, sie nicht nach menschlichen Maßstäben zu messen und damit zu verdecken.

Die Abbildungen, so hoffe ich, vermitteln zwischen dem unmittelbaren persönlichen Erlebnis, das Ausgangspunkt jeder Idee und jeder Wissenschaft ist, und der festen Form, die ihm die Forschung gibt. Die mit dem Rasterelektronenmikroskop gemachten Bilder mögen einen Blick in die Zauberwelt der kleinen Dimensionen freigeben, in der die Dinge der Natur – ganz anders als Menschenwerk – nichts von ihrer Feinheit verlieren. Den besonders Interessierten mag das Literaturverzeichnis zu den Quellen führen.

»Wenn unter Klugheit vor allem der richtige Gebrauch der Dinge verstanden wird, wer von beiden ist eher berechtigt, den Beinamen ›klug‹ zu beanspruchen, der Weise, der teils aus Scham, teils aus übertriebener Bedächtigkeit nicht handelt, oder der Tor, den weder Scham – die ihm fehlt – noch Gefahr – die zu erkennen er nicht ausreichend Verstand besitzt – von einer Aufgabe abschrecken?« (Erasmus von Rotterdam 1508 im »Lob der Torheit«). Am Ende lasse ich dieses Buch ziehen, wie ein Vater sein gerade erwachsenes Kind ziehen läßt – entschlossen und zögernd zugleich.

Meinem langjährigen Freund, Herrn R. Loftus, SJ, bin ich in Dankbarkeit für die Überlassung von zwölf Farbbildern verbunden. Sie erinnern mich lebhaft an die gemeinsame Zeit in München, während der sie entstanden sind. Herrn K.-E. Kaissling verdanke ich das Bild der Seidenspinnerantenne, Herrn M. Mühlenberg ein und Herrn U. Maschwitz zwei Farbbilder der Tafel 11. Herr S. Peters hat freundlicherweise einige tropische Bienen für mich bestimmt (Tafel 9 und 35). Schließlich habe ich ganz besonders Frau G. Tambour, aber auch Frau J. Müller-Rabe und Frau H. Hahn zu danken, die sich mit viel Sachverstand und Geduld der graphischen Arbeit angenommen haben. Fräulein A. Heidt hat gekonnt wichtige Fotoarbeiten ausgeführt, Frau U. Ginsberg und meine Frau haben mit viel Engagement einen großen Teil der Schreibarbeiten erledigt. Frau M. Andersen von den Vikingeskibshallen in Roskilde und Herr G. Krüger von der Flugschule in Bremen haben mir mit wertvoller Information zum Sonnenstein der Wikinger beziehungsweise dem Sky Compass der Luftfahrt beigestanden. Der Deutschen Verlags-Anstalt bin ich für die gute Zusammenarbeit verbunden. Schließlich danke ich herzlich meinen Kollegen W. Kaiser und U. Maschwitz für die kritische Durchsicht großer Teile des Manuskripts.

Der größte Dank aber gebührt meiner Frau, deren großherziges Verständnis für die Eigenheiten eines schreibenden Ehemannes ebenso zwischen allen Zeilen steckt, wie die viele Zeit, die eigentlich ihr und den Kindern gehört hätte.

Friedrich G. Barth
Kronberg im Taunus, im Juni 1981

# 1 Eselsfeigen in ägyptischen Königsgräbern

> Unter den großen hundertjährigen Feigenbäumen, deren graue Stümpfe ihre prallen Schenkel wie unter einem Rock umeinanderschlangen, schlummerte noch die Nacht; und die breiten Blätter – mit denen sich Adam und Eva einst bekleideten – hüteten wie einen Schatz ein feines Gewebe von kleinen Tauperlen, die ihr weiches Grün blasser erscheinen ließ.

*Juan Ramón Jiménez »Platero und Ich«, 1965*

Unter all dem Glanz jahrtausendealter Schätze ägyptischer Königsgräber fanden Archäologen immer wieder die Feigen der Sykomore. Schon vor fünftausend Jahren schätzten die Ägypter diesen Baum wegen seiner Früchte und seines wertvollen harten Holzes, aus dem sie neben Gegenständen des täglichen Gebrauchs auch Mumiensärge und Tempelstatuen schnitzten. Da die Sykomore ein besonders großer Baum mit breiter ausladender Krone ist, verbanden sie mit ihm wohl auch die Vorstellung von Schutz und Schatten. Sie war ihnen ein heiliger Baum.

J. Galil, Professor für Botanik an der Universität von Tel Aviv, hat sich 1967 diese alten Grabfeigen genauer angesehen[1]. Darunter solche, die in einem Körbchen aus der Zeit der zwanzigsten Dynastie (1186–1085 v. Chr.) lagen. Es waren große Exemplare, und sie hatten auffällige Löcher an einem Ende. In Feigen aus anderen Gräbern fand Galil, was er ganz besonders suchte: kleine Feigenwespen, die vor Tausenden von Jahren in die Feigen gekrochen waren und darin starben. Die Trockenheit des Klimas hatte sie bis auf den heutigen Tag perfekt erhalten. Der Tod in der Feige gehörte schon immer zum normalen Lebenszyklus ihrer Art.

Wie Plinius der Ältere (24–79 n. Chr.) in seiner monumentalen »Historia Naturalis«, so haben auch nachfolgende Generationen bis weit in unser Jahrhundert das Leben der Feigenwespen nicht oder nur ungenau gekannt. Aber der Feigenbaum ist seit alters im Mittelmeerraum von wirtschaftlicher Bedeutung und Feigen gehören dort seit jeher wie der Wein zum täglichen Leben. So wußte man auch, was zu tun war, um bei der »echten Feige« *(Ficus carica)* den Fruchtansatz zu erzielen. Man pflanzte die sogenannten Geißfeigenbäume, die selber keine genießbaren Früchte tragen, zwischen die fruchtbringende Form der echten Feige, um den Ertrag zu erhöhen oder hängte einfach blühende Geißfeigenäste in ihre Krone. Die genauen Zusammenhänge aber blieben bis in unsere Zeit verborgen.

Heute wissen wir eine Menge von Einzelheiten. Feigen sind eine alte Pflanzengruppe und schon aus der Kreidezeit bekannt. Die Vorfahren der Feigenwespen *(Chalcidoidea)* gab es schon im Jura[5]. In über einhundert Millionen Jahren hat sich eine Beziehung entwickelt, die zu den kompliziertesten Symbiosen zwischen Tier und Pflanze gehört. Die wechselseitigen Anpassungen sind so groß und vielfältig, daß ein Teil ohne den anderen (zumindest ohne Eingriff des Menschen) nicht existieren kann.

Beginnen wir dieses Buch mit diesem Beispiel, das uns so eindrucksvoll wie kein anderes die Tür zu der Biologie der Begegnung zwischen Insekten und Blumen aufstößt und anschaulich zeigt, welche Potenz der Evolution bei der Entwicklung fein abgestimmter intimer Partnerschaften innewohnt.

## Feigen und Feigenwespen

Die Feigenbäume gehören zu den vorwiegend in den Tropen beheimateten Maulbeergewächsen *(Moraceae),* die meist Holzgewächse sind und deren Milchsaft bei einigen Vertretern zur Kautschukgewinnung verwendet wird, so zum Beispiel beim Gummibaum der deutschen Wohnzimmer, einem müden Abglanz eines riesigen wilden Baumes des tropischen Asien. Von den Blättern des chinesischen weißen Maulbeerbaumes ernähren sich die Seidenspinnerraupen. Die Gattung *Ficus,* zu der die Feigenbäume gehören, ist mit über siebenhundert Arten eine der größten Pflanzengattungen überhaupt. Zu ihr gehören wahrhafte Baumriesen. Einige davon keimen nicht am Boden, sondern auf dem Stamm oder größeren Ästen anderer Bäume. Sie heißen Würgefeigen, weil ihre Wurzeln, die sie zum Boden schicken, den Stamm des Wirtes schließlich eng umschlingen, am Dickenwachstum hindern und so regelrecht erdrosseln.

Alle Ficus-Arten bilden krugförmige Blütenstände, die in ihrem Inneren Hunderte von Blüten bergen (Abb. 1) und nur eine Öffnung haben. Aus ihnen entstehen die Feigen. Alle wilden Ficus-Arten brauchen Feigenwespen zur Bestäubung, die sich in besonderer Weise an diese krugförmigen Blütenstände angepaßt haben.

Die Feigenwespen *(Agaonidae)* sind kleine Geschöpfe, nur wenige Millimeter groß. Es gibt mehr als dreißig Arten davon und alle leben ganz anders als Wespen, die der Laie kennt und beim Nachmittagskaffee im Freien fürchtet. Ihr Leben ist so eng mit dem der Feigen verwoben, daß ich ihren Bau und ihre Biologie, die so perfekt an diese Besonderheit angepaßt sind, gleich zusammen mit den Feigen vorstellen will. Wir wählen dazu die Maulbeerfeige, Eselsfeige oder Sykomore *(Ficus sycomorus),* weil sie besonders gut untersucht ist und das allgemeine Schema deutlich zeigt. Ihre ursprüngliche Heimat ist Abessinien, aber man findet sie heute von Palästina bis Ostafrika. Ihr Name taucht in der Bibel öfters auf; Luther hat ihn falsch mit Maulbeerbaum übersetzt.

## *Ceratosolen arabicus* und die Sykomore

Was machen die Feigenwespen in den Blütenständen der Sykomore? Die Antwort auf diese Frage kommt vor allem von Untersuchungen, die J. Galil und D. Eisikowitch an Pflanzen in Israel und am natürlichen Standort in Ostafrika, in Magadi, nicht weit von Nairobi entfernt, in den siebziger Jahren durchführten. Die Abbildung 2 faßt das Resultat zusammen[2,3].

Beginnen wir mit dem geflügelten Weibchen. Speziell von »ihrer« Feigenart chemisch angelockt, dringt es in die junge Feige ein. Dies geschieht gegen erheblichen mechanischen Widerstand. Der Eingang zum Blütenstand ist eng und von Schuppen versperrt (Abb. 1). Morphologische Anpassungen wie der seitlich abgeflachte Kopf kommen dem Feigenwespenweibchen zugute, aber zuletzt verliert es bei dem mühsamen Geschäft doch die Flügel und oftmals brechen auch Teile der Antennen ab.

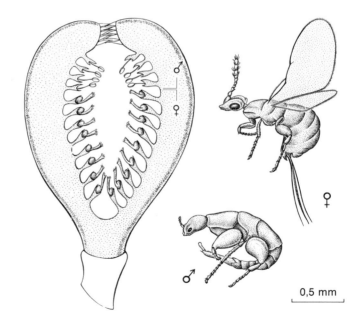

Abb. 1:
Feige und Feigenwespen.
*Links:* Der Blütenstand einer Feige im Längsschnitt, oben die männlichen und unten die weiblichen Blüten.
*Rechts:* Männchen und Weibchen der Feigenwespe *Blastophaga quadraticeps*.

Nicht alle Versuche einzudringen, sind erfolgreich, aber einige Tiere schaffen es doch. An der Öffnung einer jungen Feige stecken oft ganze Büschel von abgetrennten Flügeln. Im Dunkel des Blütenstandes sind zu dieser Zeit die weiblichen Blüten reif und empfangsbereit, die männlichen dagegen noch klein und

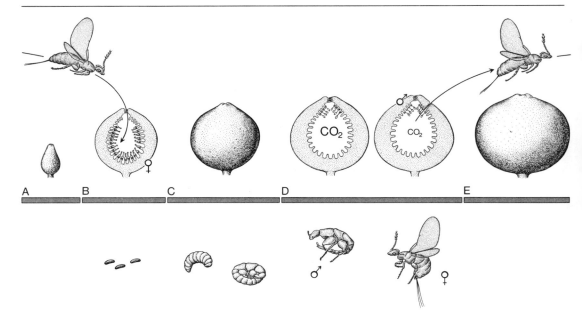

Abb. 2:
Der Entwicklungskreislauf der Feige und ihrer Wespe.

unreif. *Ceratosolen arabicus,* so heißt die zur Sykomore von Ostafrika gehörige Wespenart, legt dann mehrere hundert Eier ab. Sie bohrt ihren langen Legestachel tief in das Gewebe der Griffel (Abb. 3). Es entstehen die Gallen, Wucherungen des Pflanzengewebes, die den jungen Wespen Schutz und Futter für ihre Entwicklung bieten: Gallwespen! Machen sie damit der Feige den Garaus?

Nein, weil es zweierlei weibliche Blüten gibt, solche mit langen und solche mit kurzen Griffeln. Die Narben beider Typen liegen so dicht beieinander, daß sie eine gemeinsame Fläche bilden. Das Feigenwespenweibchen kriecht darauf herum, um Eier abzulegen. Es sondiert mit seinem Legestachel alle Griffel, kann aber nur in die Blüten mit kurzen Griffeln erfolgreich ablegen. Nur dort reicht sie weit genug bis zur Samenanlage hinunter (Abb. 3). Die langgriffeligen Blüten bleiben also ungeschädigt und entwickeln Samen.

Es folgt eine Periode der Gallenreifung und Larvenentwicklung. Die eingedrungenen Weibchen sind nach der Eiablage in der Feige gestorben. Nach einigen Wochen aber passiert Unglaubliches. Die Larven haben sich verpuppt und schließlich schlüpft die neue Wespengeneration. Zuerst die Männchen, die ganz anders als die Weibchen aussehen und keine Flügel besitzen (Abb. 2). Sie kriechen aufgeregt in der Feige herum, suchen und finden Gallen, in denen die noch nicht geschlüpften Weibchen sitzen, durchbohren die Gallenwand und begatten durch diese kleine Öffnung hindurch die Weibchen. Dann passiert noch Merkwürdigeres: Die Männchen bohren Löcher in die Wand der

Abb. 3:
Das Weibchen der Feigenwespe *Ceratosolen arabicus* bei der Eiablage.
Die Vorderbeine entnehmen den Taschen *(1)* seitlich am Brustabschnitt den mitgebrachten Pollen.
Die lange Legeröhre *(2)* dringt nur bei den kurzgriffeligen Blüten bis zur Samenanlage vor.

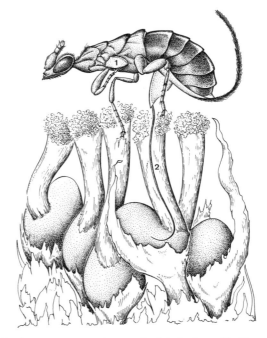

Feige. Wenig später erweitern die Weibchen die Begattungsöffnung ihrer Gallen, schlüpfen, verlassen die Feige, in der jetzt die männlichen Blüten gereift sind, durch den von den Männchen gebohrten Tunnel und suchen sich eine andere Feige, die noch im weiblichen Stadium ist. Die Männchen fallen nach dem Durchbohren der Feigenwand zu Boden oder sterben in derselben Feige, die auch ihre Wiege war. Damit ist der Kreislauf geschlossen.

Aber es bleiben viele Fragen. Wie kommt es zur Bestäubung? Weshalb bohren die Männchen nach der Begattung die Feige an? Wie findet das frisch geschlüpfte Weibchen die neue Feige? Und vieles mehr.

## Pollenbehälter und aktive Bestäubung

Im Jahre 1969 haben Galil und Eisikowitch eine aufregende Struktur beschrieben, die frühere Untersucher der Feigenwespen zwar gesehen hatten, aber nicht deuten konnten. Das Weibchen von *Ceratosolen arabicus* besitzt beiderseits am Brustabschnitt eine rund 0,2 mm lange Pollentasche, die nach außen von einem beweglichen Deckel bedeckt ist und auf der Unterseite einen Schlitz hat (Abb. 3). Die Wespen füllen ihre Pollenbehälter, wenn sie aus ihrer Geburtsfeige schlüpfen. Zu diesem Zeitpunkt sind die männlichen Blüten gerade reif. Die Wespen betasten die offenen Staubgefäße mit ihren Vorderbeinspitzen und führen diese dann unter ihre Brust. Von dort bugsieren sie den Pollen mit einem Kamm steifer Borsten an ihren Vorderbeinhüften in die Pollentasche[3]. Dann zwängt sich das Wespenweibchen in die neue Feige. Dabei würde ungeschützt an der Körperoberfläche haftender Pollen weitgehend abgestreift werden und für die Bestäubung verlorengehen. So aber kratzt das Tier mit den Vorderbeinspitzen noch während jeder Eiablage Pollen aus seiner Tasche heraus und bestäubt die Narbe, indem es seine Vorderbeinspitzen direkt darauf streicht, oder sie über ihr gegeneinander reibt. Das Wespenweibchen geht dabei sparsam mit dem Pollen um, immer nur ein paar Körner für jede Narbe, und so reicht der Vorrat für die vielen weiblichen Blüten in der Feige aus. Dies ist höchst bemerkenswert. Sieht es doch so aus, als wäre dieses Verhalten absichtsvoll, als würde das Tier zwei Generationen vorausdenken, als wüßte es, daß die eigene Art darauf angewiesen ist, daß die Spezies *Ficus sycomorus* erhalten bleibt, auch wenn die Bestäubung weder den eigenen Bedürfnissen noch denjenigen der gerade heranwachsenden Larven direkt nützt. Natürlich unterstellt niemand, daß die Wespe wirklich weiß, was sie da tut. Die Evolution hat diejenige genetische Variante bevorzugt, deren Verhalten besser für das Fortbestehen der eigenen Art programmiert war. William Ramirez[7] von der Universität von Costa Rica hat gleichzeitig mit Galil und Eisikowitch Pollentaschen an beiden Seiten der Mittelbrust neuweltlicher Feigenwespen gefunden. Einige davon haben zusätzlich an den Vorderbeinhüften Pollenkörbchen, Vertiefungen im Skelett, die von Borsten umstanden sind, welche den Pollen halten. Aber nicht alle Feigenwespenarten besitzen eine solche Pollentasche[8]. Auch *Blastophaga psenes,* der Bestäuberin der eigentlichen Eßfeige des Mittelmeerraumes *(Ficus carica)* fehlt sie samt dem dazugehörigen Borstenkamm der Vorderbeine.

## Kohlendioxyd als Zeitgeber

Wir wissen bereits, wer die Löcher in die Feigen aus dem ägyptischen Grab der zwanzigsten Dynastie gebohrt hat: Es waren die Wespenmännchen, die damit nicht sich selbst, sondern den Weibchen den Ausschlupf aus der Feige ermöglichten. Das Verhalten der Männchen muß in einer strengen Reihenfolge ablaufen: Schlüpfen, Weibchen durch die Gallenwand hindurch begatten, Löcher in die Feige beißen. Danach schlüpfen die Weibchen, beladen sich mit Pollen und verlassen die Feige. Nicht nur die Entwicklungszyklen von männlichen und weiblichen Feigenwespen sind zeitlich eng aufeinander abgestimmt, sondern auch diejenigen von Feige und Wespen. In zu früh gereiften und zu Boden gefallenen Feigen könnten sich die Larven nicht zu Ende entwickeln und würden sterben. Schlüpften die Wespen, wenn die Feigen noch zu unreif sind, dann fänden sie keinen Ausweg aus der noch zu harten Feige. Sie würde für sie zum tödlichen Gefängnis werden.

Bei der Synchronisation von Pflanze und Tier spielt das Kohlendioxyd ($CO_2$) eine Rolle. Der Gehalt an diesem Gas steigt im Inneren der Feige des Stadiums C (Abb. 2) wegen der beginnenden Reife bis auf zehn Prozent an[4]. Diese hohe Konzentration hemmt die Weibchen am Schlüpfen. Wenn man das Verhalten der Tiere in einer geschlossenen Kammer mit bekanntem $CO_2$-Gehalt beobachtet, kann man das leicht sehen. Die Männchen verhalten sich bei hoher Konzentration ganz normal. Sie sind an das Innere der reifenden Feige angepaßt. Aber die Weibchen verlassen ihre Gallen nicht, solange die $CO_2$-Konzentration mehr als 2 Prozent beträgt. Ist sie niedriger, dann schlüpfen sie. Bei den Männchen ist es genau umgekehrt. Sie sind gerade bei niederem $CO_2$-Gehalt inaktiv und begatten dann die Weibchen nicht, die sich folglich unbegattet, also verfrüht, aus ihrer Galle befreien. Galil und seine Kollegen haben in kurzen Abständen die Zusammensetzung des Gases in der Feige bestimmt. Es stellte sich heraus, daß die $CO_2$-Konzentration etwa zwei Tage vor dem nur einige Stunden dauernden Reifezustand der männlichen Blüten ansteigt. Erst wenn die männlichen Wespen sich nach der Begattung der Weibchen zusammentun, um einen Tunnel nach außen in die Feige zu beißen, nimmt sie wieder ab und zwar in dem Maße, wie der Ausgleich mit der Außenluft erfolgt. Jetzt erst schlüpfen die Weibchen aus der Galle und aus der Feige und kommen zur rechten Zeit an den reifen Pollen der männlichen Blüten vorbei. Und auch jetzt erst reift die Feige endgültig heran und wird in zwei bis drei Tagen weich und dunkel. Hält man im Experiment die $CO_2$-Konzentration künstlich hoch, dann bleibt sie grün.

Diese spannenden Beobachtungen zur Steuerung der Phase D wurden am Pipalbaum *(Ficus religiosa)* und seiner Feigenwespe *Blastophaga quadraticeps* gemacht. Für die Sykomore und die Echte Feige gilt Ähnliches. Die speziellen Abweichungen vom allgemeinen Schema brauchen uns hier nicht zu beschäftigen[4]. Was aber hat es mit den »blühenden« Geißfeigenästen auf sich, die man seit alters in die Krone der Eßfeige hängt? Bei der Eßfeige des Mittelmeerraumes sind infolge jahrtausendelanger Stecklingskultur zweierlei Bäume entstanden: solche mit nur fruchtbaren langgriffeligen weiblichen Blüten und solche mit funktionell nur männlichen Blüten, bei denen die kurzgriffeligen weiblichen Blüten nicht zur Fruchtbildung kommen (Gallenblüten). Diese männlichen Bäume haben schon die Römer wegen der ungenießbaren Früchte *Caprificus* genannt, Bocksfeigenbäume oder Geißfeigenbäume. Ihre Blütenstände sind die Brutstätte der Feigenwespen und die Lieferanten des Pollens. Deshalb also der auch von den Römern schon geübte Brauch, reife Bocksfeigen in das Geäst der Eßfeigenbäume zu hängen.

»Bewundernswert ist die Schnelligkeit dieser Frucht, die als einzige unter allen durch einen Kunstgriff der Natur zur Reife eilt. Geißfeige heißt eine Feige wilder Art, die nie reif wird, aber einer anderen gibt, was sie selbst nicht besitzt, weil eine natürliche Übertragung der Ursachen stattfindet . . . Daher erzeugt die Geißfeige Mücken; diese fliegen aus Mangel an Nahrung von der Mutterfrucht . . . hin zu dem artverwandten Baum und öffnen durch häufiges Beißen . . . deren Poren und bringen, so in das Innere dringend, zuerst mit sich die Sonnenwärme hinein und lassen durch die Öffnungen die fruchtbringenden Lüfte einströmen.«[6] Für uns ist heute das, was Plinius Secundus, Gaius vor bald zweitausend Jahren zur Feige zu sagen hatte, eine interessante Mischung aus richtigen Beobachtungen, Irrtümern und Unkenntnis.

Aber auch heute sind noch viele Fragen offen. Gerne würde man zum Beispiel wissen, wie denn das $CO_2$ (und die gleichzeitig mit ihm sich ändernden Gehalte an Sauerstoff und Methylen) auf das Nervensystem der Wespen wirkt, weshalb diese Wirkung bei Männchen und Weibchen so unterschiedlich ist, welche Sinnesorgane den Männchen in der Feige den Weg zu der Galle mit den Weibchen weisen und wie die geschlüpften Weibchen zu den Feigen finden, in denen sie Eier ablegen können.

Das Beispiel von der Feige und den Feigenwespen zeigt uns, daß Insekten und Blüten auf der Grundlage wechselseitigen Vorteils so weitgehend aneinandergekettet sein können, daß kaum ein Aspekt ihres Lebens ohne diese Beziehung verstanden werden kann. Die Feigenwespen zeigen uns die Antwort eines Insekts auf die den Feigen eigentümliche verborgene Lage der Blüten. Es ist eine totale Antwort, die den ganzen Lebenszyklus betrifft, die Gestalt, das Verhalten, die Leistung ihrer Sinnesorgane, Unterschiede im Bau und in der Lebensweise der Geschlechter, Anpassungen an das Leben im Inneren des Blütenstandes und sein spezielles Mikroklima.

Es ist eine extreme Anpassung und schon kleine Abweichungen vom genetisch vorprogrammierten Weg sind fatal. Die Komplexität des Entwicklungsprogrammes der Feigenwespen und die Präzision seines Ablaufes lassen nicht viel Spielraum.

In diesem Buch zerlegen wir die Geschichte der Begegnung zwischen Insekten und Blumen in Einzelteile, um sie verständlicher zu machen. Es wird sich zeigen, daß auch Einzelaspekte bei genauerem Hinsehen noch komplex genug sind. Obgleich uns die Begegnung ganz besonders aus der Sicht der Insekten interessieren soll, gehören die Pflanzen immer dazu. Ein Gerüst aus Grundkenntnissen ist unerläßlich.

## 2 Wozu ist die Blüte da?

> Wenn aber der Staub auf das Stigma gekommen ist, so dringt zwar nicht er selbst, als der viel zu grob dazu ist, aber doch feine befruchtende Wesen, welches er enthält, durch dasselbe hindurch und in das Innere des Fruchtknotens hinein . . .
>
> *Christian Konrad Sprengel »Das entdeckte Geheimnis der Natur«, 1793*

»Ich hoffe, daß der Inhalt dieses Buches auch für solche Personen einiges Interesse haben wird, welche an der Betrachtung der Werke der Natur ein Vergnügen finden, welchen es aber an Zeit oder Gelegenheit gefehlt hat, eine wissenschaftliche Kenntnis von denselben überhaupt, und von den Pflanzen insonderheit, sich zu verschaffen. Da dieselben nun, ohne einen Begriff von den Bestandteilen der Blumen zu haben, das Buch schwerlich verstehen würden: So habe ich es für meine Pflicht gehalten, für sie folgende kurze Anweisung aufzusetzen . . .« So schrieb Christian Konrad Sprengel vor beinahe zweihundert Jahren im Vorwort zu seinem inzwischen klassischen Buch, mit dem er die Blütenökologie ins Leben rief. Jeder Autor, der heute versucht, die Welt der Begegnung zwischen Blumen und Insekten für den nicht speziell Vorgebildeten zu beleben, ihn hineinzulocken in diesen Zaubergarten der Formen, Farben, Düfte, der faszinierenden Sinnesleistungen und Verhaltensweisen, ist in derselben Lage. Ohne ein paar Grundkenntnisse geht es nicht. Was eigentlich ist eine Blüte und wozu ist sie gut?

Der Botaniker sagt uns, daß die Blüte ein der geschlechtlichen Fortpflanzung dienendes Sproßende ist. Im Innern einer Blüte entwickeln sich männliche und weibliche Geschlechtszellen. Ihre Vereinigung führt zur Bildung des Samens, der den Embryo enthält, und der Frucht. Unglücklicherweise versteht man in der Botanik unter einem Samen ein Gebilde, das mit den beweglichen männlichen Geschlechtszellen, den Samenzellen der Tiere keineswegs vergleichbar ist. Aber den Spermien der Tiere entsprechende Fortpflanzungszellen gibt es auch bei den Pflanzen; mit derselben Beweglichkeit allerdings nur bei stammesgeschichtlich ursprünglichen Pflanzen wie Farnen und Moosen. Bei den uns hier eigentlich interessierenden Blütenpflanzen sind sie stark abgewandelt und unbeweglich.

## Die zwei Generationen der Farne

Sehen wir zuerst die Farne genauer an, dann wird die Eigenart der Blütenpflanzen verständlicher. Auf der Abbildung 4 ist das Fortpflanzungsgeschehen des in unseren Wäldern häufigen Wurmfarnes (*Dryopteris filix-mas* L.) schematisch wiedergegeben. Sein wichtigstes Merkmal ist zunächst, daß zu einem Lebenszyklus zwei Generationen gehören, die ganz verschieden aussehen. Man nennt so etwas einen heteromorphen Generationswechsel. Eine der beiden Generationen pflanzt sich geschlechtlich fort – also unter Ausbildung von Geschlechtszellen –, die andere ungeschlechtlich durch Sporen. Der bekannte Farnwedel ist die ungeschlechtlich sich fortpflanzende Generation. Zu bestimmten Zeiten sind auf der Unterseite seiner Fiedern schon ohne Mikroskop kleine braune Pünktchen oder Ringe zu erkennen. Dort stehen kunstvolle Behälter für viele mikroskopisch kleine Sporen, die ein raffinierter Schleudermechanismus ins Freie befördert. Es lohnt sich, ihn näher zu betrachten, weil sich die Staubbeutel der Blütenpflanzen auf ganz ähnliche Weise öffnen. Die Sporenkapseln oder Sporangien besitzen einen Ring von Zellen, deren Seitenwände elastisch verdickt sind (*Anulus*, von lateinisch »Ring«). Bei der Reife beginnt ihr abgestorbener wasserreicher Inhalt zu verdunsten. Die Folge ist ein Zusammenbiegen und das gleichzeitige Eindellen der dünnen Außenwand. Der entstehende oberflächenparallele Zug am »Ring« reißt die Kapsel schließlich an einer vorgebildeten schwachen Stelle auf. Die Sporen werden aber erst ausgeschleudert, wenn die Wandspannungen größer als die Kohäsions- und Adhäsionskräfte des Wassers in den Anulus-Zellen geworden sind: Dann reißt die Außenwand vom Füllwasser der Zellen ab und der Anulus springt in die Ausgangslage zurück.

Ins Freie auf den Boden gelangt, keimen die Sporen zu einem fadenförmigen Gebilde aus *(Protonema)*, das schließlich zum Vorkeim oder *Prothallium* wird. Dieses *Prothallium* ist nur wenige Zentimeter groß und wird deshalb neben den großen Farnwedeln meist übersehen, zumal es dem Boden anliegt und nur eine relativ begrenzte Lebensdauer hat. Dennoch geschehen wichtige Dinge auf ihm: Auf seiner dem feuchten Boden zugekehrten Unterseite bilden sich weibliche und männliche Geschlechtsorgane. Der Botaniker nennt sie *Archegonien* und *Antheridien*. In ihnen reifen Ei- und Samenzellen heran. Das *Prothallium* stellt also die zweite, sich geschlechtlich fortpflanzende Farngeneration dar. Dank ihrer Begeißelung kann die Samenzelle des Farns in dem feuchten Milieu der Vorkeimunterseite aktiv zum Ei schwimmen und sich schließlich mit ihm vereinigen. Diese Samenzelle ist also durchaus mit der eines Tieres vergleichbar.

2 Wozu ist die Blüte da? 23

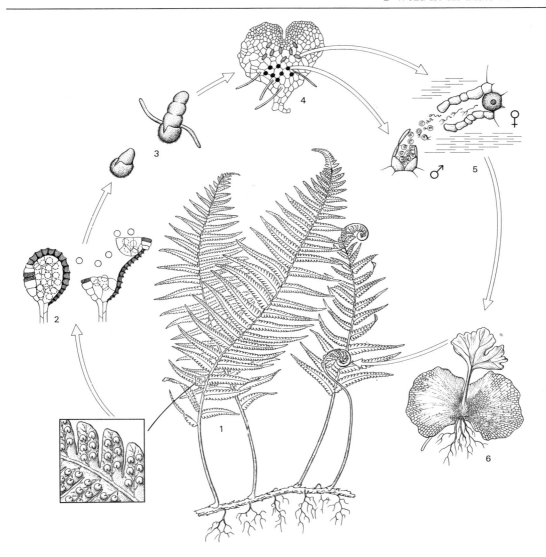

Abb. 4:
Der Entwicklungskreislauf eines Farns. Der Farnwedel *(1)* bildet auf seiner Unterseite Sporenbehälter *(2)*. Aus diesen Behältern ausgeschleudert, keimen die Sporen *(3)* und es entsteht der Vorkeim *(4)* mit den Geschlechtsorganen *(5)* daraus. Männliche und weibliche Geschlechtszellen vereinigen sich und daraus geht der neue Farnwedel *(6)* hervor.

Interessant ist, daß das weibliche Geschlechtsorgan der Samenzelle gleichsam einen Wegweiser aufstellt: Es sondert Spuren von Apfelsäure ab. Die Samenzelle nimmt sie wahr und folgt der zunehmenden Konzentration, bis sie schließlich am Ei angelangt ist. Bei den Laubmoosen spielt Rohrzucker, bei den Bärlappen Zitronensäure eine ähnliche Rolle.

Aus dem Produkt der Vereinigung von männlicher und weiblicher Geschlechtszelle auf dem *Prothallium* entsteht ein neuer Farnwedel. Damit ist der komplizierte Generationswechsel vollendet und kann erneut beginnen.

## Das versteckte Geschlecht

Bei den Blüten- und Samenpflanzen tritt die geschlechtlich sich vermehrende Generation äußerlich überhaupt nicht mehr in Erscheinung. Was wir als Blume auf der Wiese stehen sehen, ist die ungeschlechtliche Generation. Sie entspricht dem Farnwedel. Aber haben die Blüten nicht gerade mit der geschlechtlichen Fortpflanzung etwas zu tun? Der Widerspruch ist nur ein scheinbarer. Wilhelm Hofmeister hat im Jahre 1851 erkannt, was Christian Konrad Sprengel noch nicht wußte: Die geschlechtliche Generation verbirgt sich in extrem rückgebildeter Form in der Blüte. Um es selbst zu verstehen, müssen wir erst einmal eine Blüte genauer unter die Lupe nehmen. Die Schemazeichnung (Abb. 5) macht es uns einfach: Ganz außen stehen die Blütenblätter. Sie sind gewöhnlich der optisch auffälligste Teil einer Blüte. Denken wir etwa an die roten Blätter des Mohns oder die gelben Blätter der Sumpfdotterblume (Tafel 1, 2, 26). Nach innen folgen die Staubblätter. Sie enthalten in den Staubbeuteln den Blütenstaub, der aus vielen winzig kleinen Pollenkörnern besteht. Das Blütenzentrum schließlich nimmt der sogenannte Stempel ein. Er gliedert sich in den bauchigen Fruchtknoten, die flächige Narbe und den Griffel, der beide miteinander verbindet. Alle die genannten Blütenteile gehören der ungeschlechtlichen Generation an. Die Staubbeutel entsprechen vergleichend morphologisch den Sporenkapseln der Farne, die Pollenkörner den Sporen.

Wo aber steckt die geschlechtliche Generation und weshalb kann man sagen, die Blüte diene der geschlechtlichen Fortpflanzung?

Gelangt ein Pollenkorn auf die Narbe, dann beginnt es zu keimen. Das ist ganz ähnlich wie bei der Spore des Farns. Nur keimt es nicht am Boden, sondern der entstehende Pollenschlauch bahnt sich seinen Weg durch das Griffelgewebe hindurch zum Fruchtknoten. Und dabei nun entstehen im Pollenschlauch ganz im Verborgenen aus einer Zellteilung zwei Samenzellen! Eigentlich sind es gar keine richtigen Zellen mehr, sondern im wesentlichen nur noch Zellkerne mit etwas Zellplasma um sich herum. Das männliche Geschlecht haben wir gefunden! Das weibliche versteckt sich im Fruchtknoten und bildet dort die Eizelle, mit der eine der beiden männlichen Geschlechtszellen schließlich verschmilzt, nachdem sie im Pollenschlauch zu ihr hingewandert ist.

Vergleichen wir noch einmal mit dem Farn, dann stellt sich das ausgekeimte Pollenkorn als eine Art Vorkeim dar, ebenso Teile des Gewebes im Fruchtknoten. Wir haben also eine Geschlechtertrennung.

Nun wird auch verständlich, was der Botaniker unter dem Samen versteht. Er meint damit den ruhenden Pflanzenembryo,

## 2 Wozu ist die Blüte da?

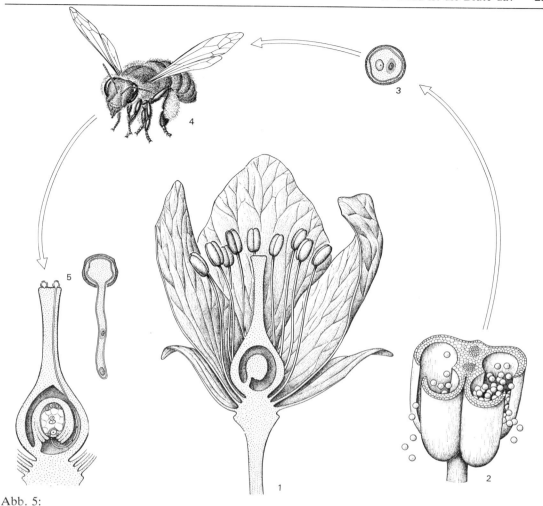

Abb. 5:
Der Weg des Pollens und die Transportfunktion der bestäubenden Insekten.
*(1)* Die Blüte mit Staubgefäßen, Stempel und den optisch auffälligen Blütenblättern. Der reife Staubbeutel *(2)* (im Querschnitt) entläßt den Pollen *(3)*. Ein Insekt *(4)* transportiert ihn auf die Narbe der anderen Blüte derselben Art. Auf der richtigen Narbe *(5)* angekommen, keimt das Pollenkorn aus; der Pollenschlauch dringt bis zum Fruchtknoten vor, in dem die Eizelle steckt und befruchtet wird.

der aus der Vereinigung der beiden Geschlechtszellen hervorgeht.

Nicht bei allen Blüten sind, wie bei den sogenannten Zwitterblüten, Staubblätter und Fruchtknoten vereint zu finden. Es gibt Pflanzen, bei denen ein Teil der Blüten nur Staubblätter besitzt, der andere Teil nur Fruchtknoten. Ja, es gibt sogar sogenannte zweihäusige Pflanzenarten, die in allen Blüten eines Exemplars nur Staubblätter besitzen, in einem anderen Exemplar nur Fruchtknoten.

# 3 Das Kaleidoskop der Blütenformen

Er sagt sich: »Meine Blume ist dort irgendwo . . .« Aber wenn das Schaf die Blume frißt, ist das für ihn, als ob ganz plötzlich alle Sterne verlöschten.

*Antoine de Saint-Exupéry »Der kleine Prinz«, 1943*

Wer jemals mit offenen Augen durch eine Sommerwiese geschlendert ist, den wird die Vielfalt der Blütenformen fasziniert haben. Versuchen wir ein wenig Ordnung in einen bunten Sommerstrauß zu bringen; denn erst sie gibt uns das rechte Maß für diese Vielfalt.

## Blütengrundrisse

Man kann nach ganz verschiedenen Gesichtspunkten ordnen. Eine Methode ist die Anfertigung von Blütendiagrammen. Damit werden die Symmetrieverhältnisse und die Stellung der einzelnen Blütenteile zueinander erfaßt, ganz ähnlich der Grundrißzeichnung eines Hauses.

Die Abbildung 6 gibt ein Beispiel: Ganz außen stehen die Kelchblätter, nach innen folgen nacheinander die Blütenkronblät-

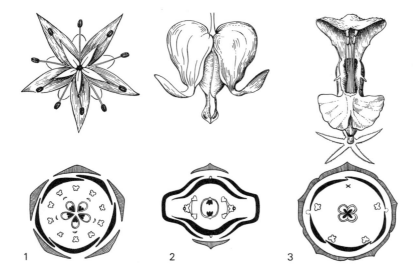

Abb. 6:
Blütensymmetrie und Blütengrundriß.
*1* Mauerpfeffer *(Sedum)*;
*2* Tränendes Herz *(Dicentra)*;
*3* Taubnessel *(Lamium)*.
Unten die dazugehörigen Blütengrundrisse.

ter *(Perianth)*, die Staubblätter und schließlich die Fruchtknoten. Auf den ersten Blick ist zu erkennen, daß beim Mauerpfeffer, dem tränenden Herz und der Taubnessel unterschiedliche Symmetrieverhältnisse vorliegen. So ist es möglich, diese Blüten in der genannten Reihenfolge bestimmten Formen zuzuordnen: den radiärsymmetrischen Blüten (hier gibt es mehrere Symmetrieachsen, das heißt, man kann wie bei einem Zylinder den Winkel des Längsschnittes variieren und mehrfach spiegelbildliche Hälften erhalten), den bilateralsymmetrischen (die rechte Hälfte ist das Spiegelbild der linken) und den dorsiventralen Blüten (bei denen zusätzlich der obere Teil anders als der untere gebaut ist). So weit, so gut.

Nun gibt aber ein Grundriß nur sehr unvollständige Auskunft über die Aufbauten. Das Beispiel der Rachenblütler *(Scrophulariaceae)* zeigt dies ganz deutlich: Obgleich die Grundrisse der Blüten etwa der Königskerze, des Frauenflachses und des Fingerhutes sehr ähnlich, ja fast identisch sind, unterscheiden sich die Blütengestalten doch sehr stark voneinander (Abb. 7).

## Ökologische Kriterien

Für den Systematiker ist der Blütengrundriß ein wichtiges Verwandtschaftsmerkmal. Der Blütenökologe aber, der sein Objekt im Zusammenhang mit den bestäubenden Insekten betrachtet, sieht nicht sosehr den Grundriß einer Blüte. Er sieht Glocken, Trichter, Scheiben, gute Landeplätze und ähnliches. Hans Kugler, ein bekannter deutscher Blütenökologe, unterscheidet Scheibenblumen, Trichterblumen, Glockenblumen, Stieltellerblumen, Lippenblumen, Schmetterlingsblumen, Köpfchen- und Körbchen-

Abb. 7:
Unterschiedliche Blütengestalten aus derselben Familie (Rachenblütler, *Scrophulariaceae*).
1 Königskerze
 *(Verbascum nigrum)*;
2 Frauenflachs
 *(Linaria vulgaris)*;
3 Roter Fingerhut
 *(Digitalis purpurea)*.

blumen, Kolbenblumen, Pinselblumen und Insektenfallenblumen.[3] Typische Vertreter dieser Gruppen sind auf den Farbtafeln 3 bis 7 zusammengestellt. Sehen wir sie uns etwas genauer an.

Das gemeine Sonnenröschen *(Helianthemum nummularium)*, in Süddeutschland an sonnig grasigen Standorten zu finden, gehört mit seinen flach ausgebreiteten gelben Blütenblättern zu den *Scheibenblumen*. Nahrungssuchende Insekten haben hier keine Landeschwierigkeiten und nur wenig Mühe, die leicht zugängliche Nahrung, also Pollen und Nektar, zu erreichen. Entsprechend groß ist die Zahl der Besucher. Zu ihnen gehören nicht nur Bienen und Hummeln, sondern auch Käfer, Fliegen und Schmetterlinge. Scheibenblüten sind häufig. Der Klatschmohn *(Papaver rhoeas)* (Tafel 2), das Adonisröschen *(Adonis vernalis)* (Tafel 12), die Sumpfdotterblumen *(Caltha palustris)* (Tafel 26), die Rosen *(Rosa)* (Tafel 3) und viele andere gehören dazu.

Als zweites der stengellose Enzian *(Gentiana clusii)* (Tafel 4), eine der schönsten Blumen der feuchten Alpenwiesen. Trichterblume ist das Stichwort. Nektarsuchende Insekten müssen bis zum Grunde des Trichters vordringen. Neben einigen weiteren Enzianen gehören von den bekannten Blumen zum Beispiel auch die Herbstzeitlosen, der Krokus und viele kleinere Blüten wie die der Minze und der Felsennelke zu den Trichterblumen.

Unschwer zu verstehen ist auch die Einordnung der Alpen-Troddelblume *(Soldanella alpina)* (Tafel 4). Volksnamen wie Almglöckerl oder Roßgleggli charakterisieren sie ganz richtig als *Glockenblume*. Vereinfacht ausgedrückt, stellen Glockenblumen umgedrehte Trichter dar, eben Glocken mit nach unten weisender Öffnung. Natürlich gehören hierher viele der vom Systematiker als Glockenblumengewächse *(Campanulaceae)* bezeichneten Pflanzen, aber auch Vertreter ganz anderer Pflanzenfamilien wie das Heidekraut, das Schneeglöckchen, die Akelei (Abb. 22), der Türkenbund (Tafel 19) oder das Alpenveilchen.

Bei den *Stieltellerblumen* sitzt ein scheibenförmiger, flach ausgebreiteter Blütenteil auf einem röhrenförmigen Stiel. Die Schlüsselblume ist ein bekanntes Beispiel dafür, auch die Mehlprimel (Tafel 27) oder der Frühlingsenzian. Eine seltenere Pflanze ist das Tausendgüldenkraut *(Erythraea centaurium)*. Es gehört zu den Enziangewächsen und zeigt ebenso wie die Troddelblume, eine Primelart, daß die Pflanzenfamilien der systematischen Botanik sich mit der blütenökologischen Einteilung keineswegs decken. Wenn die Kronröhre so eng ist wie beim Tausendgüldenkraut, werden nur Insekten mit einem langen schlanken Rüssel den Nektar an ihrem Grunde erreichen. Hier erwarten wir zu Recht Schmetterlinge.

Die Gauklerblume *(Mimulus guttatus)* (Tafel 5) führt uns trefflich den dorsoventralen Blütenbau der *Lippenblumen* vor. Stets läßt sich eine Oberlippe von einer Unterlippe unterscheiden. Im typischen Fall ist die Kronröhre der Lippenblumen eng und wird am Ende weit, um in die Lippen überzugehen. Liegen weitere Röhren vor, dann spricht man von Rachenblumen. Ihren fliegenden Bestäubern bieten die Lippenblumen die Unterlippe als guten Landeplatz dar, von dem aus sie mit dem Rüssel in die enge Kronröhre oder mit dem Kopf oder dem ganzen Körper in den »Rachen« weiter vordringen. Wiesensalbei, Fettkraut *(Pinguicula)* (Tafel 5), Springkraut, Eisenhut (*Aconitum,* Abb. 22) und auch viele Orchideenblüten (*Ophrys-* und *Orchis-*Arten; Tafel 28, 38, 39) gehören zum selben Blütentyp.

Auch der Name der *Schmetterlingsblumen* läßt sich direkt von ihrer Gestalt ableiten; er besagt nicht, daß nur Schmetterlinge sie besuchen. Das große, senkrecht zur Papierebene stehende Blatt auf dem Farbbild der Platterbse *(Lathyrus)* (Tafel 6) wird von den Morphologen als »Fahne« bezeichnet, die beiden vorderen als die »Flügel«. Sie bedecken das sogenannte »Schiffchen«, in dem die Staubblätter und Fruchtknoten stecken. Schmetterlingsblumen werden besonders häufig von Bienen und Hummeln besucht. Sehr oft besitzen sie raffinierte Vorrichtungen, welche den Pollen herausdrücken oder freistellen, sobald ein Insekt auf den »Flügeln« beziehungsweise dem »Schiffchen« landet.

Damit ist die Aufzählung fast beendet. Es fehlen noch die sehr häufigen Köpfchen- oder Körbchenblumen und die in unseren Breiten seltenen Insektenfallenblumen.

Den *Köpfchen-* und *Körbchen-*Typ führt die Wiesen-Flockenblume vor *(Centaurea jacea)* (Tafel 6). Was dem Laien wie eine einzige Blüte aussieht, ist in Wirklichkeit ein Blütenstand (Infloreszenz), eine Ansammlung von vielen Blüten also. Man läßt sich besonders leicht täuschen, wenn die randständigen Blüten wie im gezeigten Falle nur noch der Schauwirkung dienen – sie sind steril – und die ganze Ansammlung der restlichen Blüten gemeinsam umgeben. Bei Disteln übernehmen Hüllblätter, die den bekannten Strahlenkranz bilden, eine entsprechende Funktion (Tafel 28). Und beim Gänseblümchen sind es die anders gefärbten weißen randständigen Zungenblüten, welche die »Schauwirkung« hervorbringen. Für ein Insekt lohnt sich der Besuch einer Körbchenblüte: Die Futternäpfe stehen hier dicht an dicht. Allerdings gilt das oftmals nur für langrüsselige Insekten; die engen Röhrenblüten erschweren den Zugang beträchtlich.

Schließlich bleiben noch die *Insektenfallenblumen.* Als Beispiel Frauenschuh *(Cypripedium calceolus)* (Tafel 7) und Aronstab *(Arum maculatum).* Der Name dieser Blütenkategorie verrät bereits, daß die Insekten auf irgendeine Weise hereingelegt werden. Beim Frauenschuh gilt das im übertragenen wie im direkten Sinn des Wortes: Insekten fallen oder kriechen in den großen bauchigen gelben Schuh hinein. Dieser ist glatt und steil, weshalb er nur unter Schwierigkeiten wieder verlassen werden kann. Der Frauenschuh bedient sich dieses Tricks, um die

Bestäubung zu sichern. Wie die Geschichte genauer abläuft, wird im Kapitel 23 beschrieben.

## Die Metamorphose des Blattes

In seinem berühmten Werk über »Die Metamorphose der Pflanzen« (1790) schreibt Johann Wolfgang von Goethe gleich zu Beginn: »Ein jeder, der das Wachstum der Pflanzen nur einigermaßen beobachtet, wird leicht bemerken, daß gewisse äußere Teile derselben sich manchmal verwandeln und in die Gestalt der nächstliegenden Teile bald ganz, bald mehr oder weniger übergehen. So verändert sich, zum Beispiel, meistens die einfache Blume dann in eine gefüllte, wenn sich, anstatt der Staubfäden und Staubbeutel, Blumenblätter entwickeln, die entweder an Gestalt und Farbe vollkommen den übrigen Blättern der Krone gleich sind, oder noch sichtbare Zeichen ihres Ursprungs tragen.« Und etwas später sagt Goethe in demselben Buch: »Die geheime Verwandtschaft der verschiedenen äußeren Pflanzenteile, als der Blätter, des Kelchs, der Krone, der Staubfäden, welche sich nacheinander und gleichsam auseinander entwickeln, ist von den Forschern im allgemeinen längst erkannt, ja auch besonders bearbeitet worden, und man hat die Wirkung, wodurch ein und dasselbe Organ sich uns mannigfaltig verändert sehen läßt, die Metamorphose der Pflanzen genannt.«

Alle Teile der Blüte sind Abwandlungen des Blattes und häufig durch Übergangsformen miteinander verbunden. Von der Knospenschuppe über das Nieder-, Laub- und Hochblatt gibt es alle Übergänge zum Kelch-, Blüten- und Staubblatt. Das Blatt ist demnach ein morphogenetisch außerordentlich plastisches Organ! Nicht zuletzt hierin liegt eine der Ursachen für die immer wieder verblüffende Vielfalt der Blütenformen, die ja nicht nur den Blütengrundriß und die Grobmorphologie betrifft, sondern auch die Einzelteile selbst (Abb. 7).

# 4 Selbstbestäubung und Fremdbestäubung

Wie anders ist es in der organischen Welt! Oberhalb des Niveaus der Moleküle gibt es keine Identität mehr, zumindest nicht bei diploiden, sich sexuell fortpflanzenden Individuen.

*Ernst Mayr »Grundgedanken der Evolutionsbiologie«, 1969*


Es ist nicht gleichgültig, woher der Pollen kommt. Der Erfolg der Bestäubung ist gewöhnlich dann am größten, wenn der Pollen von den Blüten eines anderen Individuums derselben Art kommt – und nicht aus derselben Blüte wie die Narbe oder einer anderen Blüte derselben Pflanze. Selbstbestäubung und Nachbarbestäubung sind der Fremdbestäubung in der Regel unterlegen.

Bei getrenntgeschlechtlichen Pflanzen, also solchen mit Individuen entweder männlichen oder weiblichen Geschlechts, kann von vornherein nur Fremdbestäubung erwartet werden. Daß auch bei gemischtgeschlechtlichen Pflanzen sehr oft die Fremdbestäubung die einzig mögliche oder zumindest wahrscheinlichste Bestäubungsart ist, ist weniger selbstverständlich, sind doch die Staubgefäße so oft die unmittelbaren Nachbarn der Stempel.

Weshalb wird in solchen Fällen die Fortpflanzung ohne Partner verhindert? Die Vorteile der Fremdbestäubung sind genetischer Art und müssen im Zusammenhang mit der Evolution gesehen werden, auf die das Kapitel 30 gesondert eingeht. Vorteil Nummer eins: Das Durchmischen und Neukombinieren des unterschiedlichen Erbgutes zweier Pflanzen schafft Variabilität bei den Nachkommen, die Variationsbreite in der Population. Sie ist Voraussetzung des Evolutionsgeschehens. Vorteil Nummer zwei: Fremdbestäubung erhöht die Wahrscheinlichkeit, daß ungünstige Erbanlagen, die sich nicht auswirken, solange sie in dem doppelten Satz des Erbgutes nur einfach vorliegen, durch die Andersartigkeit des Partners sich nicht durchsetzen können.

Es gibt mehrere Mechanismen bei den Pflanzen, die Fremdbestäubung erzwingen. Einer davon ist Selbststerilität. Bei selbststerilen Blüten treibt der eigene Pollen auf den Narben nicht aus, während der von anderen Individuen derselben Art ganz normal in das Griffelgewebe hineinwächst. Die Narbe und der Griffel sind bei der Selbststerilität gewissermaßen entwicklungsphysiologische Filter. So etwas gibt es beispielsweise bei Primeln, bei der weißen Lilie, beim Türkenbund (Tafel 19), bei vielen Schmetterlingsblütlern, bei Astern, beim Mohn, beim Feldhahnenfuß, bei vielen Orchideen und nicht zuletzt bei vielen Kern- und Steinobstarten. Oftmals können bestimmte Erbanlagen für die Selbststerilität verantwortlich gemacht werden, sogenannte Selbststerilitätsgene. Der Pollen treibt nur dann normal aus, wenn die Selbststerilitätsgene von Pollen und Narbe nicht übereinstimmen. Der eigentliche molekulare Mechanismus hat möglicherweise etwas mit Immunreaktionen zu tun.

Die Blüten der Primeln sind die vielzitierten Musterbeispiele für einen weiteren Mechanismus, der die Fremdbestäubung begünstigt. Hier variiert die Länge der Griffel. Es gibt langgriffelige Blüten mit tief in der Kronröhre sitzenden Staubblättern und kurzgriffelige Blüten, bei denen umgekehrt die Staubblätter über den Narben stehen. Zur Fremdbestäubung kommt es, weil ein bestimmtes Insekt eine konstante Rüssellänge hat und sozusagen immer im gleichen Stockwerk arbeitet. Ein langrüsseliges Tier, wie ein Schmetterling, wird den Pollen einer langgriffeligen Blüte auf die Narbe eines kurzen Griffels tragen. Der kürzere Rüssel einer Biene hingegen reicht nicht so tief in die Blüte hinein; Bienen bestäuben deshalb Narben langer Griffel mit dem Pollen aus kurzgriffeligen Blüten. Bereits Darwin hat sich ausführlich mit diesen Fragen auseinandergesetzt und in jahrelangen Versuchen Narben künstlich mit dem Pollen verschiedener Blütenformen belegt. Sein Befund: Der Samenansatz ist am besten, wenn Pollen auf eine Narbe aus dem gleichen Stockwerk fällt. Nur dann stimmt auch die Größe des Pollens mit derjenigen der Narbenpapillen überein. Darwin ist noch einen Schritt weitergegangen und hat die durch »illegitime« Bestäubung zustande gekommenen Pflanzen unter sich wieder »legitim« bestäubt. Einige von ihnen haben während der vier Jahre seiner Versuche nicht einen einzigen Samen hervorgebracht.

Heterostylie, wie man diesen zweiten Mechanismus nennt, ist häufig. Man kennt sie auch vom Lungenkraut, Sauerkleegewächsen, dem Fieberklee, Labkrautgewächsen und vielen anderen Pflanzen. Darwin hat besonders mit der Schlüsselblume experimentiert. 1862 erschien eine lange Abhandlung darüber im Journal of the Proceedings of the Linnean Society. Auch dem Blutweiderich *(Lythrum salicaria)* hat er lange Zeit gewidmet und dies aus gutem Grund. Bei ihm nämlich ist das Prinzip Heterostylie auf die Spitze getrieben. Neben kurzen und langen Griffeln gibt es hier mittellange. Daneben stehen auch die Staubbeutel nicht nur in zwei, sondern insgesamt in drei verschiedenen Etagen. Jede einzelne Blüte hat zwölf Staubgefäße, die in zwei Stockwerken angeordnet sind. Schaut man sich viele Blüten an, dann sieht man, daß über insgesamt drei Blütentypen verteilt den drei Narbenhöhen auch drei Staubbeutelhöhen entsprechen. Lebenskräftige Samen entstehen, wenn Pollen von einer der drei Etagen auf eine Narbe der gleichen Etage treffen. Also genau dasselbe wie bei der Primel, nur daß es beim Blutweiderich drei erfolgreiche Kombinationen gibt und jede Blüte den Pollen für zwei davon liefert. Dieses komplizierte Bestäubungsgeschäft wird von einer ganzen Reihe von Schmetterlingen besorgt. Möglicherweise ist die unterschiedliche Färbung der beiden Staubblattypen derselben Blüte als Erkennungsmarke wichtig.

Einfacher ist ein dritter Mechanismus, der die Selbstbestäubung verhindert: Die Staubblätter und Narben reifen zu verschiedener Zeit (Dichogamie). Einmal sind die Narben schneller, in anderen Fällen reifen die Pollen zuerst. Die Botaniker sprechen von Vorweiblichkeit beziehungsweise Vormännlichkeit. Ein paar Beispiele: Vormännlichkeit ist weit verbreitet unter den Korbblütlern, Glockenblumen, Doldengewächsen und anderen Pflanzengruppen, zu denen auch das Herzblatt (Tafel 20) und das Adonisröschen (Tafel 12) gehören. Vorweiblichkeit ist viel seltener. Ein Beispiel dafür ist die Heide-Kuhschelle (Tafel 12).

Mechanismus Nummer vier hängt wieder mit der räumlichen Anordnung von Staubbeuteln und Narben zusammen. Die Schwertlilie (Tafel 19) zeigt exemplarisch das Prinzip: Außen stehen die großen bräunlich gestriften äußeren Perigonblätter. Die fast rein gelben inneren Perigonblätter stehen zwischen ihnen auf Lücke. Über den Innenseiten der äußeren Perigonblätter stehen dachartig die großen blütenblattähnlichen Griffeläste. Am Schaft jedes dieser Griffeläste liegt je ein Staubbeutel, der sich nach unten öffnet. Die Narbe ist ganz unauffällig. Ein kleines Läppchen am Ende der Unterseite des Griffelastes; nur seine Oberseite ist die empfangsfähige Narbe. Allein der Schwerkraft folgend wird der Pollen beim Herausfallen aus dem Staubbeutel die über ihm gelegene Narbe niemals erreichen können. Wenn allerdings ein Insekt in die Blüte eindringt, biegt es das Narbenläppchen um und bestäubt es auf der richtigen Seite mit dem mitgebrachten Fremdpollen. Beim Herauskriechen dagegen — inzwischen mit dem Pollen der gerade aufgesuchten Blüte beladen – drückt es die empfangsfähige Seite des Narbenläppchens zwangsläufig nach oben gegen den Griffelast. Dadurch ist die Selbstbestäubung ausgeschlossen.

Die negativen Folgen der Selbstbestäubung ergeben sich aus den Vorteilen der Fremdbestäubung: verringerte Neukombination des Erbgutes und somit verringerte Variationsbreite der Individuen in der Population. Dennoch gibt es Pflanzen, die sich der Selbstbestäubung ohne offensichtlichen Nachteil regelmäßig bedienen. Wenn die bestäubenden Insekten rar sind oder ihr Besuch wegen anhaltender widriger Bedingungen wie Regen, Kälte, Dürre und dergleichen zu unsicher ist, dann kann sie durchaus sogar die Methode der Wahl sein (*Ophrys apifera*, Kapitel 24 und Tafel 28). Auch dann, wenn einzelne oder einige wenige Pioniere am Rande einer Population neuen, lebensfeindlichen oder nur kurzfristig verfügbaren Lebensraum besiedeln.

# 5 Transportprobleme, Darwin und »Das entdeckte Geheimnis der Natur«

Ordnung ist nicht etwas Formales, sondern bedeutet, daß die Hierarchie, die Beziehungen, die Gliederungen, die das Gestaltete sichtbar werden lassen, als ein Seinsmoment des Schönen sich offenbaren.

*Ernesto Grassi »Die Theorie des Schönen in der Antike«, 1962*

Wenn die meisten Pflanzen Selbstbefruchtung verhindern oder nur ersatzweise zulassen, ergibt sich daraus ein mächtiges Problem. Wer transportiert den Pollen auf die fremde Narbe, da es doch nicht einmal bei zwittrigen Blüten ausreicht, daß er einfach auf die Narbe herunterfällt, so naheliegend dies im wahren Sinn des Wortes erscheinen muß?

Wie wir bei unserem kleinen Exkurs in die Botanik bereits gesehen haben, sind die männlichen Geschlechtszellen der stammesgeschichtlich alten Farne und Moose begeißelt. Sie schwimmen aktiv in einem Wasserfilm zum weiblichen Geschlechtsorgan. Es ist kein Zufall, daß Farne und Moose gerade in sehr feuchten Gegenden gehäuft vorkommen.

Die allermeisten höheren Landpflanzen haben einen ganz anderen Weg eingeschlagen. Sie besiedeln auch trockene Standorte und wachsen hoch über den feuchten Boden empor. Also müssen ihre Geschlechtszellen vor dem Austrocknen geschützt werden. Besonders die männlichen Geschlechtszellen, denn sie sind es, die den Weg zu einer anderen Pflanze zurücklegen müssen; dagegen verlassen die weiblichen Geschlechtszellen die Geborgenheit des Fruchtknotens nicht. Die Lösung des Problems: Die männlichen Geschlechtszellen verbleiben im Pollenkorn (das ja der Mikrospore der Farne entspricht) und legen den gefährlichen Weg im Schutze seiner widerstandsfähigen Wandung zurück. Damit ist auch die aktive Bewegung zum weiblichen Organ hin unmöglich, und es leuchtet ein, daß gerade der Pollen, der sich aus eigener Kraft nicht bewegen kann, von Pflanze zu Pflanze transportiert werden muß.

Die Transportmittel, die dem Pollen zur Verfügung stehen, sind die bewegte Luft, in seltenen Fällen bewegtes Wasser und ganz besonders natürlich bewegliche Tiere. Uns sollen hier allein die Tiere interessieren – und von den Tieren wiederum nur die Insekten, da sie besonders in unseren gemäßigten Breiten die weitaus wichtigsten Pollentransporteure sind.

Ein Großteil der Blütenpflanzen ist in seinem Fortbestand also von den Transportdiensten der Insekten abhängig. Umgekehrt hängen viele Tiere in entsprechender Weise vom Nahrungsangebot der Pflanzen ab. Im Laufe der Jahrmillionen der Evolutionsgeschichte haben sich zwischen Tieren und Pflanzen intime Beziehungen herausgebildet, die zu den faszinierendsten Kapiteln der Biologie gehören. Die wechselseitigen Anpassungen betreffen nicht nur die Morphologie und Anatomie; vielmehr sind Physiologie und Verhalten genauso daran beteiligt. Ihre Perfektion und Spezialisierung beeindrucken stets aufs neue. Sie konfrontieren uns immer wieder mit dem bemerkenswerten Umstand, daß Mutation und Selektion als die treibenden Kräfte der Evolution verschiedene Organismen vollkommen verschiedener Organisationsform zeitlich parallel aufeinander abgestimmt, koadaptiert haben (Kapitel 30).

## Ein Spandauer Stadtschuldirektor und Charles Robert Darwin

Als erster hat ein Spandauer Stadtschuldirektor die biologische Vernetzung zwischen Blüten und Insekten in ihren Grundzügen klar erkannt und dem Wissen seiner Zeit gemäß mit bewundernswerter Akribie dargestellt. Christian Konrad Sprengels (1750–1816) Buch über »Das entdeckte Geheimnis der Natur im Bau und in der Befruchtung der Blumen« wurde 1793 zum ersten Male gedruckt.[2] Es enthält fünfundzwanzig Kupferdrucktafeln mit Hunderten von Einzeldarstellungen (Abb. 8). Heute gilt Sprengels Werk als Auftakt der wissenschaftlichen Blütenökologie. Das war nicht von Anbeginn so. Lange blieb seine Tragweite unerkannt. Vielleicht darf man Sprengels Zeitgenossen dessen auch nicht rügen. Blumen bewundern und über Insekten nachdenken? In den stürmischen Jahren der Französischen Revolution hatten sie vermutlich andere Sorgen; Preußen lag mit Frankreich im Krieg. Erst Charles Darwin (1809–1882) hat die evolutionsbiologische Bedeutung der Beziehung zwischen Insekten und Blüten deutlich ausgesprochen und damit auch dem Werk Sprengels zu der verdienten Würdigung verholfen. Im Kapitel vier seines Buches »The Origin of Species by Means of Natural Selection or the Preservation of Favoured Races in the Struggle for Life«[1], das wie kaum ein zweites die geistige Welt verändert hat, schreibt Darwin 1859: »Nehmen wir nun an, daß der Saft oder Nektar im Inneren der Blüten einer gewissen Zahl von Pflanzen irgendeiner Art ausgeschieden wurde. Insekten, die den Nektar suchen, würden mit Pollen bestäubt werden und ihn oft von einer Blüte zu einer anderen transportieren. Dadurch würden die Blüten zweier verschiedener Individuen derselben Art gekreuzt und die Kreuzung liefert, wie sich ohne Einschränkung beweisen läßt, kräftige

Abb. 8:
Eine Seite aus dem berühmten Buch des Christian Konrad Sprengel von 1793: »Das entdeckte Geheimnis der Natur im Bau und in der Befruchtung der Blumen«.

Sämlinge, die folglich die beste Aussicht auf Gedeihen und Überleben haben. Diejenigen Pflanzen, welche die Blüten mit den größten Drüsen oder Nektarien, also der größten Nektarproduktion hervorbrächten, würden am öftesten von Insekten besucht und gekreuzt werden und so würden sie auf lange Sicht die Oberhand gewinnen und eine lokale Varietät bilden. Ebenso würden jene Blüten bevorzugt, deren Staubgefäße und Stempel in Bezug zur Größe und dem Verhalten des speziellen Insektenbesuchers so angeordnet sind, daß sie den Transport des Pollen in gewissem Maße erleichtern.«

Darwin argumentiert in seinem angenommenen Fall dann genauso bezüglich des Pollens und stellt fest, daß der regelmäßige Besuch von Insekten, für den er viele Beweise habe, aufgrund der Fremdbestäubung auch dann noch für die Pflanze von Vorteil sein kann, wenn der Besucher neun Zehntel des Pollens frißt. Wenig später ist in demselben Kapitel über die Insekten zu lesen: »Wenden wir uns nun den nektarsaugenden Insekten zu. Wir können annehmen, daß die Pflanze, deren Nektarbildung wir durch fortgesetzte Selektion vermehrt haben, eine gewöhnliche Pflanze sei und bestimmte Insekten auf ihren Nektar als Hauptnahrung angewiesen sind. Ich könnte viele Tatsachen anführen, die zeigen, wie sehr die Bienen bestrebt sind, Zeit zu sparen: beispielsweise ihre Gewohnheit, Löcher in den Grund bestimmter Blüten zu schneiden und durch diese Löcher zu saugen, obgleich sie mit nur wenig Mehraufwand durch die normale Öffnung in die Blüte eindringen könnten. Dieser Befunde eingedenk kann man annehmen, daß unter gewissen Umständen individuelle Unterschiede in der Krümmung oder Länge des Rüssels, selbst wenn sie für unsere Wahrnehmung zu geringfügig sind, für eine Biene oder ein anderes Insekt von solchem Nutzen sein könnten, daß bestimmte Individuen sich ihr Futter schneller als andere verschaffen könnten und so ihr Volk gedeihen und viele Schwärme bilden könnte, die dieselben Eigenschaften weitervererben.«

Darwins abschließendes Wort ist unmißverständlich: »So kann ich verstehen, wie eine Blume und eine Biene sich langsam, entweder gleichzeitig oder nacheinander verändern und auf die perfekteste Weise dadurch einander anpassen könnten, daß ständig alle diejenigen Individuen überleben, die leichte Abweichungen im Bau aufweisen, die von gegenseitigem Vorteil sind.« Darwin hat sich nicht gescheut, die weitreichendsten Schlüsse aus seinen Beobachtungen zu ziehen. Obgleich die Unwissenheit der Biologie seiner Zeit noch erheblich war, und man zum Beispiel auch nichts über die Mechanismen der Befruchtung oder der Vererbung wußte, hat er unzweideutig ausgesprochen, wie es im Verlaufe der Stammesgeschichte zu immer vollkommeneren Anpassungen zwischen Insekt und Blüte kommen kann. Einfach dadurch nämlich, daß immer diejenigen Einzelwesen bevorzugt genetisch überleben, sich fortpflanzen, die gegenüber Individuen der gleichen Art besser für den Besuch von Insekten beziehungsweise die Nahrungsaufnahme auf der Blüte gerüstet sind. Wir werden im letzten Kapitel dieses Buches auf diese wichtigen Fragen noch einmal zurückkommen.

## 6 Blütengäste

Ob wir uns dessen voll bewußt sind oder nicht, wir menschlichen Wesen sind eingetaucht in eine Welt der Insekten.

*Thomas Eisner und Edward O. Wilson »Die Insekten«, 1977*

Man muß sich einmal die Zeit nehmen und sich eine Stunde lang in eine sonnendurchflutete Blumenwiese setzen, um nur zu schauen, was da alles auf den Blüten ankommt. Insekten aus einer Fülle systematischer Gruppen sind dabei, was wir am schnellsten sehen, wenn wir uns die offenen Blütenformen vorgenommen haben, die Nektar und Pollen unverhüllt auch den unspezialisierten Besuchern zugänglich machen. Sie alle suchen Nahrung und kommen nicht etwa, um selbstlos die Bestäubung der Blüten zu übernehmen.

Die bunte Gesellschaft vermindert sich auf wenige Ordnungen des Insektenreiches, wenn wir all diejenigen Arten unberücksichtigt lassen, die nur ab und zu einmal kommen oder aus anderen Gründen bei der Bestäubung keine oder nur eine unbedeutende Rolle spielen. Es bleiben vier Ordnungen: allen voran die Hautflügler *(Hymenoptera)*, dann die Fliegen *(Diptera)*, die Schmetterlinge *(Lepidoptera)* und schließlich – von geringerer Bedeutung – die Käfer *(Coleoptera)*. Schon Paul Knuth gibt in seinem 1898 erschienenen »Handbuch der Blütenbiologie«[4] den prozentualen Anteil dieser vier Insektenordnungen an den einheimischen Blütenbesuchern an: 47 Prozent für die Hautflügler, 26 Prozent für die Fliegen, 10 Prozent für die Schmetterlinge und 15 Prozent für die Käfer. Der ganze große Rest des Insektenreiches steht dem mit 2 Prozent gegenüber.

### Die Hautflügler – Honigbienen und Hummeln

Sehen wir uns die Gruppen etwas genauer an. Zweifelsohne sind die Hautflügler die wichtigste. Zu ihnen gehören die Hummeln und Bienen, also auch die Honigbiene, die unter allen Insekten der bedeutendste Bestäuber überhaupt ist und deshalb besondere Beachtung verdient.

Die blütenbiologische Bedeutung der Honigbiene *(Apis melli-*

*fera)* hängt mit mehreren Umständen eng zusammen. Einmal mit dem zahlreichen Auftreten: Ein einziges Bienenvolk kann aus über fünfzigtausend Individuen bestehen. Davon gehören die allermeisten zu der Arbeiterinnen-Kaste, die auch den blütenbestäubenden Außendienst versieht und für die Nahrungsbeschaffung verantwortlich ist. Die Honigbienen leben in einem Staat als »soziale Insekten« zusammen, also nicht nur in großer Zahl, sondern auch in »geordneten Verhältnissen«. Sie kümmern sich sehr fürsorglich um die Brut, die sich in der warmen Jahreszeit in großer Menge einstellt. Die Bienenkönigin – im Bienenvolk herrscht das Matriarchat – legt im Frühjahr bis zu zweitausend Eier pro Tag, alle dreiundvierzig Sekunden eines! Ihre Tagesproduktion erreicht ungefähr ihr eigenes Körpergewicht.

Schon nach drei Tagen schlüpft aus dem länglichen Ei die Larve. Sie sieht einer Fliegenmade ähnlich, und ist ein ungeheuer gefräßiges Wesen. Bienenlarven werden vom Innendienst des Stockes, den Brutammen, zunächst drei Tage lang ausschließlich mit reinem »Futtersaft« gefüttert. Sie vermehren ihr Gewicht in dieser Zeit auf das Tausendfache; das ist ungefähr so, wie wenn ein siebenpfündiges Menschenbaby drei Tage nach der Geburt schon dreieinhalb Tonnen wiegen würde. Der Kraftstoff – eben dieser Futtersaft –, der dies zustande bringt, wird von den Arbeitsbienen in paarigen Drüsen des Kopfes aus dem eiweißreichen Blütenstaub produziert. Nach den ersten drei Larventagen gehören auch Honig und nicht besonders verarbeiteter Pollen zum Speiseplan. Schon nach fünfeinhalb Tagen ist die Larve fertig zur Verpuppung.

Alle Nahrungsstoffe müssen letztlich von den Sammelbienen herbeigeschafft werden. Kein Wunder also, wenn diese einen so emsigen Eindruck bei ihrem Sammelgeschäft machen. Karl von Frisch, der weltberühmte Bienenforscher, gibt in seinem Buch »Aus dem Leben der Bienen«[2] ein paar eindrucksvolle Zahlen hierzu: ». . . und unsere Sammlerin muß an die tausend bis eintausendfünfhundert Einzelblüten des Klee befliegen, um ihren Magen einmal zu füllen. Wenn trotzdem manches Bienenvolk zu günstigen Zeiten mehr als ein Kilogramm Honig an einem Tag aufspeichert, so zeigt dies, wie emsig es am Werk ist.« Legt man dem Gewicht einer Magenfüllung fünfzig Milligramm zugrunde, dann ergeben sich nicht weniger als rund zwanzig Millionen Blütenbesuche für dieses eine Kilogramm Honig!

Freilich sammeln die Arbeitsbienen nicht ihr ganzes Leben lang so emsig. Vielmehr durchlaufen sie alle nacheinander ganz verschiedene Hauptberufe[7]. Sie beginnen als Reinigungspersonal, das die leeren Zellen der Waben für die Eiablage der Königin vorbereitet und dazu auch mit einem antibakteriellen Sekret behandelt. Schon nach drei Tagen macht die Arbeiterin etwas ganz anderes. Sie ist jetzt Ammenbiene und versorgt die Brut. Entsprechend sind ihre Ammendrüsen zu dieser Zeit besonders stark entwickelt. Aber auch diese Beschäftigung dauert nicht lange. Die Wachsdrüsen auf der Unterseite ihres Hinterleibes entwickeln sich und so ist die Voraussetzung für Bautätigkeit gegeben. Diese spielt sich etwa vom zehnten bis zum sechzehnten Lebenstag ab. Danach stampft unsere Biene Pollen ein, nimmt den heimkehrenden Sammlerinnen den Nektar ab. Nach ein paar Tagen Wachdienst am Stockeingang ist nach drei Wochen der Innendienst beendet. Dann erst verläßt sie den Stock, um auf den Blüten Nektar und Pollen zu holen. Es sind dies die letzten acht bis vierzehn Tage des Lebens einer Sommerbiene. Verfolgt man das Leben einer einzelnen gekennzeichneten Arbeitsbiene Tag für Tag ganz genau, wie das Martin Lindauer[7] mit bewundernswerter Ausdauer einhundertsiebenundsiebzig Stunden lang beispielsweise bei der Biene Nr. 107 getan hat, dann zeigt sich, daß die Zeiten der verschiedenen Hauptberufe überlappen und es neben dem jeweiligen Hauptberuf Nebentätigkeiten gibt. Die einzelnen Tätigkeiten laufen also keineswegs vollautomatisch und starr vorprogrammiert ab. Eine besondere Überraschung war es, daß Müßiggang und Patrouillieren im Stock den weitaus größten zeitlichen Anteil aller Tätigkeiten für sich verbuchen.

Sind die Bienen also faul? Immerhin waren von den einhundertsiebenundsiebzig Beobachtungsstunden bei Biene Nr. 107 neunundsechzig Stunden und dreiundfünfzig Minuten Müßiggang. Die biologische Bedeutung dieses überraschenden Befundes ist nach Martin Lindauer kurz gesagt die folgende:

1. Bei den ausgedehnten Patrouillengängen informiert sich jede Biene individuell darüber, was im Stock gerade zu tun ist.

2. Der Müßiggang ist von entscheidender Bedeutung, weil dadurch ein Bereitschaftsdienst geschaffen wird, der jeweils da eingreifen kann, wo es gerade am wichtigsten ist und eine schnelle Antwort auf überraschende Gefahren erforderlich ist, etwa die Gefahr der Überhitzung des Stockes oder der Invasion von Räubern.

Die Fürsorge für die Brut vom zeitigen Frühjahr im März bis in den Oktober hinein ist nicht der alleinige Anlaß für den Blütenbesuch der Biene. Wer so emsig herumfliegt, braucht selber Treibstoff. Die Biene holt sich auf der Blüte auch die Nahrung für den eigenen Betriebsstoffwechsel. Und dann kommt noch etwas Wichtiges dazu: Der Bienenstaat überlebt im Gegensatz zu dem Gemeinwesen der verwandten Hummeln, Wespen und Hornissen auch den Winter. Im Winter aber blühen in unseren Breiten keine Pflanzen und damit fällt die Nahrungsquelle aus. Dabei sind die Bienen keine Hungerkünstler wie die wenigen jungen Hummelweibchen, die den Winter in einem verborgenen Winkel in Kältestarre überdauern, um im Frühjahr die Neugründung einer Kolonie zu besorgen; vielmehr treiben die Bienen Vorratswirtschaft. Bei einem Blick auf eine Brutwabe im Bienenstock sehen wir, wie das konkret aussieht: in der Mitte die Kinderstube, darum herum die mit Pollen beziehungsweise Honig gefüllten Zellen. Ein Bienenvolk mit zwanzigtausend Individuen benötigt zum Überwintern rund fünfzehn Kilogramm Honig. Nimmt ihm der Imker die im Sommer emsig gesammelte Nahrung weg, dann muß er für Ersatz sorgen, andernfalls würden seine Bienen nicht nur verhungern, sondern auch erfrieren. Denn die Nahrung, besonders der kohlehydratreiche Honig, ist im Winter auch zum Heizen da. Bei seiner Verbrennung im Körper der Biene entsteht wie bei jeder Verbrennung Wärme. Jede im Stock herumlaufende Biene ist ein kleiner Ofen, der mit Blütenstoffen beheizt wird. Nimmt man viele kleine Öfchen zusammen, dann kann die Wärmeleistung beachtlich werden. In der sogenannten Wintertraube, zu der sich die Bienen in der kalten Jahreszeit dicht zusammenschließen, können auch bei klirrendem Frost noch dreißig Grad herrschen.

Zur Wärmegewinnung werden die Kohlehydrate insbesondere in der Flugmuskulatur verbrannt, ohne daß die Biene dabei fliegt – also gewissermaßen im Leerlauf. Vom Standpunkt der sammelnden Arbeitsbiene aus gesehen haben es diese Winterbienen schön: Wenn sie im Herbst schlüpfen, ist der Stock reich an Vorräten, und es ist auch keine Brut mehr zu versorgen; die Königin hört auf, Eier zu legen. Die Winterbienen werden mit einigen Monaten Lebensdauer wesentlich älter als die Bienen der warmen Jahreszeit, deren Lebenserwartung vier bis fünf Wochen kaum übersteigt.

Wir werden später noch sehen, wie wichtig die ausgeprägte Lernfähigkeit der Honigbiene ist und die damit einhergehende Blütenstetigkeit und welch wichtige Rolle ihr reiches Inventar an leistungsfähigen Sinnesorganen bei ihren Blütenbesuchen spielt.

## Bienen, Steinzeitmenschen und das Hohelied Salomos

Erlauben wir uns zwischendurch einen kurzen Seitenblick auf etwas ganz anderes. Sicher gibt es kein zweites Insekt, das wie die Biene eine so kontinuierliche enge Beziehung zur Kulturgeschichte des Menschen hat. Eindrucksvolle Zeugnisse aus der Steinzeit belegen, daß die Honigbienen als Nahrungsspender den Menschen schon mindestens seit zehntausend Jahren begleiten. In den Cuevas de Araña, Höhlen nahe Valencia in Südspanien, hat ein Künstler aus grauer Vorzeit eine aufregende Szene festgehalten. Vermutlich sollte das in Rot auf den Felsen gezeichnete Bild den Jagderfolg magisch herbeibeschwören. Eine breithüftige Steinzeitfrau hält sich mutig hochoben auf einer Strickleiter an einem von drei Seilen fest, indem sie es mit einem Bein umgreift. Umschwirrt von vermutlich recht angriffslustigen Bienen, greift sie mit ihrem Arm in das Felsloch mit dem Nest wilder Bienen.

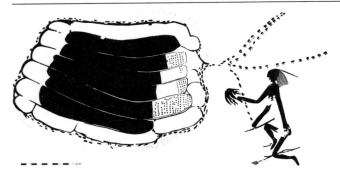

Abb. 9:
Ein steinzeitlicher Honigräuber räuchert ein Bienennest aus. Felsenmalerei aus den Matopo Hills in Zimbabwe.

Oder räuchert sie es mit einer Fackel aus? In der linken Hand hält sie einen Behälter, der die geraubten Waben aufnimmt[9]. Unsere Abbildung 9 zeigt ein ähnliches Dokument aus einer Höhle in den Matopo Hills in Zimbabwe–Rhodesien. Hier wird das Bienennest ganz sicher ausgeräuchert. Kniend hält der steinzeitliche Honigräuber die Fackel an die übergroß und in merkwürdig verdrehter Perspektive gezeichneten Waben. Die davonstiebenden Insekten bezeugen seinen Erfolg.

Die Biene begleitet alle weiteren Epochen der Menschheitsgeschichte, und ihre Bedeutung hängt nicht nur mit ihrem ökonomischen Wert zusammen. Immer wieder ist sie weit in Mystisches und Religiöses hineinwirkende Symbolfigur. Im Ägypten der Pharaonen sind Bienendarstellungen überaus häufig, nicht nur als Zeugnisse der schon hochentwickelten Imkerei – die alten Ägypter benützten liegende Tonröhren, die sie aufeinanderschichteten, und es gab spezielle Beamte für die Beschaffung und Lagerung von Honig. Die Biene war auch Symbol für Oberägypten: Herrscher über Biene und Schilf, Herrscher über Ober- und Unterägypten. Aus einem über dreitausend Jahre alten Papyrus erfahren wir, daß die Bienen aus den zur Erde fallenden Tränen des Sonnengottes Ra entstehen.

Auch in der Antike war die Biene mehr als nur ein Nahrungsspender. Bei den Griechen wird sie ein Symbol der Fruchtbarkeit. Ephesus, von dessen sagenhaftem ionischen Tempel, einem der sieben Wunder der alten Welt, uns Plinius berichtet, hatte sie schon im sechsten vorchristlichen Jahrhundert auf seinen Münzen (Abb. 10). Bienen wurden mit der jungfräulichen Artemis, der Beschützerin der gebärenden Frauen, Muttergottheit und Herrin der Tiere in Beziehung gebracht. Am innigsten ist diese Beziehung wohl bei den merkwürdigen Mischgestalten aus Bienenleib und Frauenleib, wie sie das aus Rhodos stammende Goldrelief der Abbildung 10 zeigt.

Aristoteles (384–322 v. Chr.) berichtet in seiner Tierkunde eine bunte Mischung aus Wahrem und Falschem über die Honigbiene. Die Imker der Mayas hatten zwei heilige Feste, im fünften und achten Monat ihres Kalenders, dem Tzec und Mol, und

Abb. 10:
*Oben:* Biene auf einer griechischen Münze aus Ephesus, 380 v. Chr.
*Unten:* Bienen-Artemis von Rhodos, Goldrelief.

dabei mag es nach reichlichem Genuß ihres aus Honig und Baumrinde gebrauten Weines hoch hergegangen sein. Im Mittelalter noch war Honig der einzige Süßstoff und Bienenwachs für die Herstellung von Kerzen unerläßlich. Bis in unsere Tage hat die Honigbiene ihre große praktische und ideelle Bedeutung behalten. Sie erscheint auf dem Krönungsornat Napoleons und auf zahlreichen Wappen. Ihr Honig wird unverändert als Gesundheitsbringer geschätzt, seine Süße ist Symbol für Genuß und Erotik geblieben. Noch heute triefen unsere Schlager bisweilen von »Honey«. Das ist wahrhaft nichts Neues. Schon im Hohelied Salomos steht im vierten Kapitel: »Deine Lippen, meine Braut, sind wie triefender Honigseim; Honig und Milch ist unter deiner Zunge, und deiner Kleider Geruch ist wie der Geruch des Libanon.«

## Andere Hautflügler

Wir müssen uns noch mit den anderen großen Gruppen der Hautflügler auseinandersetzen. Die Pflanzenwespen *(Symphyta)* und die Schlupfwespen *(Terebrantes)* sind als bestäubende Blütengäste von vergleichsweise so untergeordneter Bedeutung, daß wir nicht näher auf sie einzugehen brauchen. Von den Stechwespen *(Aculeata)* könnte man neben den Bienen *(Apidae)* auch die Ameisen *(Formicidae)* und die Wespen im engeren Sinn *(Vespa)* unter den wichtigsten Bestäubern vermuten. Haben doch beide Gruppen ein volkreiches Staatswesen und eine bekannte Vorliebe für Süßes. Die Vermutung ist falsch. Ameisen gehören zu den klassischen »Nektardieben«; ihre kleinen Körper gelangen an den Nektar der meisten Blüten, ohne die Staubgefäße überhaupt zu berühren. Außerdem sind sie wenig behaart und so im Gegensatz zur Honigbiene morphologisch nicht an den Pollentransport angepaßt. Bei den Wespen ist die Brut zwar zahlreich, wird jedoch überwiegend mit tierischem Material ernährt. Den Nektar, den die Erwachsenen sich aus Blüten holen, fressen sie selber. Die Ausnahme von der Regel: Die Masariden, nahe Verwandte der echten Faltenwespen, zeigen uns, daß die Versorgung der Larven mit Pollen anstatt mit tierischem Futter – was der stammesgeschichtlich frühere Zustand gewesen ist – in der weiteren Verwandtschaft der Bienen ein zweites Mal erfunden wurde. Masariden sind selten. Die einzige in Deutschland lebende Art benützt ihre spezialisierte Stirnbehaarung zum Sammeln des Pollens (Abb. 16).

Ganz anders ist die Situation bei den Hummeln *(Bombus)*, die zur nächsten Verwandtschaft der Honigbiene gehören. Sie sind regelmäßige und wichtige Blütenbesucher, leben wie die Honigbienen ausschließlich von Nektar und Blütenstaub und füttern ihre Brut damit. Ihr Rüssel ist länger als derjenige der Bienen

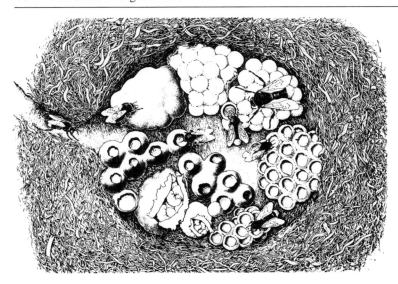

Abb. 11:
Eine Kolonie der Steinhummel *(Bombus lapidarius)* in einem verlassenen Mäusenest. Die große Königin sitzt oben rechts auf Zellen mit Puppen; links unten geöffnete Gemeinschaftszellen mit Larven; in der Mitte Honigtöpfe und rechts unten zu Pollentöpfen umfunktionierte leere Puppenzellen.

(siehe Kapitel 11) und sie erreichen damit Nektar noch in vielen Blüten, die für die Honigbiene schon zu »tief« sind. Außerdem sind die Hummeln gewöhnlich schwerer und stärker als die Honigbienen und können deshalb oft in Blüten mit engverschlossenen Kronröhren (wie zum Beispiel das Löwenmäulchen) eindringen, die der Honigbiene verschlossen sind. Dennoch stehen die Hummeln den Bienen nach: Ihre Aktivitätszeit ist wesentlich kürzer; das Hummelvolk überlebt zumindest in unseren Breiten den Winter nicht und braucht demnach für den Winter keine Vorratswirtschaft zu betreiben. Auch ist das Hummelvolk weniger zahlreich. Im Hochsommer enthält ein Hummelnest nur wenige hundert Individuen (Abb. 11). Übrigens haben Hummeln entgegen landläufiger Meinung einen Stachel und wissen ihn sehr wohl zu gebrauchen, trotz ihres eher gemütlich wolligen Aussehens.

## Die Fliegen

Von dem Heer einheimischer Fliegen und Mücken *(Diptera)* kann man auf offenen Blüten, ganz besonders den Doldenblüten, mitunter in kurzer Zeit Dutzende von Arten antreffen. Die regelmäßigen Blütenbesucher jedoch, die als erwachsene Tiere ausschließlich oder vorwiegend von Blumennahrung leben, gehören zu wenigen Familien, von denen wir wiederum nur zwei der häufigsten hier herausgreifen wollen.

Zuerst die Schwebfliegen *(Syrphidae)*, von denen es in Deutschland über dreihundert Arten gibt. Während die Larven an den Eiern und Jugendstadien anderer Insekten parasitieren, leben die ausgewachsenen Tiere allein von Nektar und Pollen.

Eigentlich sind Schwebfliegen leicht an ihrem charakteristischen Schwirrflug zu erkennen: plötzliches Rütteln auf der Stelle und dann blitzschnelles Vorstoßen. Der Laie hält Schwebfliegen dennoch meist für Bienen, Wespen oder Hummeln und konsequent, aber irrtümlich für stachelbewehrt. Er fällt auf die Zeichnung der Schwebfliegen herein und befindet sich dabei, wie wir gleich sehen werden, in bester Gesellschaft. Bunte Färbung – gelb, hellbraun, schwarz – ist typisch, und die auffällige Zeichnung besteht meist aus gelben Querflecken oder Querbändern auf dunklem Grund. Dadurch ähneln die Schwebfliegen oft so sehr Bienen, Wespen oder Hummeln, daß man sie in der Tat leicht mit ihnen verwechselt, zumindest, solange sie auf der Blüte sitzen (Tafel 11). Die oben genannte gute Gesellschaft sind Vögel und Kröten. Sie meiden die stachelbewehrten Hautflügler nach wenigen unangenehmen Erfahrungen, nicht nur wegen der Gefahr des Stiches, sondern auch wegen des für sie offensichtlich widerlichen Geschmackes des Giftes. Die Mimikry der Schwebfliegen, ihre Vorspiegelung falscher Identität, erhöht ihre Chance, aufgrund einer Verwechslung ebenfalls von den Feinden gemieden zu werden. Vielleicht hat auch die antike Vorstellung von der Stiergeburt der Bienen, der Entstehung des Bienenschwarmes aus einem verwesenden Stierkadaver, ihren Ursprung in einer solchen Verwechslung. Die Larven von *Eristalis,* einer häufigen Schwebfliege, leben in sauerstoffarmer Jauche und in Schlammpfützen und wohl auch in der Flüssigkeit, die sich in einem verwesenden Kadaver ansammelt.

Mit ihren langen Rüsseln (*Eristalis* 4–8 mm, *Rhingia rostrata* 11–12 mm; siehe Kapitel 11) können Schwebfliegen Nektar auch aus tiefen Blütenröhren holen. Pollen nehmen sie mit ihren Labellen auf, lappenförmigen Endstücken ihres Rüssels, die wir uns später bei einer anderen Fliege genauer ansehen werden.

Entsprechendes gilt für die Hummelfliegen oder Wollschweber *(Bombyliidae),* von denen viele stark behaart sind und darin, sowie in ihrer Färbung, Hummeln ähnlich sehen (Tafel 11). Ein anderer Fall von Mimikry also. Wie die Schwebfliegen sind die Hummelfliegen großartige Flieger und an Geschwindigkeit und Wendigkeit in der Luft kaum zu schlagen. Sie können auch in der Luft stehend schwirren, blitzschnell seitlich oder gar nach hinten wegfliegen. Wenn sie mit ihren zum Teil sehr langen Rüsseln (*Bombylius discolor* 10–12 mm) Nektar saugen, stehen viele von ihnen im Schwirrflug über den Blüten. Ihre nach vorn gestreckten – zum Pollensammeln nicht geeigneten – Rüssel lassen sich nicht zusammenklappen oder zurückziehen. So sind sie auch dann gut zu sehen, wenn sie gerade nicht gebraucht werden und die Wollschweber manövrieren sie in die Blüte hinein und wieder heraus, indem sie fein gezielt näher an die Blüte heran- und weiter von ihr wegfliegen.

In Mitteleuropa leben gut einhundert Arten von Wollschwebern. Ihre Larven parasitieren an anderen Insekten beziehungsweise deren Eiern und Larven. Damit die Wollschweberlarven ihre Nahrung finden, haben viele Wollschweberweibchen den gezielten Eiabwurf aus der Luft erfunden, mit dem sie ihre Eier in unmittelbare Nähe des Opfers bringen – an ein Heuschreckengelege etwa oder den Eingang zum Erdnest solitär lebender Wespen und Bienen.

Waffenfliegen *(Stratiomyidae)*, Tanzfliegen *(Empidae)*, echte Fliegen *(Muscidae)*, Schmeißfliegen *(Calliphoridae)* – unter allen diesen Fliegenfamilien gibt es Vertreter, die man auf Blüten antrifft und die Aufzählung ist keineswegs komplett. Wir können uns hier auf eine abschließende Feststellung beschränken:

All diese Fliegen bedienen sich verschiedener Arten von Futterquellen. Sie treiben keine Brutfürsorge, die etwa mit derjenigen der Bienen zu vergleichen wäre. Ihr Blütenbesuch ist unregelmäßig und sein Wert für die Bestäubung im allgemeinen – und verglichen mit der Honigbiene oder den Hummeln – gering, zumal auch die Blütenkonstanz nicht oder vergleichsweise gering ausgebildet ist.

## Die Käfer

Darin gleichen die Fliegen den Käfern *(Coleoptera)*. Käfer besitzen als stammesgeschichtlich alte Insektengruppe altmodische beißend-kauende Mundwerkzeuge, mit denen sie zwar den Nektar nur von offen liegenden Oberflächen lecken können (Ausnahmen siehe Kapitel 11), die sich aber sehr gut zum Kauen von Pollen eignen. Oftmals sind es richtige Pollenquetscher (siehe Kapitel 9). Die Mehrzahl der blütenbesuchenden Käfer schaden den Blüten vermutlich mehr als sie ihnen nützen. Zu oft zerstören sie den Gastgeber, fressen sie auch seine Blütenblätter, bis der Weg zur Speisekammer frei ist. Es gibt jedoch auch Käfer, die sich von Pollen und Nektar ernähren und die Blüten regelmäßig und zu beiderseitigem Nutzen besuchen. Dazu gehören die Blütenböcke *(Cerambycidae)*, unter denen es Prachtexemplare von Käfern gibt. Wer sie draußen sehen will, schaut am besten auf Doldenblüten. Zu erkennen sind sie wie die anderen Bockkäfer an ihrer schlanken Gestalt und den namengebenden langen Fühlern (Tafel 11). Weitere Beispiele für nützliche Käfer kommen aus den Familien der Weichkäfer *(Canthariden, Malacodermata)*, Buntkäfer *(Cleridae)* und Prachtkäfer *(Buprestidae)*.

Der prächtig grünschillernde Rosenkäfer *(Cetonia aurata)* sowie der mit hellgrün-silbrigen Schuppen besetzte *Hoplia farinosa* (Tafel 11), beides regelmäßige Blütengäste, gehören wie der *Scarabaeus*, der heilige Pillendreher der alten Ägypter, zu den Blatthornkäfern *(Lamellicornia)*. Beide jedoch sind eher wieder zu der blütenschädigenden Sorte von Käfern zu rechnen.

## ... und die Schmetterlinge

Und nun zur letzten Insektenordnung, den Schmetterlingen *(Lepidoptera)*. Unter ihnen sind viele der regelmäßigen Blütengäste, sowohl aus der Gruppe der Tagfalter als auch derjenigen der Nachtfalter. Die Tagfalter *(Rhopalocera)*, das sind all die bunten Schönheiten eines sonnigen Sommertages: der Schwalbenschwanz *(Papilio machaon)*, das Tagpfauenauge *(Vanessa io)*, die Bläulinge (*Lycaena bellargus* und andere), der Perlmutterfalter *(Argynnis aglaia)*, der Aurorafalter *(Anthocaris cardamines)* und wie sie alle heißen mögen. Für den nüchternen Zoologen ist das keil- oder knopfförmig verdickte Fühlerende ein charakteristisches Kennzeichen aller Tagfalter.

Die Nachtfalter *(Heterocera)* sind ungleich zahlreicher als die Tagfalter. Nur fallen sie uns wegen ihrer abendlichen und nächtlichen Aktivität viel weniger auf. Wer sich einmal die Mühe macht, in einer lauen Sommernacht eine helle, möglichst ultraviolette Strahlung enthaltende Lampe im Freien vor einem weißen Leintuch aufzustellen und abzufangen, was da bisweilen in wahren Strömen herbeifliegt, der wird sich über das volle Leben der nächtlichen Stille wundern. Zu den Nachtfaltern zählen unter anderem die Schwärmer *(Sphingidae)*. Zwei häufige Vertreter sind der Weinschwärmer *(Pergesa elpenor)* (Tafel 10) und das Taubenschwänzchen *(Macroglossum stellatarum)* mit seinem auffällig gefächerten Hinterleibsende, das untypisch für seinesgleichen bei Tag und vollem Sonnenschein fliegt. Ebenfalls bei Tage fliegen die Widderchen *(Zygaenidae)*. Die artenreichste Nachtfalterfamilie ist die der Eulen *(Noctuidae)*. Der Kenner identifiziert sie an einer aus drei Flecken (Zapfen-, Nieren- und Ringmakel) bestehenden Zeichnung des Vorderflügels. Weiter sind die Spanner *(Geometridae)* zu nennen, die ihren Namen der »spannerraupenartigen« Fortbewegung der Raupen verdanken.

Schmetterlinge leben nur als erwachsene Tiere von Blütennahrung, verwenden sie ausschließlich zum Eigenbedarf und können nur den Nektar aufnehmen. Sie saugen ihn mit ihrem Rüssel (siehe Kapitel 11) auf. Dessen oft enorme Länge bringt es mit sich, daß sie den Nektar vor allem an Blüten mit langer und enger Kronröhre holen, die den meisten anderen Insekten unzugänglich sind. Keine Regel ohne Ausnahme! Die stammesgeschichtlich ursprünglichen Urmotten *(Micropterygiden)* besitzen nicht den typischen Rüssel, sondern kauende Mundwerkzeuge und fressen damit Pollen. Tagfalter sitzen gewöhnlich bei der Nahrungsaufnahme. Dagegen saugen die zu den Nachtfaltern gehörenden Schwärmer freischwebend im Schwirrflug. Typische Schwärmerblumen haben auch gar keinen Landeplatz! Eulen und Spanner machen meistens beides zugleich: Sie halten sich mit den Beinen an der Blüte fest und schwirren dabei. Der Pollen wird beiläufig

## Die Hemimetabolen

Bestimmte Insektengruppen werden praktisch nie beim Blütenbesuch ertappt. Dazu gehören die Libellen *(Odonata),* die Geradflügler *(Orthoptera)* mit den Schaben, Heuschrecken und Grillen, die Steinfliegen *(Plecoptera)* und die Eintagsfliegen *(Ephemeridae).* Alle diese Insekten gehören zur Gruppe der *Hemimetabolen,* haben also eine »unvollkommene Verwandlung«: Die Larvenstadien ähneln schon der Erwachsenenform und ein Puppenstadium, dem man so gar nicht ansieht, was daraus wird, gibt es nicht. Alle die wirklich bedeutsamen Blütenbesucher, die Hautflügler *(Hymenoptera)* mit den Bienen, Hummeln und Wespen, die Schmetterlinge *(Lepidoptera),* Käfer *(Coleoptera)* und Fliegen *(Diptera)* gehören zu der anderen großen Gruppe von Insekten, den sogenannten *Holometabolen,* die eine »vollkommene Verwandlung« durchmachen. Hier gibt es Larven, die den Erwachsenen gänzlich unähnlich sind, und ein Puppenstadium, aus dem das fertige Insekt schlüpft. Kein Mensch käme beim Anblick einer Schmetterlingsraupe oder einer Fliegenmade oder auch der dazugehörigen Puppen spontan auf den Gedanken, daß daraus einmal ein Schmetterling oder eine Fliege würde, die sich ja nicht nur äußerlich, sondern auch in ihrem Verhalten ganz massiv von ihren Entwicklungsstadien unterscheiden. So macht sich bei den holometabolen Insekten ein und dieselbe Art verschiedene Nahrungsquellen zunutze und kann sich in ganz verschiedenen ökologischen Nischen einrichten. Die Schmetterlingsraupe kriecht und frißt auf Pflanzenblättern; dementsprechend besitzt sie zangenartige kauende Mundwerkzeuge. Der fertige Falter aber gaukelt von Blüte zu Blüte und saugt mit seinem langen elastisch aufgerollten Rüssel den Nektar. Man kann sich kaum einen größeren Gegensatz innerhalb der Entwicklung des Individuums einer Tierart vorstellen.

Holometabolie muß auch im Zusammenhang mit dem Außenskelett gesehen werden, das nicht ohne weiteres mit dem Tier mitwachsen kann. Deshalb wechseln die Gliederfüßer von Zeit zu Zeit ihren Panzer, sie häuten sich und schlüpfen dabei aus dem alten zu engen Hemd; danach sind sie eine Nummer größer. Gewiß ist die Holometabolie auch als eine Tugend zu begreifen, welche die Evolution aus dieser speziellen Not eines Außenskelettes gemacht hat. Wenn schon die Häutung unumgänglich ist, dann kann man auch gleich umbauen.

Stammesgeschichtlich ist die Holometabolie jünger als die Hemimetabolie.

Tafel 1

Dem Farn fehlt jegliche auf den Insektenbesuch gerichtete Schauwirkung. Er verschwindet optisch weitgehend im grünen Hintergrund. Anders die von Tieren bestäubten Blütenpflanzen, welche die verborgene geschlechtliche Generation mit der Buntheit der Blumen umgeben. So heben sich die gelben Blüten des Blaßgelben Fingerhutes *(Digitalis grandiflora)* gut vor dem Hintergrund ab. Allerdings sehen Bienen, wie andere Insekten auch, ihre Umwelt ganz anders als wir. Gelb und Grün können sie nur relativ schlecht auseinanderhalten. Aber: Der für uns grüne Hintergrund ist für sie meist »bienengrau«, so daß der wirksame Kontrast der gelben Blüten auch für sie erhalten bleibt.

Der Klatschmohn *(Papaver rhoeas)* ist eine typische Pollenblume. Er produziert keinen Nektar. Sein reines Rot ist bei den Blumen unserer Breite ausgesprochen selten, was mit der Rotblindheit der Insekten zusammenhängt. Bienen und vielen anderen Insekten erschiene das für uns so prächtige Rot schwarz, würden die Blütenblätter nicht ultraviolette Strahlung reflektieren. Insekten sehen Ultraviolett. Die Blüte des Mohns erscheint ihnen in dieser unserem Empfinden fremden Farbe.

Tafel 3 51

*Oben:* Die Heckenrose *(Rosa arvensis).*
*Unten:* Das Sonnenröschen *(Helianthemum nummularium).*

Ökologisch betrachtet gehören diese beiden Blumen zu den für die Insekten besonders leicht zugänglichen »Scheibenblüten«.
Das Sonnenröschen ist eine »bienenpurpurne« Blume, die neben dem für uns sichtbaren Gelb auch Ultraviolett reflektiert.

*Oben:* Echtes Alpenglöckchen *(Soldanella alpina),* eine »Glockenblume« aus der Verwandtschaft der Primeln. Als Bestäuber hat man an ihr besonders Hummeln und Schmetterlinge beobachtet. Sobald sich solche Insekten in der Blüte niederlassen, werden sie von dem trockenen Blütenstaub berieselt, der bei der leichtesten Berührung aus den Staubbeuteln fällt.
*Unten:* Der stengellose Enzian *(Gentiana clusii),* eine bienenblaue »Trichterblume«. Ihr Nektar wird am Grunde des Trichters ausgeschieden. Wie in vielen vergleichbaren Fällen wird die Trichterwand zur Tiefe hin hell durchscheinend. Da viele Insekten die Dunkelheit meiden, aber bereitwillig ins Helle laufen, stellt sich diese Eigenart als Anpassung der Blumen an ihre Bestäuber dar.

Tafel 5 ▷:
Zwei »Lippenblumen«.
*Oben:* Das Blaue Fettkraut *(Pinguicula vulgaris).* Stabile Haare auf der Unterlippe drücken das Insekt (Bienen und Fliegen) gegen die oben gelegenen Geschlechtsorgane. Den Nektar findet es in einem Sporn, der etwa halb so

lang wie die Blütenkrone ist. Das Fettkraut gehört zu den fleischfressenden Pflanzen und wird dank dieser Spezialisierung mit dem Stickstoffmangel seines moorigen Standortes fertig. Es benützt dazu seine hellgrünen fettglänzenden Blattrosetten, von denen es seinen Namen hat.
*Unten:* Die Gauklerblume *(Mimulus guttatus)* aus der Familie der Rachenblütler. Der Insektenbesuch benützt die breite Unterlippe als Lande- und Sitzplatz. Der Zugang zur Blütenkrone ist bis auf einen engen Spalt verschlossen.

*Oben:* Die Wiesen-Platterbse *(Lathyrus pratensis),* eine »Schmetterlingsblume«. Staubblätter und Narben liegen in dem unteren Teil der Blüte, dem Schiffchen. Das Gewicht des gelandeten Insekts drückt das Schiffchen nach unten und setzt dadurch Narbe und Pollen frei. Das hintere übergreifende Blütenblatt wird treffend als Fahne bezeichnet. Zwei seitliche Blütenblätter umgeben das Schiffchen als die sogenannten Flügel.
*Unten:* Die Wiesen-Flockenblume *(Centaurea jacea),* eine »Köpfchenblume«. Sie besteht aus vielen einzelnen

Der Frauenschuh *(Cypripedium calceolus),* eine einheimische Orchidee, die an Eigenart und Farbenpracht ihren tropischen Verwandten nicht nachsteht, ist eine »Insektenfallenblume«. Der gelbe Kessel, in den die Insekten hineinfallen, ist die bauchig aufgetriebene Lippe. Der einzige Ausweg aus der Falle führt die Insekten zwangsläufig an der schmierigen Pollenmasse und an der Narbe vorbei.


Forts. Tafel 6 ◁:
röhrenförmigen Blüten. Die randständigen Blüten haben nur noch Schauwirkung und sind besonders groß, aber steril. Die fruchtbaren inneren Blüten besitzen als Besonderheit mechanisch reizbare Staubfäden. Von einem Insekt berührt, verkürzen sie sich in wenigen Sekunden um etwa ein Drittel. Die geschlossene Staubbeutelröhre wird dadurch nach unten gezogen, und der Griffel in ihrer Mitte preßt wie ein Pumpenkolben den Pollen oben aus der Röhre heraus und dem Insekt entgegen. Erst wenn die ganze Pollenmasse abgeholt ist, wächst der Griffel aus der Staubbeutelröhre heraus. Die Wiesen-Flockenblume gehört also zu den vormännlichen Blumen.

Eine Hummel kurz vor der Landung auf der Blüte einer Heckenrose. Den Rüssel hat sie schon ausgestreckt.

Tafel 9 ▷:
*Oben:* Kleine stachellose Bienen der Art *Trigona (Oxytrigona) jaty*, aufgenommen im zentralen Hochland von Guatemala, am Eingang zu ihrem Nest.
*Unten:* Das »Höschen« (Pollenpaket) am Hinterbein einer einheimischen Hummel.

Der Weinschwärmer *(Pergesa)* an einer Lichtnelke *(Melandryum album)*. Wie andere Schwärmer ist der Weinschwärmer ein Dämmerungsflieger und steht beim Nektarsaugen im Schwirrflug vor den Blüten. Im Gegensatz zu vielen anderen Blüten, aber in guter Übereinstimmung mit den Gewohnheiten ihres Insektenbesuchs, sind die Lichtnelkenblüten am Abend geöffnet.

Tafel 11 ▷: Blumenbesuch.
*Oben:* Links ein besonders schöner Vertreter der Blütenböcke, der nach Moschus riechende Moschusbock *(Aromia moschata);* rechts *Hoplia farinosa*, ein häufiger Blütengast, der zur Verwandtschaft der Blatthornkäfer gehört und an seiner grünen Beschuppung leicht zu erkennen ist.
*Mitte:* Links eine Schwebfliege *(Syrphus ribesii)*, rechts ein Wollschweber *(Bombylius medius)*.
*Unten:* Nicht immer geht es auf den Blüten friedlich zu; räuberische Insekten und Spinnen haben auch diese Nische entdeckt. Links der Bienenwolf *(Trichodes apiarius)*, dessen Larven von den Larven und Puppen solitärer Bienen und auch der Honigbiene leben. Der erwachsene Käfer lauert auf Blüten kleinen Insekten auf. Rechts das Ende einer Honigbiene in den Fängen einer Krabbenspinne *(Misumena)*, einem Tagjäger, der keine Netze baut, sondern bewegungslos in Blüten seinen Opfern auflauert. Manche dieser Krabbenspinnen können ihre Färbung derjenigen der Blüte anpassen und von weiß über buttergelb bis grün wechseln. Sie tarnen sich damit aber wohl eher vor ihren eigenen Feinden, den Vögeln, als vor ihren Opfern.

Zwei typische Pollenblumen aus der Familie der Hahnenfußgewächse.
*Oben:* Die Heide-Kuhschelle *(Pulsatilla patens)*. Sie ist ein ausgesprochener Frühblüher und wie das Adonisröschen bei uns eine große Rarität. Die Blüten der Heide-Kuhschelle sind vorweiblich, ihre zahlreichen papillösen Narben sind also empfangsbereit, lange bevor der eigene Pollen frei wird. Die Insekten finden neben dem Pollen am Blütengrunde auch Nektar.
*Unten:* Das Adonisröschen *(Adonis vernalis)* bietet keinen Nektar, aber sein Pollen liegt reichlich und offen da; entsprechend vielgestaltig ist die Schar der Bestäuber (Bienen, Käfer, Fliegen). Die Blüten sind vormännlich. Später kommt es auch zur Selbstbestäubung. Das Adonisröschen ist gegen Beschattung sehr empfindlich und seine Blüten öffnen sich nur bei vollem Sonnenschein vollständig. Seine eigentliche Heimat sind die asiatischen und südosteuropäischen Steppen.

# 7 Soziobiologie und das egoistische Gen im Bienenstaat

*Die Gene sind Meisterprogrammierer, und sie programmieren um ihr Leben.*

Richard Dawkins »The Selfish Gene«, 1976

Seidenbienen, Maskenbienen *(Colletidae)*; Sandbienen, Schwebebienen und Zottelbienen *(Andrenidae)*; Glanzbienen, Furchenbienen, Spiralhornbienen und Blutbienen *(Halictidae)*; Sägehornbienen, Hosenbienen und Schenkelbienen *(Melittidae);* Mauerbienen, Blattschneiderbienen, Mörtelbienen, Wollbienen und Kegelbienen *(Megachilidae)*; Pelzbienen, Holzbienen, Langhornbienen, Keulhornbienen, Trauerbienen, Hummeln, Schmarotzerhummeln und letztendlich Honigbienen (echte Bienen, *Apidae*). Diese lange und noch nicht einmal vollständige Liste einheimischer Bienengruppen gibt uns eine bunte Vorstellung von der Vielfalt der Bienen. Wie verkehrt ist es doch, bei dem Wort Biene immer gleich und ausschließlich an unsere Honigbiene zu denken! Für den Zoologen gibt es rund um die Welt etwa zwanzigtausend Arten von Bienen. Der Spezialist faßt sie als Blumenwespen in einer Überfamilie zusammen, der er den Namen Apoidea gegeben hat. Die Blumenwespen sind allesamt von der ursprünglichen Eigenart der Wespen, die Brut mit anderen Insekten und Spinnen zu versorgen, abgekommen, und auf Nektar und Pollen umgestiegen, den sie entweder zusammen mit dem Nektar im Kropf, mit einem haarigen Bauch oder den Beinen eintragen. Entsprechend heißen sie dann Kropf-, Bauch- und Beinsammler.

In Mitteleuropa sind die Blumenwespen oder Bienen im weiteren Sinn eine stattliche Schar von rund 560 Arten. Die meisten von ihnen leben solitär; ein einzelnes Weibchen besorgt den Bau des Nestes. Es legt einzelne Zellen an, stattet sie mit einem Vorrat an Nektar-Pollen-Gemisch aus, der für das ganze Larvenleben ausreicht, legt ein Ei darauf, verschließt die Zelle, baut und versorgt dann in gleicher Weise weitere Zellen. Bei vielen Arten erlebt das Weibchen das Schlüpfen ihrer Jungen nicht mehr. Die Abbildung 12 zeigt einen der typischen Nistplätze solcher individualistischen Bienen: kleine Höhlen im Erdreich, Mauerspalten, morsches Holz. Andere Solitärbienen sind Schma-

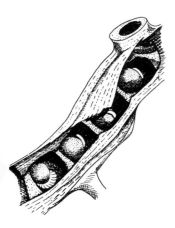

Abb. 12:
Das Nest einer Holzbiene *(Xylocopa violacea)* in einem abgestorbenen Ast. In drei der vier Zellen ist je ein Ei auf dem Futterballen, in der untersten eine Larve.

rotzer, die ganz ohne Blütennahrung auskommen und dann auch keinen Sammelapparat besitzen.

Zwischen den solitären Bienen und den sozial lebenden Bienen gibt es alle Übergänge. Die Endstufe sind die eusozialen Arten, die echt sozialen also. Ihr Steckbrief: Mehrere Individuen kooperieren beim Versorgen der Brut; es gibt Kasten speziell zur Fortpflanzung und mehr oder weniger sterile Arbeitstiere. Die Generationen überlappen, so daß Jungtiere ihren Eltern zumindest während eines Teiles ihres Lebens beistehen. Das beste Beispiel: die Honigbiene. Das Besondere an den Bienen *(Apoidea)*: Bei ihnen ist echtes Sozialverhalten mindestens achtmal entstanden[4]. Sehen wir uns bei den Hautflüglern insgesamt um, dann stellen wir fest, daß es bei den Wespen und den Ameisen nicht viel anders ist. Wir müssen also korrigieren: Die starke Tendenz zum Sozialverhalten ist eine Besonderheit der Hautflügler insgesamt. So etwas gibt es ansonsten unter den Insekten nur bei den Termiten.

Da die soziale Lebensweise vor allem der Honigbiene, aber auch der Hummeln und der stachellosen Bienen mit unserem Thema so eng verknüpft ist, sei hier ein kurzer Exkurs in eine aufregende neue Interpretation ihrer Entstehung eingefügt.

Wir greifen eine besonders interessante Frage heraus. Zentrales Dogma der Evolutionstheorie Darwins ist die natürliche Auslese. Der Tüchtigste, der Geeignetste wird überleben: »the outcome of the fittest«. Das Maß für die Eignung ist letztlich immer die Zahl der Nachkommen und damit die Menge des erfolgreich weitergegebenen eigenen Erbgutes. Wie aber, so fragt man sich, kann im Verlaufe der Evolution Kinderlosigkeit sich durchsetzen? Wie kann es zu den unfruchtbaren Arbeiterinnen-Kasten gekommen sein, die ihre Geschwister aufziehen, anstatt sich selbst zu vermehren?

Wir werden gleich sehen, daß das altruistische Verhalten dieser Tiere gar nicht so selbstlos ist, wie es zunächst scheint.

Eine Antwort auf unsere Fragen bietet die Soziobiologie an, eine in jüngster Zeit stark aufgeblühte, vieldiskutierte und auch umstrittene Teildisziplin der Biologie, welche die biologischen Grundlagen des Sozialverhaltens systematisch erforscht.

Zunächst ist es wichtig, das oben genannte Postulat Darwins schärfer zu fassen: Der Organismus ist letztlich nur ein Vehikel für die Reproduktion der Gene; die Erbsubstanz, die Desoxyribonukleinsäure, benützt den Organismus zur Reproduktion ihrer selbst. »The selfish gene«, das egoistische Gen, Titel eines Buches von Richard Dawkins, ist mittlerweile ein geflügeltes Wort. Sagen wir es noch einmal: Das Ei macht sich das Huhn, auf daß das Huhn wieder ein Ei produziere.

Alle Mechanismen, die dazu führen, daß auf der Grundlage der natürlichen Auslese mehr von bestimmten Genen an die nächste Generation weitergegeben wird, werden sich als artcharakteristisch herausbilden. Sozialverhalten ist als ein solcher Mechanismus zu sehen. Die genetische Theorie zur Entstehung des Sozialverhaltens geht im wesentlichen auf William D. Hamilton zurück, einen britischen Forscher, der 1964 eine lange Arbeit dazu geschrieben hat[1]. Stark vereinfacht sagt Hamilton, daß »selbstloses« Sozialverhalten sich nur dadurch entwickeln kann, daß abstammungsgleiche Gene unabhängig von Individuen ausgelesen werden. Der Fachausdruck: Verwandtschaftsselektion. Je verwandter Individuen sind, desto wahrscheinlicher ist es, daß mehrere Kopien desselben Gens bei verschiedenen Individuen vorliegen. Hochsoziales, altruistisches Verhalten wird sich demnach nur in Familienverbänden durchsetzen können. Nur dort ist einigermaßen sicher, daß sich der Verzicht auf die eigene Fortpflanzung (s. Bienenarbeiterin) rentiert, das heißt die eigenen Erbanlagen durch Erhöhung der Fitness des Artgenossen und seiner Fortpflanzung zunehmen. Anders kann sich Uneigennützigkeit nicht weitervererben.

Nun ist ein Bienenvolk in der Tat eine Familie, die aus einer Königin, der Mutter also, und deren Töchtern (Arbeiterinnen) und Söhnen (Drohnen) besteht. Das Geschlecht entscheidet sich bei den Hautflüglern so: Aus unbefruchteten Eiern entstehen Männchen, aus befruchteten Eiern Weibchen. Die Bienenkönigin nimmt beim Hochzeitsflug einen Vorrat an männlichem Samen auf und hat es später bei der Eiablage in der »Hand«, die Eier damit zu befruchten oder auch nicht. So kann sie jederzeit die Produktion von Arbeitsbienen oder Drohnen steuern. Halten wir fest: Die männlichen Tiere sind vaterlos und werden selbst nie Söhne haben.

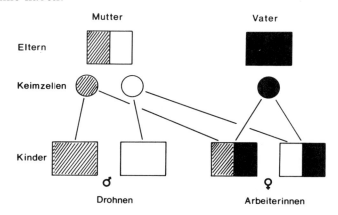

Abb. 13:
Bei den Bienen und Hummeln entstehen die Weibchen (Arbeiterinnen) aus befruchteten Eiern, die Männchen (Drohnen) dagegen aus unbefruchteten Eiern. Nur die Weibchen haben also zwei Eltern; den Männchen fehlt der Vater und sie selbst haben keine Söhne.

Eine Folgerung aus diesem genetischen Unterschied zwischen den Geschlechtern (Abb. 13) ist, daß Mütter mit ihren eigenen Töchtern weniger verwandt sind, weniger Erbgut gemeinsam haben, als Schwestern untereinander. Die Folge bringt uns an den Kern der eingangs gestellten Frage. Betrachten wir die Gesamtfitness und den Betrag aller abstammungsgleichen Erb-

Tabelle 1

|  | Verwandtschaftsgrad des Weibchens | Männchens |
|---|---|---|
| mit: Mutter | 0,5 | 1,0 |
| Vater | 0,5 | 0 |
| Schwester | 0,75 | 0,5 |
| Bruder | 0,25 | 0,5 |
| Tochter | 0,5 | 1,0 |
| Sohn | 0,5 | 0 |

anlagen unabhängig vom Individuum, dann kann eine unfruchtbare Weibchenkaste (z. B. Bienenarbeiterinnen) aus genetischer Sicht von Vorteil sein, wenn sie die Aufgabe übernommen hat, Schwestern zu versorgen und großzuziehen. Die Arbeitsbiene bringt ihrem eigenen Erbgut mehr Vorteil, wenn sie ihre Schwestern versorgt, als wenn sie sich um eigene Nachkommen kümmert. Gerade dies aber ist das markanteste Merkmal der Insektenstaaten, um die es uns hier geht.

Übrigens erklären sich aus derselben Betrachtungsweise eine ganze Reihe weiterer Einzelheiten. Die männlichen Hautflügler, etwa die Drohnen der Honigbiene, betreiben keine Brutpflege; von den Weibchen werden sie allein zur Fortpflanzung geduldet. Die Theorie paßt auch hier ausgezeichnet: Die Männchen sind im Durchschnitt mit den Weibchen weniger verwandt als diese untereinander (Tabelle 1). Die Kenntnis der genetischen Verhältnisse läßt also auch hier wieder eine Voraussage über die Organisation sozialen Verhaltens zu.

Es wäre gewiß verfehlt, im Verwandtschaftsgrad nun den ausschließlich bestimmenden Faktor des Sozialverhaltens zu sehen. Die genetische Theorie des Sozialverhaltens hat durchaus nicht alle Probleme gelöst. Allerdings war ihr Auftakt fulminant, und auf lange Sicht mag ihr größter Wert darin bestehen, daß sie die Formulierung von Hypothesen zuläßt, die eine Fülle von Erscheinungen des Sozialverhaltens erstmals dem unbestechlichen Experiment zugänglich machen. Bisher gibt es keine andere in die allgemeine Evolutionstheorie eingebettete Theorie, die ähnliches zu leisten imstande wäre.

Der alte Begriff Fitness muß im Sinne der aufregenden Befunde der Soziobiologen erweitert werden. Fit ist nicht nur, wer überlebt und zur eigenen Fortpflanzung kommt, sondern auch derjenige, der die Chance naher Verwandter erhöht, zu überleben und Nachkommen zu haben. Die Soziobiologen wenden ihre Theorien selbstverständlich auch auf Wirbeltiere an und schließen – zu Recht, wenn auch mit Vorsicht – auch den Menschen in ihre Analyse ein[2,3,5]. Es ist leicht begreiflich, daß die Debatte über die Soziobiologie gerade an diesem Punkt besonders heftig ist.

# 8 Das Pollenkorn, eine Wissenschaft für sich

Die Navajo-Indianer haben ein ausgeprägtes Empfinden für Pflanzen, die sie mit größter Ehrerbietung behandeln. Das Symbol für Leben und Produktivität, für Frieden und Wohlergehen ist Pollen. Pollen symbolisiert Licht.

*Stephen C. Jett »Navajo Wildlands«, 1967*

Gibt es ein zweites pflanzliches Produkt, das so vielen Wissenschaften dient wie das Pollenkorn? In der speziellen Ausgestaltung seiner dauerhaften Wandung steckt Information, die nicht nur den Systematiker interessiert, sondern auch den Paläobotaniker, den Archäologen, den ölsuchenden Geologen, den Klimatologen, den Allergieforscher, den Imker. Sie alle nützen das Pollenkorn, um aus seiner Form und Oberflächengestalt etwas über die Pflanzen zu erfahren, zu denen sie gehören: Pflanzen, die in der Vorzeit das Land besiedelten, Pflanzen, die Auskunft über das Klima vergangener Zeiten geben, Pflanzen, deren Pollen den Allergiker plagen, Pflanzen, an denen die Bienen ihr Sammelgeschäft betreiben.

Für uns ist die im Inneren des Pollenkorns steckende Information wichtiger, die genetische Information, deren Übertragung auf die Narbe bei der sexuellen Fortpflanzung entscheidend ist. Und es lohnt sich seine genauere Betrachtung, weil die Insekten ja gerade bei dieser Übertragung die Transporteure sind.

Pollenkörner sind kleine Wunderwerke, die im Durchmesser nur zwischen etwa 3 µm (Vergißmeinnicht) und 250 µm (Kürbis) messen, also drei bis zweihundertfünfzig Tausendstel eines Millimeters. Der Amerikaner G. Erdtman[3] hat viertausendfünfhunderteinundzwanzig Pollenkörner von nicht weniger als zweitausendvierhundertzweiundfünfzig Arten von bedecktsamigen Pflanzen vermessen. Die meisten Größen bewegten sich um 34 µm. Wenn sie reif sind, dann platzen die Pollensäcke der Staubblätter entlang einer präformierten Linie oder Pore auf (Abb. 5) und entlassen sie ins Freie. Der Weg zur Narbe kann eine lange und komplizierte Reise sein. Doch einmal angelangt, bleibt das Pollenkorn auf der Narbe haften: Ihre Oberfläche ist reich an Papillenhaaren und überdies klebrig (Abb. 14). Die Übertragung des im Pollenkorn steckenden männlichen Erbgutes auf die Eizelle im Ovar an der Basis des Stempels kann beginnen. Dabei spielt sich folgendes ab.

Zunächst wächst der sogenannte Pollenschlauch durch eine besondere Pore des Pollenkornes aus (Abb. 5). Er verfügt über die bemerkenswerte Fähigkeit, sich seinen Weg durch die Zellen des Griffelgewebes selbst hindurchzuverdauen, falls der Weg zum anderen Geschlecht nicht schon geebnet ist; manchmal enthält der Griffel von vornherein lockeres Leitgewebe oder sogar einen richtigen Hohlkanal. Die Geschwindigkeit, mit welcher der Pollenschlauch wächst, kann den beachtlichen Wert von ein bis drei mm in der Stunde erreichen. Selbst bei langen Griffeln wie etwa dem der Herbstzeitlose (15 mm), ist das Ziel schon nach einem halben Tag erreicht.

Das reife Pollenkorn enthält zwei Zellkerne. In ihnen stecken fädige Chromosomen, das männliche Erbgut. Einer der Zellkerne gelangt im Inneren des Pollenschlauches – fast möchte man sagen, wie die Rohrpost – zum Ovar und vereinigt sich dort mit der Eizelle. Aus dieser Vereinigung entsteht eine neue embryonale Pflanze. Der zweite Zellkern trägt zur Entstehung des Nährgewebes *(Endosperm)* für den Embryo bei.

## Im Schutz der Pollenwandung

So wichtig der Inhalt eines Pollenkornes für die geschlechtliche Fortpflanzung ist, so bemerkenswert ist seine komplex gebaute Wandung und deren Oberfläche. Die schon genannte Dauerhaftigkeit der nur rund ein Tausendstel Millimeter starken Pollenwandung ist dem Gehalt an Sporopollenin *(Polyterpene)* in der Außenschicht, der Exine, zu verdanken. Darauf gründet eine ganze Wissenschaft, die es sich zur Aufgabe gemacht hat, anhand der Pollen auf Vegetation und Klima vergangener Zeiten zu schließen. Besonders in Mooren findet man Pollenkörner, deren Wandung oftmals über viele Zehntausende von Jahren in ihrer Eigenart erhalten geblieben ist[2].

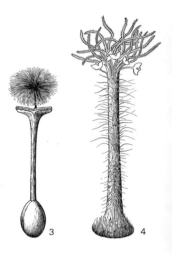

Mit der Dauerhaftigkeit des Polleninhaltes ist es nicht so weit her. Er überlebt kaum einige Tage[2].

Nun ist die Oberflächenstruktur jeweils für eine bestimmte Pflanzengruppe oder gar eine Pflanzenart charakteristisch und kann demnach zu deren Identifikation benützt werden. Durch ungleichmäßige Ablagerung der Sporopollenine entstehen auf der Pollenwand stachel-, warzen-, leisten- und dachförmige Erhebungen (Tafel 13). Für unser Thema ist es besonders interessant zu erfahren, daß die Pollenoberfläche gerade bei denjenigen Blüten oft besonders reich strukturiert ist, deren Bestäubung die Insekten besorgen. Dadurch wird die Chance, an deren Haarkleid hängenzubleiben und nach luftiger Reise am Ziel anzukommen, erhöht. Eine andere, nicht weniger wichtige Anpassung an eben dasselbe Transportproblem ist der »Pollenkitt«, der den »Tierpollen« klebrig macht und ihn verklumpt. Diese Verklum-

Abb. 14:
Narbenformen.
1 Krokus *(Crocus);*
2 Alpen-Binse *(Juncus alpinus);*
3 Immergrün *(Vinca minor);*
4 Wegmalve *(Malva neglecta);*
5 Schwertlilie *(Iris);*
6 Mäuseschwanz-Federschwingel *(Vulpia myurus);*
7 Gelbhaariger Fennich *(Setaria glauca);*
8 Gauklerblume *(Mimulus).*

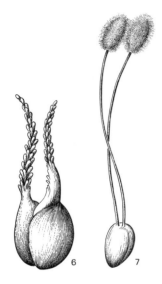

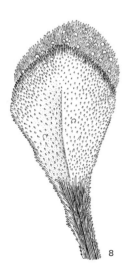

pung kann so weit gehen, daß der Inhalt einer ganzen Antherenhälfte zusammenbleibt. Wie wir später noch genau sehen werden, gibt es das bei Orchideen. Die Botaniker sprechen vom Pollinium. Pollinien bleiben mit einer gesonderten Klebescheibe oder einem Klemmkörper am Rüssel, dem Kopf oder anderen Körperteilen des blütensuchenden Insektes hängen und werden als Ganzes übertragen (Abb. 64, 69).

Bei windblütigen Pflanzen fallen die Pollenkörner beim leichtesten Luftzug wie Mehlstaub auseinander und fliegen davon. Es ist ganz treffend, dann vom »Blütenstaub« zu sprechen. Das Stäuben des Haselstrauches oder blühender Nadelbäume ist wohlvertraut und welche Massen von Pollen bisweilen in der Luft herumfliegen, kann man eindrucksvoll erleben, wenn sie ein »Schwefelregen« herunterholt. Für eine tierblütige Pflanze wäre das fatal; sie muß den Pollen bis zur Ankunft des passenden Insektes bereithalten.

## 2,6millionenmal Kraftfutter

Neben der Übertragung der männlichen Erbinformation hat das Pollenkorn eine zweite, ganz andere Funktion: Es ist Nahrung und Lockmittel für die blütensuchenden Insekten. Diese Rolle steht ihm wegen seines hohen Eiweißgehaltes von sechzehn Prozent bis dreißig Prozent zu. Weitere Werte: Fette drei Prozent bis zehn Prozent, Stärke ein Prozent bis sieben Prozent, fast kein Zucker, viele Vitamine. In der Tat also ein hochwertiges Futter. Die sogenannten Pollenblumen bieten den Insekten ausschließlich Pollen und keinen Nektar. Wie offen und reichlich sie ihn präsentieren, zeigt uns eindrucksvoll der Klatschmohn (Tafel 2). Für Rosengewächse gilt dasselbe, auch für viele Hahnenfußgewächse, die allerdings zudem noch Nektar ausscheiden (Abb. 22, Tafel 12). Man erkennt solche Pollenblumen leicht an der großen Zahl ihrer Staubgefäße, die sich gewöhnlich in auffälligem farblichen Kontrast zu den Blütenblättern präsentieren. Beim Klatschmohn produzieren sie pro Blüte nicht weniger als 2,6 Millionen Pollenkörner[7]! Es ist klar, daß dies sehr viel mehr sind als für die Bestäubung selbst benötigt werden. Und wen wundert es, daß ein so reiches Angebot die Insekten anlockt, zumal es so offen daliegt! Wie wir schon gehört haben, spielt der Blütenstaub für Bienen bei der Ernährung der jüngsten Altersstufe eine besonders große Rolle. Auch Hummeln sammeln ihn in großer Menge und es ist keineswegs so, daß er dem Nektar an Bedeutung nachsteht. Die Doppelfunktionen des Pollenkornes bei der Fortpflanzung beziehungsweise der Anlockung von Blütenbesuchern schließen sich naturgemäß gegenseitig aus. Ein gefressenes Pollenkorn ist für die Fortpflanzung verloren. Nur der Überschuß erlaubt beides zugleich. Einige Pflanzen manövrieren sich mit einem eleganten

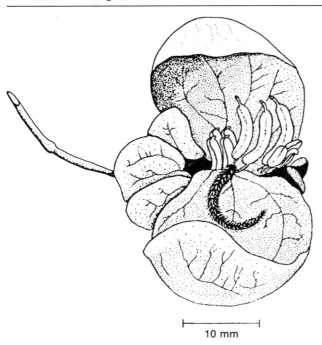

Abb. 15:
Die Blüte von *Cassia quiedondilla* mit vier kurzen Futter-Staubgefäßen, drei kurzen rückgebildeten Staubgefäßen und drei langen Staubgefäßen für die Bestäubung.

10 mm

Kompromiß aus dieser Situation, indem sie zweierlei Sorten von Staubblättern produzieren: »Befruchtungsantheren« und »Beköstigungsantheren«. Die Beköstigungsantheren enthalten Zellen, die gut schmecken, aber für die Fortpflanzung nicht mehr taugen. Sie sind steril (z. B. *Cassia* Arten von der Familie der Caesalpiniaceae, tropischen und subtropischen Holzgewächsen) (Abb. 15). Manchmal enthalten die Beköstigungsantheren nicht einmal mehr sterilen Pollen, sondern einen milchigen Saft *(Commelina coelestis)*. Die Wissenschaftler diskutieren, ob diese Staubblätter nicht einmal mehr Nährfunktion haben, sondern lediglich als Reklameschilder die echten Staubblätter ersetzen[1,4]. Jedenfalls besorgen die Insekten mit dem echten Pollen die Bestäubung, während sie sich hungrig an den Beköstigungsantheren zu schaffen machen.

Im Kapitel 16 wird dieser Problemkreis eingehender behandelt.

# 9 Körbchen, Bürsten und Kehrmaschinen

Die Wissenschaft aber, die sich von jeher mit der Kenntnis begnügte und im Augenblick des Gedruckten ihre Himmelfahrt hat, läßt nichts aus.

*Erhart Kästner »Die Stundentrommel vom heiligen Berg Athos«, 1956*

Jahrmillionen »praktischer Erprobung« – eigentlich war es eher ein Roulettespiel – haben in der langen Zufallsgeschichte der Evolution bisweilen zu einer Perfektion von Strukturen und Mechanismen geführt, die auch unser heutiges technomorphes Denken außerordentlich beeindruckt. Auf der Seite der Insekten sind das nicht nur morphologische Anpassungen im Körperbau, sondern auch Anpassungen im Verhalten. Davon wird in späteren Kapiteln ausführlich berichtet. An dieser Stelle geht es erst einmal ganz einfach um das Werkzeug, mit dessen Hilfe die Insekten den Blütenstaub einsammeln. Man könnte ein eigenes Buch allein hierüber schreiben, so schöpferisch ist die Phantasie der Natur. Greifen wir also ein paar Beispiele aus der Vielfalt heraus, um wenigstens eine erste Vorstellung von ihrer Buntheit zu bekommen. Beginnen wir wieder mit der Honigbiene.

## Ein ganzer Werkzeugkasten

Ihr Pollensammelapparat ist ein ganzer Werkzeugkasten, mit dem sie Abertausende von winzigen Pollenkörnern aufnimmt, zu einem ansehnlichen Klümpchen verarbeitet und als auffälliges »Höschen« an den Hinterbeinen in den Stock einfliegt (Tafel 9). Was dort damit passiert, beschäftigt uns am Ende dieses Kapitels. Zunächst ist es wichtiger zu verstehen, wie das Pollenpaket überhaupt entsteht.

Für pollensammelnde Insekten, wenigstens die Routiniers unter ihnen, ist eine kräftige Behaarung typisch. Bienen und Hummeln sind bei näherer Betrachtung ausgesprochen wollige Kreaturen (Tafel 13 bis 15). Ihre Haare sind feinste, nur wenige Tausendstel Millimeter dicke und fadenförmige Ausstülpungen des Cuticulapanzers. An Fiedern und Häkchen, die es meist in großer Zahl gibt, bleiben die vom öligen Pollenkitt klebrigen Pollenkörner in Mengen hängen, wenn das Insekt unbeabsichtigt mit den Staubbeuteln der Blüte in Berührung kommt oder den Pollen mit den Kiefern und Vorderbeinen aus ihnen herauskratzt. Nach dem Besuch einer »Pollenblume« (Kapitel 8) sieht eine Biene oder eine Hummel aus, als hätte sie sich wahrlich im (Blüten-)Staub gewälzt. Das interessanteste Geschäft beginnt, wenn sie so zur nächsten Blüte fliegt. Dann werden ihre Beine fieberhaft aktiv. Das große Saubermachen beginnt! Dazu sind die Hinterbeine besonders ausgerüstet. Das erste ihrer fünf Fuß- oder Tarsalglieder ist stark verbreitert. An seiner Innenseite bilden mehrere quer zur Beinlängsachse stehende Reihen von Borsten zusammen die sogenannte »Bürste« (Tafel 16). Mit den Bürsten der beiden Hinterbeine bürstet die Arbeitsbiene im Flug den Pollen aus ihrem Haarkleid. Von der Bürste wird er dann zunächst mit Hilfe eines »Kammes« am unteren Ende des Unterschenkels (des Hinterbeines) (Tafel 17) ausgekämmt. Man sieht leicht, daß das nur übers Kreuz gehen kann: Mit dem rechten Kamm wird die linke Bürste ausgekämmt und mit dem linken die rechte. Auch das geschieht im Flug. Ebenso der letzte Teil dieser Aktion, der den Pollen schließlich ins »Gepäckfach« bringt, das in der Fachsprache »Körbchen« heißt. Es ist die muldenartig vertiefte und von dicken Borsten umstandene – sonst aber nackte – Außenseite des ungewöhnlich breiten Unterschenkels. Dorthin wird der Blütenstaub von einem »Fersensporn« bugsiert. Er liegt am oberen Ende des ersten Fußgliedes und drückt auf die Innenseite des Kammes vom selben Bein. Und jetzt ist der Blütenstaub am unteren Ende des Körbchens angelangt! Die Biene schiebt beständig neue Ladung nach, bis das Fassungsvermögen des Körbchens erreicht und das Höschen fertig ist. Eine dicke Borste dient seiner Verankerung (Tafel 18). Die Mittelbeine beklopfen und drücken den Pollenklumpen, der je nach Angebot der Blüten und Nachfrage zu Hause im Stock bis zu rund zehn Milligramm wiegt und etwa bis zu einer Million Pollenkörner enthält. So wird er fest und geht während der kilometerlangen Luftreise nicht verloren. Dazu hilft auch, daß die Biene den Pollen beim Sammeln mit etwas mitgebrachtem Honig anfeuchtet.

   Die Endstation der Sammeltour ist der Bienenstock. Hier gibt die Pollensammlerin ihre Fracht in eine Vorratszelle der Bienenwabe ab. Junge, die Hausarbeit verrichtende Stockbienen zerkleinern sie behende und stampfen sie ein. Und schließlich fressen die »Brutammen« den Pollen und verwandeln ihn in ihrer im Kopf gelegenen »Futtersaftdrüse« zu der wertvollen »Muttermilch« – eigentlich müßte man »Schwestermilch« sagen – für die Bienenbrut (Kapitel 6). Die männlichen Bienen, die Drohnen, und die Königin beteiligen sich nicht am Sammelgeschäft. So brauchen und haben sie auch keine Sammelwerkzeuge an den Hinterbeinen.

## Bauch- und Kropfsammler

Nicht alle Bienen im weiteren Sinn sammeln wie die Honigbiene und die Hummeln mit den Beinen. Es gibt andere Bienen, bei denen die Bürste an der Unterseite des Hinterleibes liegt. Das sind die »Bauchsammler«. Sie sammeln den Blütenstaub nicht nur mit ihrer Bauchbürste, sondern tragen ihn auch damit ein. Eine Reihe von solitären Bienen wie Mauer-, Mörtel- und Blattschneiderbienen machen das so. Andere Bienenarten gehören zu den »Kropfsammlern«. Sie sind weitgehend unbehaart und schlucken den mit Beinen und Mundwerkzeugen zusammengerafften Pollen einfach, um ihn am Ende ihrer Tour zusammen mit dem aufgesaugten Nektar wieder auszuspucken (Abb. 16).

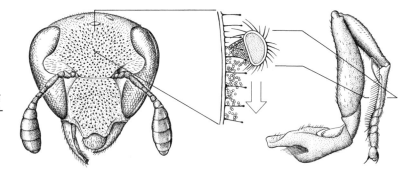

Abb. 16:
Das Pollensammelwerkzeug der Wespe *Celonites abbreviatus*.
Links der Kopf mit den geknöpften Sammelborsten auf der Stirnseite, rechts der Kamm am Ende des Vorderbeines, mit dem sie den Pollen aus den Kopfhaaren kämmt (Mitte), um ihn dann zum Transport zu verschlucken. *Celonites* gehört zu den bei uns sehr seltenen Masariden und ist als Nektar- und Pollensammler eine Ausnahme unter der nahen Verwandtschaft der Faltenwespen *(Vespidae)*.

Es ist keine Frage, daß die Honigbiene *(Apis)* und die Hummeln *(Bombus)* und die mit ihnen nah verwandten stachellosen Bienen der Tropen *(Meliponinae)*, deren Kommunikationssystem uns im Kapitel 28 beschäftigen wird, im Zusammenhang mit ihrem Brutgeschäft und Staatenleben die wichtigsten Pollensammler sind und auch über den perfektesten Sammelapparat verfügen. Die zur nahen Verwandtschaft gehörigen und ebenfalls in Staatswesen lebenden Wespen *(Vespa)* ernähren ihre Larven mit tierischen Stoffen (Insekten).

## Die Pollenkehrmaschine des Zipfelkäfers

Aber Pollen wird nicht nur so altruistisch für die Versorgung des Gemeinwesens gesammelt. Vielmehr fressen viele Blütengäste den Pollen auch oder – wie die Fliegen und Käfer – sogar ausschließlich für den Eigenbedarf. Da sie das mit ihren Mundwerkzeugen tun, nimmt es nicht wunder, daß man bisweilen auch hier Spezialisierungen antrifft. Ein bekanntes Beispiel ist der Rosenkäfer *(Cetonia aurata)*, ein metallisch grünschillernder und

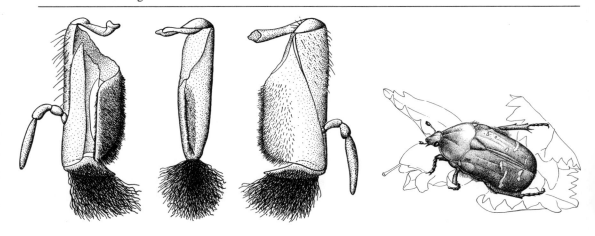

Abb. 17:
Pollenbesen auf den Mundwerkzeugen des Rosenkäfers *(Cetonia aurata)*. Links: Die Maxille von verschiedenen Seiten.

bis zu 2 cm großer Käfer, der denselben behäbigen Eindruck macht wie der Mai- und Mistkäfer aus seiner Verwandtschaft. Im Sommer sitzt der Rosenkäfer auf allen möglichen Blüten. Er ist ganz glatt und weitgehend unbehaart; deshalb kommt er als Pollenüberträger und Bestäuber von vornherein wie die meisten Käfer nur bedingt in Frage. Um so besser gerüstet ist er für das Fressen des Blütenstaubes. Seine Mundwerkzeuge, die Maxillen, tragen stellenweise dichte Haarpolster, die als Pollenbesen Verwendung finden (Abb. 17). Da Käfer ohnehin typisch kauende Mundwerkzeuge besitzen, gibt es beim Zerdrücken und der weiteren Aufnahme des Pollens keine Probleme. Bei den Bockkäfern *(Cerambycidae)*, zu denen die regelmäßigsten Blütenbesucher unter den Käfern gehören (Blütenböcke), gibt es ganz ähnliche Haarbüschel. Ein Beispiel ist *Strangalia maculata,* einer der Schmalböcke.

Mit dem raffiniertesten Bürstensystem aber wartet ein einheimischer Zipfel- oder Blasenkäfer *(Malachiidae, Malachius bipustulatus)* auf[5]. Er verfügt über eine regelrechte Pollenkehrmaschine, wie das ihr Entdecker nennt. Ihre wesentlichen Bestandteile sind Borsten von trompeten- beziehungsweise löffelförmiger Gestalt, wie man sie bisher von keinem anderen Insekt an den Mundwerkzeugen kennt. Eine Analyse des Darminhaltes von *Malachius* hat ergeben, daß der Pollen windblütiger Gräser seine bevorzugte Nahrung ist. Dieser ist mehlig und zeichnet sich durch wenig Kittsubstanz aus (Kapitel 8). Aber die Trompetenborsten auf der Außenlade des Unterkiefers schmiegen sich diesem wenig haftenden Pollen so eng an, daß seine Aufnahme gelingt (Abb. 18). Dann wird er an den Löffelborsten der Unterlippe abgestreift und schließlich von weiteren Löffelborsten auf der Innenlade des Unterkiefers ausgekehrt und an die Oberkiefer weitergegeben. Dort zerknetet ihn der Käfer und frißt ihn.

Wegen der Kürze ihrer Mundwerkzeuge trifft man Käfer

## 9 Körbchen, Bürsten und Kehrmaschinen

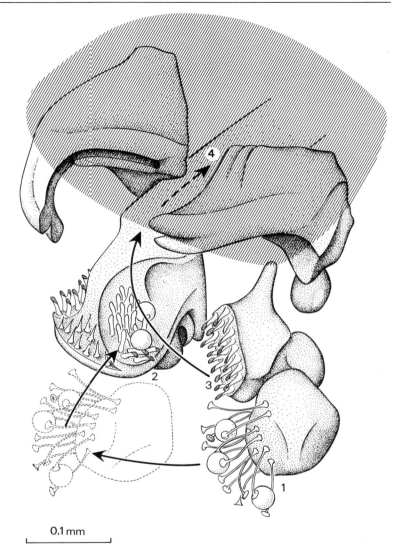

Abb. 18:
Die Pollenkehrmaschine des Zipfelkäfers *(Malachius bipustulatus)*. Trompetenborsten *(1)* der Außenlade nehmen den Pollen auf und streifen ihn an den Löffelborsten *(2)* der Unterlippe ab. Von dort kehren ihn die Löffelborsten der Innenlade *(3)* aus und transportieren ihn in die Mundöffnung *(4)*.

gewöhnlich (von einer seltenen Ausnahme berichtet Kapitel 11) auf Blüten an, deren Pollen frei daliegt; also zum Beispiel auf den Blüten der Rosengewächse *(Rosaceae)* und der Hahnenfußgewächse *(Ranunculaceae)*. Mit Blüten, deren Nahrungsangebot weniger zugänglich ist, weil es zum Beispiel in einer langen Kronröhre steckt, werden Käfer fertig, wenn sie so klein oder schlank sind, daß sie in die Blüte hineinkriechen oder doch wenigstens ihren Kopf weit genug vorstrecken können. Größeren Käfern bleibt nur die – allerdings oft und nicht nur von Käfern genutzte – Möglichkeit, sich zu den verborgenen Staubbeuteln oder Nektarien durchzufressen. Solche Gäste schaden dann den Pflanzen mehr als sie nützen.

## Ein Schmetterling, der Pollen frißt, und Bienen, die Öl sammeln

Zum Schluß zwei Besonderheiten: ein pollenfressender Schmetterling und Öl als Verköstigung. Zuerst zum Schmetterling: Das ist beinahe ein Widerspruch in sich selbst, da doch die Schmetterlinge mit ihrem langen Rüssel (Kapitel 11) sonst nur Flüssigkeiten aufnehmen können. Die Ausnahmen von dieser Regel sind die Urmotten *(Micropterygidae)*. Sie haben gar keinen Rüssel, sondern wie etwa die Käfer gut ausgebildete Kaumandibeln. Mit dem krallenartigen Ende eines fingerförmigen Maxillarpalpus kratzen sie den Pollen aus den Staubbeuteln heraus (Abb. 19a). Und was sie herauskratzen, ist ihre hauptsächliche Nahrung. Bei uns ist die Urmottenart *Micropteryx calthella* auf den Blüten der Sumpfdotterblume *(Caltha palustris)* recht häufig.

Und nun zum Öl: Erst seit wenigen Jahren ist bekannt, daß es bei den Orchideen, Schwertliliengewächsen und anderen Pflanzenfamilien Arten gibt, deren Blüten nicht Nektar, sondern Öl als Verköstigung für die Insekten bereithalten[10]. Sie produzieren es in speziellen Drüsen und die Weibchen von bestimmten Pelzbienen *(Anthophoridae)* sammeln es mit hochspezialisierten Saugquasten und Kämmen der Vorderbeine und höseln es mit ihren langbehaarten Hinterbeinen. Gemischt mit Pollen dient dieses ungewöhnliche Blütenprodukt als Larvenfutter (Abb. 19b, c).

## Buzz Pollination

Im Jahre 1959 hat John H. Barrett von der Highlands Agricultural Experiment Station in Aiyura auf Neuguinea von einer Art des Pollensammelns berichtet, die uns an das Schütteln von Äpfeln oder Birnen erinnert. Ihm waren auf Streifzügen durch den Urwald immer wieder kurze, niederfrequente Summlaute aufgefallen. Sie kamen von pollensammelnden Bienen und waren viel lauter als das normale Fluggeräusch. Charles Michener, namhafter Bienenexperte von der University of Kansas, hat dieses Geräusch, wie er sagt, häufig als Wegweiser beim Bienensammeln benützt. 1962 beschreibt er, angeregt durch Barretts Bericht, erstmals genauer, was es mit den tönenden Bienen auf sich hat[6,2]. Im Englischen wurde das schöne Wort »Buzz pollination« dafür geprägt.

Die reifen Staubbeutel der meisten Blüten geben den Pollen frei, indem sie der Länge nach mehr oder weniger weit aufreißen (Abb. 5). Die Pollenkörner fallen entweder von selbst heraus oder lassen sich von den Insekten ohne Schwierigkeit herausholen. Es gibt jedoch auch Blüten, deren Staubbeutel nur eine enge Öffnung am Ende haben. An ihnen machen sich unsere Bienen

## 9 Körbchen, Bürsten und Kehrmaschinen

Abb. 19:
*a)* Der Pollenkratzer *(Maxillarpalpus)* der Urmotte *Micropteryx calthella*.
*b)* Eine Pelzbiene *(Tapinotaspis coerulea)* beim Sammeln des Öls einer Ölblume mit den Quasten der Vorderbeine; zu beachten sind auch die langbehaarten Hinterbeine, mit denen sie das gesammelte Öl höselt.
*Rechts:* Die Biene trägt das Öl in ihr Erdnest und versorgt die Larven mit einem Gemisch aus Pollen und Öl; rechts eine Brutzelle mit dem Futtergemisch und einem Ei darauf.
*c)* Der Ölsammelapparat einer anderen Pelzbiene *(Paratetrapedia melampoda)*.
*1* die Sammelquaste auf dem Vorderbein mit der Schabkante rechts außen;
*2* Querschnitt durch den quastentragenden Beinabschnitt; die Quaste weist nach unten, die Schabkante liegt rechts;
*3* die Schabkante gleitet über den Haarrasen der Öldrüse und die Quaste saugt das Öl auf.

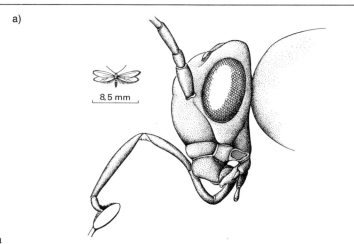
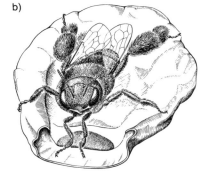
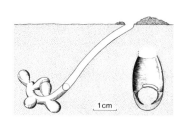

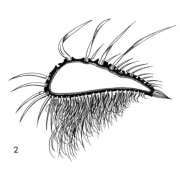

zu schaffen. Da sie an den Pollen nicht direkt herankommen, umklammern sie die Staubgefäße in gekrümmter Haltung und schütteln sie (Abb. 20). Dabei rieselt der Pollen aus den Staubgefäßen und landet auf der behaarten Bauchseite der Biene.

Das Gesumm, aus bis zu zehn Metern Entfernung hörbar, begleitet die Vibrationsstöße, die jeweils nur Bruchteile einer Sekunde dauern. Die Biene benützt dazu ihre mächtigen Flugmuskeln. Ihre Kontraktionen versetzen das Brustskelett und die an ihm hängenden Beine in Schwingungen. Die Beine wiederum übertragen sie auf die Blüte. Die Flügel liegen dabei gefaltet auf dem Rücken und bewegen sich praktisch nicht.

Der indirekten Flugmuskulatur, die hier am Werk ist, begegnet man immer wieder in ganz verschiedenen Zusammenhängen. Indirekt heißt sie, weil sich die Flügel über die Verformung des Brustpanzers indirekt bewegen. Im Verlaufe der Evolution der Insekten wurde dieser Muskeltyp zunehmend wichtig. Er liefert die Kraft für den Auf- und Abschlag, während die direkten Muskeln schließlich »nur« noch Steuerfunktion haben. Wichtige »Nebenfunktionen« der indirekten Flugmuskulatur sind neben dem Pollenschütteln die Temperaturregulation (Kapitel 29) und das Schallsignal beim Schwänzeltanz (Kapitel 27).

Die Zahl der pollenschüttelnden Bienenarten ist groß und von der ursprünglichsten bis zu den höchstentwickelten Formen quer über das System der Bienen im weiteren Sinne verteilt. Unsere Honigbiene allerdings gehört nicht zu ihnen.

Auch die Pflanzenarten mit solchen Staubbeuteln sind durchaus häufig: Die Nachtschattengewächse, zu denen zum Beispiel die Kartoffel gehört, sind nur eine von fünfundsechzig Familien mit fast viertausend Arten[2]. Auch Cassia-Arten, die wir schon wegen ihrer verschiedenen Staubblattypen kennen (Abb. 15), werden von Bienen geschüttelt[1].

Typischerweise produzieren sie keinen Nektar und ihr Pollen zeichnet sich durch Kleinheit (10 bis 25 µm; vergleiche Kapitel 8) aus, durch eine wenig skulpturierte Oberfläche und wenig Pollenkitt, was für das prompte Herausrieseln sicher besonders wichtig ist. Beobachtungen und Versuche haben gezeigt, daß ein Abwärtsweisen der Staubbeutelpore beim Schütteln nicht wichtig ist. In vielen Fällen weist sie nach oben; der Pollen wird dann ebenso effektiv herausgeschleudert.

Man braucht nicht in den tropischen Urwald zu gehen, um das Gesumm der pollenschüttelnden Bienen zu hören. Mir ist es vor Jahren an einem Frühlingstag zum ersten Mal aufgefallen, als Dutzende von Hummeln sich den Pollen der ersten Rhododendronblüten holten. Deren Staubgefäße stehen aufrecht in der Blüte und ihre beiden endständigen Öffnungen weisen nach *oben*. Man kann sich leicht von der Wirksamkeit des Hummelverhaltens überzeugen und selbst an den Staubgefäßen schütteln: Heraus kommt die leicht flockig zusammenhängende Pollenmasse.

Abb. 20:
Eine Hummel umklammert die Staubgefäße der Blüte eines Nachtschattengewächses und schüttelt mit kurzen Vibrationsstößen den Pollen heraus.

# 10 Nektar

> Du sollst niemand rühmen um seines großen Ansehens willen,
> noch jemand verachten um seines geringen Ansehens willen:
> Denn die Biene ist ein kleines Vögelein und gibt doch die
> allersüßeste Frucht.

*Sirach, Kapitel 11*


Blütennahrung, das ist nicht nur Pollen, sondern viel mehr noch Nektar. Natürlich! Das war aber nicht immer so. In der Evolution der Blütenpflanzen (vergleiche Kapitel 30) hat der Pollen die längere Geschichte. Wir wundern uns nicht darüber, haben wir doch gesehen, welch wichtigen Platz das Pollenkorn nicht nur im Lebenszyklus der Blütenpflanzen, sondern auch schon – als Mikrosporen – in dem der niederen Pflanzen wie etwa der Farne einnimmt (Kapitel 2). Nektar hat keine vergleichbar unverzichtbare Bedeutung. Selbst unsere bunten Blüten locken die Insekten nicht immer mit Nektar in ihre Bestäubungsdienste. Etliche unter ihnen sind reine Pollenblumen (Kapitel 8) und andere, wie Orchideen, verstehen es, ihren Besucher auszutricksen und ganz ohne Verköstigung anzulocken (Kapitel 23, 24). Es kommt noch etwas hinzu. Nektarausscheidung im weitesten Sinn ist durchaus nicht immer an die Blüte und das Bestäubungsgeschehen gebunden. Nektar hat es schon vor der Existenz von Blütenpflanzen gegeben. Den Laien wird es überraschen, daß die Botaniker von Nektarausscheidung an den Wedeln unseres Adlerfarnes *(Pteridium aquilinum)* zu berichten wissen und sich auch Honigbienen an ihm einstellen[3]. Damit nicht genug, wird Nektar oft auch bei Blütenpflanzen weit weg von der Blüte abgeschieden, etwa auf Laubblättern und Blattstielen. Er heißt dann extrafloraler Nektar, weil er mit der Blüte selbst nichts zu tun hat. Die Funktion dieses extrafloralen Nektars ist umstritten, und wir brauchen hier nicht auf die Theorien der Spezialisten einzugehen. Nur soviel: Es bleibt festzuhalten, daß sich Nektarausscheidung offenkundig unabhängig von den Blüten entwickelt hat, daß Nektar sowohl eher physiologisch als Ausscheidungsprodukt des Pflanzenstoffwechsels interpretiert wird als auch mehr ökologisch als Lockmittel für die Insekten; und schließlich, daß die Blüte gewissermaßen ein bereits vorhandenes Prinzip nur besonders weiterentwickelt hat[4].

Uns interessiert der florale Nektar, die Hauptwährung, mit der die Blumen die Insekten für ihren Besuch entlohnen. Er hat einen zweiten recht klangvollen Namen: nuptialer Nektar, Hochzeitsnektar, was die enge Beziehung zur Bestäubung zum Ausdruck bringt. Christian Konrad Sprengel hat den Zusammenhang schon vor zweihundert Jahren richtig erkannt: »Meine Untersuchungen überzeugten mich immer mehr davon, daß viele, ja vielleicht alle Blumen, welche Saft haben, von den Insekten, die sich von diesem Saft ernähren, befruchtet werden, und daß folglich diese Ernährung der Insekten zwar in Ansehung ihrer selbst Endzweck, in Ansehung der Blumen aber nur ein Mittel und zwar das einzige Mittel zu einem gewissen Endzweck ist, welcher in ihrer Befruchtung besteht...«.

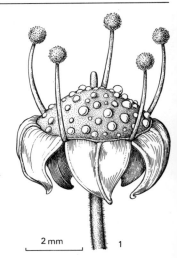

## Inhaltsstoffe

Nektar ist im wesentlichen Zuckerwasser. Sein Gesamtzuckergehalt liegt bei rund vierzig Prozent, kann aber von Fall zu Fall stark schwanken. Das Spektrum möglicher Konzentrationen geben zwei Extremwerte an: acht Prozent für die Kaiserkrone *(Fritillaria imperialis)* und sechsundsiebzig Prozent für den echten Dost *(Origanum vulgare)*[1,2]. Neben dem Zucker (Saccharose, Glukose, Fruktose) spielen andere Inhaltsstoffe mengenmäßig nur eine geringe Rolle. Dazu gehören Aminosäuren, Eiweiße, organische Säuren, Phosphate, Vitamine und Enzyme.

Jedenfalls ist der Nektar reich an organischen Stoffen, zu denen auch die Zuckerarten gehören. So verwundert es auch nicht, daß die Nektarien, die Orte der Nektarproduktion, in besonders enger Beziehung zu den Leitbahnen für all die organischen Substanzen stehen, welche die Pflanze im Verlaufe der Photosynthese mit Hilfe des Sonnenlichtes und ihres Blattgrüns aus dem Kohlendioxyd der Luft und dem Wasser des Bodens herstellt. Und doch ist Nektar nicht bloß der Saft dieser Leitbahnen (Phloem). Die Nektardrüsenzellen, die den Nektar letztlich ausscheiden, sind vielmehr aktive Zellen, die diesem Saft selektiv bestimmte Stoffe entnehmen und andere hinzufügen. Nur der Gehalt an Gesamtzucker bleibt weitgehend identisch[1].

## Nektarien

Nektarien sehen ganz verschieden aus. Manchmal sind sie auffällig gestaltet, oft gelbgrün gefärbt. Sie kommen an allen Blütenteilen vor, also am Kron- und Perigonblatt, am Kelchblatt, am Staubblatt, Stempel und an der Blütenachse selbst (Abb. 21). Und wie bereits gesagt, gibt es neben diesen floralen Nektarien auch extraflorale. Da sie mit der Bestäubung direkt nichts zu tun haben, sollen sie hier nicht weiter verfolgt werden.

Abb. 21:
Auf der freiliegenden Nektardrüse des Efeu *(1)* *(Hedera helix)* sammeln sich bei feuchter Luft die Nektartröpfchen.
Das Herzblatt *(2)* *(Parnassia palustris)* lockt mit Scheinnektarien, deren gestielte Köpfe wie Nektartröpfchen glänzen. (Tafel 20).

Schauen wir ein paar Blumen an, um eine konkrete Vorstellung zu bekommen.

Türkenbund *(Lilium martagon)* (Tafel 19): Bei ihm liegen die Nektarien in sechs von Haaren bedeckten Rinnen an der Basis der hellvioletten, nach oben gekrümmten Kronblätter. Ein hungriges Insekt muß mit seinem Rüssel in diese Rinne hineinfahren. Das wird beim Türkenbund dadurch erschwert, daß die Blütenblätter glatt und für die meisten Insekten rutschig und ungangbar sind. Entsprechend saugen am Türkenbund vor allem Schwärmer *(Sphingidae, Lepidoptera)*. Sie stehen dabei im Schwirrflug unter der Blüte.

Schwertlilie *(Iris variegata)* (Tafel 19): Sie scheidet ihren Nektar ebenso an der Basis ihrer äußeren Perigonblätter ab. Wie die dorthin in die Tiefe gelockten Insekten durch sinnreiche Anordnung der Blütenteile die Fremdbestäubung besorgen, berichtet Kapitel 3.

Hahnenfußgewächse *(Ranunculaceae)*: Hier gibt es eine ganze Reihe von Vertretern, deren Nektar in eigenen »Honigblättern« produziert wird (Abb. 22). Bei der Trollblume *(Trollius europaeus)* sind dies fünf bis zehn schmale, hellgelbe, löffelförmige Blättchen im Blüteninneren. Auch in den blauen Glocken der Alpenrebe *(Clematis alpina)* stecken rund ein Dutzend einfach gebauter Honigblätter. Komplizierter sind die Honigblätter des Eisenhutes *(Aconitum napellus)* und der Akelei *(Aquilegia vulgaris)* gebaut, zweier Blüten, die schon auf den ersten Blick weit differenziert erscheinen. Beim Eisenhut verstecken sich zwei Honigblätter in dem oberen, zu einem Helm umgestalteten Blütenblatt. Sie sind langgestielt und tragen am Ende ihrerseits ein kleines napfförmiges Gebilde. Darin wird der Nektar sowohl produziert als auch gespeichert. Bei der Akelei sind die Nektarsporne schon von außen unübersehbar: umgedrehte Tüten, Gebilde, die in einem hakenförmigen Sporn auslaufen und an der Blüte nach oben weisen.

März-Veilchen *(Viola odorata)*: Nicht immer ist ein Sporn zugleich der Ort der Produktion und der Speicherung des Nektars. Beim März-Veilchen zum Beispiel sitzen die Nektarien auf den Staubblättern und ragen nur in den Anfangsteil des Spornes hinein. Im übrigen benützen sie ihn als »Safthalter« und lassen ihren süßen Saft in ihn hineinlaufen.

Knabenkraut *(Orchis spec.)*: Ja, es gibt auch Sporne, die keinerlei Saft enthalten, beispielsweise der Lippensporn von Knabenkräutern. Nur darf man daraus nicht den Schluß ziehen, etwas für die Orchideen Typisches gefunden zu haben. Der lange Sporn unserer wohlriechenden Händelwurz – sie duftet nach Vanille – *(Gymnadenia odoratissima)* oder auch der Sumpfwurz *(Epipactis latifolia)* enthält sehr wohl den in ihm erwarteten Nektar.

Rosengewächse *(Rosaceae)*, Enziane *(Gentianaceae)* und Primeln *(Primulaceae)*: Sie alle tragen wie viele weitere Blumen ihre Nektarien am Blütengrund, auf der Blütenachse. Einfacher Bau ist für solche Nektarien typisch.

Abb. 22:
Nektarien von Hahnenfußgewächsen.
*1* Nektarschuppe am Grunde des Blütenblattes des Wiesenhahnenfußes *(Ranunculus)*;
*2* bei der Akelei *(Aquilegia)* stehen zwischen den Blumenblättern die auffällig gespornten Nektarblätter;
*3* tütenförmige Nektarblätter der Christrose *(Helleborus)*;
*4* das »Honigblatt« im Helm des Eisenhutes *(Aconitum)*.

# 10 Nektar

## Geschützt und geschwindelt

Einer ganzen Reihe von offen daliegenden Nektarien – ein extremes Beispiel ist der Efeu *(Hedera helix)* (Abb. 21) – steht eine Großzahl solcher gegenüber, die verborgen am Blütengrund, im Sporn oder einem anderen Safthalter liegen, überdacht oder von einem Haarbesatz bedeckt. Das gibt zunächst einmal einen gewissen Verdunstungsschutz und hat zur Folge, daß der Nektar nicht zu rasch eindickt oder gar kristallisiert und dann nur noch von Insekten aufgenommen werden kann, die ihn mit dem eigenen Speichel wieder verdünnen oder auflösen können. Andererseits wird dadurch der Nektar aber auch nicht so leicht vom Regen bis zur Wertlosigkeit verdünnt oder gar gänzlich weggewaschen. Eine entsprechende Wirkung hat das Schließen der Blüten bei schlechtem Wetter und bei Nacht. Bisweilen genügt schon die kurze Beschattung durch eine vorbeiziehende Wolke zur Auslösung der Schließbewegung. Manchem Bergsteiger wird dies vom stengellosen Enzian *(Gentiana acaulis)* vertraut sein.

Und wenn die Nektarproduktion zeitlich mit dem Besuch der bestäubenden Blütengäste zusammenfällt, wie das bei vielen nachts bestäubten Blüten vorkommt – sie können tagsüber vollkommen trocken sein –, dann freut sich ein Blütenökologe besonders, da er ja auf der Suche nach solch innigen Beziehungen und sinnvoller Ordnung ist (Kapitel 26). Die großen Unterschiede in der Menge des von verschiedenen Blüten produzierten Nektars mag der Leser der Abbildung 23 entnehmen. Sie zeigt drei Beispiele ganz verschiedener ökologischer Blütentypen.

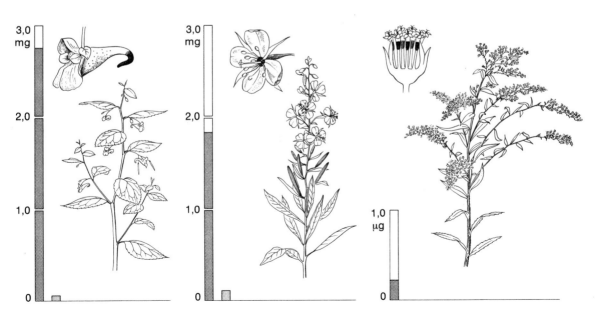

Abb. 23: Nektarproduktion verschiedener Blütentypen. *Links:* Springkraut *(Impatiens biflora); Mitte:* Weidenröschen *(Epilobium angustifolium); rechts:* Goldrute *(Solidago canadensis).* Als Faustregel gilt, daß die Nektarproduktion mit der Größe der Blüte zunimmt. Aufgetragen ist die in 24 Stunden pro Blüte abgeschiedene Nektarmenge bei abgedeckten Blüten (hohe Säulen links und Mitte, Säule rechts) und die Menge, die man bei Blüten findet, zu denen die Insekten freien Zutritt hatten (niedere Säulen links und Mitte). Der niedrige Wert der einzelnen Goldrutenblüte muß im Zusammenhang mit der großen Gesamtzahl von über 1000 Einzelblüten gesehen werden. In den vergrößerten Einzelblüten ist der Nektar schwarz dargestellt.

Nicht alles, was nach Nektar aussieht, ist auch wirklich Nektar. In der Blüte des Herzblattes *(Parnassia palustris)* (Abb. 21, Tafel 20) steht ein Kranz kleiner gelblicher Köpfchen, die in uns sogleich den Eindruck einer Kostbarkeit erwecken. Dieser Eindruck ist falsch. Sie sind trocken und haben mit Nektar nichts zu tun. Es sind »Scheinnektarien«. Nach zeitweise bezweifelten, neuerdings aber wieder bestätigten Berichten lassen sich Fliegen von ihnen anlocken[2]. Sie betasten die Glanzköpfchen mit ihrem Rüssel; umsonst natürlich. Aber der Betrug ist nicht vollkommen. Der wirkliche Nektar wird ganz in der Nähe in der Mitte der Staminodien ausgeschieden, auf deren fingerförmigen Auswüchsen auch die Scheinnektarien sitzen.

# 11 Nektarsammeln und die Biomechanik des Schmetterlingsrüssels

*Naturgeschichte beruht überhaupt auf Vergleichung. Äußere Kennzeichen sind bedeutend, aber nicht hinreichend, um organische Körper gehörig zu sondern und wieder zusammenzustellen.*

*Johann Wolfgang von Goethe »Zur Morphologie«, 1820*

Wie verleiben sich die Insekten den Nektar ein?

Es ist nicht schwer zu erraten, daß sie dazu die Mundwerkzeuge verwenden. Sie lecken den Nektar auf und vor allem saugen sie ihn wie mit einem »Strohhalm« ein. Man kann das leicht beobachten, wenn ein Schmetterling eine Blüte anfliegt, seinen langen Rüssel entrollt und ihn präzise in die Blüte einführt. Aber ganz so einfach ist das alles nicht. Dem, der über seine Beobachtungen ein wenig nachdenkt, stellen sich viele Fragen. Gibt es wirklich einen geschlossenen »Strohhalm«? Welche der vielen Teile der Mundwerkzeuge bilden ihn? Bestehen Unterschiede zwischen Bienen, Hummeln, Schmetterlingen und Fliegen? Und außerdem: Der Trinkhalm alleine nützt ja noch nichts; wo steckt die Saugpumpe, die den Nektar in den Schlund hineinpumpt? Schließlich auch: Was macht man mit einem langen Trinkrohr, wenn man es nicht braucht und vielleicht sogar damit durch die Luft fliegt?

Der Weg zu den Antworten auf solche Fragen mag für den unvorbereiteten Leser etwas trocken und steinig sein. Das Ziel aber ist der Mühe wert. Gebaut aus dem bewundernswert anpassungsfähigen und variablen Werkstoff Cuticula, haben die Mundwerkzeuge wie kaum ein anderes Organ zum großen Erfolg der Insekten beigetragen. Ihre vielfältigen Abwandlungen reichen von harten gezähnten Zangen bis zu den eleganten Rüsseln, mit denen die Falter Nektar aus den tiefsten Blüten holen und haben beinahe alle nur denkbaren Nahrungsquellen erschlossen. Die Rüssel, mit denen die Insekten Nektar saugen, sind ein Teil dieses größeren Themas.

## Das Ausgangsmaterial

Gehen wir vom Grundbauplan der Mundwerkzeuge eines Insekts aus und versuchen wir es zunächst mit der klassischen, auch ein wenig aus der Mode gekommenen vergleichend-anatomischen Betrachtungsweise einiger Grundprinzipien. Wir sehen uns erst einmal die noch wenig differenzierten kauenden Mundwerkzeuge eines stammesgeschichtlich ursprünglichen Insektes genauer an. Die Schabe, eines der Lieblingstiere der Zoologen, ist ein gutes Beispiel (Abb. 24). Von ihm werden sich dann die Spezialanpassungen zur Aufnahme flüssiger Nahrung ableiten lassen.

Das eigentliche Kauwerkzeug einer Schabe – und auch eines Käfers und einer Biene – sind die paarigen Oberkiefer oder Mandibeln. Das sind kurze und kräftige Cuticula-Strukturen, die seitlich gegeneinander bewegt werden können und mit ihren gezähnten Rändern eine wirksame Zange bilden. Mit den Oberkiefern beißt und zerkleinert ein Insekt.

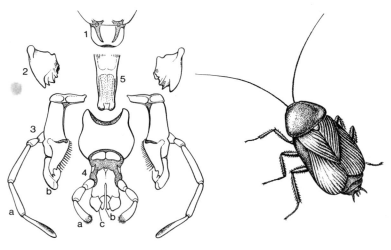

Abb. 24:
Die Mundwerkzeuge der Schabe, eines stammesgeschichtlich ursprünglichen Insektes.
1 Oberlippe (Labrum);
2 Oberkiefer (Mandibel);
3 Unterkiefer (Maxillen) mit einem langen Kiefertaster *(a)* und der Galea *(b)*;
4 Unterlippe (Labium) mit den Lippentastern *(a)*, der Glossa *(b)* und der Paraglossa *(c)*;
5 Hypopharynx.

Abb. 25 ▷:
Die Variabilität der Mundwerkzeuge von Insekten, gezeigt am Beispiel der Stubenfliege *(Musca domestica),* der Honigbiene *(Apis mellifera)* und des Kohlweißlings *(Pieris brassicae).*
Die Ziffern entsprechen denjenigen der Abb. 24, so daß der Vergleich die morphologische Abwandlung direkt sichtbar macht. *, der eigentliche Nahrungskanal auf dem Querschnittsbild.

Schauen wir von vorne auf den Schabenkopf, dann folgen auf die Oberkiefer zwei weitere paarige Mundgliedmaßen, die Unterkiefer *(Maxillen)* und die Unterlippe *(Labium)*, deren basale Teile zu einem unpaaren Element *(Mentum, Submentum)* verwachsen sind. Sowohl die Unterkiefer als auch die Unterlippe tragen Fortsätze, sogenannte Taster und Laden.

Alle diese Teile sind das Ausgangsmaterial, welches der Evolution zur Bildung eines Saugrüssels zur Verfügung steht. Es ist reizvoll zu sehen, wie verschieden es die verschiedenen Insektenordnungen einsetzen.

## Der Bienenrüssel

Bei den Honigbienen und Hummeln sind sowohl die Unterkiefer als auch die Unterlippe gegenüber dem rein kauenden Typus von Mundwerkzeugen stark verlängert. Der Bienenrüssel ist beileibe keine einheitliche, vollkommen geschlossene Struktur. Vielmehr besteht er aus fünf Einzelelementen, denen die Zoologen den komplizierten Namen »Labiomaxillarkomplex« gegeben haben. In der Mitte steckt die Zunge *(Glossa)*. Sie ist dicht behaart und trägt am Ende ein Löffelchen (Tafel 22, 23). Mit der Zunge dringen die Bienen zum Nektar vor und lecken ganz ähnlich wie eine Katze die Milch. Dabei passiert folgendes: Der Nektar steigt aufgrund von kapillaren Kräften zwischen den dichtstehenden Haaren der vorgestreckten Zunge passiv auf. Dann zieht die Biene ihre Zunge zurück in das eigentliche Saugrohr. Es wird von den vier weiteren Elementen des Rüssels gebildet, die sich rund um die Zunge herum gruppieren (Abb. 25). (Wer es genau wissen möchte: Es sind die beiden sichelförmigen Laden des Unterkiefers und die beiden Taster der Unterlippe.)

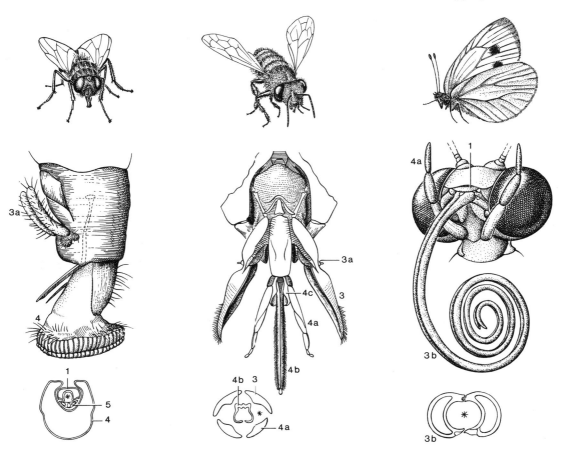

Mit Hilfe dieses Saugrohres und einer luftdicht angeschlossenen Saugpumpe im Kopf kann die zunächst nur passiv zwischen den Zungenhaaren sowie der Zunge und dem Rohr hochgestiegene Flüssigkeit aktiv weitergepumpt werden. Der »Motor« der Pumpe sind Muskeln. Sie setzen an einem cuticularen Gerüst im Schlundbereich an und erweitern den Schlund. Das Ganze funktioniert etwa so wie ein Blasebalg, mit dem man Luft einsaugt: Durch die Volumenvergrößerung entsteht ein Unterdruck im Schlund, die Flüssigkeit folgt dem Druckgefälle. Dann streckt die Biene die Zunge wieder aus und der Vorgang beginnt von neuem. Mit großen Tropfen verfahren die Honigbiene und die Hummel ökonomischer. Sie tauchen ihr Saugrohr selbst in die Flüssigkeit und die Pumpe wird dann direkt ohne die leckende Vermittlung der Zunge wirksam.

Wenn eine Biene oder eine Hummel ihren Rüssel nicht braucht, dann klappt sie ihn wie ein Taschenmesser nach hinten. Das läßt sich ebenso leicht beobachten wie das Herausklappen; man muß sich nur die kleine Mühe machen und einmal ein paar Minuten vor einer Blume auf Bienenbesuch warten.

Trotz aller Spezialisierung der Mundwerkzeuge zum Saugen, sind bei einer Biene auch die Oberkiefer gut ausgebildet. Wen wundert's, sie braucht sie zum Pollenfressen, zum Bau der Wabe, zum Reinigen des Bienenstockes und bisweilen auch zum Kampf gegen ungebetene Gäste. Wie Nicolaus Unhoch aus Oberammergau 1823 in seinem Bienenbuch so schön sagt: »Unter dem Vormaul ragen zwey große schwarze Zaehne hervor, sie sind hornartig und stark gebaut, weil die Biene mit denselben alles benagt und baut.«

## Das Saugrohr der Falter

Bei den Schmetterlingen ist das in der Regel anders (über die Ausnahme *Micropteryx*, siehe Kapitel 9). Sie sind ganz auf das Saugen flüssiger Nahrung eingestellt und kümmern sich nicht um den Blütenstaub. Wir sehen das unter anderem daran, daß Oberkiefer und Unterlippe weitgehend zurückgebildet sind und nur noch die mittleren Fortsätze (Außenlade, *Galeae-Lobi externi*) der Unterkiefer als Mundwerkzeug wichtig sind.

Sie bilden den Schmetterlingsrüssel, der ein kleines technisches Meisterstück ist (Tafel 24). Schneiden wir ihn wie eine Salami quer durch, dann zeigt uns die Schnittfläche (Abb. 25) deutlich, daß er aus zwei langgestreckten Röhren besteht, die im Querschnitt bananenförmig gekrümmt sind und sich aneinanderlegen. Wegen ihrer Krümmung entsteht so ein zentraler Hohlraum zwischen ihnen. In ihm, und nur in ihm, wird Nektar hochgesaugt. In den beiden begrenzenden Röhren stecken Muskeln, Nerven und Bluträume (Abb. 26).

Abb. 26:
Schmetterlingsrüssel im Querschnitt. Das eigentliche Saugrohr in der Mitte, umgeben von den beiden halbmondförmigen Rüsselhälften, die oben und unten kunstvoll verzahnt sind (*1* luftgefüllte Tracheen; *2* Rüsselnerv; *3* Muskelbündel).

Menschenwerk wird immer gröber und unordentlicher, je genauer man es besieht. In der Natur ist das ganz anders; die Ordnung bleibt, wird immer feiner und eindrucksvoller. Erst unter dem Mikroskop entdecken wir, wie kunstvoll und raffiniert die beiden Röhren des Schmetterlingsrüssels miteinander verzahnt und gekoppelt sind.

Auf der nach innen weisenden Seite der beiden Futterrinnenhälften stehen dichte Reihen stabiler Haken, die zwischen sich praktisch keinen Raum freilassen. Jeder Haken trägt an der Innenseite seiner breiten Basis einen kleinen Zahn. Zwischen diesem Zahn und dem dazugehörigen Haken der einen Seite steckt jeweils die Spitze eines Hakens der anderen Rüsselhälfte. So entsteht eine innige Verbindung. Ihr technischer Steckbrief: Sie ist erstens dicht, so daß der kostbare Nektar nicht verlorengeht; sie zeichnet sich zweitens dadurch aus, daß sie seitliches Auseinanderweichen der Rüsselhälften verhindert, wenn der Druck im Saugrohr steigt und die Muskulatur den Rüsselquerschnitt verändert; und sie bleibt drittens dennoch wie ein Reißverschluß über der Längsachse gut beweglich, weshalb der Schmetterling seinen Rüssel ausstrecken und wieder einrollen kann.

Die dorsale Koppelung der beiden Rüsselhälften ist weniger stabil als die ventrale. Im wesentlichen bildet sie nur ein dichtes Dach über der Futterrinne. Zwei Reihen lanzettförmiger Platten greifen wie Dachziegel übereinander. Zwischen den Platten münden die Ausführungsgänge von Drüsenzellen. L. E. S. Eastham und Y. E. E. Eassa, Zoologen der Universität Sheffield, denen die gründlichste Arbeit über den Bau des Schmetterlingsrüssels zu verdanken ist[2] – sie haben den Kohlweißling untersucht *(Pieris brassicae)* –, vermuten darin aus guten Gründen einen weiteren raffinierten Mechanismus. Das Sekret der Drüsenzellen wird – so die Hypothese – beim Ausstrecken des Rüssels durch die Druckerhöhung im bluterfüllten Hohlraum jeder Rüsselhälfte wie aus einer Zahnpastatube ausgedrückt, schmiert die übereinandergleitenden »Dachziegel« und dichtet die Lücken zwischen ihnen ab.

## Resilin spart Energie

Das typische spiralige Einrollen des Rüssels ist eine Erfindung, die nur die Schmetterlinge gemacht haben. Sie tun es mit mathematischer Präzision, ist doch der eingerollte Rüssel ein perfektes biologisches Beispiel für das, was die Mathematiker als Spirale des Archimedes bezeichnen[3]. Schon lange wissen die Zoologen, daß das Einrollen des Schmetterlingsrüssels passiv, also ohne Muskulatur erfolgt. Die treibende Kraft ist die elastische Rückstellkraft eines in der Außenwand jeder Rüsselhälfte *(Galea)* gelegenen Stabes. Das Prinzip ist einfach: Biegen wir eine gekrümmte Blattfeder aus Stahl gerade, dann springt sie nach Wegfall der äußeren Kraft wieder in die gekrümmte Ausgangslage zurück.

Daß das Einrollen im wesentlichen nichts mit Muskeln zu tun hat, läßt sich mit einem einfachen Experiment nachweisen. Der Rüssel rollt sich auch dann noch zusammen, wenn man die Muskeln vorher zerstört hat; ja, man kann sogar den elastischen Stab herauspräparieren und sehen, daß auch er – und nur er, nicht etwa der Rest des Rüssels – sich einrollt[2].

Der britische Zoologe H. Randall Hepburn hat in neueren Untersuchungen am Department of Zoology der Universität in Bristol herausgefunden, daß die Cuticula-Feder des Schmetterlingsrüssels aus Resilin besteht[3]. Die Entdeckung des Resilins vor nunmehr rund zwanzig Jahren hat Aufregung und Begeisterung unter all denjenigen Biologen und Technikern ausgelöst, die sich für Werkstoffe interessieren. Hat die Natur hier doch ein Material zustande gebracht, dessen Eigenschaften denjenigen eines idealen Gummis näher kommen als die aller bekannten technischen Werkstoffe. Resilin ist also eine gummiartige Substanz, ein Protein, mit ungewöhnlichen elastischen Eigenschaften. Wozu kann ein Insekt so etwas gebrauchen?

Resilin ist bisher von Flügelgelenken, Sehnen, Sprunggelenken bekannt. Das sind alles Stellen, die im Verlauf eines Insektenlebens unzählige Male mechanisch beansprucht, das heißt formverändernden Kräften ausgesetzt werden. Vorteilhafterweise kehren sie auf passivem Wege in ihren Ausgangszustand zurück, sobald diese Kräfte aufhören zu wirken. Das spart Energie. Wir wissen aus dem Physikunterricht der Schule, daß ein Körper um so verlustfreier Bewegungsenergie speichert und um so verlustfreier auch wieder abgibt, je elastischer er ist. Resilin bietet die ideale Voraussetzung! Ganz ohne Verluste geht es freilich nie. Ein gewisser Prozentsatz geht immer bei der Verformung als Wärmeenergie verloren und auch durch unvermeidliche Reibung. Trotzdem hat ein System mit einer Komponente hoher Elastizität den großen Vorteil, daß es praktisch von selbst schwingt, wenn es einmal angestoßen ist.

Besonders deutlich werden die Tugenden des hohen elastischen Wirkungsgrades von Resilin im Zusammenhang mit dem Insektenflug. Die Wüstenheuschrecke speichert auf ihren langen Wanderflügen einen Großteil der in den Abschlag des Flügels gesteckten Energie in der Flügelaufhängung und macht ihn sich beim Aufschlag wieder zunutze. Genauso ist es beim Aufschlag; wieder steht ein wesentlicher Teil der investierten Energie für den Abschlag zur Verfügung. Die Flügelaufhängung speichert nicht weniger als sechsundneunzig Prozent der von ihm aufgenommenen Bewegungsenergie. Die Flugmuskulatur muß nur einen Teil beisteuern und das System während des Fluges sozusagen nur immer wieder »anschieben«, um die durch Reibung und Wärmebildung entstandenen Energieverluste auszugleichen. Die Kraftersparnis ist enorm, schlagen die Heuschreckenflügel doch zwanzigmal in der Sekunde und dies unter Umständen stundenlang. Ohne das Resilin wären ihre Dauerflüge wohl gar nicht möglich.

Nun sind die Vorteile des Resilins auch für den Schmetterlingsrüssel leicht einzusehen. Selbst wenn der Falter nur wenige warme Sommermonate lebt, wird er seinen Rüssel um die hunderttausendmal entrollen, ihn in eine Blüte stecken und ebenso oft wieder einrollen, wenn er zur nächsten Blüte weiterfliegt. Nach Bastian J. D. Meeuse[7] hat ein Taubenschwänzchen *(Macroglossa sphingidae)* in weniger als sieben Minuten hundertvierundneunzig Veilchenblüten *(Viola calcarata)* besucht! Wen kann dies unbeeindruckt lassen, auch wenn wir bedenken, daß der Schmetterling nicht den ganzen Tag über so emsig ist und dies auch gar nicht nötig hat, da er ja nur für sich selber Futter beschafft.

Die Häufigkeit, mit welcher der Rüssel gestreckt und wieder eingerollt wird, ist nur ein Aspekt des Wunderstoffes Resilin. Er erscheint aus einem zweiten Grunde im Rüssel gut plaziert: Ein feines Saugrohr, das auch in schmale Blütenröhren eingeführt werden soll, hat gar keinen Platz für mächtige Muskeln.

## Wie wird der Rüssel ausgerollt?

Allerdings ist der Schmetterlingsrüssel auch nicht muskelfrei. Muskeln spielen beim Ausfahren des Rüssels eine Rolle. Sie sitzen in den beiden Rüsselhälften (Abb. 26) und werden in ihrer Aktion durch einen hydraulischen Mechanismus unterstützt, der darin besteht, daß Blut in die Hohlräume der beiden Rüsselhälften gepumpt wird.

Abb. 27:
*Oben:* Querschnitt des Rüssels im aufgerollten (weiß) und im gestreckten Zustand (schwarz).
*Unten:* Ein Schema des Effektes, den seitliches Zusammendrücken auf ein der Länge nach gebogenes Stück elastischen Materials hat.

Nach langen, mehr als hundert Jahre zurückliegenden Kontroversen über den Mechanismus des Rüsselausrollens haben Eastham und Eassa 1955[2] am Beispiel des Kohlweißlings eine Vorstellung entwickelt, deren Kernpunkte die folgenden sind: Der Rüssel wird nicht unmittelbar hydraulisch durch das Einpumpen von Blutflüssigkeit in die Hohlräume der beiden Rüsselhälften gestreckt. Er funktioniert also nicht wie das bekannte Faschingsspielzeug, der mit einem Mundstück versehene Papierschlauch, den man aufbläst und damit entrollt und der – darin dem Schmetterlingsrüssel sehr wohl vergleichbar – wegen der Elastizität eines angeklebten Drahtes wieder zurückschnarrt. Vielmehr kommt es zunächst einmal auf die feinen, im Rüssel schräggestellten Muskelbündel an. Wenn sie sich kontrahieren, verformen sie den Rüsselquerschnitt derart, daß sich der Rüssel zwangsläufig streckt (Abb. 27, 28). Voraussetzung für die Streckung ist ein nachweislich vorhandener Binnendruck in den Hohlräumen der Rüsselhälften, die am körperfernen Ende blind enden und am Kopf von einem

Muskelventil verschlossen werden können. Er entsteht, wenn der Falter Blut in seinen Rüssel pumpt und das Ventil schließt.

Weshalb aber ist dieser Druck so wichtig? Wir stellen uns am besten ein gerades Stück Fahrradschlauch vor, das an beiden Enden geschlossen sein soll. Es sei zunächst nur wenig aufgepumpt und deshalb schlaff. Drücken wir diesen Schlauch zwischen zwei Fingern, dann verformt er sich nur lokal. Die Luft läßt sich praktisch ohne Widerstand verdrängen, weil der Innendruck so gering ist. Steht der Schlauch jedoch schon unter einem höheren Innendruck, weil wir ihn stärker aufgepumpt haben – er soll fast ganz gestreckt sein –, dann hat dieselbe lokale Krafteinwirkung beziehungsweise die von ihr verursachte Verkleinerung des Querschnittes eine Druckerhöhung im Schlauch zur Folge, die jetzt ausreichen wird, seine Wand zu dehnen und ihn zu strecken. Den Fahrradschlauch kann man gedanklich durch die Rüsselwandung und den von außen einwirkenden Fingerdruck durch die Kontraktionskraft der innen ansetzenden Muskeln ersetzen.

Wie bei den Hautflüglern, so funktioniert auch bei den Schmetterlingen die Saugpumpe nach dem Prinzip der muskulären Erweiterung eines Schlundabschnittes. Der Nektar folgt dem zum Kopf hin zunehmenden Druckgefälle und strömt schließlich in den Verdauungskanal.

## Fliegen sind genauso schön

Haben wir an warmen Tagen nicht alle schon Mücken erschlagen und uns insgeheim über die erfolgreiche Rächung ihres Stiches gefreut? Und welcher Kaffeetrinker reagiert nicht genauso, wenn er sieht, wie die Fliege an seinem Stückchen Zucker leckt? Kaum jemand aber macht sich Gedanken darüber, was er da zerstört oder nur, mit welch perfekten Apparaten seine Opfer stechen und lecken. Unser Verhältnis zu dem ungerecht und voreilig abgeurteilten Geschmeiß könnte wesentlich besser sein. Lernen wir von dem Zoologen, der einem dieser nur anscheinend unscheinbaren Tiere in offensichtlicher Bewunderung den stattlichen Namen »Königliche Glanzfliege« gegeben hat!

Die Mücken und Fliegen führen uns eine dritte Variante der Rüsselbildung vor. Ein Blick auf den Querschnitt zeigt das Wesentliche am schnellsten (Abb. 25). Nicht weniger als drei ineinandergeschachtelte Rohre. Ganz innen das eigentliche Nahrungssaugrohr. Daneben das Speichelrohr, in dem Speichel nach außen fließt, um Nahrung, wie etwa jenes Stückchen Zucker des Kaffeetrinkers aufzulösen oder auch, um die Gerinnung des Wirtsblutes an der Einstichstelle der Stechmücke zu verhindern. Beide Röhren zusammen werden von einer dritten umschlossen. Die vergleichende Anatomie der Mundwerkzeuge hat herausge-

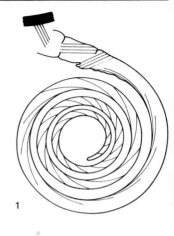

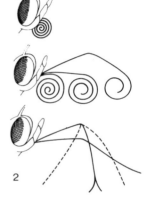

Abb. 28:
1 Schmetterlingsrüssel im Längsschnitt mit den Muskeln im Innern und
2 in verschiedener Haltung vor und während des Saugens.

11 Nektarsammeln und die Biomechanik des Schmetterlingsrüssels   91

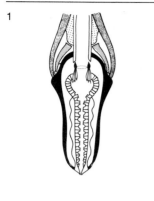

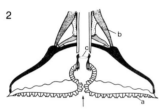

Abb. 29:
Verschiedene Stellungen des Fliegenrüssels:
*1* Ruhestellung;
*2* Filterstellung;
*3* Schabestellung, bei der die Zähnchen (∗) um die Rüsselöffnung freigestellt werden;
*4* Stellung, in der das Futter direkt in den Nahrungskanal aufgenommen wird.
*a* System feiner Kanälchen;
*b* Muskeln; *c* Mundöffnung.

funden, daß das Nahrungsrohr eine Spezialausgabe der noch vor den Oberkiefern gelegenen Oberlippe ist, das Speichelrohr auf den verlängerten Schlund zurückgeht und die dritte Röhre eine Bildung der Unterlippe darstellt.

Wo sind die Ober- und Unterkiefer geblieben? Bei den weiblichen Stechmücken finden wir sie als feinste Stechborsten wieder. Die Männchen brauchen sie nicht, da sie im Gegensatz zu ihren blutdürstigen Weibern friedlich Nektar saugen.

Für die Stubenfliege und ihre leckend-saugende Verwandtschaft (zu der auch die Schwebfliegen gehören) gilt das gleiche. Von den Kiefern ist nur mit Mühe noch etwas zu finden. Die von außen beherrschende Struktur ist das mächtig entwickelte Unterlippenrohr mit den beiden polsterförmigen Labellen am Ende. Wen auch das noch interessiert: Sie sind eine Sonderanfertigung der Unterlippentaster. Unter dem Mikroskop springen kunstvoll gestaltete Querrinnen und Kanäle ins Auge. Sie bilden ein raffiniertes System von Röhren, die nach außen geschlitzt, also offen sind und von harten Skelettringen so versteift werden, daß sie nicht kollabieren. Ihre feinen Enden messen nur einen Hundertstel Millimeter im Durchmesser. Die Fliege benützt dieses Röhrensystem zur Aufnahme der flüssigen Nahrung, also auch des Nektars. Die feinen Kanäle münden in größere Sammelkanäle und von dort wird die Nahrung durch die Schlundpumpe weiter in den Verdauungstrakt transportiert.

Das Fliegenlabellum ist voll besetzt mit Sinnesorganen, die Auskunft über die mechanische Konsistenz der Nahrung, vor allem aber über ihre chemische Zusammensetzung geben. Rund zweihundertfünfzig lange Haare fallen besonders auf. Sie sind allesamt innerviert und sagen der Fliege beispielsweise, wie konzentriert der Nektar ist, in den sie ihren Rüssel getaucht hat. Davon berichtet das Kapitel 22 ausführlicher.

Auf der Innenseite der Labellen, um die Mundöffnung herum, stehen Zähnchen. Mit ihnen läßt sich der Pollen aus der Blüte kratzen und mit Raspelbewegungen ein größerer Nahrungsbrokken zerkleinern. Damit noch nicht genug! Die Fliege kann ihre Labellen auf ganz unterschiedliche Weise aufsetzen: je nach dem Ausmaß der Labellenspreizung zum Filtern flüssiger Nahrung, zu ihrer Aufnahme mit dem oben genannten Röhrensystem oder aber zum direkten Aufsaugen mit der Mundöffnung (Abb. 29).

## Die Rangliste der Saugrüssel

Die Länge eines Saugrüssels spielt im Hinblick auf den Bau der Blüten und die oft verborgene Lage ihres Nektars eine große Rolle. Sie entscheidet wesentlich mit über die Auswahl derjenigen Blüten, die ein Insekt ausbeuten kann, sieht man einmal von den Fällen ab, wo der Nektar offen daliegt.

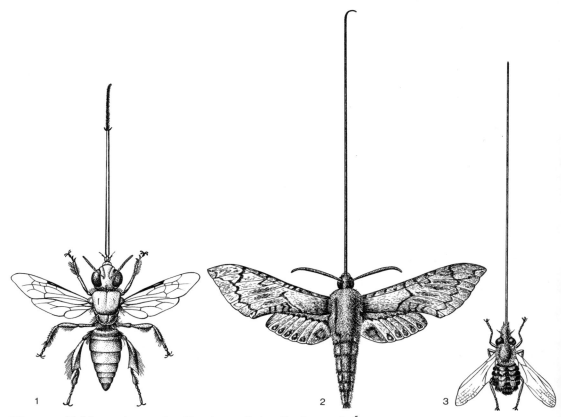

Abb. 30:
Besonders lange Saugrüssel.
*1* südamerikanische Prachtbiene *(Euglossa cordata)*;
*2* südamerikanischer Schwärmer *(Cocytius antaceus)*;
*3* südafrikanische Netzfliege *(Megistorhynchus longirostris)*.

Ein paar Zahlen zeigen schnell, wie groß das Spektrum ist[5].

Hautflügler *(Hymenoptera)* – Arbeitertiere
    Honigbiene *(Apis mellifera)*     6,5 mm
    Furchenbiene *(Halictus ssp.)*     1,5–6 mm
    Pelzbiene *(Anthophora pilipes)*     19–21 mm
    Erdhummel *(Bombus terrestris)*     8–9 mm
    Gartenhummel *(Bombus hortorum)*     14–16 mm

Schmetterlinge *(Lepidoptera)*
    Kohlweißling *(Pieris brassicae)*     16 mm
    Taubenschwänzchen *(Macroglossum stellatarum)*     25–28 mm
    Ligusterschwärmer *(Sphinx ligustri)*     37–42 mm
    *Cocytius cluentis*     250 mm

Zweiflügler *(Diptera)*
    Schwebfliege *(Syrphus)*     2–4 mm
    Schlammfliege *(Eristalis)*     4–8 mm
    Hummelschwebfliege *(Volucella bombylans)*     8 mm
    Wollschweber *(Bombylius discolor)*     10–12 mm

Die Honigbiene ist keineswegs der Star; dieses Prädikat gebührt den Schmetterlingen und unter diesen besonders den Schwärmern *(Sphingidae)*. Sie warten mit gewaltigen Rüssellängen auf

11 Nektarsammeln und die Biomechanik des Schmetterlingsrüssels 93

und stellen auch die Rekordhalter mit Rüsseln bis zu fünfundzwanzig oder gar dreißig Zentimetern Länge: *Cocytius cluentis* aus Südamerika und *Xanthopan morgani* aus Madagaskar.

*Xanthopan* hat den Beinamen »der Vorhergesagte«, *forma praedicta,* erhalten. Dahinter steckt Charles Darwin. Lange nämlich war den Botanikern die Orchidee *Angraecum sesquipedale* aus der feuchten Hitze der madegassischen Urwälder ein unverständliches Produkt der Natur. Sie hat einen zwanzig bis dreißig Zentimeter langen Sporn, der am Ende Nektar enthält. Ein Tier, das diese Nahrungsquelle hätte nutzen können, war den erstaunten Botanikern nicht bekannt. Als man Darwin um die Mitte des letzten Jahrhunderts die großen elfenbeinfarbigen Blüten zeigte, prophezeite er den Botanikern ein Insekt, dessen Rüssel lang genug sei, um den Nektar am Grunde des Sporns zu erreichen. Vierzig Jahre später wurde *Xanthopan morgani*, der Vorhergesagte, entdeckt. Es ist sehr wahrscheinlich, daß er diese Orchidee ausbeutet und dabei bestäubt. Darwin hatte die komplexen Zusammenhänge eines Prozesses erkannt, den wir heute als Co-Evolution bezeichnen, und war damit den meisten seiner Zeitgenossen weit voraus (siehe Kapitel 30).

In unseren Breiten gibt es keine vergleichbar langen Rüssel. Selbst der stattliche Rüssel des Taubenschwänzchens mißt mit fünfundzwanzig Millimetern nur den zehnten Teil davon. Dennoch ist er mächtig, verglichen mit dem nur sechseinhalb Millimeter langen Rüssel der Honigbiene, die sogar noch von allen unseren Hummeln und vielen Wollschwebern übertroffen wird.

Ausnahmen innerhalb der Bienenverwandtschaft sind die Prachtbienen *(Euglossinae)* der südamerikanischen Tropen. Sie fliegen mit einem bis zu dreißig Millimeter langen, immer ausgestreckten Rüssel herum (Abb. 30, Tafel 35 und Kapitel 23.)

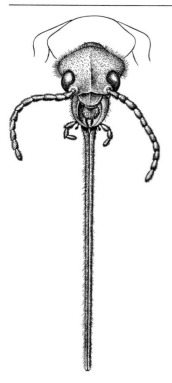

Abb. 31:
Ein seltener Fall: ein Käfer mit einem langen Rüssel zum Saugen von Nektar aus tiefen Blüten *(Nemognatha).*

## Nektar und Honig

»Die Wabe entsteht aus den Blüten, den Wachsüberzug tragen sie aus dem Harz der Bäume herbei, der Honig, den sie bringen, fällt aus der Luft, besonders um die Anfangszeit gewisser Sternbilder und wenn ein Regenbogen sich über die Erde gespannt hat.«

Wenn man von Nektar spricht, dann hat man meist auch schon den Honig im Sinn, und beide Begriffe werden oft, aber zu Unrecht synonym verwendet. Honig ist das, was die Bienen aus dem Nektar machen. Er fällt nicht aus der Luft, wie Aristoteles fälschlich im fünften Buch seiner Tierkunde annahm. Wie machen sie aber den Honig?

Der erste Schritt dazu ist recht unappetitlich. Die Biene erbricht den gesammelten Nektar aus ihrer Honigblase (eigentlich müßte man Nektarblase dazu sagen) (Abb. 32). Stockgenossinnen nehmen das Erbrochene behende auf, um es ebenso wieder

94    Das Sammelgeschäft

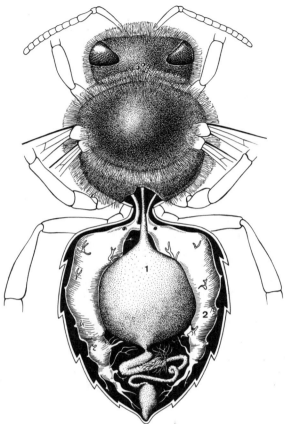

Abb. 32:
Eine Hummel mit aufgeschnittenem Hinterleib.
*1* der Honigmagen, mäßig gefüllt;
*2* Luftsäcke des Atmungssystems.

von sich zu geben. Sie setzen den Nektar wieder und wieder der warmen Stocktemperatur aus, das Wasser verdunstet langsam, und so dickt der Nektar ein. Schließlich wird er in offenen Honigzellen der Bienenwabe abgelagert. Eine Drüsenabsonderung hat den Rohrzucker des Nektars inzwischen in Trauben- und Fruchtzucker gespalten. Ist der Honig reif, so verdeckeln die Bienen die Honigzellen mit einer dünnen Wachsschicht.

Ein wenig Wahrheit steckt doch in der Behauptung des Aristoteles, der Honig komme aus der Luft. Neben dem Blütenhonig gibt es den Blatt- und Waldhonig. Sein Ausgangsstoff ist nicht der Nektar, sondern Honigtau, der – wie aus der Luft gefallen – die Nadeln und Blätter von Bäumen bisweilen sehr reichlich bedeckt. Seine Herkunft mag dem Ästheten wieder wenig appetitlich erscheinen: Exkremente von Schild- und Blattläusen. Sie stechen die Leitungsbahnen der Pflanzen an, saugen den zucker- und eiweißreichen Saft und geben die Überschüsse chemisch verändert ab. Die Bienen holen sich diese Ausscheidungen.

Auch das Manna der Bibel, das Brot, das Gott den Juden auf ihrem Wüstenzug vom Himmel regnen ließ, ist Honigtau gewesen, vor allem von Schildläusen, die auf einer Tamariskenart leben.

# 12 Insekten sehen Farben

Die Krone ist (sehr wenige Arten ausgenommen) gefärbt,
d. i. anders gefärbt, als grün, damit sie gegen die grüne Farbe
der Pflanzen stark absteche.

*Christian Konrad Sprengel »Das entdeckte Geheimnis der Natur«,
1793*

Das fahle Gelb der ersten Schlüsselblumen am Waldrand, ein Regenbogen von Farben in der Frühlingswiese, das strahlende Blau der Kornblumen vor dem Gold des reifen Getreidefeldes – wer könnte sich der Vorstellung entziehen, die Buntheit der Blumen müsse doch wohl auch von den Insekten wahrgenommen werden! Umgeben die Blumenblätter nicht wie bunte Fahnen die Geschlechtsorgane, um den Insekten den Weg zum Futter und zur Bestäubung zu weisen?

»Daß die meisten Blumen Saft absondern, und daß dieser Saft gegen den Regen gesichert ist, würde den Insekten nichts helfen, wenn nicht zugleich dafür gesorgt wäre, daß sie dieses ihnen bestimmte Nahrungsmittel leicht finden können. Die Natur, welche nichts halb thut, hat auch in diesem Punkt die zweckmäßigsten Anstalten getroffen. Erstlich hat sie dafür gesorgt, daß die Insekten die Blumen schon von weitem gewahr werden, entweder durch das Gesicht, oder durch den Geruch, oder durch beyde Sinne zugleich. Alle Saftblumen sind deswegen mit einer Krone geziert, und sehr viele duften einen Geruch aus, welcher den Menschen mehrentheils angenhm, oft unangenehm, zuweilen unausstehlich, den Insekten aber, für welche ihr Saft bestimmt ist, jederzeit angenehm ist. Die Krone ist (sehr wenige Arten ausgenommen) gefärbt, d. i. anders gefärbt, als grün, damit sie gegen die grüne Farbe der Pflanzen stark absteche.« So steht's schon bei Christian Konrad Sprengel[16].

Alle Plausibilität kann allerdings den Beweis des Farbensehens der Insekten nicht ersetzen. Zudem ist auch gar nicht zu ermessen, ob die Insekten Farben so wie wir Menschen sehen oder aber vielleicht ganz anders. Für den Geruch, von dem spätere Kapitel handeln, gilt Entsprechendes.

Verfolgen wir, wie sich die Experimente zu diesen Fragen des Farbensehens und damit auch die Antwort auf sie im Verlauf dieses Jahrhunderts verfeinert und präzisiert haben. Dabei läßt sich eine Menge über die Problematik selbst lernen.

Im Jahre 1910 beschreibt Sigmund Exner, Professor der Physiologie an der Universität Wien, in einer Arbeit über die physikalischen Grundlagen der Blütenfärbungen einen recht einfachen Versuch[5]. Er soll selber zu Wort kommen:

»Es war an einem mit zahlreichen Blumen und niedrigem Gebüsch bedeckten Bergabhang, an dem sich allerlei Insekten herumtummelten, von Blüte zu Blüte fliegend, wo ich mir den Spaß machte, dieselbe durch verknüllte Schnitzelchen farbigen Papiers zu täuschen, indem ich solche Farbe wählte, wie sie näherungsweise einer der vielen dort blühenden Blumen entsprach und das Schnitzelchen an einem Grashalm oder dergleichen befestigte. Ein Insekt, von einer dieser Blumen zur anderen fliegend, nahm verhältnismäßig häufig seinen Weg nach meinen Schnitzelchen, augenscheinlich getäuscht. Soviel ich mich erinnere, hat es sich nie auf das Papier gesetzt, ist aber bis auf Zentimeter nahe gekommen, vielleicht auch auf Bruchteile eines Zentimeters. Diese Täuschungen können nur durch die Farbe bedingt gewesen sein.«

Schon lange vorher waren sich die Imker über die Farbentüchtigkeit der Bienen einig: Es ist eine alte Gewohnheit, Bienenstöcke – vor allem, wenn sie dicht nebeneinander stehen – farbig zu markieren, um den Bienen das Heimfinden zu ihrem Volk zu erleichtern. Und es gab darüber hinaus zur Zeit Exners schon eine Reihe guter Indizien für das Farbensehen der Biene. Aber es gab auch Gegenstimmen: Die berühmteste war wohl die des Direktors der Münchener Augenklinik, Carl von Hess. Aufgrund einer ganzen Reihe von Versuchen hielt er Fische und alle wirbellosen Tiere für farbenblind. Sein wichtigster Befund war eine Übereinstimmung der relativen Reizwerte der verschiedenen Spektralbereiche mit der entsprechenden Kurve der Helligkeitsverteilung der Spektralfarben beim total farbenblinden Menschen.

## Der erste experimentelle Beweis

In dieser Zeit (1914) hat der damals erst achtundzwanzigjährige Karl von Frisch, Nobelpreisträger des Jahres 1973, den ersten eindeutigen Beweis des Farbensehens für Bienen erbracht und anläßlich einer Tagung der Deutschen Zoologischen Gesellschaft in Freiburg experimentell vorgeführt[6]. Das Ergebnis war eindeutig und stand in klarem Widerspruch zu dem weltberühmten Geheimrat Carl von Hess: Die Bienen sehen wirklich die Farben und nicht die Helligkeitsunterschiede.

Karl von Frisch hat geschickt den Umstand der Blütenstetigkeit der Bienen ausgenützt beziehungsweise ihre Dressierbarkeit, für welche sie die Grundlage ist: Sammelbienen fliegen nicht wahllos von einer Blütensorte zur nächsten; vielmehr bleiben sie bei der gewohnten Sorte, bis sie dort keine Nahrung mehr finden ..., um sich erst dann angeregt vom Tanz einer Sammlerin aus einer anderen Gruppe desselben Volkes (siehe Kapitel 27) einer neuen zuzuwenden. Schon zwei Tage vor der genannten Zoologentagung hat von Frisch begonnen, seine Bienen auf einem schachbrettartig gemusterten Tisch mit Zuckerwasser zu füttern. Das Futterschälchen stand zunächst auf einer blauen Unterlage, umgeben von Grauabstufungen verschiedenster Helligkeit zwischen Schwarz und Weiß. Nach ausreichender Dressur flogen die Bienen auch dann zu dem blauen Papier, wenn dessen Platz auf dem »Schachbrett« verändert und gar kein Futter mehr zu finden war. Zur Absicherung gegen geruchliche Wahrnehmung kann man den ganzen Tisch mit einer Glasplatte abdecken und selbstverständlich hat der junge Karl von Frisch damals dafür gesorgt, daß die bloße Anwesenheit des Futterschälchens nicht als Landemarke dienen konnte: Während des Farbtests stand auf jedem Feld ein Schälchen, leer und gereinigt. Im übrigen wechselte von Frisch schon bei der Andressur alle zwanzig Minuten die Lage des Blaufeldes, um eine Ortsdressur zu vermeiden.

In anderen Experimenten zeigte sich, daß die Bienen nicht auf die Graufelder dressiert werden können, auch nicht auf ein weißes oder ein schwarzes. Die zwingende Folgerung: Sie sehen und erkennen das blaue Feld wirklich farbig und nicht bloß als Helligkeitsstufe. Und es ist damit auch der Einwand entkräftet, das Helligkeitsunterscheidungsvermögen der Bienen sei so gut, daß die Helligkeiten der Graustufen noch zu weit auseinanderlägen, also keine der gebotenen Graustufen dem Farbpapier wirklich helligkeitsgleich war und es sich um eine Helligkeitsdressur handelte.

In dieser ersten Epoche des Experimentierens schienen die Bienen allerdings im Vergleich zum Menschen schlechte Farbenseher zu sein. Orangerote, gelbe und gelbgrüne Farbpapiere verwechselten sie untereinander ebenso wie blaue, violette und purpurrote. Schließlich konnten sie rein rote Farbpapiere und schwarze oder dunkelgraue nicht auseinanderhalten, erwiesen sich also als rotblind.

In seinen »Erinnerungen eines Biologen« schreibt Karl von Frisch 1962 über den vorgenannten Professor Sigmund Exner, der sein berühmter Onkel war, voller Bewunderung[8]: »Das Wichtigste aber habe ich von Sigmund Exner selbst gelernt: sauberes Experimentieren und Vorsicht bei den Schlußfolgerungen.« An anderer Stelle beschreibt er anschaulich Exners Hilfe bei den Bienenversuchen. »In den Sommerferien 1913 wollte ich aber die Arbeit zum Abschluß bringen. Ich hatte in Brunnwinkel zeitweise an vier Stellen gleichzeitig Dressuren in Gang, wobei ich von früh bis abends in der Runde herumsauste, um sie überall in Fluß zu halten. Das konnte ich alleine machen. Aber bei den Versuchen mußten, nach entsprechender Vorbereitung, alle Bienen, die sich auf die verschiedenen Papiere setzten, genau gezählt werden. Dazu waren Hilfskräfte nötig, und da bewährte sich die Familienkolonie von einer neuen Seite. Die graubärtigen Onkel Franz und Sigmund Exner stellten sich willig zur Verfügung. Bessere und zuverlässigere Beobachter hätte ich mir nicht wünschen können.«

## Das Spektrum der Farben

Etwa ein Jahrzehnt nach diesem Sommer hat der Zoologe Alfred Kühn zusammen mit dem Physiker Robert Pohl[12,13] die Methodik des Dressurversuches entscheidend verbessert und besonders die Grenzen des für die Biene sichtbaren Spektrums ausgelotet. Seine Dressurfarben waren im Gegensatz zu den bisher verwendeten Pigmentpapieren nach ihrer Wellenlänge sehr gut definiert – entweder Linien eines Quecksilberspektrums oder klar begrenzte Ausschnitte aus einem kontinuierlichen, optisch reinen Spektrum.

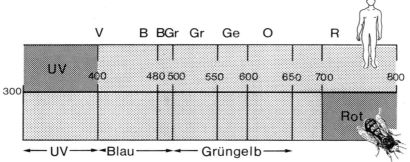

Abb. 33:
Farbensehen – zum Vergleich das Spektrum der für den Menschen und die Biene sichtbaren Wellenlängen. Der Mensch sieht im Gegensatz zur Biene nicht im Ultraviolett *(UV)*, die Biene im Gegensatz zum Menschen nicht im Rot *(R)*.
*V* violett, *B* blau, *BGr* blaugrün, *Gr* grün, *Ge* gelb, *O* orange.
Die Zahlen geben die Wellenlängen des Lichtes in Nanometer an.

Das Resultat: Das von den Bienen gesehene Farbspektrum ist etwa so breit wie das unsrige, jedoch zur Kurzwelligkeit hin verschoben. Die Biene ist also tatsächlich rotunempfindlich (Rot liegt am langwelligen Ende unseres Spektrums); sie sieht aber weit in den ultravioletten Bereich hinein (Ultraviolett liegt jenseits vom kurzwelligen Ende unseres Spektrums) (Abb. 33). Dieser Unterschied führt dazu, daß die Biene die bunte Welt der Blumen zwar bunt, aber doch ganz anders sieht als wir. Davon hören wir noch ausführlich im Kapitel 14.

Hier soll zunächst noch ein Blick auf andere Insekten geworfen werden; schließlich sind die Bienen nicht die einzigen Blütenbesucher.

## Wollschweber und Taubenschwänzchen

Zwischen 1921 und 1926 hat Fritz Knoll[9] in den Abhandlungen der Zoologisch-Botanischen Gesellschaft (Wien) eine Reihe von sehr ausgedehnten Versuchen mit einem Wollschweber *(Bombylius fuliginosus)* und dem Taubenschwänzchen *(Macroglossum stellatarum)* veröffentlicht. Der Wollschweber gehört wie die Stubenfliege zu den Zweiflüglern und heißt wegen seines pelzigen und gedrungenen Aussehens auch Hummelfliege. Draußen fällt er dem Beobachter sogleich auf, wenn er wie eine Schwebfliege in der Luft stehenbleibt. Das Taubenschwänzchen ist ein Schmetterling, ein Tagschwärmer, der anders als die meisten seiner Verwandten bei hellstem Sonnenschein fliegt.

Zuerst zum Wollschweber: Mit seinem langen Saugrüssel, den wir auch im Flug sehen, weil er ihn nicht einklappen oder zurückziehen kann, holt er den Nektar bevorzugt aus gelben, blauen und violetten Blüten. Fritz Knoll hat viele seiner Versuche in der Macchie der süddalmatinischen Küste durchgeführt, besonders mit der dunkelblau blühenden Traubenhyazinthe *(Muscari racemosum)*. Da er sich für die mögliche Fernwirkung der Blütenfarbe bei der Anlockung des Wollschwebers interessiert hat, mußte er zuerst zeigen, daß nicht der intensive Duft der Traubenhyazinthe das entscheidende Signal ist. Schnell stellte sich heraus, daß der Wollschweber nicht nur dann geradlinig von Blüte zu Blüte fliegt, wenn er es im duftgeschwängerten Gegenwind tut. Wie bei den Bienen und Hummeln ist die Windrichtung dabei ohne Belang. *Bombylius* fliegt außerdem auch duftlose blaue Papierschnitzelchen an – und nicht andersfarbige –, wenn er gerade dabei ist, an Traubenhyazinthen zu saugen. Und schließlich hat Knoll Glasröhrchen über die Blumen gestülpt. Der Wollschweber kreiste um das Röhrchen gerade auf Höhe der blauen Blüten; er kriecht nicht etwa von unten in das Röhrchen hinein, falls es dort offen ist und den Blütenduft herausläßt. Benützte Knoll ein gelbgefärbtes Farbfilter-Glasröhrchen für denselben Versuch, dann kümmerte sich *Bombylius* überhaupt nicht darum, auch wenn es unten offen war.

Das Fazit: Hier ist optische *Fern*wirkung im Spiel, nicht dagegen chemische. Duft ist für die *Nah*orientierung wichtig (Kapitel 29).

Knoll hat auch die Grautafelversuche von Frischs mit einem Blaupapier erfolgreich auf den Wollschweber ausgedehnt, und zwar auf solche Individuen, die zuvor offenbar von der Natur selber auf das Blau der Traubenhyazinthe dressiert waren (Abb. 34).

Auch das Taubenschwänzchen wird optisch von Blüten aus der Ferne angelockt. Dies geht zunächst wieder aus Versuchen mit Blüten unter der Glasglocke hervor. Dann auch aus Grautafelver-

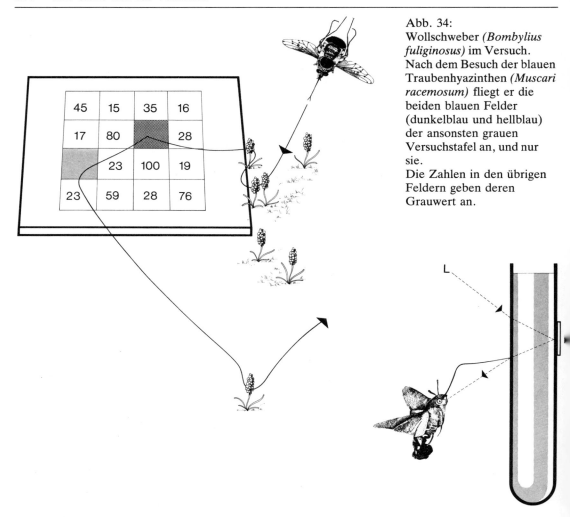

Abb. 34:
Wollschweber *(Bombylius fuliginosus)* im Versuch. Nach dem Besuch der blauen Traubenhyazinthen *(Muscari racemosum)* fliegt er die beiden blauen Felder (dunkelblau und hellblau) der ansonsten grauen Versuchstafel an, und nur sie.
Die Zahlen in den übrigen Feldern geben deren Grauwert an.

Abb. 35:
Taubenschwänzchen *(Macroglossum stellatarum)* im Versuch. Es fliegt ein mit farbiger Flüssigkeit gefülltes Reflektorröhrchen an und bringt seine Rüsselspitze dabei an die Stelle des austretenden Lichtstrahls *(L Lichtquelle; R Reflektor).*

suchen Knolls: Er benutzte dazu Tiere, die vorher an Blüten des Leinkrautes *(Linaria vulgaris)* saugten, vermutlich also auf Gelb dressiert waren. Bot er unter verschiedenen Graustufen je ein Orange-, Gelb- und Blaupapier, so flogen sie fast nur auf Gelb. Also auch hier ein geglückter Nachweis des Farbensehens. Im Labor hat ihn Fritz Knoll mit gefangengehaltenen Taubenschwänzchen an farbigen Kunstblumen, mit Hilfe von Farblösungen in Glasröhrchen (Abb. 35) und sogar mit Spektrallichtern präzisieren können. Sein Fazit: Die Tiere können ganz ähnlich wie die Bienen und Wollschweber zwei große Farbgruppen unterscheiden, innerhalb derer sie aber benachbarte Töne verwechseln; eine Blaugruppe mit reinem Blau, Indigo, Violett und Purpur und eine Gelbgruppe mit reinem Gelb, rötlichem Gelb, grünlichem Gelb und Gelbgrün. Eine weitere auffällige Ähnlichkeit zu den Bienen ist ihre Rotblindheit und damit ihre Unfähigkeit, Rot und Schwarz zu unterscheiden.

## Rotblindheit und Ultraviolettsichtigkeit

Diese Rotblindheit ist auch für Hummeln[10,11] und Wespen[20,3,14] nachgewiesen. Die Deutsche Wespe *(Paravespula germanica),* wohlvertraut als ungeladener Gast jeder Zwetschgenkuchenrunde im Freien, kann Gelb und Blau voneinander unterscheiden. Sie sieht außerdem Ultraviolett; also wieder eine weitgehende Übereinstimmung mit dem Farbensinn der Honigbiene.

Wir können heute getrost festhalten, daß die Rotblindheit eine typische Eigenart der Insekten ist. Allerdings: Ein Naturgesetz ist dies nicht und wie immer in der Biologie muß man auf Ausnahmen, auf Spezialanpassungen, auf »Spielerei der Natur« gefaßt sein, was so oft so falsch als unwichtige Kuriosität des Belebten betrachtet wird und doch so elementar wichtig für den Prozeß Evolution war und ist (Kapitel 30).

Im Auge der Libellenlarve *(Aeschna cyanea)* haben Hansjochem Autrum und Gertrud Kolb von der Universität München[1] rotempfindliche Sinneszellen gefunden. Auch für die in den Tropen der Neuen Welt heimischen Schmetterlinge der Gattung *Heliconius* und *Papilio troilus,* einen Verwandten unseres Schwalbenschwanzes, liegen Beweise für Rotsichtigkeit vor[17-20]. Unser Kohlweißling *(Pieris brassicae)* kann Rot von Grau unterscheiden und wenn er auf Nahrungssuche ist, dann fliegt er spontan auf rote, gelbe und blauviolette Blüten. Und neuerdings hat Gary Bernard[3] von der berühmten Yale University für neun von siebzehn untersuchten Schmetterlingsarten aus vier Familien Rotsichtigkeit sehr wahrscheinlich machen können.

Sicher werden weitere Untersuchungen an anderen Insekten noch mehr Rotsichtige ans Licht bringen. Dennoch: Das andere Ende des Farbenspektrums der Insekten, das Ultraviolett, ist sicher wichtiger. Daß es – im Gegensatz zum menschlichen Sehen – wahrgenommen wird, ist inzwischen für eine Fülle verschiedenster Arten gezeigt worden (Kapitel 13). Oftmals ist die Empfindlichkeit in diesem Wellenlängenbereich sogar besonders groß. Bei den blütenbesuchenden Insekten hat sie eine wichtige Entsprechung an der Blüte: UV-Male zur optischen Nahorientierung sind weit verbreitet. Uns selbst sind diese Zeichen auf der Blüte verborgen. Für die Insekten aber sind sie so etwas wie Wirtshausschilder, die zu einer Mahlzeit führen, die selber weder optisch noch durch Duft auf größere Entfernung zu erkennen ist (Kapitel 15).

# 13 Sehzellen zerlegen das Spektrum

Die Wissenschaft kommt nur im Zottelschritt vom Fleck.
Aber wo bliebe schon ihr unvergänglicher Reiz, wenn man mit einem Sprung am Ende aller Weisheit stünde.

*Karl von Frisch »Erinnerungen eines Biologen«, 1962*

Obgleich letztlich nur im Verhaltensexperiment gezeigt werden kann, ob ein Tier Farben wahrnimmt oder nicht und damit Leistungen des Gehirns wesentlich in die Betrachtung mit eingehen, hat doch die Untersuchung der Eingangspforte, des Auges, mit den modernen Methoden der Neurobiologie ganz wesentliche Fortschritte im Verständnis der Mechanismen des Farbensehens erbracht. Gerade das Studium der einzelnen Sehzellen hat auf elegante Weise gezeigt, daß die »angewandten« Prinzipien quer durch das Tierreich erstaunlich einheitlich sind. Unter dem Zwang der gleichen physikalischen Gegebenheiten des Lichtes haben sich in der Evolution offenbar mehrmals und unabhängig voneinander die gleichen »Tricks« durchgesetzt.

Die Leistung ist enorm: Der Mensch kann, wenn er nicht gerade farbenblind ist, Millionen von Farben und Farbschattierungen unterscheiden[1]. Und die Honigbiene, die mittlerweile eines der am besten untersuchten Objekte der Sehphysiologie ist, steht ihm an Farbtonunterscheidungsfähigkeit zumindest in ihrem empfindlichsten Spektralbereich (Blaugrün-Grün) kaum nach[5].

Alle diese Farben sind, wenn sie auf das Auge treffen, noch keine Farben, sondern Wellenlängen beziehungsweise Wellenlängengemische. Also besitzt das Auge, könnte man denken, für jedes Wellenlängengemisch einen eigenen Empfänger. Dem ist nicht so. Vielmehr löst das Auge das Problem viel ökonomischer und raffinierter. Es kommt mit drei Typen von Empfängern aus, Sehzellen, die das Licht gewissermaßen in drei Komponenten zerlegen. Ihre Sehpigmente absorbieren jeweils verschiedene Bereiche des Spektrums besonders stark.

Das Gehirn verarbeitet die von diesen drei Sehzelltypen kommenden Botschaften und setzt gewissermaßen die Komponenten wieder zusammen. All unsere subjektiven Farbempfindungen werden vom relativen Anteil der drei Komponenten und dem, was das Gehirn daraus macht, bestimmt.

## Das trichromatische Farbensehen

Thomas Young, der geniale Engländer – Sprachengenie, Arzt, Physiker und Entzifferer ägyptischer Hieroglyphen – hat einen solchen Mechanismus schon 1801 angenommen. Hermann von Helmholtz, der große deutsche Physiologe des 19. Jahrhunderts, der auch die Erforschung der Mechanismen des Hörens wie kein anderer befruchtet hat, kann die Vermutung Youngs bei Untersuchungen über Anomalien des menschlichen Farbensehens und die farbigen Nachbilder im Auge bestätigen. Er unterschied die folgenden drei Typen von Sehzellen im Auge: Typ 1 – mit besonderer Empfindlichkeit für langwelliges Licht (Rot bis Grün); Typ 2 – mit besonderer Empfindlichkeit für Licht mittlerer Wellenlänge (Orange bis Blaugrün) und Typ 3 – für kurzwelliges Licht (Gelbgrün bis Violett). Nach Helmholtz geht die selektive Reizung von Typ 1, 2 und 3 mit den Farbempfindungen Rot, Grün und Violett einher.

Seit den frühen siebziger Jahren wissen wir, daß es in der Tat drei Sorten von farbtüchtigen Sehzellen im menschlichen Auge gibt. Wegen Unterschieden ihres Sehpigmentes sind sie in drei verschiedenen Bereichen des Farbspektrums besonders empfindlich: im Gelbbereich (bei ca. 570 nm), im Grünbereich (bei ca. 530 nm) und im Blaubereich (bei ca. 440 nm). Das Nanometer (nm) ist eine physikalische Einheit, welche die Wellenlänge des Lichtes beschreibt. Ein Nanometer ist gleich dem Millionstel eines Millimeters.

Zurück zur Biene! Abgesehen von der Verschiebung des sichtbaren Spektrums ins Kurzwellige (UV-Sichtigkeit, Rotblindheit) erstaunen nicht die Unterschiede, sondern die Gemeinsamkeiten zum menschlichen Auge.

Es war ein aufsehenerregender Erfolg, als es dem Zoologen Hansjochem Autrum, der Karl von Frisch auf dessen Münchener Lehrstuhl gefolgt war, Anfang der sechziger Jahre zusammen mit seiner Mitarbeiterin Vera von Zwehl[2] erstmals gelang, die schon lange theoretisch geforderten Farbanalysator-Eigenschaften einzelner Sehzellen im Bienenauge direkt nachzuweisen. Dazu bedurfte es einer langen technischen Vorbereitung und der Entwicklung feinster Methoden, galt es doch, mit einer Mikrokapillare mit einem Spitzendurchmesser von höchstens einem Tausendstel Millimeter eine Sehzelle anzustechen, die selber nur rund sieben Tausendstel Millimeter im Durchmesser mißt und den Versuch möglichst lange überleben soll.

Um zu verstehen, weshalb man das tut, muß man wissen, daß über der Membran einer Sinneszelle eine elektrische Spannung von ungefähr siebzig Millivolt (innen negativ) liegt. Reizen wir die Sinneszelle durch Belichtung des Auges, dann ändert sich diese Spannung. Im Falle des Bienenauges wird sie um so kleiner, je stärker, also je heller, der Lichtreiz ist (Abb. 56). Die erwähnte Mikrokapillare ist ein am Ende fein ausgezogenes Glasröhrchen. Die Physiologen füllen es mit einer Kaliumchloridlösung oder einer anderen elektrisch leitenden Flüssigkeit und können dann die Spannung über der Zellmembran und ihre Änderungen messen. Experimentelle Schwierigkeiten bei solchen elektrophysiologischen Arbeiten sind unter anderem die Herstellung der Elektroden, ihr feingezielter Einstich in die Zelle mit Hilfe eines Präzisions-Mikromanipulators und die Vermeidung winzigster Erschütterungen. Und natürlich die physikalisch einwandfreie Reizung. Kein Wunder also, daß es mitunter Jahre dauert, bis solche Experimente erstmals gelingen und dem Zoologen, der sich daran versucht, die Zusammenarbeit mit Physikern, Elektronikern und nicht zuletzt einer hochqualifizierten feinmechanischen Werkstatt wichtig ist.

Vieles, was vor zwanzig Jahren noch außerordentlich mühsam war, ist heute aufgrund neuer technischer Hilfsmittel und der breiten Weiterentwicklung des technischen Know-How einfacher geworden. Damals war es eine aufregende Pionierleistung. Ich entsinne mich noch sehr gut an den Tag, an dem ich zum ersten Mal ein derartiges Experiment zu sehen bekam. Ich hatte kaum mit dem Studium in München begonnen und war überglücklich, als der große Meister, Hansjochem Autrum, der später mein Doktorvater werden sollte, dem jungen unwissenden Studenten die Tür zum Heiligsten öffnete. Der Raum war dunkel, ich durfte nur mit sanften Schritten gehen, ab und zu blitzte ein farbiges Licht auf. Ein Berg von Apparatur. Was konnte es Spannenderes geben, auch wenn von der Biene, nein, dem abgetrennten Bienenkopf, kaum etwas zu sehen war.

Um die Eigenschaften der Sehzellen als Farbanalysatoren herauszubekommen, reizten Autrum und seine Mitarbeiter das Auge mit monochromatischen, also reinen Spektrallichtern. Sie mußten objektiv gleiche Intensität haben. Dies ist entscheidend für die Aussagekraft des Experimentes, weil es ja um die Wirkung allein der Wellenlänge geht und nicht um die der Intensität. Die Höhe der über der Zellmembran gemessenen Spannungsschwankung zeigt die spektrale Empfindlichkeit der Sehzelle an. Sie ist dann am größten, wenn das Reizlicht eine Wellenlänge hat, die vom Sehpigment am stärksten absorbiert wird.

Das Resultat: Über 50 Jahre nach dem Postulat von Thomas Young über die Zerlegung des Wellenlängenkontinuums in mehrere Eingänge ist die Verschiedenartigkeit der Farbsehzellen im Bienenauge direkt nachgewiesen. Es fanden sich zunächst vier Zelltypen, aber spätere Untersuchungen, darunter auch Dressurversuche, lassen sich zwanglos unter der Annahme einer Beteiligung von nur drei Sinneszelltypen am farbauswertenden System der Biene verstehen (Abb. 36)[4,5,10]:

Abb. 36:
Der Farbensinn der Honigbiene – eine Gegenüberstellung der Reizwirksamkeit von Licht unterschiedlicher Wellenlänge im Verhalten (oben), der Empfindlichkeit der drei Sehzellentypen (Mitte) und der im Verhaltensversuch bestimmten Fähigkeit zur Unterscheidung von Wellenlängen (unten).

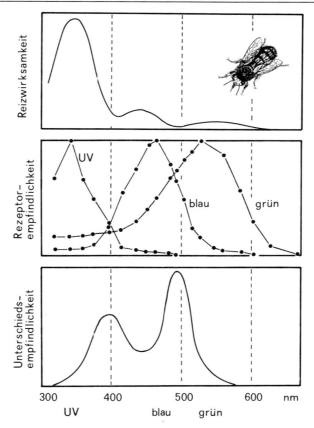

Typ 1 – UV Receptor (340 nm);
Typ 2 – Blaureceptor (463 nm);
Typ 3 – Grünreceptor (530 nm).

Es liegt also in der Tat das angenommene trichromatische System vor.

## Das Unterscheiden von Farbtönen

Die Übereinstimmung mit den im vorigen Kapitel beschriebenen Verhaltensbeobachtungen ist frappant. UV-Sichtigkeit und Rotblindheit erklären sich bereits auf der Ebene der Eingangspforten mit dem Vorhandensein beziehungsweise dem Fehlen des entsprechenden Sehzellentyps. Eine Analyse des Freiburger Zoologen Otto von Helversen aus dem Jahre 1975[5] zeigt noch wesentlich mehr. Von Helversen hat in Erweiterung der älteren Arbeiten von Alfred Kühn[8,9] und Karl Daumer[4] mit Dressurversuchen eine sehr präzise Antwort auf die Frage gefunden: In welchen Spektralbereichen kann die Biene wie gut Farbtöne unterscheiden? Naturnäher formuliert: Wie gut kann die Biene Blütenfarben unterscheiden?

Um dies herauszubekommen, hat von Helversen die Biene auf eine Spektralfarbe dressiert, die Alternativwellenlänge schrittweise der Dressurwellenlänge angenähert, und dann die Verwechslungshäufigkeit von Dressur- und Testfarbe bestimmt (Abb. 36). Die Biene unterscheidet Dressur- und Testfarbe besonders gut an zwei Stellen des Spektrums: im Violettbereich (um 400 nm) und im Blaugrünbereich (um 500 nm). Sie kann es besonders schlecht an den drei Stellen, an denen die drei Sehzelltypen besonders empfindlich sind. Dafür gibt es eine plausible Erklärung: Zwei Farben können erst dann unterschieden werden, wenn mindestens zwei Sehzelltypen durch sie aktiviert werden. Die Unterscheidungsfähigkeit ist da am besten, wo sich bei einer Änderung der Wellenlänge das Verhältnis der Erregung der beiden Sehzellentypen am stärksten ändert. Dies ist bei den vorliegenden Typen genau an den zwei Stellen der Fall, wo sich die Kurven der spektralen Empfindlichkeiten überschneiden. Besser könnte das Ergebnis gar nicht aussehen.

Im Blaugrün, dem Bereich des besten Unterscheidungsvermögens, kann die Biene Wellenlängenunterschiede von nur 4,5 nm auseinanderhalten. Die besten Werte des Menschen liegen bei 1 nm. Die Biene kommt ihm also erstaunlich nahe.

## Das Ommatidium

Schon mit dem bloßen Auge kann man sehen, daß das Bienenauge wie andere Insektenaugen auch aus vielen Untereinheiten besteht, die alle ihre eigene Linse besitzen (Tafel 25). Diese Untereinheiten sind die Ommatidien, so genannt nach dem griechischen »omma«, das Auge. Bei der Honigbiene sind es rund fünfeinhalbtausend und zu jedem von ihnen gehören neun Sehzellen, die kreisförmig um seine Längsachse angeordnet sind (Abb. 37). Die Membranen der Sehzellen bilden zur Mitte hin einen Saum dichtgepackter fadenförmiger Ausstülpungen, die sogenannten Mikrovilli. Hier lagert das Sehpigment. Die Mikrovilli aller neun Sehzellen zusammen bilden den zentralen Sehstab (Rhabdom). Das von der Linse gesammelte Licht durchläuft den Sehstab. Dabei verändert es das Sehpigment, was wiederum die bereits beschriebene Änderung der elektrischen Spannung über der Sehzellmembran zur Folge hat. Weil der Sehstab optisch dichter als seine Umgebung ist, läuft das Licht in ihm verlustarm wie in einem technischen Lichtleiter.

In jedem Ommatidium sind alle drei Sehzelltypen vertreten. Das heißt nichts anderes, als daß alle Sehpunkte des mosaikartigen Gesichtsfeldes gleichzeitig trichromatisch sind.

Modernen Analysen der Sehzellenoptik zur Folge sind die Sehzellen eines Ommatidiums nicht nur eine Gruppe voneinander unabhängiger Empfänger. Sie teilen nicht nur eine gemein-

Abb. 37:
Einzelne Sehkeile aus dem Auge der Honigbiene.
*a* Linse;
*b* Kristallkegel;
*c* Sehzelle;
*d* der zentrale Sehstab, der aus den feinen Membranausstülpungen der einzelnen Sehzellen besteht und das Sehpigment enthält;
*e* Fortsatz, über den die Signale der Sehzelle zur nächsten Verarbeitungsstation geleitet werden.
Rechts ist eines der Einzelaugen auf verschiedener Höhe quer geschnitten. Man sieht den Aufbau aus 9 Sinneszellen, die mit Ausnahme der kurzen Zelle Nummer 9 in sich verdreht sind. In jedem Einzelauge gibt es alle drei Typen von Sehzellen: grünempfindliche (3, 4, 7, 8), blauempfindliche (2, 6) und ultraviolettempfindliche (1, 5, 9).

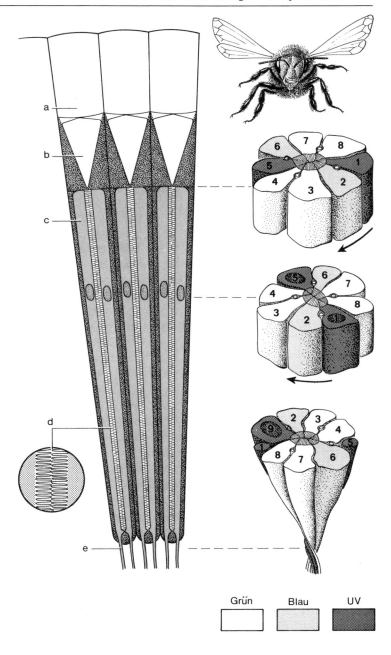

same Linse, sondern beeinflussen sich auf physikalischem Wege auch wechselseitig sehr nachhaltig. Einer der wichtigen neuen Befunde ist der seitliche Farbfiltereffekt. Der Mikrovillisaum jeder Sehzelle wirkt im Bienenauge wie ein Absorptionsfilter vor den Mikrovillisäumen der anderen Sehzellen. Die Folge: eine noch ausgeprägtere Wellenlängenselektivität der Zellen, ohne daß sie in ihrem Farbbereich unempfindlicher würden[13].

## Der Weg ins Gehirn

Nun möchte man auch gerne wissen, wie das Netzwerk von Nervenzellen aussieht, das hinter den Sinneszellen liegt, deren Signale verarbeitet und eine unvermeidlich in ihnen steckende Zweideutigkeit aufhebt. Das Sehzellensignal hängt nicht nur von der Wellenlänge ab, sondern auch von der Intensität des Reizlichtes. Folglich müssen die *relativen* Anteile der Sehzellentypen an der Gesamterregung ermittelt werden, damit Farbe von Helligkeit unterschieden werden kann. Die Sinnesphysiologie ist noch weit von einer vollständigen Erklärung der Vorgänge entfernt, die sich beim Farbensehen in den optischen Ganglien und dem Gehirn abspielen. Die ersten bei der Biene gemachten Entdeckungen sind bereits aufregend genug[11].

In der Sehbahn des Bienengehirns gibt es nicht nur Nervenzelltypen, die wie die Sinneszellen selbst in verblüffender Weise auch von höheren Wirbeltieren wie etwa dem Rhesusaffen bekannt sind. Vielmehr ist auch ihre Hintereinanderschaltung ähnlich. Offenbar hat auch hier die Ähnlichkeit des Problems vergleichbare Lösungen erzwungen.

Ein wichtiges Prinzip ist die Bestimmung des relativen Kontrastes in Paaren: Helligkeit gegen mittlere Helligkeit (Breitbandneurone); UV gegen langwelliges Licht (Gegenfarbenneurone). Im Gegensatz zu den Vorgängen in den Sehzellen selbst gibt es bei höheren Tieren und bei den Bienen im Gehirn demnach Mechanismen, die nicht der Young-Helmholtzschen-Komponententheorie folgen, aber ausgezeichnet in die mittlerweile hundertjährige Gegenfarbentheorie des Leipziger Physiologen Ewald Hering passen. Hering ging von psychophysischen Befunden aus, vor allem dem, daß sich in unserer Empfindung bestimmte Farben wie Rot und Grün oder Gelb und Blau gegenseitig ausschließen. Wie gut passen die zentralen Nervenzellen hierzu, die von einer Farbe erregt, von der anderen aber gehemmt werden.

Oft bedarf es eines langen und mühsamen Weges, um am Ende sehr alte Theorien zweifelsfrei zu beweisen. Die nur scheinbar simple Frage nach dem Ja oder Nein der Farbtüchtigkeit der Blütenbesucher hat sich schrittweise verfeinert und dank brillanten, aber auch geduldigen und zähen Experimentierens heute einen Stand erreicht, der das Farbensehen als ein ganz besonders gut untersuchtes Gebiet der Sinnesphysiologie ausweist.

Pollen im Haarpelz eines Hummelkopfes. Kleine Haken tragen neben dem Pollenkitt dazu bei, daß die kostbare Nahrung im Haarkleid hängenbleibt, wenn sich die Hummel beim Blütenbesuch damit bepudert. Vergrößerung 1450fach.

Die Behaarung praktisch der ganzen Körperoberfläche ist ein wichtiges Pollensammelorgan der Bienen. Gefiederte Haare dieses Typs bilden u. a. am Bein der Honigbiene *(Apis mellifera,* Oberschenkel des Hinterbeins) einen dichten Flaum.
Vergrößerung 325fach.

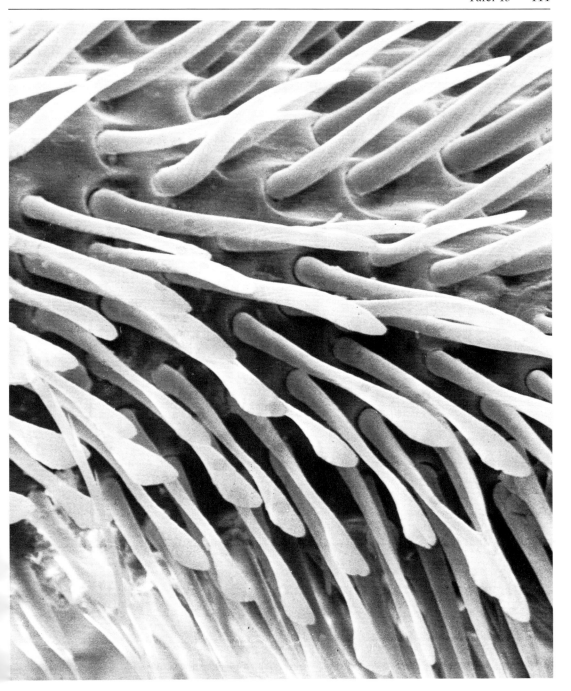

Die Behaarung der Hautflügler ist sehr variabel, wie diese Haare vom Vorderbein (Fuß) der Steinhummel *(Bombus lapidarius)* zeigen. Vergrößerung 450fach.

Das erste Fußglied ist an den Hinterbeinen der Honigbiene besonders groß und für das Höseln des Pollens besonders wichtig. Es trägt auf der Innenseite eine regelrechte Bürste aus zehn Reihen steifer, nach unten gerichteter Borsten. Damit bürstet sich die Biene, während sie zur nächsten Blüte fliegt, den Pollen aus ihrer Körperbehaarung. Vergrößerung 87fach.

Tafel 17

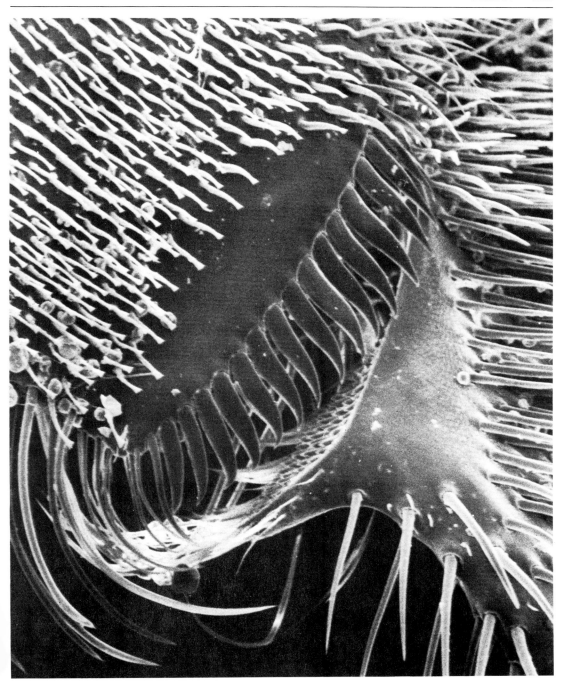

Mit einem einreihigen steifen Pollenkamm am unteren Ende ihres hinteren Unterschenkels kämmt die Biene den Pollen aus der Bürste (s. Tafel 16) des jeweils gegenüberliegenden Hinterbeines heraus. Der Pollenschieber oder Fersensporn – direkt gegenüber dem Kamm gelegen – schiebt den Blütenstaub vom Kamm auf die Außenseite des Unterschenkels und hinauf ins Körbchen (s. Tafel 18). Vergrößerung 130fach.

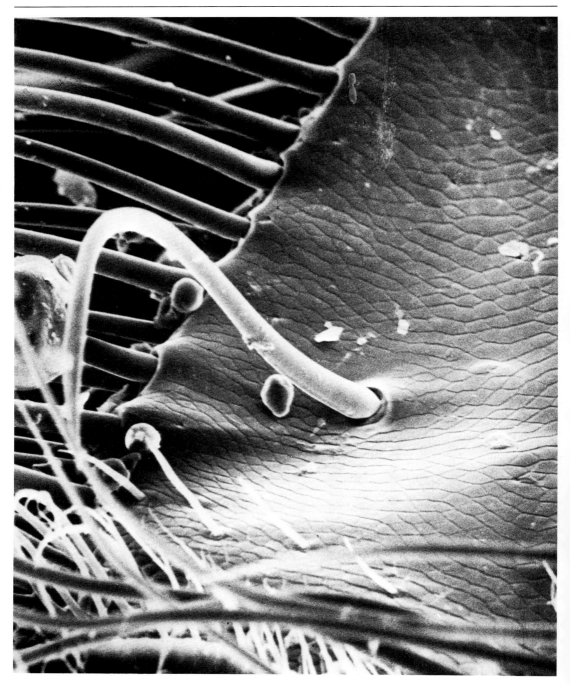

Das endgültige Transportorgan für den Pollen ist bei den Hummeln und Honigbienen das Körbchen der Hinterbeine: die glatte, muldenförmig vertiefte Außenseite des Unterschenkels. Sie wird von kräftigen, nach innen gebogenen Haaren gesäumt. Auf unserem Bild, das von der Honigbiene stammt, ist deutlich eine dicke gebogene Verankerungsborste für das Pollenpaket zu erkennen (s. a. Tafel 9). Vergrößerung 325fach.

Der Türkenbund Lilium martagon) hat seinen Namen von der Turbangestalt seiner Blüten. Die Nektarien liegen beim Türkenbund in einer von Haaren bedeckten Rinne auf der Oberseite der sechs Kronblätter. Ein hungriges Insekt muß mit seinem Rüssel in diese Rinne hineinfahren, was zumindest für kleine Insekten schwer ist, weil die glatten Kronblätter für sie ungangbar sind. So kommt es, daß als Bestäuber vor allem Schwärmer beobachtet werden, die im Schwirrflug unter der Blüte stehen und zugleich mit ihrem langen Rüssel saugen.
Die Staubbeutel des Türkenbundes hängen gelenkig und locker schaukelnd an den Staubfäden und beladen den Schmetterling dabei von oben mit Pollen. Schwärmer fliegen meist in den Abendstunden; zu dieser Zeit ist der Duft des Türkenbundes besonders intensiv.

Die Bunte Schwertlilie (Iris variegata). Iris war den Griechen eine Göttin des Lichtes, der Regenbogen, der zwischen Himmel und Erde stehend ein Bote der Götter zu den Menschen ist. Die Irisblüte weist mehrere bestäubungstechnische Eigenarten auf. Ihr Aufbau ist auf dem Bild gut zu erkennen: 1. drei große ausladende äußere Perigonblätter mit kontrastreichen braunroten Strichmalen, 2. zu diesen auf Lücke stehend drei reingelbe innere Perigonblätter, 3. über der Innenseite der äußeren Perigonblätter je ein blütenblattartiger Griffelast und unter diesem die Staubblätter. Ebenso wie das Strichmal hilft wohl der langhaarige Bart der äußeren Perigonblätter den Insekten, den Weg zum Nektar zu finden. Es wird ihm aber noch eine zweite Funktion zugeschrieben: Er drängt den Insektenbesuch, häufig sind es Hummeln, auf dem Weg zum verborgenen Nektar gegen die Narbenlappen an der Unterseite des Griffelastes. Schließlich soll der Bart auch als Pollenimitation Lockwirkung haben.

Der Kranz kleiner, gelblich glänzender Köpfchen in der Blüte des Herzblattes *(Parnassia palustris)* ist ein Scheinnektarium. Die Köpfchen sind trocken. Sie sollen vor allem Fliegen anlocken, die sie vergeblich mit ihrem Rüssel abtasten. Zum wirklichen Nektar in der Tiefe der Blüte werden die Insekten durch Honigduft geleitet. Die dicken Staubbeutel reifen vor der Narbe, das Herzblatt ist also eine vormännliche Pflanze. Die Fotografie im Ultraviolett hat gezeigt, daß die Kronblätter UV nur schwach reflektieren. Ihre Längsstreifen jedoch reflektieren es überhaupt nicht und bilden deshalb für die Insekten einen Kontrast, der uns verborgen ist.

Tafel 21 ▷:
Das Porträt einer solitär lebenden Biene aus der Gruppe der Bauchsammler *(Megachilidae)*. Besonders auffällig sind die beiden gegliederten Fühler und die mächtigen Oberkieferzangen, unter denen der Rüssel hervortritt. Vergrößerung 120fach.

Tafel 21

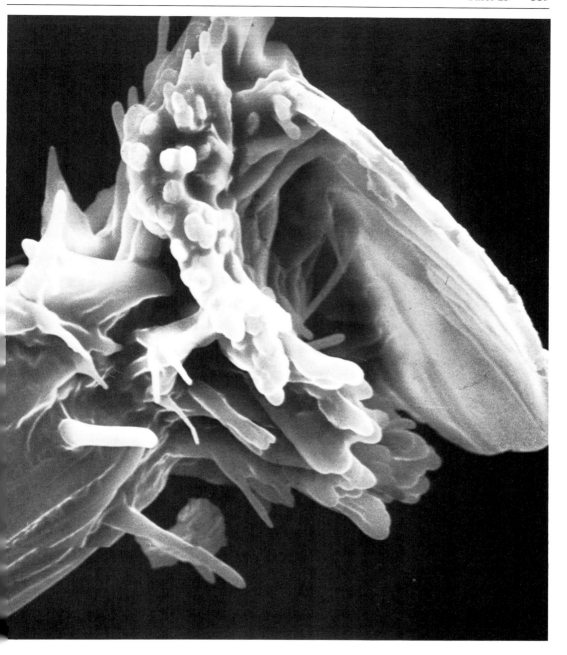

Das Löffelchen am Ende der Zunge des Rüssels der Acker-Hummel *(Bombus agrorum)* bei 1080facher Vergrößerung.

◁ Tafel 22:
Die Zunge *(Glossa)* des Rüssels einer Acker-Hummel *(Bombus agrorum)*. Zu beachten sind die dichte Behaarung und das Löffelchen am Ende, die beide für das Nektarsaugen wichtig sind. Vergrößerung 200fach.

Der spiralig aufgerollte Rüssel des kleinen Fuchs *(Vanessa urticae)*.
Vergrößerung 55fach.

# 14 Bienenfarben und Blumenfarben

> Das Datenverarbeitungssystem arbeitet also zwar mit physikalischen und chemischen Prozessen, liefert aber alles andere als eine physikalische Analyse des Gesehenen.
>
> *Hansjochem Autrum »Die biologischen Grundlagen des Farbensehens«, 1964*

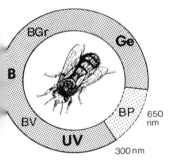

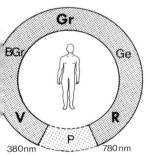

Abb. 38:
Der Farbenkreis der Biene und des Menschen (vgl. Abb. 33).

Die Verschiebung des Bienenspektrums um rund 100 nm gegenüber dem unsrigen (Abb. 33) bedeutet, daß die Honigbiene und mit ihr wahrscheinlich der Großteil der übrigen Blütenbesucher Farben zwar nach erstaunlich ähnlichen Prinzipien, aber doch ganz anders als der Mensch sieht. Die bunte Sommerwiese ist auch für die Biene bunt, aber das Bild sieht anders aus.

Wie beim Menschen, so läßt sich auch bei der Biene das Spektrum sichtbaren Lichts als Kreis darstellen, in dem alle Farben durch Zwischentöne miteinander verbunden sind (Abb. 38). Die Zwischentöne lassen sich durch additive Mischung von drei Grundfarbbereichen herstellen. Beim Menschen sind dies Blauviolett, Grün und Rot, bei der Biene dagegen Ultraviolett, Blau und Gelb. Nebenbei gesagt: Beim Farbfernsehen sind es Blau, Gelb und Rot. Gegenüberliegende Sektoren des Farbenkreises bilden Komplementärfarbenpaare. Bei der Biene: Blaugrün und Ultraviolett, Gelb und Violett, Bienenpurpur und Blau.

Der Farbenkreis schließt sich durch Mischung der Enden des Spektrums; beim Menschen durch die Purpurtöne, die aus der Mischung von Violett und Rot entstehen, bei der Biene durch den Bienenpurpur, der aus einer Mischung von Ultraviolett und Gelb entsteht[2]. Die Biene verwechselt Bienenpurpur mit keiner anderen Farbe. Wie sie Bienenpurpur empfindet, wissen wir natürlich nicht – aber es ist uns bekannt, daß die Biene neben dem Ultraviolett selbst auch Gemische von Ultraviolett mit anderen Farben als eigene Farben wahrnimmt.

Eine andere dieser Mischungen ist Bienenweiß. Es kommt dadurch zustande, daß man die drei Grundfarben oder Komplementärfarben in bestimmtem Verhältnis mischt. Nehmen wir mit entsprechenden Filtern den UV-Anteil aus bienenweißem Licht heraus, dann erscheint es den Bienen in der Komplementärfarbe, also als Blaugrün. Wenn andere Farben fehlen, passiert Entsprechendes.

## Bienenschwarz und Vogelrot

Natürlich werden solche Farbmischungen nicht nur im Labor der Sinnesphysiologen mit übrigens recht aufwendigen Methoden hergestellt. In den Blüten liegen solche Mischfarben vor, und das UV ist in sehr vielen Fällen beteiligt. Da es für uns nicht zu sehen ist, ergeben sich vielerlei Überraschungen, wenn wir Blumen gleichsam durch ein Bienenauge anzuschauen versuchen. Karl Daumer[3] hat nicht weniger als zweihundertundvier Blüten in dieser Absicht genau studiert. Seine Methode: Die Blüten werden hintereinander durch drei Farbfilter fotografiert, deren Durchlässigkeit mit den drei Grundfarbenbereichen des Bienensehens übereinstimmt. Die jeweils auf dem Foto erscheinende Schwärzung wird dann mit einer geeichten Grauleiter verglichen und so die Reflexion im jeweiligen Farbbereich quantifiziert.

Ein paar Beispiele zeigen schnell, was passiert.

1. Gelb und Gelb ist zweierlei. Die Aurikel *(Primula auricula)* (Tafel 26) und die Trollblume *(Trollius europaeus)* reflektieren fast ausschließlich im Gelb und höchstens zu einem Prozent im UV. Ihre Blüten sind demnach auch für die Biene gelb; wir sagen vorsichtig bienengelb, da wir ja nicht wissen können, wie die subjektiven Farbempfindungen der Biene aussehen – wissen wir es doch von unseren Mitmenschen nicht einmal wirklich sicher. Auch die Sumpfwurz *(Epipactis palustris)* reflektiert im wesentlichen im Gelbbereich. Trotz der zusätzlichen, aber viel schwächeren Reflexion im Blaugrün zählt auch sie zu den bienengelben Blüten. Ganz anders liegt der Fall bei der für uns so unübertrefflich gelben Sumpfdotterblume *(Caltha palustris)* (Tafel 26). Sie gehört zu den bienenpurpurnen Blüten, bei denen sich zum Gelb bis zu etwa fünf Prozent UV addiert. Bei anderen bienenpurpurnen Blüten beträgt der UV-Anteil bis zu vierzig Prozent. Beispiele sind die Königskerze *(Verbascum)* (Tafel 30) und das Sonnenröschen *(Helianthemum nummularium)* (Tafel 3).

2. Auch Blau und Blau sind für die Biene oft verschiedene Dinge. Während der stengellose Enzian *(Gentiana clusii)* (Tafel 4) im Blaubereich weitaus am stärksten reflektiert und deshalb auch für die Biene blau ist, bienenblau, enthält das Blau des Ehrenpreis *(Veronica chamaedrys)* erheblich UV und ist deshalb bienenviolett.

3. Schließlich sehen auch viele für uns weiße, hellrosa oder lila Blüten für das Bienenauge anders aus, nämlich bienenblaugrün. Sie reflektieren dann zwar stark im Gelbbereich und im Blaubereich, nicht aber im UV, weshalb sie den Bienen und anderen Insekten in dessen Komplementärfarbe erscheinen. Die Silberwurz *(Dryas octopetala)*, der Fingerhut *(Digitalis purpurea)* (Tafel 30) und die wilde Kirsche *(Prunus avium)* sind die Beispiele dafür.

4. Besonders leicht zu verstehen sind die Unterschiede bei den roten Blüten. Wird kein UV reflektiert, dann sind sie bienenschwarz. Wird aber UV reflektiert, dann sind sie bienenultraviolett. Der strahlend rote Mohn *(Papaver rhoeas)* (Tafel 2) ist eine typisch bienenultraviolette Blüte. Sein Pollenmal in der Mitte ist bienenschwarz (Kapitel 15). Bienenultraviolett ist ansonsten eine recht seltene Farbe. Auch das für unser Auge reine, grelle Rot ist in unseren Breiten rar. Zwar gibt es viele rote Blumen, aber ihr Rot enthält fast immer einen erheblichen Anteil an Blau. Für uns erscheinen sie deshalb eher purpurrot, jedenfalls nicht rein rot.

In den Tropen ist reines oder gelbliches Rot viel häufiger und wird dort mit der Bestäubung durch Vögel wie die Kolibris *(Trochilidae)* in Zusammenhang gebracht. Da die Mehrzahl der bestäubenden Insekten reines Rot nicht sieht, sind solche Blüten gewissermaßen eine unbesetzte ökologische Nische für die rotsichtigen Vögel. Otto Porsch hat schon 1931[11] das Vorkommen der vogelroten Blüten ausführlich untersucht. Seine Befunde zeigen, daß grelles, oft gelbliches Rot in der Tat in allen Familien der bedecktsamigen Blütenpflanzen vorkommt, bei denen Vogelbestäubung nachgewiesen ist. Andererseits ist aber nicht jede der zweifelsfreien Vogelblumen grellrot. Dessenungeachtet ist sicher, daß das Vogelrot als Fernlockfarbe einen besonders hohen Wert hat. Es hebt sich von allen Farben des Hintergrunds vorzüglich ab und ist auch in den frühen Morgen- und späten Nachmittagsstunden noch gut zu sehen, zu Zeiten also, da manche Vögel bevorzugt fliegen.

Das weitgehende Fehlen grellroter Blüten in unserer heimischen Flora erklärt sich aus der Rotblindheit der meisten heimischen Bestäuber. Diese Behauptung wird gestützt von dem Vorkommen grellroter Früchte. Berberitzen, Hagebutten, Erdbeeren, die Früchte des Seidelbastes und der Eibe – sie alle sind für das Auge der Vögel bestimmt, die sie fressen und so der Verbreitung der Samen dienen.

## Der bienengraue Hintergrund

Kehren wir zu den Insekten zurück. Zunächst einmal: In Dressurversuchen konnte direkt nachgewiesen werden, daß die Bienen all die eben genannten Bienenfarben tatsächlich sehen und unterscheiden können. Dann noch etwas: Die optische Auffälligkeit einer Blüte für das nahrungssuchende Insekt hängt, wie leicht einzusehen ist, nicht allein von den Farben der Blüte selbst ab, sondern auch von ihrem Kontrast zur Umgebung. Für unser Auge ist diese Umgebung vorwiegend grün. Sinnigerweise sehen sie die Insekten aber bienengrau mit einem schwachen Stich ins Bienengelb. Der Grund: Die für uns grüne Umgebung reflektiert in allen Bereichen des Bienenspektrums angenähert gleich stark. Mit anderen Worten: Der Unbuntanteil an der Reflexion ist groß[3]. So heben sich die Blüten als bunte Flecken vom unbunten Hintergrund bestens ab – und jetzt verstehen wir auch, weshalb es den Bienen nicht zum Nachteil gereicht, daß sie gerade Gelb, die Farbe so vieler Blüten, nur schlecht von Grün unterscheiden können. Umgekehrt überrascht uns auch nicht mehr, daß die vielen grünlichen Blüten in aller Regel nicht zu den Insektenblumen gehören, sondern wie etwa die Gräser vom Wind bestäubt werden.

## Lieblingsfarben

Hat ein unerfahrenes Insekt die Wahl unter verschiedenen Farben, dann zeigt sich schnell, daß es Lieblingsfarben gibt. Präziser formuliert würde man sagen, Farben mit besonders hoher Reizwertigkeit.

Für die Biene ist Ultraviolett besonders attraktiv, Blaugrün hingegen am wenigsten (Abb. 36)[2]. Tagfalter finden grünblau-blaugrüne Attrappen wenig attraktiv, und einige Arten befliegen spontan Rot und Purpur besonders häufig[5]. Die Schwebfliege *Eristalomya tenax* und die Goldfliege *Lucilia* bevorzugen sehr stark das Gelb; auch dann noch, wenn sie nicht mehr ohne Vorerfahrung wählen, sondern zum Beispiel bereits eine Dressur auf Blau hinter sich haben[8,9]. Für Hummeln haben Farben aus dem Blau-Violett-Purpur-Bereich besonders hohe Reizwertigkeit.

Es gibt unzählige Beobachtungen zu diesem Problemkreis. Wir wollen nicht weiter darauf eingehen. Viel interessanter scheinen mir Befunde zu sein, die einen direkten Zusammenhang zwischen Blütenfarbe, Reizwertigkeit und natürlicher Auslese herstellen. Dazu ein Beispiel aus der jüngsten Literatur.

Der Acker-Rettich *(Raphanus raphanistrum)*, für den Bauern ein lästiges Unkraut, kommt in England in wilden Populationen gleichzeitig in einer weißen und einer gelben Spielart vor. Die gelbe Form reflektiert neben Gelb Ultraviolett, ist für die Insekten also bienenpurpur. Die weiße Form reflektiert im ganzen sichtbaren Spektralbereich gleichmäßig und gehört somit zu den recht seltenen bienenweißen Blüten[6]. Stecken hinter diesen Unterschieden Anpassungswerte für die Pflanze? Bevorzugt der Insektenbesuch eine der beiden Blütenfarben? Q. O. M. Kay vom University College of Swansea hat dies am genannten Beispiel sehr genau und direkt im Freiland geprüft.

Neben Hummeln und manchmal auch Bienen, den häufigsten Gästen, kamen auf Weißlinge *(Pieris;* besonders *P. rapae, P. napi* und *P. brassicae)* stets bis zu fünfzehn Prozent aller Blütenbesuche und auf Schwebfliegen *(Eristalis arbustorum, E. tenax)* bis zu fünf Prozent. Sowohl die Weißlinge als auch die Schwebfliegen bevorzugten die gelben Blüten eindeutig vor den weißen. In einer der von Kay studierten Populationen machten die gelben Blüten 60,8 Prozent aus. Von allen Blütenbesuchen der Weißlinge und Schwebfliegen galten je zwischen 87,7 Prozent und 100 Prozent dieser gelben Form. Die Frage nach dem Reizwert einer Blütenfarbe hat demnach nicht nur akademischen Wert. Blütenfarben-Polymorphismus kann adaptiven Wert haben, Anpassungswert, und die Evolution in Gang halten, indem er die Fortpflanzungschancen einer konkurrierenden Variante vermindert. Umgekehrt kann man sich leicht vorstellen, daß der Unterschied bestehen bleibt, die eine Variante die andere nicht verdrängt, wenn die bestäubenden Insekten zu unterschiedlichen Arten mit unterschiedlichen Lieblingsfarben gehören.

In einem späteren Kapitel werden wir uns mit dem Erlernen von Farben beschäftigen, also der Fähigkeit, Futter und Farbe miteinander in Beziehung zu bringen. Unter natürlichen Bedingungen spielt diese Fähigkeit zumindest bei den Bienen eine größere Rolle für die Wahl der Blütenfarbe als die spontan angeflogene Lieblingsfarbe.

## Die Kastanie holt die Fahne ein

Die ganze Vielfalt und Phantasie in Blütenfarbe, Blütenform und Blütenduft stellt die Methode dar, mit der sich die einzelnen Arten voneinander abheben; so sind sie im wahren Sinn des Wortes eigenartig und bringen die Insekten dazu, auf ihrer Futtersuche möglichst lange dieser Eigenart treu zu bleiben und damit auf energiesparende und zuverlässige Weise den richtigen Pollen auf die richtige Narbe zu tragen. Hier liegt der große Unterschied zu den Zufälligkeiten der Windbestäubung.

Ist die Bestäubung erfolgt, dann allerdings ist das Signal der eigenen Art sogar im Wege. Meist folgt ihm rasches Verblühen. Wenn Hummeln an Kastanien *(Aesculus hippocastanum)* Nahrung sammeln, dann kann man oft beobachten, daß sie die älteren Blüten meiden. Das gelbe Nektarmal auf den oberen Kronblättern der jungen Blüten verfärbt sich im Laufe der Zeit über Orange bis Karminrot. Nur in der gelben und beginnenden orangenen Phase scheidet die Blüte Nektar aus[7]. Bienen und Hummeln lernen den Unterschied schnell. Durch den Erfolg assoziieren sie Nahrung mit Gelb. Sie können es gut vom Karminrot unterscheiden. Der Vorteil: größere Ökonomie beim Sammelgeschäft. Der entsprechende Vorteil der Kastanie: gehäufter Besuch – also Bestäubung – der jungen Blüten. Daß sich zugleich mit der Umfärbung auch der Duft der Kastanienblüte ändert, sei hier nur am Rande erwähnt[10].

# 15 Optische Wegweiser auf der Blüte

> Es zeigt sich, daß diese Muster und Formen eigentümlich begrenzt sind, daß die immense Vielfalt der Natur dem immer erneuten Wirken nur einiger weniger formaler Grundthemen entspricht. Diese Einschränkung bringt Harmonie und Schönheit in die natürliche Welt.
>
> *Peter S. Stevens »Patterns in Nature«, 1974*

»Wenn nun ein Insekt, durch die Schönheit der Krone, oder durch den angenehmen Geruch einer Blume gelockt, sich auf dieselbe begeben hat: so wird es entweder den Saft sogleich gewahr, oder nicht, weil dieser sich an einem verborgenen Ort befindet. Im letztern Fall kömmt ihm die Natur durch das Saftmaal zu Hülfe. Dieses besteht aus Einem oder mehrern Flecken, Linien, Düpfeln oder Figuren von einer andern Farbe als die Krone überhaupt hat, und sticht folglich gegen die Farbe der Krone schwächer oder stärker ab. Es befindet sich jederzeit da, wo die Insekten hineinkriechen müssen, wenn sie zum Saft gelangen wollen.« Bisher war von den Farben nur im Zusammenhang mit der Fernorientierung der Insekten die Rede. Wenn man vor dem Wirtshaus steht, dann bleibt immer noch die Tür zu finden. Das war auch Christian Konrad Sprengel schon klar, wie das Zitat zeigt. Seine »Saftmaltheorie« hat das Verständnis der wechselseitigen Beziehungen zwischen Insekten und Blumen ungemein befruchtet.

Auf vielen Blüten weisen optische Marken den Besuchern nach der Landung den Weg zum Futter. Bisweilen sind solche der Nahorientierung dienenden Saft- und Pollenmale für unser Auge sehr auffällig. In anderen Fällen sehen wir sie erst, wenn wir Ultraviolett sichtbar machen.

Viele Kronblätter sind mehrfarbig, und oft steht dann der Eingang der Blüte in deutlichem Farbkontrast zur Umgebung. Gehen wir hinaus, sehen wir uns konkrete Beispiele an. Sie sind allenthalben zu finden.

Ringe: Die Mehlprimel *(Primula farinosa)* und ganz ähnlich das Vergißmeinnicht *(Myosotis)* (Tafel 27) ziert ein gelber Ring mitten im Rosa beziehungsweise Blau der Kronblätter.

Nebenkrone: Bei der Narzisse *(Narzissus poeticus)* ist die Nebenkrone zum weißen Umfeld auffällig gelb und rot gefärbt.

Fleckenmale: Das weißblühende Alpenfettkraut *(Pinguicula alpina)* trägt ein kräftig gelbes Fleckenmal auf der Unterlippe. In

Abb. 39:
Ultraviolett-Male auf Blüten.
1 Gold-Fingerkraut
 *(Potentilla aurea)*;
2 Sumpf-Enzian
 *(Sweertia perennis)*;
3 Zaunrübe
 *(Bryonia dioeca)*;
4 Boretsch
 *(Borrago officinalis)*;
5 Sandnelke
 *(Dianthus arenarius)*;
6 Immergrün
 *(Vinca minor)*;
7 Knabenkraut
 *(Orchis laxiflora)*;
8 Goldnessel
 *(Lamium luteum)*;
9 Goldregen
 *(Cytisus canariensis)*.

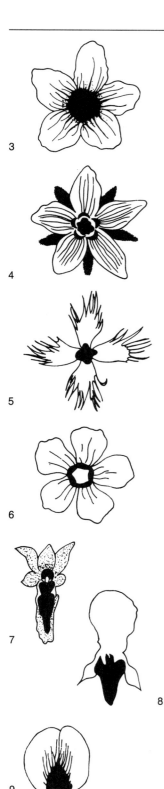

anderen Fällen findet man an vergleichbaren Stellen ganze Farbfleckhaufen. Denken wir an die Krone des purpurnen Fingerhutes *(Digitalis purpurea;* s. a. gelber *Digitalis)* (Tafel 30) mit den vielen weißumrandeten dunkelpurpurnen Flecken auf der Innenseite, den Türkenbund *(Lilium martagon)* (Tafel 19) und seine dunkelpurpurnen Flecken und die grüne Nektarrinne. Beim Lungenenzian *(Gentiana pneumonanthe)* weisen Reihen hellgrüner Punkte zum Nektar, bei der gelben Gauklerblume *(Mimulus guttatus)* (Tafel 5) orangene Flecken.

Strichmale: Strichmale zeigen uns das wilde Stiefmütterchen *(Viola tricolor)*, die Malve, der Wiesenstorchschnabel, Steinbrecharten und viele andere.

## Unsichtbare Muster

Wir wissen schon: Was für uns einfarbig aussieht, kann für die Insekten deutlich gemustert sein. Wieder spielt das Ultraviolett die große Rolle und liefert uns einen weiteren biologischen Beleg für die große ökologische Bedeutung der Ultraviolettsichtigkeit der Blütengäste. Man braucht keine aufwendige Apparatur, um Ultraviolettmale zu demonstrieren. Schon ein einfacher Fotoapparat mit einem nur für Ultraviolett durchlässigen Filter zeigt uns auf Schwarzweißfilm, wie häufig sie sind. Sie sind noch häufiger als die für uns sichtbaren Male und entstehen dadurch, daß Ultraviolett inmitten einer ultraviolett reflektierenden Umgebung *nicht* reflektiert, sondern stark absorbiert wird. Beispiele gibt es in großer Zahl (siehe auch Abb. 39).

Sumpfdotterblume *(Caltha palustris)* (Tafel 26): Das Blütenzentrum absorbiert Ultraviolett viel stärker als die Peripherie; im UV-Bild sehen wir einen großen schwarzen Fleck.

Silberdistel *(Carlina acaulis)* (Tafel 28): Die Röhrenblüten reflektieren das UV im Gegensatz zu dem silbernen Strahlenkranz nicht.

Kornblume *(Centaurea cyanus):* Nur die unfruchtbaren Schaublüten reflektieren UV.

Enzian *(Gentiana germanica):* Die Fransen am Tor zum Nektar des deutschen Enzians sind ein UV-freies Saftmal.

Goldregen *(Cytisus)* (Abb. 39): Wie bei vielen Schmetterlingsblumen trägt hier die Fahne an der Basis das UV-freie Mal, während es bei Lippenblumen die Unterlippe ist.

Eine Reihe von Blüten hat kombinierte Male, die zugleich UV-Male und für uns sichtbare Male sind. Greifen wir noch einmal hinein ins bunte Füllhorn, um nicht bei grauer Theorie zu bleiben: der gelbe Fleck des Alpenfettkrautes *(Pinguicula alpina)*, die grünen Punkte in der Röhre des Lungenenzians *(Gentiana pneumonanthe)* sind solche kombinierten Male. Umgekehrt sind die uns sichtbaren Zeichnungen des Türkenbundes *(Lilium mar-*

*tagon)* (Tafel 19) im Ultraviolett nicht zu sehen; die gesamte Fläche der Kronblätter reflektiert kein Ultraviolett.

## Pollen- und Saftmale allenthalben

Wir verdanken diese Kenntnisse besonders Hans Kugler[5] und vor allem Karl Daumer[1], einem Schüler Karl von Frischs. F. E. Lutz[7] hatte schon 1924 Blüten im UV fotografiert, ohne allerdings die beobachteten Muster angemessen würdigen zu können. Noch früher wies Karl von Frisch[3] im Zusammenhang mit seinen berühmten Untersuchungen zum Farbensinn der Bienen darauf hin, daß die häufigsten Farbkombinationen von Blütenmalen mit ihrem Umfeld (in vierundneunzig von ihm untersuchten Fällen) Gelb-Blau und Gelb-Purpur, Orange-Blau und Gelb-Violett oder Weiß kombiniert mit verschiedenen Farben sind. Wir erinnern uns an die Abbildung 38: Dies sind allesamt für die Bienen ausgesprochen auffällige Farbkontraste.

Seit Hans Kuglers[5] ausgedehnten Untersuchungen wissen wir Genaues über die erstaunliche Häufigkeit von Pollen- und Saftmalen. Bei Scheiben-, Trichter- und Glockenblumen (vergleiche Kapitel 3) fand er sie bei rund fünfzig Prozent der untersuchten zweihundertneunundfünfzig Arten, bei Stielteller-, Köpfchen- und Lippenblumen bei rund siebzig Prozent der zweihunderteinundachtzig untersuchten Arten. Von siebenundfünfzig Arten der Schmetterlingsblumen hatten nicht weniger als achtundachtzig ein solches Mal. Ist kein UV-Mal vorhanden, dann fallen in der Regel zumindest Stempel und Staubblätter durch UV-Absorption auf. Blüten ganz ohne Mal wie die Feldrose *(Rosa arvensis),* die Soldanelle *(Soldanella alpina)* (Tafel 4) und der blaue Sturmhut *(Aconitum napellus)* (Abb. 22) sind ohne Zweifel in der Minderheit.

Diese Zahlen stützen die Hypothese von der funktionellen Bedeutung der Saft- und Pollenmale für die Bestäuber. Je komplizierter der Blütenbau und je versteckter der Nektar ist, desto häufiger sind Male ausgebildet. Was anderes aber könnten sie sein als Wegweiser für die Insekten?

Dennoch ist auch dies nur ein Indiz für die Richtigkeit der bald zweihundert Jahre alten Sprengelschen Theorie, und alle Plausibilität kann ohne das Experiment nicht bestehen.

## Der Nachweis der Funktion

Den Anhängern der Sprengelschen Ideen wurde lange entgegengehalten, die Blütenmale seien eine funktionslose Laune der Natur. Klare Beweise für den von Sprengel schon so früh richtig erkannten Zusammenhang haben lange auf sich warten lassen.

1926 konnte Fritz Knoll[4], Professor an der Universität Wien, immerhin zeigen, daß das Taubenschwänzchen *(Macroglossum stellatarum),* jener Tagschwärmer mit dem gefächerten Hinterleibsende, seinen langen Rüssel gegen das sattgelbe Nektarmal richtet, wenn er im Schwirrflug vor den Blüten des Leinkrautes *(Linaria vulgaris)* steht. Ganz offensichtlich sucht es gerade dort gezielt den Weg zum Nektar im Blütensporn. Der Versuchsablauf war denkbar einfach, das Resultat entsprechend überzeugend (Abb. 40).

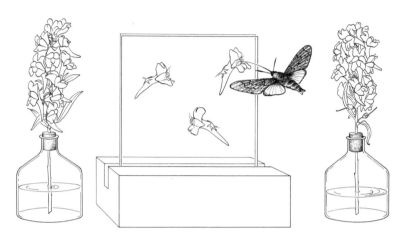

Abb. 40:
Das Taubenschwänzchen *(Macroglossum stellatarum)* in einem Versuch, bei dem es um den Nachweis der Wirksamkeit der Saftmale des Leinkrautes *(Linaria vulgaris)* geht.
Der Schmetterling hinterläßt seine Rüsselspuren genau über den Saftmalen der zwischen den Glasscheiben eingeklemmten Blüten.

Zwischen zwei Blütenständen stellte Knoll zwei Glasscheiben auf und klemmte abgetrennte Blüten in natürlicher Stellung lose zwischen sie. Der Spalt zwischen den Glasplatten ließ den Duft der Blüte ringsum entweichen. Hatte das Taubenschwänzchen die Sporne des einen Blütenstandes geleert, flog es weiter zu dem anderen. Auf dem Weg dorthin kam es an den eingeklemmten Blüten vorbei und streckte sogleich den Rüssel aus, um ihn in die Blüte einzuführen. Angesichts des Glases mußte dies natürlich scheitern. Schließlich flog es weiter zu dem zweiten Blütenstand.

Das Verhalten des Taubenschwänzchens zeigt zum einen, daß sein Anflug auf die Blüte *optisch* gesteuert ist. Blütenduft hätte es an den Rand der Glasplatten gelockt, wo er entweichen konnte. Dies aber war nie der Fall. Zum anderen hinterließ die vom vorausgegangenen Blütenbesuch noch feuchte Rüsselspitze Spuren auf der Glasplatte. Sie waren genau auf das Saftmal gerichtet. Auch dann übrigens noch, wenn Knoll in Kontrollversuchen das Saftmal aus der Blüte herausschnitt und an eine andere Stelle der Blüte klebte – und selbst dann noch, wenn er dem Schmetterling künstliche elliptische Blütenattrappen mit künstlich aufgebrachten Nektarmalen anbot.

## Hummeln im Anflug

Bei Hummeln ist es sehr viel schwieriger, die Zielgerichtetheit ihrer Aktivitäten auf der Blüte festzustellen. Sie landen auf der Blüte und bedecken sie dann oft mehr oder weniger mit ihrem stattlichen Körper. Deshalb hat Aubrey Manning aus Großbritannien[9] mit stark vergrößerten Blütenattrappen gearbeitet. Diese Attrappen hatten einen Durchmesser von zwölf bis fünfzehn Zentimetern, waren in der Regel blau und mit einem gelben Blütenmal unterschiedlicher Gestalt versehen.

Wir fragen uns: Beachten Hummeln Blütenmale? Die Versuchsstrategie ist wieder ganz einfach. Manning gewöhnte seine Hummeln zunächst an ein Trainingsmodell, in dessen Mitte sie als Belohnung Zuckersaft fanden. Nach etwa einer Stunde war die Bindung der Hummeln an das Modell so gut, daß es durch Testmodelle ersetzt werden konnte: Die Hummeln flogen dann auch diese an, selbst wenn sie in den hier interessierenden Einzelheiten wie Blütenmal und Blütenumriß nicht mit dem Trainingsmodell übereinstimmten und außerdem ohne Futter waren. Die Beobachtung der Hummeln an den Testmodellen hat eine Reihe von wichtigen Ergebnissen erbracht.

1. Die Hummeln werden zunächst ganz besonders vom Rand der Modellblüten angezogen. Sie fliegen ihn schon aus einer Entfernung von etwa sechzig Zentimetern gezielt an. Es ist ihre erste erkennbare Reaktion auf die Modellblüte. Sie steuern auf den Rand zu, obgleich sie vorher mit dem Futterschälchen auf die Mitte des Trainingsmodells dressiert wurden und sie tun dies auch dann noch, wenn ein Saftmal deutlich in die Mitte des Testmodells weist. Bei großen Originalblüten wie der des Mohns *(Papaver)* kann man dasselbe auch im Freiland beobachten.

2. Aus der Entfernung fliegen die Hummeln Modellblüten mit und ohne Saftmal gleich häufig an. Sind sie jedoch einmal über der Blüte angekommen, dann werden die Saftmale offensichtlich sehr wohl attraktiv: Die Hummeln schweben länger über Blüten mit Saftmalen, setzen sich öfter auf sie und folgen dann oft den Saftmalen zur Blütenmitte. Nach Auffassung von Manning hat das Saftmal als Gesamtmuster keine Bedeutung für die Hummeln. Sie finden, wie er meint, zur Blütenmitte, weil sie – einmal am Rand angekommen – zusammenlaufenden Linien folgen. Im Falle von kreisrunden Nektarmalen werden sie nach Manning durch deren Farbkontur vom attraktiven Rand ab- und zur Mitte hingelenkt.

Der Pionier der Bestäubungsökologie der Hummeln, Hans Kugler[6], schließt aus seinen eigenen Experimenten mit kleinen Modellen anders als Manning, daß der Reizwert echter Blüten bei der Fernanlockung durch die Blütenmale erhöht wird. Die Hummeln besuchen nach seinen Beobachtungen violette Astern mit gelben Scheibenblüten häufiger (zweiundsechzig Prozent) als gefüllte einfarbige, und kleine Scheibenmodelle mit dunkleren Radien häufiger (einundsiebzig Prozent) als solche ohne. Für Goldfliegen fand er ähnliches.

Die Arbeit an diesen Fragen ist im Fluß und keineswegs abgeschlossen. In einer neuen Studie hat der Engländer J. B. Free[2] die Attraktivität von Blütenmalen auch für die Honigbiene bestätigt. Seine Modelle waren gelb und hatten einen Durchmesser von dreißig Millimetern. Die Bienen landeten in wesentlich größerer Zahl auf Modellen mit blauem Saftmal als auf einfarbigen Modellen (Abb. 41). Gepunktete Linien erhöhten die Attraktivität der Modelle mehr als durchgezogene, und desgleichen war ein Punktehaufen wirkungsvoller als ein Ring. In die Mitte weisende Linien veranlaßten die Bienen nur dann besonders häufig, in der Modellmitte zu landen, wenn sie vorher darauf dressiert worden waren, dort nach Nahrung zu suchen. Durch einen schwarzen Fleck in der Mitte wurde das Modell für die Bienen sichtlich attraktiver.

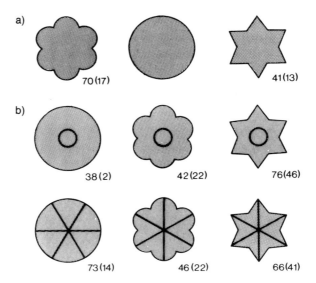

Abb. 41:
Auf welchen Blütenmodellen landet die Honigbiene am häufigsten?
*a* Zuerst wurden die Bienen auf das mittlere runde Modell (Durchmesser 3 cm) trainiert und dann im Test mit dem runden und zusätzlich den beiden anderen Modellen konfrontiert, die sie dem runden Modell eindeutig vorzogen. Die Zahl der Landungen steht jeweils unter dem Modell, in Klammern der Wert für das runde Modell.
*b* In der zweiten Versuchsserie hatten die Bienen zwischen jeweils einem rein gelben Modell ohne Blütenmal und einem gleichgestalten mit blauem Nektarmal zu wählen. Sie bevorzugten die Modelle mit Nektarmal. Die Zahl der Landungen ist unter jedem Modell angegeben, in Klammern der Wert für das Modell ohne Nektarmal.

Wenn auch noch eine ganze Reihe von Problemen in den Details steckt, so ist doch sicher, daß sich die biologische Bedeutung von Blütenmalen im Verhalten der Insekten nachweisen läßt. Evolutionsbiologisch kann dies sehr bedeutungsvoll sein, wenn nämlich Mutanten ohne oder mit wenig attraktivem Saftmal wegen einer ethologischen Isolation eine verringerte Fortpflanzungschance haben. Dafür gibt es konkrete Beispiele. Bienen und Wespen bleiben von saftmallosen Mutanten von *Monarda punctata*, einem Lippenblütler, fern, wenn diese zwischen »normalen« Pflanzen wachsen[10]. Die Unterlippe der »normalen« Blüte trägt eine Reihe von Punkten.

## Die Kopf-Rüssel-Reaktion der Biene

Zum Schluß ein Experiment, das direkt und überzeugend beweist, daß die Bienen auch UV-Muster auf der Blüte beachten und sie zur Nahorientierung hin zum Nektar benützen. Wenn eine Biene das Saftmal erreicht, stoppt sie abrupt, neigt den Kopf ruckartig und klappt den Rüssel aus, um zu saugen. Den Zoologen ist dies als Kopf-Rüssel-Reaktion bekannt. Wird sie wirklich vom Blütenmal ausgelöst? Ein einfacher Täuschungsversuch beweist es.

Die Blütenblätter einer Sonnenblumenart *(Helianthus rigidus)* mit den typischen offenen runden Blüten absorbieren an ihrem inneren Ende Ultraviolett. Alle zusammen bilden sie eines der charakteristischen UV-Male (Abb. 42). Zupfen wir jetzt die Blütenblätter einzeln aus, drehen sie um und setzen sie erneut zu einer Blüte zusammen, so daß die UV-freien Teile jetzt nach außen weisen. Es passiert etwas sehr Eindrucksvolles:

Abb. 42:
Im Versuch zur Kopf-Rüsselreaktion werden die Blütenblätter ausgezupft und umgekehrt wieder zusammengesetzt, so daß die UV-absorbierenden Blütenmale (schwarz) außen zu liegen kommen.

Die Biene läuft von der Mitte nach außen zum Saftmal und streckt dort an der Grenze zum UV-freien Fleck den Rüssel aus[1]. Sie läßt sich also täuschen und verrät uns, daß sie das Futter immer da vermutet, wo das Saftmal ist, auch wenn der Weg de facto – hier durch den Trick eines sinnigen Zoologen – in die falsche Richtung führt. Da bereits undressierte Bienen sich so verhalten, müssen wir die Kopf-Rüssel-Reaktion dem angeborenen Verhalten zurechnen. Die Biene braucht es nicht erst zu lernen, ein UV-freies Grundfeld auf der Blüte mit der Nektarquelle zu assoziieren.

Nicht nur die Biene muß ihren Rüssel im richtigen Moment ausstrecken. Eine Rüsselreaktion gibt es auch bei Fliegen und Schmetterlingen. Der Trigger ist bei ihnen allerdings nicht optisch, sondern chemisch. Borstenförmige Sinnesorgane an den Fußspitzen melden dem Gehirn: Ich stehe im Zucker. Das Gehirn versteht die Botschaft und gibt das Kommando an die Muskeln: Rüssel raus! (siehe Kapitel 22).

# 16 Imitieren Blütenmale Pollen?

> ... Aber ich habe eine Serie von gemalten Farbstudien gemacht, einfache Blumen, roter Mohn, blaue Kornblumen und Vergißmeinnicht, weiße und rote Rosen, gelbe Chrysanthemen – und habe dabei Kontraste gesucht von Blau mit Orange, Rot und Grün, Gelb und Violett, gesucht die gebrochenen und neutralen Töne, um die brutalen Extreme zu harmonisieren. Versuchte intensive Farbe und nicht eine graue Harmonie zu erreichen.

*Vincent van Gogh an H. M. Levens, 1887*

Die Deutung der Blütenmale hat jüngst eine interessante und, wie mir scheint, besonders wichtige Bereicherung erfahren. Danach sind sie nicht nur Wegweiser und Merkzeichen. Die Hypothese lautet vielmehr: Viele Blütenmale lassen sich als Pollenattrappen verstehen, als Nachahmungen eines ursprünglichen Pollensignals[2,4,5].

Dahinter steckt folgendes: Pollen ist in der Evolution der Blüte die ursprüngliche Form der Verköstigung für die Insekten. Nektar kommt erst später hinzu. Die urtümliche Magnolienblüte ist eine Pollenblume; Nektar gibt es bei ihr nicht zu holen. Pollen selbst, noch mehr die Staubbeutel, fallen uns gewöhnlich durch Farbe, Form und Lage in der Blüte auf. Macht die Blüte damit Reklame? Haben Pollen und Staubbeutel Signalfunktion für die Insekten? Daß dies so ist, ergibt sich aus einer ganzen Reihe von Beobachtungen.

Eine davon ist der auffällige Farbkontrast, in dem Pollen und Staubbeutel sehr oft zu den Kronblättern stehen. Gelbe Staubgefäße (die Ultraviolett in der Regel nicht reflektieren) vor blauem, violettem oder purpurnem Hintergrund sind eine häufige Kombination. Wie wir uns erinnern, sind diese Farben für die Bienen Komplementärfarben. Drei Beispiele: Küchenschelle (Tafel 12), Usambaraveilchen (Tafel 29) und auch die blaublütige Schwertlilie.

## Sparen und signalisieren

Weitere Evidenz für die Signalfunktion des Pollens hängt damit zusammen, daß nicht alle Blüten so verschwenderisch mit dem Pollen umgehen wie der Mohn (Tafel 2) oder die Küchenschelle (Tafel 12). Vielmehr läßt sich allenthalben die Tendenz bemerken, das Angebot so sparsam wie möglich zu halten. Das Pollensparen kann aber nur so lange gut gehen, als die Blüte trotzdem für die Insekten attraktiv bleibt. Beides gleichzeitig zu erreichen, gelingt auf verschiedene Weisen.

Eine Möglichkeit ist, neben dem dann oft versteckten fruchtbaren Pollen sogenannten Verköstigungspollen anzubieten. Verköstigungspollen sieht nur so aus wie fruchtbarer Pollen, taugt jedoch nicht zur Fortpflanzung. Die Insekten lassen sich prompt täuschen, finden jedoch die gesuchte Nahrung, deren »Unfruchtbarkeit« aus ihrer Sicht ja ohne Belang ist (Abb. 15). Eine andere Möglichkeit besteht darin, die Zahl der Staubblätter zu reduzieren und die wenigen verbleibenden besonders auffällig und groß zu gestalten. Denken wir an die Tulpe und das Usambaraveilchen sowie an die Blüte der Kartoffel, deren knallgelbe Staubblätter einen schmalen Kegel bilden, der weit aus der Blüte hervorragt (Abb. 20). Nebenbei bemerkt: Selbst europäische Fürsten fanden sie einmal so schön und exotisch, daß sie sich damit zierten.

Schließlich kann es auch zu einer echten Täuschung, gewissermaßen zum Betrug, kommen: Lange Haare und Knotenbildungen an den Staubblättern täuschen viel Pollen vor, wie das die Blüten der Königskerze *(Verbascum)* (Tafel 30) tun, wo nur wenig ist. Sogar Narben, also weibliche Blütenteile, werden bisweilen dazu benutzt, Pollen vorzutäuschen. Bei den eingeschlechtigen Blüten von Begonien sieht die Narbe wie ein Büschel von Staubgefäßen aus. Die Insekten kommen, ohne irgendeine Nahrung vorzufinden. Dies ist ein besonders interessanter Fall, zeigt er uns doch, wie vorteilhaft zweigeschlechtige Blüten sind. Ein guter Grund für ihre Evolution muß wohl darin bestanden haben, daß von eingeschlechtigen Blüten nur die männlichen Blüten attraktiv gewesen sind, da ja nur sie Nahrung – nämlich Pollen – zu bieten hatten. Bei zweigeschlechtigen Blüten sorgt die Nähe des Pollensignals für die Bestäubung der Narbe.

Die größten Jongleure im Umgang mit den Insekten sind die Orchideen. Häufig nektarlos und obendrein mit Pollenpaketen, die als Nahrung nicht verwertbar sind, locken sie ihre Bestäuber mit den verwegensten Täuschungsmanövern an. Wahre Kriminalgeschichten, denen später zwei ganze Kapitel gewidmet sind (Kapitel 23 und 24). Hier soll uns nur einer ihrer Tricks interessieren. Er besteht darin, die Signalwirkung des Pollens durch die Produktion von pollenartigem Pulver zu nützen, das aus aufgetriebenen Haaren und Papillen der Lippe kommt[1,3]. Günther Ritter Beck von Mannagetta und Lerchenau von der k.k. Universität Prag hat dies erstmals 1914 ausführlich beschrieben und gedeutet. Soviel zur Signalwirkung des Pollens.

## Verstecken und signalisieren

Nun kommt etwas anderes hinzu. Neben der zunehmenden Pollensparsamkeit beobachtet man in der Evolution die Tendenz von offenen, allseitig gleich zugänglichen Blüten zu räumlich komplizierten Blüten überzugehen (Abb. 94). Dies bedeutet Schutz des Futters vor Regen, Wind, direkter Sonneneinwirkung und unqualifizierten Besuchern, die nur fressen, ohne zu bestäuben. Die Konsequenz: Ist der Pollen selbst nicht mehr sichtbar, dann bedarf es eines sichtbaren Hinweises für die Insekten. Und nun sind wir wieder bei den Blütenmalen. Sie lassen sich oft als Pollenattrappen interpretieren, vor allem in denjenigen Fällen, wo sich das echte Futter in der Blüte verbirgt. Auch in jenen Fällen, in denen Nektar die Hauptattraktion für die Insekten ist, bleibt die Signalwirkung der Staubgefäße und des Pollens sowie seiner Kopien erhalten. Diese Hypothese hat kürzlich der Freiburger Zoologe Günter Osche[2] in großer Deutlichkeit formuliert und belegt. Eine Fülle von Beispielen spricht für sie. Wir brauchen uns nur einige davon anzusehen, um das Wesentliche zu verstehen (Tafel 29 und 30).

Roter Fingerhut *(Digitalis purpurea):* nur wenige in der Blüte versteckte Staubfäden, Lippe mit auffälligen weiß umrandeten Fleckenmalen. Interessanterweise fehlen diese Flecken dem gelben Fingerhut; bei ihm schauen statt dessen – zumindest bei älteren Blüten – Staubgefäße aus der Blütenröhre.

Alpenfettkraut *(Pinguicula alpina):* Staubgefäße ebenfalls verborgen; leuchtend gelbe und sogar leicht gewölbte Staubbeutelimitationen.

Frauenflachs *(Linaria vulgaris):* Unterlippe mit deutlich plastischen orangegelben Aufwölbungen.

Sommerwurz *(Orobanche gracilis):* auf dem rotbraunen Griffel hantelförmige knallgelbe Narbe; neben der Staubbeutelimitation der Begoniennarbe eines der besten Beispiele für eine »vollplastische« Imitation. Sieht aus wie die beiden Hälften eines Staubbeutels und steht voll in der Öffnung zur Kronröhre, hinter der sich die unscheinbaren echten Staubgefäße verbergen.

Biologie ist nicht zuletzt eine so attraktive Wissenschaft, weil sie in so vielen Bereichen unsere Sinne so direkt anspricht. Es lohnt sich, die bunten Muster auf den Blüten beim nächsten Spaziergang einmal genauer anzuschauen.

# 17 Formensehen

Im allgemeinen besteht das Problem darin, den Großteil der Information selektiv zu verwerfen.

*Rüdiger Wehner »Pattern Recognition«, 1974*

Trichter, Kugeln, Scheiben, Sporne, Schlünde, Lippen, Fahnen, groß und winzig, glatt, gezähnt und gezackt. Weshalb gibt es Blüten so verschiedener Gestalt? Könnten Sie nicht alle gleich aussehen?

So gestellt, ist diese Frage eher philosophisch. Aber aus der Existenz der vorgefundenen Vielfalt läßt sich aus evolutionsbiologischer Sicht zwanglos folgern, daß hier Vorteile für die Fortpflanzung mit im Spiele sind. Vielfalt ist nicht Luxus der Natur, sondern eine ihrer wesentlichen und im Lichte des Evolutionsgeschehens notwendigen Eigenarten (Kapitel 30). Nach dem Exkurs über das Farbensehen liegt die Annahme nahe, daß die bestäubenden Insekten auch Formen und Muster erkennen und damit Arten unterscheiden, so wie sie es mit den Farben tun, die ja nicht gestaltlos im Raume schweben.

Die Erforschung des Formensehens und der Mustererkennung ist ein schwieriges Unternehmen, nicht nur praktisch experimentell, sondern vor allem auch bezüglich der theoretischen Grundlagen. Einen Eindruck davon mag die Tatsache geben, daß es der Technik trotz großer Anstrengung und großen Aufwandes bis heute nicht gelungen ist, Mustererkennungsprozesse in den Griff zu bekommen, die aus der Sicht dessen, was etwa eine Biene kann, ausgesprochen einfach erscheinen. Die Forschung ist voll im Gange und wird eine ganze Reihe von Labors noch lange beschäftigen.

Die Bedeutung von Formen und ihrer Erkennung ist für die Biologie der Begegnung von Insekten und Blumen jedoch so wichtig, daß ich trotz der verbliebenen Schwierigkeiten versuchen will, die Problematik und die Lösungswege wenigstens an einigen Punkten aufzuzeigen.

## Mosaikaugen

Die vielen Facetten des Insektenauges – dreitausenddreihundert bei der Hausfliege, fünftausendfünfhundert bei der Honigbiene, siebenhundertundfünfzig bei der Waldameise – besitzen alle ihre eigene kleine Linse mit den dazugehörigen sieben bis neun Sehzellen, die tütenförmig angeordnet darunter liegen (Abb. 37). Sieht das Insekt die Umwelt mit den tausend Linsen tausendfach? Nein, die Linsen zerlegen sein Gesichtsfeld in viele kleine Bildpunkte. Der Fachmann spricht deshalb von Mosaikaugen und von musivischem Sehen.

Das räumliche Auflösungsvermögen des Auges ist dem »Korn« eines Filmes durchaus vergleichbar, wenn wir einmal von den Sinnes- und Nervenzellen absehen und bei der reinen Optik bleiben. Es hängt davon ab, wie dicht die Einzelaugen gepackt sind. Dabei sind zwei Größen bestimmend: der Divergenzwinkel und der Öffnungswinkel. Nennen wir sie abgekürzt $\Delta \varphi$ und $\Delta \varrho$. Ihre Bedeutung ist leicht zu begreifen (Abb. 43a). Der Divergenzwinkel ist der Winkel zwischen den Sehachsen benachbarter Facetten. Von ihm hängt die Grenze der Auflösung ab. Der Öffnungswinkel sagt uns, wie groß der Anteil des Gesichtsfeldes ist, aus dem Licht in die Receptoren einfällt. Er wird als Halbwertsbreite derjenigen Glockenkurve angegeben, die man erhält,

Abb. 43:
Zum räumlichen Auflösungsvermögen des Insektenauges. In a sind einige Receptoren (2) mit ihren optischen Achsen (gestrichelte Linien) und Öffnungswinkeln (punktierte Linien) dargestellt. b1 ein einfaches Streifenmuster als schematisiertes Beispiel für einen natürlichen Reiz. b2 Schema des Receptorenrasters. Bewegt man das Streifenmuster am Receptorenraster vorbei (c), dann wird die Periode λ des Streifenmusters oberhalb der Auflösungsgrenze exakt übertragen, während sie unterhalb davon zunimmt (c2). Die Grenze der Auflösung liegt bei $\lambda = 2 \Delta \varphi$. Da jedes Sehfeld $\Delta \varrho$ nur einen mittleren Intensitätswert mißt, ist für den zweiten Fall (d2) auch der gemessene Helligkeitswert geringer; der gemessene Kontrast hängt also vom Verhältnis zwischen dem Öffnungswinkel und der Wellenlänge des Musters ab.

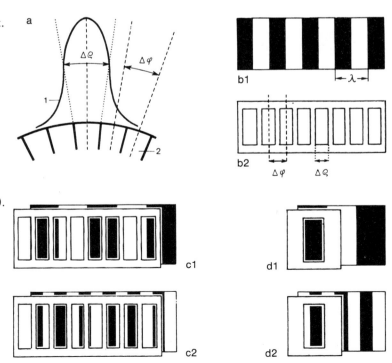

wenn man eine Lichtquelle an einem Ommatidium vorbeiwandern läßt und das einfallende Licht jenseits der Linse bestimmt (Abb. 43 a). Die absoluten Größen dieser Winkel bewegen sich bei der Hausfliege und der Biene zwischen rund 1,4 und 3,9 Grad.

Die praktische Konsequenz dieser Winkel? Lassen wir in Gedanken ein Streifenmuster am Auge vorbeiwandern, dann sehen wir, wo ihre begrenzenden Eigenschaften liegen (Abb. 43). Ist die Wellenlänge des Streifenmusters ($\lambda$, gleich dem Abstand zwischen den Vorderkanten zweier schwarzer oder weißer Streifen) kleiner als $2 \times \Delta \varphi$, dann wird die Helligkeitsverteilung nicht mehr richtig wiedergegeben. In dem gesehenen Streifenmuster sind die schwarzen Balken dann weiter voneinander entfernt als im tatsächlich vorliegenden. Und auch der gesehene Kontrast stimmt nicht immer mit dem wirklichen überein, weil jedes Sehfeld $\Delta \varrho$ nur einen mittleren Helligkeitswert mißt. Der nach vorne und unten weisende Teil des Sehfeldes, der beim Besuch der Blumen sicher besonders wichtig ist, wird besonders »feinkörnig« abgebildet. Hier ist der Winkel zwischen den Sehachsen benachbarter Ommatidien besonders klein[15].

## Das Gehirn macht das Bild

Damit ist das Problem des Formensehens im wörtlichen und im übertragenen Sinn nur ganz peripher angekratzt. Es kann nicht allein darin bestehen, daß sich das von den Facetten gelieferte Raster, bei den Sinneszellen angefangen, in all den hintereinandergeschalteten Instanzen der nervösen Verarbeitung der optischen Reize wiederfindet. Denkbar unökonomisch wäre es, die unzähligen in der Natur vorkommenden Helligkeitsverteilungen allein auf der Grundlage der Farb- und Helligkeitswerte der Rasterpunkte als Muster einzeln unterscheiden zu wollen. Es gibt unzählige Kombinationen davon! Vielmehr geht es beim Mustererkennen um Prozesse des Generalisierens und Klassifizierens, des Erkennens geometrischer Korrelationen. Es kommt ja auch gar nicht darauf an, alle Muster voneinander zu unterscheiden. Die biologisch wichtigen müssen aus einer großen Fülle herausgelöst werden. Bei anderen Sinnen ist das genauso: Die Raffinesse besteht nicht darin, alles zu sehen, zu hören und zu riechen, sondern das übergroße Informationsgebot auf das biologisch Wichtige zu reduzieren. Eine Heuschrecke muß aus der gezirpten Sinfonie einer lauen Sommernacht gerade den Gesang ihres Artgenossen heraushören; ein Seidenspinnermännchen muß gerade den Liebesduft seines Weibchens aus allen Gerüchen herausriechen.

Für den Menschen gilt prinzipiell das gleiche. Man schätzt, daß pro Sekunde eine Informationsmenge von zehn Milliarden bit auf unsere Sinnesorgane einströmt, das Gehirn aber nur hundert biologisch wichtige davon auswählt.

Das Bild, das ein Insekt letztlich von seiner Umwelt hat, entsteht ebensowenig wie beim Menschen im Auge selbst. Es ist nicht bloß passive Abbildung. Man darf deshalb den Vergleich mit dem Fotoapparat nicht zu weit treiben und ihn ebenso wie den Begriff des Mosaiksehens nur auf die ganz peripheren Prozesse des Sehens beziehen. Das Gehirn macht das Bild und unsere Sprache hat ganz recht, wenn sie sagt, jemand »mache sich von irgend etwas ein Bild«.

Die Vorgänge im Insektengehirn sind sehr schwer zu analysieren, da die Nervenzellen sehr klein sind und auf sehr engem Raum beieinanderliegen. Man hat zunächst geglaubt, das Arthropodengehirn sei wegen der relativ geringen Zahl seiner Nervenzellen ein vergleichsweise einfacher Apparat. Hat es doch nur einige hunderttausend Nervenzellen aufzuweisen, verglichen mit einhundert Milliarden beim Menschen. Mittlerweile ist aber klar, daß die Zellen besonders komplex miteinander verschaltet sein können und es ganz unangebracht ist, von »einfach« zu sprechen.

## Verhaltensversuche zur Mustererkennung

Zunächst etwas zu den Leistungen des Insekts, seinem Verhalten gegenüber Mustern. Wir müssen prinzipiell unterscheiden zwischen Versuchen, bei denen die Tiere unter einem Angebot von Mustern spontan auswählen und solchen Versuchen, bei denen zuerst auf ein bestimmtes Muster dressiert wird (dort gibt es Futterbelohnung) und danach die Fähigkeit zur Unterscheidung von Mustern meist ohne Belohnung getestet wird.

Viele Insekten laufen gezielt schwarze Figuren an und suchen sich eine davon aus, wenn mehrere gleichzeitig geboten werden. Man sagt, der Reizwert einer Figur sei dann um so höher, je öfter diese Figur im Vergleich zu anderen angelaufen wird. Stabheuschrecken *(Carausius morosus)* laufen um so häufiger zu einer Attrappe, je ähnlicher sie einer Freßpflanze, also je strauchähnlicher sie ist[10]. Ameisen *(Formica rufa)* bevorzugen bei der Spontanwahl vertikal orientierte Streifen vor schräg- oder horizontal angeordneten[16]. Sogleich denkt man daran, daß sie ja normalerweise an Bäumen hochklettern, um zu Blattläusen zu gelangen und sie zu melken! Am Boden lebende Insekten, wie manche Grillen *(Nemobius silvestris)*, reagieren gerade umgekehrt und laufen das horizontale Streifenmuster sehr viel häufiger an als das vertikale[11]. Für die Schmeißfliege *(Calliphora erythrocephala)* sind dunkle Kontrastflächen, vertikale Kontrastgrenzen und Figurengliederung attraktiv[12]. Rudolf Jander hat auf solchen und vielen ähnlichen Versuchen die Vorstellung von speziellen neurosensorischen Detektormechanismen entwickelt, die selektiv auf elementare Merkmale eines optischen Musters ansprechen – wie zum Beispiel eine Kante mit bestimmer Neigung, eine kontrastreiche Fläche bestimmter Ausrichtung und ähnliches. Ebenso sinnvoll erscheint es, daß die Biene *(Apis mellifera)* stark gegliederte Figuren bevorzugt, wenn sie auf Futtersuche ist, also etwa ein Schachbrettmuster vor einem schwarzen Kreis[5]. In Heimkehrstimmung aber ist das Gegenteil der Fall: dann fliegen die Bienen die konturärmsten Figuren an, die ganz offensichtlich die größte Ähnlichkeit mit dem Flugloch des Bienenstockes haben[9]. Für die Papier-Wespe *(Dolichovespula saxonica)* gilt Entsprechendes[13].

## Figurale Intensität, figurale Qualität und die Lage im Raum

Daß die Beurteilung einer Form bei den Insekten nach ganz anderen »Gesichtspunkten« erfolgt als bei uns, hat Karl von Frisch in Dressurversuchen mit der Biene bereits 1915 gezeigt. Die Bienen können merkwürdigerweise einen geschlossenen Kreis nicht von einem geschlossenen Quadrat oder Dreieck unterscheiden, ebensowenig ein schräggestelltes Kreuz von einem offenen Quadrat oder einem Muster aus vier vertikalen Streifen (Abb. 44). Aber jede der geschlossenen Figuren wird ohne weiteres von allen offenen unterschieden und umgekehrt!

Die Konturenlänge ist zweifellos von besonderer Bedeutung dabei. Man spricht von der figuralen Intensität und meint damit den *Grad* der Gliederung, während die Art des Musters – also etwa runde Figuren, Punktehaufen, eckige Figuren – als figurale Qualität bezeichnet wird (Abb. 45). Inzwischen weiß man, daß die figurale Intensität ihre Bedeutung verliert, wenn der Kontrast der Figur zum Hintergrund zu stark ist (> 1:10). In diesem Fall nämlich werden die geschlossenen Figuren spontan bevorzugt[14]. Und man weiß auch, daß es bei der Unterscheidung von Figuren nicht nur auf die absolute Konturenlänge ankommt, sondern auf die Konturdichte, also das Verhältnis der Konturenlänge zur umschlossenen Fläche[2].

Das alles ist recht kompliziert und zeigt, daß man noch recht weit weg ist von einem umfassenden Verständnis des Formensehens bei Insekten. In jüngster Zeit haben sich die Befunde dafür gehäuft, daß es neben dem Konturenreichtum noch andere für die Musterunterscheidung wichtige Merkmale gibt. So können Bienen Figuren gleicher Fläche und Form, also auch gleicher Kontur, an ihrer Winkelstellung im Raum unterscheiden: Senkrechte Balken oder Kreuze etwa von schräg stehenden. Beim Kreuzmuster gelingt die Unterscheidung bei einer Winkelabweichung von nur vier Grad und das Testmuster wird auch dann noch bevor-

Abb. 44:
Während es die Honigbienen leicht lernen, jede der oberen Figuren von einer der unteren zu unterscheiden, gelingt ihnen dies innerhalb der oberen bzw. unteren Figuren nicht.

Abb. 45:
»Figurale Intensität« und »Figurale Qualität«. Die Figuren in einer horizontalen Reihe unterscheiden sich in ihrer figuralen Intensität, die in einer senkrechten Reihe in ihrer figuralen Qualität.

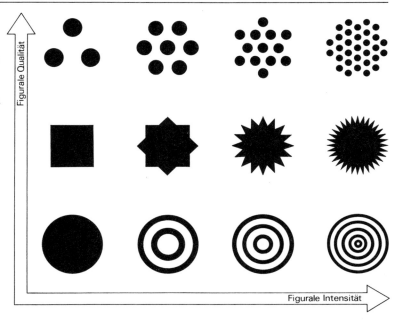

zugt angeflogen, wenn man die Balken und damit die Konturenlänge gegenüber dem Vergleichsmuster verkürzt, vorausgesetzt die Winkelstellung ist die des Dressurmusters[17]. Man kann auch einen Einzelbalken verkürzen oder optisch zerhacken; er wird unter der Voraussetzung der unveränderten Winkelstellung vor einem Balken bevorzugt, der gegenüber dem Dressurmuster weder verkürzt noch sonst geometrisch verändert, aber anders orientiert ist als dieser. Die Biene kann eine Streifenneigung unabhängig vom Kontrast erkennen – also weiße Streifen auf schwarzem Hintergrund, nachdem sie auf schwarze Streifen auf weißem Hintergrund dressiert worden ist. Auf einen gemeinsamen Nenner gebracht, zeigen diese raffinierten Experimente, um die sich Rüdiger Wehner von der Universität Zürich besonders verdient gemacht hat, daß die Raumlage eines Musters nicht nur wichtig ist, sondern sogar erfolgreich gegen dessen Geometrie ausgespielt werden kann[18].

Werfen wir sie in einen Topf mit den vielen anderen Versuchen, Regeln über die Fähigkeit zum Generalisieren bei Insekten und besonders bei Bienen zu finden, dann müssen wir allerdings feststellen: Zwar gibt es eine Reihe von wichtigen Mustereigenschaften wie etwa Konturenlänge, Winkelstellung, Größe, Konturendichte, die in einer gegebenen Versuchssituation Vorhersagen über die Wahl der Biene unter einer Reihe von Mustern eines bestimmten Typs erlauben; eine umfassende Funktion aber, mit welcher der Experimentator die Reaktion auf alle beliebigen Muster vorhersagen könnte, gibt es noch nicht.

## Blüten als optische Muster

Noch sind die vielen natürlichen Blütengestalten nicht direkt im Hinblick auf das Formensehen der Insekten untersucht worden. Hier liegt ein weites Feld zukünftiger Forschung. Aber Laborkategorien wie figurale Intensität und figurale Qualität sind nicht aus der Luft gegriffen. Eine Silberdistel etwa *(Carlina acaulis)* (Tafel 28) weist hohe figurale Intensität auf, die Blüte des Klatschmohns *(Papaver rhoeas)* (Tafel 2) dagegen geringe. Ein trichterförmiger Enzian *(Gentiana acaulis)* (Tafel 4) hat andere figurale Qualität als etwa eine Schmetterlingsblüte von der Art des Klees, der Esparsette oder des Goldregens. Für die Nektarmale gilt Entsprechendes.

Wie spannend der Vergleich von Laborversuchen mit Freilanddaten sein kann, hat vor wenigen Jahren der englische Zoologe Alan Anderson[1] gezeigt. Er hat gefunden, daß die natürlichen Saftmale vieler Blüten in dem Produkt aus Streifenweite und Streifenintervall gerade dem Wert sehr nahekommen, der in Labortests mit verschiedenen Streifenmustern für die Bienen am attraktivsten war.

## Im Fluge gesehen

Weshalb sehen wir im Kino die schwarzen Streifen zwischen den einzelnen Bildern des Films nicht? Belichten wir unser Auge mit einzelnen Lichtblitzen, so sehen wir diese nur dann als getrennte Ereignisse, wenn nicht mehr als zwanzig in der Sekunde kommen. Bei einer Frequenz über zwanzig Hertz »verschmelzen« die Reize für unser Auge. Die sogenannte Verschmelzungsfrequenz ist überschritten. Unsere eigentliche Frage: Sieht ein fliegendes Insekt die rasch an ihm vorbeiziehenden Konturen als einzelne Helligkeitswechsel oder als langgezogene Wischer? Elektrophysiologischen Versuchen zufolge ist das Insektenauge schneller als das unsrige. Die bewegte Umgebung hört erst bei einer Reizwechselfrequenz von zweihundert Hertz zu flimmern auf[4]. Das schnelle Abklingen der Antwort der Sehzellen auf einen Reiz – seine kurze Zeitkonstante – erhöht den Kontrast, weil der nächste Reiz nicht in die noch anhaltende Antwort auf den vorausgegangenen Reiz fällt[22]. Im Gehirn von Insekten gibt es wie im Wirbeltiergehirn Neurone, die speziell auf bewegte Objekte ansprechen, auch solche, bei denen die Bewegung eine bestimmte Richtung haben muß. Das sollte uns nicht überraschen, muß doch ein schneller optischer Szenenwechsel für fliegende Insekten eine Reizsituation mit besonderer Bedeutung sein.

In jüngster Zeit hat die Erforschung der Mustererkennungsprozesse eine interessante Belebung durch die genaue Analyse des

Flugverhaltens der Insekten erhalten. Wenn Bienen vertikal gestellte Muster anfliegen, fliegen sie langsam ein bis zwei Zentimeter vor dem Muster herum, bevor sie landen[20,2,3]. Ihre Flugbahn zeichnet grob das Muster nach, sie rastern es offenbar optisch ab und benützen dieses Verhalten dazu, die Ähnlichkeit zwischen dem Dressur- und dem Testmuster festzustellen. Möglicherweise kann die Biene auch Information über die Flugbewegungen selber nützen. Im Bordcomputer der Biene würde es dann etwa heißen: schmales Muster, da kurzer Horizontalflug. Daß ein Bildvergleich mit gespeicherter Information kurz vor der Landung wichtig sein kann, geht auch daraus hervor, daß die Biene noch im Flug eine konstante Fixierhaltung einnimmt, bevor sie an der Öffnung einer Plexiglasflasche landet, die sie zum Futter führt[21]. Bei jedem neuen Anflug fixiert sie das hinter der Röhrenöffnung gebotene Muster so, daß es auf dieselben Augenbezirke trifft. Dadurch, so scheint es, vereinfacht sich der Vergleich eines gespeicherten Bildes mit einem aktuellen Bild erheblich.

# 18 Duften und Riechen

> Aber die Schwertlilien, die ich bei mir hatte, dufteten stärker in der blauen Kühle der einbrechenden Nacht; mit einem Duft, durchdringender und unbestimmter zugleich, da man die Blüte nicht sah, der er entströmte – eine Blüte, die nur aus Duft bestand und in der schattigen Einsamkeit Körper und Seele berauschte.

*Juan Ramón Jiménez »Platero und Ich«, 1965*

Gewöhnlich machen wir uns keine Gedanken über den ursprünglichen Sinn der Redewendungen, wenn wir von einem duften Typ sprechen oder sagen, etwas stinke gen Himmel, oder wir könnten jemanden nicht riechen, oder jemand habe sich verduftet. Und doch zeigen sie uns, wie tief Düfte in unserer Erlebniswelt verwurzelt sind.

Im Tierreich spielen Düfte in ganz verschiedenen Funktionskreisen eine Rolle: beim Nahrungserwerb, beim Anlocken des Geschlechtspartners, beim sozialen Zusammenleben, beim Abgrenzen eines Territoriums, bei der Abwehr eines Feindes, bei der Alarmierung vor Gefahren.

Der Duft von Blumen gehört aus der Sicht der Insekten im wesentlichen in die Kategorie Nahrungserwerb und davon handelt dieses Kapitel. Wir wollen erst einmal nicht beachten, daß es auch stinkende Blumen gibt, die von Fliegen zur Eiablage aufgesucht werden, solche, mit denen die Bienenmännchen wegen ihres Weibchenduftes zu kopulieren versuchen und Parfümblumen, aus denen brasilianische Bienenmännchen einen Parfümvorrat sammeln, wahrscheinlich, um ihn zur Markierung eines Balzterritoriums zu verwenden (siehe Kapitel 23).

## Duftmuster

Es gibt eine sehr einfache Methode herauszufinden, ob eine Blüte neben optischen auch geruchliche Marken besitzt – also nicht nur generell für unsere Nase duftet, sondern vielleicht Duftflecke, Duftgefälle, ein Duftmosaik ausbildet. Man zerlegt die Blüte fein säuberlich in die interessierenden Teile und gibt sie getrennt in kleine verschlossene Glasbehälter. Nach etwa zehn Minuten macht eine Versuchsperson einen Riechtest und äußert sich über Qualität und Intensität des Geruches. Es ist erstaunlich, was Therese Lex[6] und Alexandra von Aufsess[1] auf so einfache Weise alles herausgefunden haben.

Eine kurze Zusammenfassung:
1. Duftmale sind noch häufiger als optische Male. Von achtzig Blüten hatten nicht weniger als siebenundsiebzig eines.
2. Nicht nur die für uns sichtbaren Saftmale sind zugleich Duftmale, sondern auch die UV-Zeichnungen heben sich geruchlich von ihrer Umgebung ab!
3. Darüber hinaus ist auch bei Blüten, die keinerlei optisches Saftmal haben, der Zugang zur Futterquelle in der Regel duftmarkiert.
4. Mit der menschlichen Nase – und dem dahinterliegenden Gehirn – lassen sich dabei drei Fälle unterscheiden: A riecht anders und stärker als B; A riecht anders und gleich stark als B; A riecht gleichartig und stärker als B.

Auch dazu ein paar Beispiele:

Sumpfdotterblume *(Caltha palustris)* (Tafel 26): Sie ist uns schon bekannt, weil ihr für unser Auge so eindrucksvolles Gelb bei näherer Untersuchung ein sehr deutliches UV-Saftmal aufweist (Kapitel 15). Dazu hat sie auch noch ein Duftmal. Der basale Blütenteil duftet zwar gleichartig wie der Rest der Blüte, aber stärker. Ein Duftgefälle also, das in Richtung der Nektarabsonderung zunimmt. Bei der Sumpfdotterblume sind das zwei Vertiefungen zu beiden Seiten der Fruchtknoten.

Wiesenglockenblume *(Campanula patula)* (Tafel 34): Hier gilt Entsprechendes: Wieder nimmt die Duftintensität zum Blütengrund hin zu.

Roßkastanie *(Aesculus hippocastanum):* Das auffällige gelbe Saftmal duftet stärker, aber gleichartig wie die übrige Blütenkrone, solange es gelb ist. Sein Farbumschlag ins Rot (siehe Kapitel 15) geht mit einer qualitativen Änderung des Duftes einher. Die Blütenbesucher werden also nicht nur optisch, sondern auch chemisch über die Einstellung der Nektarproduktion informiert.

Aurikel *(Primula auricula)* (Tafel 26): Sondert den Nektar am Grunde ihres Fruchtknotens ab. Der hellgelbe Eingang zur Kronröhre duftet zwar nicht stärker, aber anders als die Kronblattzipfel und die Kronblattröhre.

Klatschmohn *(Papaver rhoeas)* (Tafel 2): Das Saftmal duftet stärker und anders als die übrigen Blütenteile. Bei der Narzisse *(Narcissus poeticus; N. pseudonarcissus),* der Kapuzinerkresse *(Tropaeolum majus),* der Schwertlilie *(Iris germanica)* und dem Stiefmütterchen *(Viola tricolor)* ist es ebenso.

Auch das Futter selber, die Nektarien und der Pollen, heben sich meist durch intensiveren und/oder andersartigen Duft ab.

## Menschennase und Bienennase

Noch immer basiert all das Gesagte auf den Feststellungen der menschlichen Nase! Wie steht es damit bei den Insektennasen? Im Vorfeld der Antwort auf diese Frage lohnt sich eine kurze Betrachtung von Blüten, die nicht durch Insekten, sondern durch Vögel bestäubt werden. Dies ist besonders deshalb interessant, weil der Geruchssinn bei den Blumenvögeln im allgemeinen als nicht sehr gut entwickelt gilt.

Für den Menschen riechen Vogelblüten nur schwach oder gar nicht[8]. Immerhin gibt es innerhalb der Blüte Differenzierungen, aber ebensooft duftet ganz im Gegensatz zu den Insektenblüten der Außenteil der Blüte stärker als der Innenteil. Auch duftet der Pollen von Vogelblüten schwächer als der von Insektenblüten.

Es gibt alte Behauptungen über die Außergewöhnlichkeit der Leistungen des Geruchssinnes von Bienen. Ob sie Empfindungen ähnlich denjenigen haben, die wir etwa mit blumig oder fruchtig umschreiben, wird uns immer verborgen bleiben. Das Experiment muß an einer anderen Stelle ansetzen. Am naheliegendsten ist zunächst die Frage, ob die Insekten die vom Menschen wahrgenommenen Duftunterschiede ebenfalls erkennen. Daß sich Bienen auf Düfte dressieren lassen, ist schon lange bekannt[3]. Von Frisch schreibt 1965 in seiner eindrucksvollen einfachen Sprache über eindrucksvoll einfache Versuche:

»Zur Dressur benützte ich Kartonkästchen mit aufklappbarem Deckel und einem Flugloch in der Vorderwand. Eines wurde mit dem Dressurduft und einem Futtergefäß versehen, drei andere daneben blieben leer. Häufiger Platzwechsel des Dressurkästchens verhinderte eine Ortsdressur. Zum Versuch wurden vier saubere (meist unbenützte) Kästchen in veränderter Anordnung aufgestellt, eines mit dem Duft, aber keines mit Futter, und die Zahl der einschlüpfenden Bienen gezählt. Der Eigengeruch der Kartonkästchen störte nicht, wie Kontrollversuche mit Steingutkästchen gezeigt haben. Als Riechstoffe benützte ich teils den an Paraffinöl gebundenen Duft natürlicher Blüten (nach dem Enfleurage-Verfahren gewonnen), teils ätherische Öle und zur Kontrolle auch frisch abgeschnittene Blumen. Die dressierten Bienen befliegen im Versuch auch ein reines Duftkästchen ohne Futter. Das zeigt, daß sie den Duft wahrnehmen und das Merkzeichen gebrauchen.«

Zur Prüfung der Unterscheidungsfähigkeit von Düften stellte von Frisch ganze Batterien von Kästchen auf, in denen er zum Beispiel neben dem einen Kästchen mit Dressurduft in dreiundzwanzig weiteren Kästchen noch dreiundzwanzig andere Düfte anbot. Die Bienen finden den einen Dressurduft vor allem dann leicht heraus, wenn er für die menschliche Nase blumigen, fruchtigen, würzigen Charakter hat. Andere, auch für uns unangenehme Gerüche – etwa faulige wie Skatol – lernen sie schwer oder gar nicht. Sie nehmen sie dennoch wahr, verleiden sie der Biene doch einen blumigen Dressurduft, dem ein solch unangenehmes Parfüm beigemischt wurde. Werden sie auf ein Gemisch von »angenehmen« Düften dressiert und dann mit den Einzelkomponenten getrennt getestet, dann fliegen sie beide an[4].

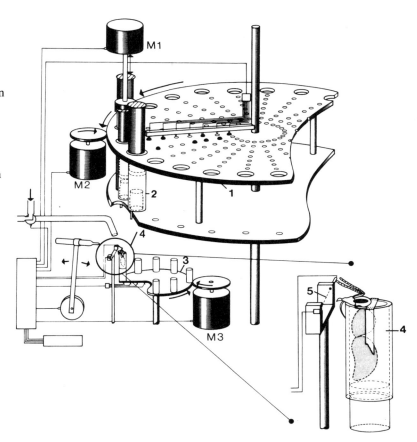

Abb. 46:
Ein Testautomat, mit dem festgestellt werden kann, ob die Bienen zwischen einem vorher andressierten Duft und verschiedenen Testdüften unterscheiden können. Im oberen Rad (1), angetrieben vom Motor M2, stecken jeweils 27 Spritzen (2) mit verschiedenen Düften; im unteren Rad (3), angetrieben vom Motor M3, stecken jeweils 8 Versuchsbienen in speziellen Bienenhaltern (4). Jede Biene wird hintereinander mit den verschiedenen Testdüften gereizt; der Motor M1 bewegt den Spritzenkolben. Ist der wirkliche oder vermeintliche Dressurduft in der Reihe, dann streckt die Biene ihren Rüssel aus, durchbricht damit eine Lichtschranke (5) und die Reaktion wird automatisch registriert. Auch das Drehen der beiden Räder erfolgt vollautomatisch.

Von eintausendachthundertsechzehn geprüften Duftpaaren konnten sie bei eintausendsiebenhundertneunundzwanzig die Komponenten auseinanderhalten[12] (Abb. 46). Wir haben es also mit einer erstaunlich feinen Nase zu tun.

Kehren wir zurück zu den Blüten und ihren Duftmalen. Sind sie für die Bienen wirklich ein Mosaik von Gerüchen, dessen Steinchen sie aus der Nähe einzeln erkennen? Oder vielleicht doch eine verwaschene Duftsuppe? Es ist ein Mosaik. Auch für die Biene hebt sich das Duftmal von dem Rest der Blüte ab[1,6]. Ohne Frage gibt es demnach einen Partner, der in der Lage ist zu bemerken, womit, wie stark und wo sich eine Blume parfümiert.

## Riechschärfe

Vieles spricht dafür, daß der Geruchssinn der Bienen in seiner Leistung dem des Menschen sehr ähnlich ist. So haben wir ja gehört, daß für sie attraktiv ist, was auch für uns blumig, fruchtig und angenehm riecht. Umgekehrt werden auch sie von Düften abgestoßen, die für uns unangenehm sind. Für uns duftlose Blüten sind Dressurversuchen zufolge auch für Bienen duftlos.

Wie aber steht es mit der Riechschärfe? Genauer gefragt: In welcher Konzentration muß ein Geruchstoff vorliegen, um gerade noch wahrgenommen werden zu können? Die Antwort sei vorweggenommen. Auch die Riechschärfe der Honigbiene weicht von der des Menschen nur wenig ab[10,2,9]. Ein Experiment dazu sieht so aus: Der Biene wird eine Zeitlang Zuckerwasser zusammen mit Dressurduft angeboten, der sich beispielsweise in einem offenen Glasröhrchen unter dem Futterschälchen befindet. Im Test läßt sich dann prüfen, wie wenig Dressurduft gerade noch ausreicht, um Bienen immer noch unter einer Anzahl von Schälchen bevorzugt dasjenige mit dem Dressurduft anfliegen zu lassen. Zum Vergleich kann man mit Menschen dasselbe machen – das ist einfacher, weil die Versuchsperson ja schließlich sagen kann, wo unter einer Reihe von Proben sie den »Dressurduft« erkennt.

Die Schwellenwerte liegen zwischen $1,9 \times 10^9$ und $4,5 \times 10^{11}$ Duftmolekülen pro Kubikzentimeter[10]. Lavendel kann die Biene noch in einer Verdünnung von 1:500000 riechen, Rosmarin in einer solchen von 1:100000 und Jasmin in einer solchen von 1:20000[2]. Blumige Düfte riecht die Biene etwas besser als der Mensch, Fettsäuren schlechter.

Interessant sind diese Zahlen im Vergleich mit anderen Tieren. Die Spitzenleistungen im Tierreich, die wahren Wundernasen, finden wir weder bei der Biene noch beim Menschen. Vielmehr wird die Bestenliste vom Hund, dem Aal und dem Seidenspinner angeführt.

Ein Hund riecht Buttersäure noch in einer Konzentration von sechstausend Molekülen pro Kubikzentimeter[7].

Der Aal erkennt β-Phenyläthylalkohol noch in einer Konzentration von eintausendachthundert Molekülen pro Kubikzentimeter[11].

Das Seidenspinnermännchen riecht mit seinen riesigen Antennen (Tafel 31) den Liebesduft des Weibchens, wenn man Luft mit nur tausend Molekülen pro Kubikzentimeter über seine Antennen bläst. Es fängt daraufhin in sexueller Erregung zu schwirren an und macht sich auf den Weg[5].

Noch anschaulicher werden diese schier unglaublichen Meisterleistungen durch ein paar weitere Angaben. Lawinenhunde riechen den menschlichen Buttersäuregeruch durch meterhohen

Schnee hindurch und selbst der durch einen Gummistiefel bei einem kurzen Auftreten abgegebene Geruch bringt den Fährtenhund auf die richtige Spur. Zum Aal schreibt Teichmann[11] eindrucksvoll, daß er die Testsubstanz auch dann noch wahrnehmen würde, wenn man einen einzigen Milliliter davon mit der achtundfünfzigfachen Menge des Bodenseewassers verdünnte! Männliche Nachtschmetterlinge finden aus kilometerweiter Entfernung zum Weibchen, geleitet von der Duftfahne, die von deren Lockstoffdrüsen ausgeht.

Viele gute Gründe, das Staunen nicht zu verlernen!

# 19 Porenplatten und räumliches Riechen

*Wie, dachte ich: ist es wohl glaubwürdig, sollte der allmächtige Schöpfer der fleißigen Biene die Nase versagt haben ... Wie freute ich mich nun, daß ich für all die angewandte Muehe und Fleiß keine lange Nase davon getragen, wohl aber eine wahre Nase mit zwey Nasenlöchern gefunden hatte.*

*Nicolaus Unhoch »Anleitung zur wahren Kenntnis und zweckmäßigsten Behandlung der Bienen«, 1823*

## Vierzigtausend Meßinstrumente auf dem Bienenfühler

Wo hat die Biene ihre Nase?

Die Sensoren, mit denen die Insekten Düfte wahrnehmen, finden wir auf ihrem harten Außenskelett. Hier ist die Grenze zwischen dem Tier und seiner Umwelt, dort würden wir sie auch erwarten. Wenn wir ein bißchen weiter überlegen, werden wir auch richtig annehmen, daß sie wie die Sensoren für andere Reize besonders gehäuft am Kopf vorkommen: bei einem Tier, bei dem es ein Vorne gibt, das beim Umherlaufen zuerst mit dem neuen Terrain Kontakt aufnimmt, also immer seine »Nase vorn hat«.

Obgleich praktisch an allen Teilen eines Insektenpanzers Sensillen gefunden werden, ist doch ihre Massierung auf den beweglichen Fühlern des Kopfes ohne Parallele. Wir sprechen ganz zu Recht von den Antennen. Dort wimmelt es von biologischen Meßgeräten. Die Mehrzahl von ihnen sind winzige Haare.

Vierzigtausend Sensillen auf den Antennen einer Arbeitsbiene[1]! Das hört sich beinahe wie die Schlagzeile einer Boulevardzeitung an. Fast sechstausend dieser Organe sind Duftsensillen. Sie sind nicht haarförmig, was auch in ihrem Namen zum Ausdruck kommt: Porenplatten, *Sensilla placodea*. Wenn man die Vorderseite der Antennen unter dem Mikroskop betrachtet, erkennt man sie sofort als ovale, leicht konkave Platten, mit einem Längsdurchmesser von nur 12 µm, das sind zwölf Tausendstel eines Millimeters (Tafel 32). So klein ist die Welt, die dem Sinnesphysiologen jahrelange Arbeit abringt. Zu einer Porenplatte gehören durchschnittlich achtzehn Sinneszellen. Sie liegen direkt unter ihr und stehen über fingerförmige Fortsätze, die Dendriten, mit der Porenplatte in Verbindung (Abb. 47). Wie der Name treffend beschreibt, besitzt die Porenplatte Poren: rund dreitausendfünfhundert Stück, ringförmig am Rand der Platte angeordnet. Dorthin ziehen die Dendrite. Der Durchmesser der Poren beträgt einhundertfünfzig Ångström; das sind nur

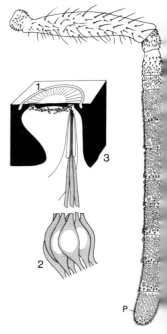

Abb. 47:
Die Porenplatten *(P)* der Honigbiene;
Verteilung auf dem Fühler und Schema ihres Baus.
*1* Ringförmiges Porenfeld;
*2* Sinneszellen;
*3* Antennenskelett.

einhundertfünfzig Zehnmillionstel Millimeter[5,13,14,12], die ausreichen, um den Duft auf dem Diffusionswege an die Membran der Dendriten der Sinneszellen heranzutransportieren und dort ein Nervensignal auszulösen.

## Neurophysiologie der Porenplatten

Die Sinnesorgane sind der Ausgangspunkt eines permanenten Stromes von Information zum Gehirn. Er beginnt damit, daß die physikalischen und chemischen Zustände in der Umwelt und ihre Änderungen in die Sprache des Nervensystems übersetzt werden, in sogenannte Nervenimpulse. Wir entsinnen uns, daß über der Membran der Zelle eine elektrische Spannung von rund siebzig Millivolt liegt. Nervenimpulse sind eine kurze, ungefähr eine Millisekunde lange Änderung dieser Spannung. Sie werden entlang der Nervenfaser zum Gehirn geleitet. Je stärker der Reiz, desto dichter folgen sie aufeinander. Diese Nervenimpulse, von denen der Leser im Kapitel 21 Genaueres erfährt, und die Sprache des Nervensystems, deren Elemente sie sind, sind für alle Reizarten gleich: Ein Lichtreiz löst sie im Auge ebenso aus wie der Blumenduft in den Sinneszellen der Porenplatte.

Dietrich Schneider vom Max-Planck-Institut für Verhaltensphysiologie in Seewiesen und sein Schüler Veith Lacher haben 1963 erstmals solche Signale von der Porenplatte der Honigbiene mit elektrophysiologischen Methoden erfaßt und ein Jahr später ausführlich darüber berichtet[7]. Technisch geht man im Prinzip genauso vor wie beim Insektenauge (Kapitel 13), und ich möchte noch einmal darauf eingehen, weil die elektrophysiologischen Methoden für die Beantwortung von Fragen, die wir an die Sinnesorgane und das Nervensystem stellen, so wichtig sind.

Die Biene wird zunächst auf ein Tischchen geklebt und ihre Antennen in einer für den Versuch günstigen Stellung fixiert. Wenn man die Tiere regelmäßig mit Zuckerwasser versorgt, überleben sie so mehrere Tage. Eine Elektrode, in diesem Fall bevorzugt ein Wolframdraht mit einer feinen, auf einen Durchmesser von etwa 1 µm abgeätzten Spitze, wird mit Hilfe eines Präzisionsmikromanipulators an eine Porenplatte herangeführt und leicht in ihren Rand eingestochen. Auf diese Weise entsteht elektrischer Kontakt zu den Sinneszellen. Bei dieser Manipulation kommt es auf Tausendstel Millimeter an; deshalb wird sie unter mikroskopischer Kontrolle bei fünfhundertfünfzigfacher Vergrößerung durchgeführt. Eine zweite Elektrode steckt in der Antennenspitze und wird geerdet; sie gibt das Bezugspotential an, den »Standard«, gegen den die von der erstgenannten Elektrode aufgefangenen Sinneszellensignale gemessen werden. Der Stromkreis der Meßanlage schließt sich zwischen den beiden Elektroden auf der Tierseite durch die elektrisch leitenden

Gewebe und vor allem die Blutflüssigkeit, auf der Registrierseite durch elektrische Verstärker und einen Oszillographen, auf dessen Schirm man die Impulse sehen kann. Meist schließt man einen Lautsprecher an, der die Nervenimpulse durch ein Knattern anzeigt, aus dessen Nuancen der Geübte sehr viel über die Antwort der Sinneszelle heraushört. Mit Hilfe eines Tonbandes und eines Computers werden die Daten schließlich so aufbereitet, wie sie dann in einer Fachzeitschrift erscheinen. Damit genug der Technik, die ja immer nur Mittel zum Zweck sein kann. Was sagen uns die Nervenimpulse der Porenplatten?

1. Die Sinneszellen der Porenplatten senden schon im ungereizten Zustand Nervenimpulse zum Bienengehirn. Bläst man einen duftbeladenen Luftstrom über die Antenne, dann nimmt diese Ruheaktivität je nach Duftstoff entweder zu oder ab oder ändert sich überhaupt nicht. Es gibt also erregende, hemmende und wirkungslose Duftstoffe.

2. Die Palette der von einer Sinneszelle beantworteten Düfte ist groß und für jede Sinneszelle anders.

3. Meistens überlappen die Reaktionsspektren verschiedener Zellen stark. Damit haben wir theoretisch eine sinnesphysiologische Grundlage für die im Verhaltensversuch nachgewiesene meisterliche Duftunterscheidungsfähigkeit der Biene! Jedem Duft oder auch – und das ist realistischer – jedem Duftgemisch entspricht ein ganz spezifisches Muster von unerregten, erregten und gehemmten Sinneszellen. Daraus ergibt sich eine schier grenzenlose Zahl von unterscheidbaren Mustern. Nach den schon zitierten neuen Befunden von Ekkehard Vareschi[15] lassen sich die Reaktionsspektren zwar in sieben Großgruppen zusammenfassen, die sich kaum überlappen; innerhalb einer Reaktionsgruppe jedoch reagieren die Zellen nach wie vor sehr unterschiedlich.

## Orientierung im Duftfeld

»Wie, dachte ich: ist es wohl glaubwürdig, sollte der allmächtige Schöpfer der fleißigen Biene die Nase versagt haben, da doch der Geruch ihr Hauptorgan ist, wodurch sie den Honig auf eine Stunde weit riecht?... Ich fand aber jedesmal neben den Zaehnen eine bedeutende Erhöhung, die fuer eine Nase mehr als hinlaengliche Laenge und Breite hatte... Ich beharrte auf diesem Gedanken, und wollte nun, auch die Nasenlöcher suchen auf dem Platze, wo ich sie zu finden hoffte... Endlich entdeckte ich ungefaehr gegen die Mitte der Nase, an den beyden Seiten zwey kleine laengliche und kaum merkbare Oeffnungen. Wie freute ich mich nun, daß ich fuer alle angewandte Muehe und Fleiß keine lange Nase davon getragen, wohl aber eine wahre Nase mit zwey Nasenlöchern gefunden hatte.« Gut für Nicolaus Unhoch,

Tafel 25 ▷:
Blick auf das Komplexauge der Schmeißfliege *(Calliphora erythrocephala)*. Jede der wabenförmig gepackten Strukturen ist die Linse eines Einzelauges. Vergrößerung 1900fach.

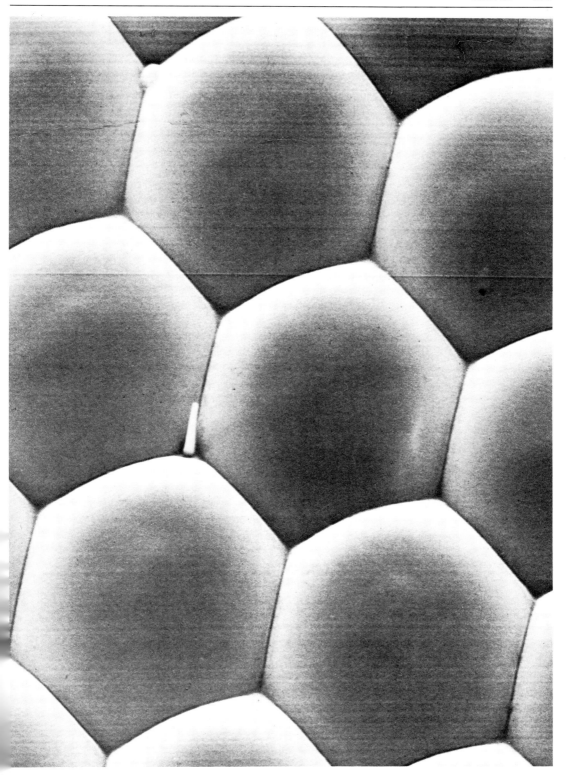

Die Sumpfdotterblume *(Caltha palustris)* sieht für Insekten keineswegs so dottergelb wie für uns aus; vielmehr ist sie »bienenpurpurn«, da sie neben Gelb auch Ultraviolett reflektiert. Die Blütenmitte trägt darüber hinaus ein den Insekten sichtbares Blütenm[al], das dadurch zustande komm[t], daß dort Ultraviolett nicht reflektiert wird.
Die Sumpfdotterblume ist es, auf der die bei uns häufigste Art der Urmotten zu finden ist, jener merkwürdigen Gruppe von Schmetterlinge[n], die scharf gezähnte Kiefer besitzen, und damit Pollen fressen (s. Abb. 19).

Die Aurikel *(Primula auricula)* hat ihren ersten Namen wegen ihres frühen Blühens und den zweiten wegen der ohrförmigen Blätter. Ihre Blüten reflektieren nur im Gelb, sind also »bienengelb«. Der intensive frische Duft lockt zusammen mit der leuchtenden Farbe besonders Schmetterlinge an. Die Aurikel ist ein typischer Vertreter der alpinen Felsflora, was auch in ihrem bayrischen Namen Gamsbleaml zum Ausdruck kommt.

Die Mehlprimel *(Primula farinosa)* gehört wie die verwandte Aurikel blütenökologisch zu den »Stieltellerblumen«. Der Zugang zur Kronröhre ist so eng, daß nur Schmetterlinge und Wollschweber ihren schlanken Rüssel zum Nektarsaugen hineinstecken können. Das gelbe ringförmige Saftmal erleichtert es ihnen vermutlich, die feine Öffnung zu finden.
Entsprechendes gilt für das *unten* gezeigte himmelblaue Alpen-Vergißmeinnicht *(Myosotis alpestris)*, dessen Schlund durch fünf dottergelbe Schuppen verengt ist.

*Oben:* Der komplexe Schauapparat der Bienen-Ragwurz *(Ophrys apifera)* hat ganz im Gegensatz zu dem ihrer nächsten Verwandten (s. Tafeln 38 und 39) zumindest in den nördlichen Gebieten ihrer Verbreitung seine Bedeutung für die Bestäubung verloren. Dort ist die Bienen-Ragwurz von Insekten unabhängig. In Südengland ist Selbstbestäubung für sie die Regel. Die aus den ganz oben gelegenen grünen Staubfächern herausgetretenen Pollenpakete sind auf dem Bild deutlich zu sehen. Sie fallen herunter und gelangen ohne Vermittlung von Insekten auf die eigene schleimige Narbe.
*Unten:* Man könnte die Silberdistel *(Carlina acaulis)* für eine Einzelblüte halten. In Wirklichkeit vereinigt sie mehrere hundert Einzelblüten in einem Körbchen. Anders als die Wiesen-Flockenblume (s. Tafel 6) hat die Silberdistel nur eine Sorte von Röhrenblüten. Die Schaufunktion übernehmen die silbrig-weiß glänzenden Hüllblätter, die das flache Körbchen wie ein Strahlenkranz umstellen. Sie reflektieren im Gegensatz zu den Röhrenblüten Ultraviolett. Solch reich gegliederte Figuren, noch dazu radiärsymmetrische, werden von Bienen in der Spontanwahl besonders häufig angeflogen.

Tafel 29    157

*Oben:* Im Eingang zur Kronröhre der Sommerwurz *(Orobanche)* – einer vollparasitären Pflanze, die nur keimt, wenn ihre Wirtspflanze in der Nähe ist – steht ein kräftig gelbes, hantelförmiges Gebilde. Es sieht aus wie ein Staubbeutel mit seinen beiden Hälften, ist jedoch die Narbe, die hier offenbar das ursprüngliche Pollensignal plastisch und farbrichtig imitiert. Die wirklichen Staubgefäße haben ihre optische Lockwirkung vollkommen verloren; sie stecken unauffällig im Inneren der Kronröhre.

*Unten:* Die Blüte des aus Ostafrika stammenden Usambara-Veilchens *(Saintpaulia)* ist ein besonders schönes Beispiel für die optische Signalwirkung der Staubbeutel. Vor dem Blau der Blütenblätter hebt sich das Gelb auch für Bienen und Hummeln besonders gut ab. Selbst nach ihrer Entleerung bleiben Form und Farbe der Staubbeutelwände erhalten und damit auch ihre Signalwirkung. Dadurch steigt die Wahrscheinlichkeit der Bestäubung für die nach Form und Farbe ganz unauffällige Narbe, die sich wie der Griffel von den Blütenblättern kaum abhebt.

Vier Beispiele zur Signalevolution auf der Blüte.
*Oben:* Links die Königskerze *(Verbascum nigrum)*; bei der die Lockwirkung der Staubgefäße durch eine auch farblich auffällige Behaarung erhöht wird. Rechts eine Schwertlilienart *(Iris)* mit einer halbplastischen Staubblattattrappe, wieder in dem besonders auffälligen Gelb-Blau-Kontrast. Die echten Staubgefäße stecken im Rachen der Irisblüte und sind von außen nicht oder kaum zu sehen.
*Unten:* Links eine Blüte des Roten Fingerhuts *(Digitalis purpurea)*, deren fleckige Blütenmale auf der Unterlippe als optische Imitationen von Staubbeuteln gedeutet werden. Auch hier sind die echten Staubbeutel in der Blütenröhre verborgen. Rechts der Frauenflachs oder das Kleine Löwenmaul *(Linaria vulgaris)*, dessen Unterlippe in der Mitte deutlich aufgewölbte orangene Polster trägt. Diese Polster sehen aus wie übergroße und deshalb vielleicht für die Insekten besonders attraktive Nachahmungen von Staubbeuteln. Sie versperren den Eingang zur Blütenröhre und damit auch zum Nektar, der sich reichlich in dem kräftigen Sporn ansammelt. Die Insekten – vorwiegend wohl Hummeln – müssen die Lippen regelrecht auseinanderdrücken, wollen sie die gesuchte Nahrung erreichen.

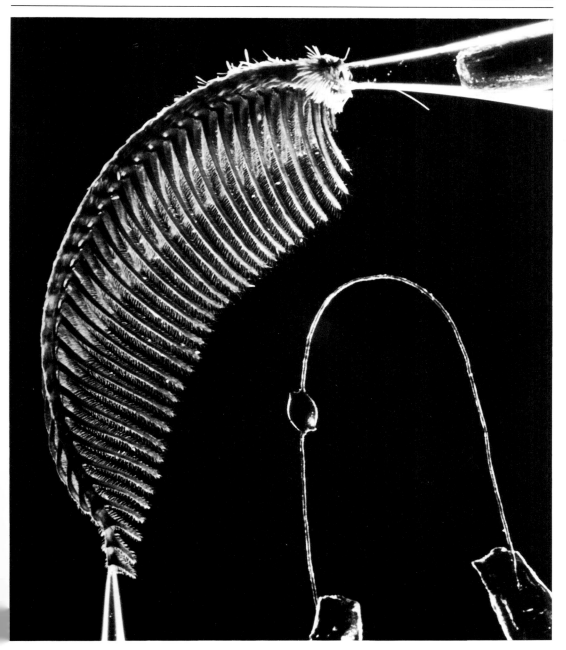

Der abgetrennte Fühler des Seidenspinner-Männchens *(Bombyx mori)* im elektrophysiologischen Versuch. Durch ein Glasröhrchen (hier nicht zu sehen) wird der Duftstrom über seine vielen Sensillen geblasen. Deren summierte Antwort läßt sich mit den beiden Kapillarelektroden in der Spitze bzw. der Basis der Antenne als Spannungsänderung registrieren. Das feine u-förmig gebogene Drähtchen rechts ist ein Thermistor, mit dem sich Einsatz und Dauer des Duftreizes messen lassen. Vergrößerung 33fach.

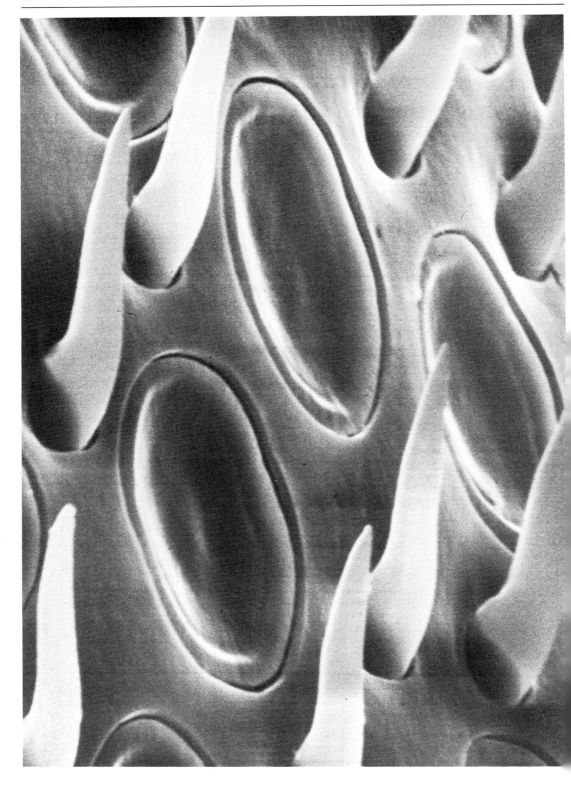

◁ Tafel 32:
Porenplatten, die Riechorgane auf dem Fühler der Honigbiene *(Apis mellifera,* Arbeiterin). Zu ihnen gehören rund 75% aller Sinneszellen der Antennen. Vergrößerung 6000fach.

daß er nicht wußte, wie falsch seine vor einhundertachtundfünfzig Jahren gemachte Entdeckung war.

Die Fähigkeit der Insekten, Düfte wahrzunehmen und zu unterscheiden, der Nachweis von Duftmustern auf den Blüten und der Sitz der Geruchsreceptoren auf zwei beweglichen Fühlern zusammengenommen führen zwanglos zu der nächsten Frage: Wie funktioniert die Nahorientierung der Insekten im Duftfeld der Blüten? Nehmen sie Reizunterschiede nur durch zeitlich aufeinanderfolgendes Abriechen des Duftfeldes mit den Fühlern wahr? So etwas nennt man klinotaktische Orientierung. Oder aber sind die Tiere befähigt, den gleichzeitigen Reizunterschied zwischen den beiden Antennen zu einer Orientierung auszunützen, die man in der Fachsprache dann tropotaktisch nennen würde? Inwieweit ermöglicht das mit dem Abriechen erfolgende mechanische Abtasten der Blüte mit den Fühlern ein räumliches Riechen? Wieder also ein ganzes Bündel von Problemen!

August Forel hat schon 1910 einen solchen räumlichen Riechsinn postuliert[2]. Er wäre in der Tat etwas Besonderes, würde er doch dem Tier von einem Saftmal etwa den Eindruck eines elliptischen Geranioldufts geben. Mit unserer Nase ist so etwas jedenfalls nicht möglich. Die Verteilung der Düfte auf einem Gegenstand steckt nicht mehr in dem Muster der Düfte, das auf unserer Riechschleimhaut ankommt. Wir können höchstens zeitlich hintereinander die verschiedenen Stellen eines Objektes abriechen, was etwas anderes ist.

Entscheidende Experimente zu diesen Fragen verdanken wir Martin Lindauer[8] und Hermann Martin[9], seinem ehemaligen Schüler, der 1964 eine umfangreiche Doktorarbeit mit dem Titel »Zur Nahorientierung der Biene im Duftfeld, zugleich ein Nachweis für die Osmotropotaxis bei Insekten« verfaßt hat. Ein weiterer wichtiger Beitrag aus jüngster Zeit kommt von Ernst Kramer vom Max-Planck-Institut für Verhaltensforschung in Seewiesen[4].

Im Versuch ist zunächst nachzuweisen, daß die beiden Antennen wirklich die Gerüche getrennt wahrnehmen und die Biene sie getrennt und richtig lokalisieren kann. Dazu dressiert man die Bienen darauf, in einem Y-Rohr zu laufen und sich an der Gabelungsstelle für die mit Anisduft beschickte rechte Stelle zu entscheiden. Das lernen sie schnell. Überkreuzt man ihnen nach der Dressur, aber kurz vor dem eigentlichen Versuch, die Antennen und klebt sie in dieser Stellung fest (Abb. 48), dann laufen die Bienen an der Gabelungsstelle zügig in den duftlosen linken Schenkel des Y-Rohres, also »falsch«. Die von der rechten Antenne ankommende Information lautet jetzt »duftlos« und wird vom Bienengehirn immer noch als rechtsseitig interpretiert, auch wenn sie jetzt tatsächlich von links kommt. Normalerweise überkreuzt keine Biene ihre Antennen und wie wir gehört haben, hat jedes Sinnesorgan seine festgelegte Privatleitung zum Gehirn. Das Gehirn weiß das und erkennt an der Leitung, von

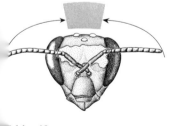

Abb. 48:
Biene mit überkreuzt angeklebten Fühlern. Werden sie so geklebt, daß sie in dem gerasterten mittleren Bereich zu liegen kommen, dann kann die Biene die Reize ihrer beiden Antennen nicht mehr getrennt wahrnehmen.

welchem Sinnesorgan die Information einläuft. So muß es in dieser von der Natur nicht eingeplanten Situation zur Verwirrung kommen. Das Bienengehirn gibt der Muskulatur ein falsches Kommando. Aber dem Wissenschaftler beweist der von der Biene gemachte Fehler deren Fähigkeit zur tropotaktischen Orientierung: Sie dreht sich normalerweise so lange, bis auch die linke Antenne im Bereich höherer Duftkonzentration ist und dann Gleichgewicht zwischen rechter und linker Antenne herrscht.

Was macht sie aber, wenn man ihr eine der beiden Antennen wegnimmt? Dann pendelt der verbliebene Fühler dauernd hin und her und die Biene findet damit in den duftbeschickten richtigen Schenkel des Y-Rohres. Das heißt, sie kann sich dann

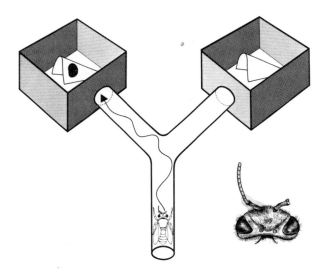

Abb. 49:
Eine Biene ohne rechte Antenne und mit fixierter linker Antenne im Wahlversuch. Sie macht einen typischen Pendellauf zum bedufteten Papier.

klinotaktisch orientieren, indem sie mit einem Fühler rasch hintereinander beide Seiten ihres Antennenfeldes abtastet. Wenn man ihr dann noch den einen verbliebenen Fühler mechanisch festlegt, dann erreicht sie dasselbe, indem sie in Gänze einen Pendellauf vollführt (Abb. 49). Sie vollführt einen solchen Pendellauf auch dann, wenn man die Fühler so überkreuzt, daß der Abstand ihrer Spitzen weniger als zwei Millimeter beträgt. Die Duftunterschiede sind offenbar nicht mehr groß genug, um von den Antennen getrennt wahrgenommen zu werden (Abb. 48).

Wie groß der Unterschied in der Tat sein muß, um von der Biene noch wahrgenommen zu werden, zeigt ein weiteres ausgesprochen raffiniertes Experiment.

Hermann Martin[9], damals noch am Zoologischen Institut der Universität Frankfurt, beschickte feine Glasröhrchen mit Duft verschiedener Konzentration und stülpte sie über die Antennen einer Honigbiene, die er vorher auf eben diesen Duft dressiert

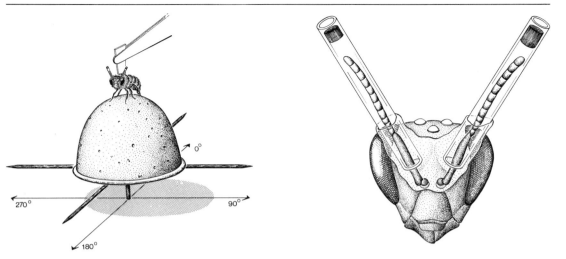

Abb. 50:
Versuchsanordnung zur Bestimmung der Unterschiedsschwelle. Der Biene werden feine Glasröhrchen mit Duftstoff über die Fühler gestülpt. Die Biene wird festgehalten, versucht aber, sich zu drehen. Dabei bewegt sie die leichte Halbkugel aus Kork unter sich.

hatte (Abb. 50). Was macht die Biene? Hypothese: Sie wird so lange versuchen, in Richtung der höheren Konzentration zu laufen, als sie den Konzentrationsunterschied wahrnehmen kann. Das Ergebnis: Bei hohen Duftkonzentrationen muß das Verhältnis bei eins zu zehn oder weniger liegen, bei niedrigen Duftkonzentrationen reicht ein Verhältnis von eins zu zweieinhalb zur tropotaktischen Auflösung des Unterschiedes aus.

Kommen solche Unterschiede auf der Blüte vor? Walter Neuhaus[11] ist diesem Problem nachgegangen. Er kommt aufgrund theoretischer Überlegungen zu dem wichtigen Schluß, daß die Voraussetzungen für tropotaktische Orientierung über eine Entfernung von einhalb bis zwei Zentimetern von der Duftquelle möglich ist, solange kein Wind weht.

## Ein anderer Mechanismus

Bei einer chemischen »Fern«-Orientierung, und das bedeutet zugleich kleine Unterschiede in der Duftkonzentration, geht es in der Tat anders zu.

Bienen fanden in den Versuchen von Ernst Kramer[4] auch dann zur Duftquelle, wenn Tropo- und Klinotaxis als Orientierungsmechanismen wegen der geringen Konzentrationsunterschiede im Duftfeld nicht mehr in Frage kamen. Hier ist offenbar ein anderer Mechanismus am Werk. Kramer schließt, daß die Tiere Duftkonzentrationen sehr gut im Gedächtnis behalten und sich zur Duftquelle entlang einer Bezugskonzentration orientieren, die sich aus der Duftkonzentration ergibt, bei der während der Dressur belohnt wurde. In dieser Orientierungssituation spielt, nach Kramer, wie bei vielen anderen Tieren die Ausrichtung nach dem Wind, der den Duft an die Bienennase trägt, eine große Rolle.

So geht es oft: Ein neugieriger Biologe stellt eine Frage, die zunächst ganz einfach sein mag. Schon im ersten Experiment zeigen uns die Tiere, daß das alles doch nicht so einfach ist, wie wir es uns ausdenken. Sie mögen uns eine Frage beantworten; zur gleichen Zeit stellen sie zehn neue. Ein wirkliches Ende ist kaum jemals in Sicht. Die Faszination der Wunderwelt, in die sich der Biologe begibt und in welcher der Mensch durchaus nicht das Maß aller Dinge ist, trägt die Forschung zu immer neuen Zielen.

Begeben wir uns noch einmal mit der Biene auf die Blüte. Die Frage nach dem eigentlichen räumlichen Riechen ist durch den Nachweis der Fähigkeit zu räumlich-gleichzeitiger Unterscheidung von Konzentrationen mit den beiden Fühlern schon weitgehend beantwortet.

Auf der Blüte gelandet, riechen die Antennen auf dem Weg zum Nektar verschiedene Düfte. Kann die Bienennase im Verein mit dem dahinterliegenden Netzwerk von Nervenschaltungen ihre Reihenfolge als solche erkennen? Sie bringt auch dieses Kunststück fertig. Folgen wir noch einmal dem Experiment, es zeigt uns am besten, worum es geht.

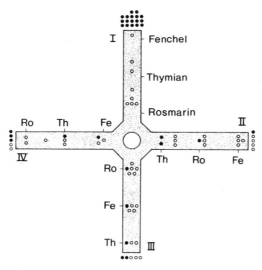

Abb. 51:
Eine Duftarena; die Bienen betreten sie durch die Öffnung in der Mitte. Dann laufen die meisten von ihnen (68,5 Prozent der Durchläufe) durch den Schenkel I mit der Dressurkombination »Rosmarin-Thymian-Fenchel«.
Sie haben gelernt, eine Folge von benachbarten Düften in der richtigen Reihenfolge in ihre Komponenten aufzulösen.
Die Werte in den Gängen bezeichnen Umkehrpunkte, also abgebrochene Läufe.
○ ein Wert, ● fünf Werte.

Ort der Tat: Ein Gangsystem mit vier Röhren (Abb. 51). In jeder Röhre hintereinander aufgereiht dieselben drei Düfte: Rosmarin, Thymian, Fenchel. Der springende Punkt: Unterschiedliche Reihenfolge der Düfte in den drei Röhren. Voraussetzung: Die Biene ist auf eine der Reihenfolgen dressiert. Ablauf: Der Künstler betritt die Arena in der Mitte. Frage: Wohin läuft er? Und das Ergebnis: Am häufigsten in den Gang mit der andressierten Reihenfolge. Wer möchte da nicht applaudieren?

# 20 Die Nase von Fliegen, Käfern und Faltern

Denn, was ein Tier infolge seines Geruchssinnes erkennt und aufsucht, daran hat es auch seine Freude.

*Aristoteles (384–322 v. Chr.) »Tierkunde«*

Porenplatten sind weder eine exklusive Erfindung der Bienen noch der einzige Typ von Riechsensillen, den wir bei den Insekten finden. Häufiger sind Haare. Sie sind unterschiedlich lang und auf verschiedene Weise im Skelett verankert. So etwas verlangt nach Ordnung. Die Zoologen unterscheiden mehrere Grundtypen (Abb. 52)[4,14]. Dieses Kapitel soll Vielfalt und Gemeinsamkeiten der Geruchssinne von Insekten an ein paar Beispielen vorführen.

## Fliegen

Auch Fliegen haben eine Nase. Aus ihrem Verhalten läßt sich mühelos ableiten, daß sie in ihrem Fliegenleben zumindest mit zwei wichtigen Kategorien von Düften zusammenkommen.
1. Blumendüfte, die sie zur Futterquelle locken. Es läßt sich leicht beobachten, daß sich viele Fliegen besonders gerne auf den an ätherischen Ölen reichen Doldenblüten tummeln.
2. Fleischdüfte, die mit der Eigenart vieler Fliegen zusammenhängen, zur Eiablage Fleisch aufzusuchen und auf diese Weise für das Futter der alsbald schlüpfenden Larven zu sorgen.

Vor sechsundfünfzig Jahren hat ein Zoologe – was tun diese Menschen nicht alles, wenn sie die Neugier plagt – ein Stück Wiese bis auf einen Wasserschierling *(Cicuta virosa)* radikal abgemäht, nur wegen ein paar Fliegen. Er hat die großen Blütendolden unter Blättern versteckt, sich hingesetzt und geduldig seine Versuchstiere beobachtet[9]. Die Fliegen haben ihm schnell verraten, was er wissen wollte: Sie können riechen. Ihren Flug steuerten sie in zwei Metern Entfernung auf die Blüten zu und krochen sogar unter die Bedeckung, um zum Nektar zu gelangen. Haben sie vielleicht gewußt, wie Wasserschierling aussieht und nur deshalb zu seinen Blüten gefunden? Diese Vermutung haben sie selbst schnell widerlegt. Voraussetzung für ihre gerichteten Flüge war nämlich, daß sie an der windabgewandten Seite an den Blüten vorbeiflogen und der Wind den Blütenduft an ihre »Nase« trug. Von Hans Kugler[6,7] wissen wir, daß eine ganze Reihe von Fliegen *(Lucilia, Calliphora, Sarcophaga)* sonst identische Blütenmodelle sehr viel häufiger anfliegen, wenn sie mit Duft versehen sind. Und besonders interessant ist, daß *Calliphora* und *Sarcophaga* gelbe Modelle dunkelpurpurnen vorziehen, wenn beide blumig duften, sinnigerweise aber gerade das Umgekehrte tun, wenn sie nach Kot riechen. Fast zu schön, um wahr zu sein.

Versuche dieser Art sind gewiß interessant und wichtig. Allerdings sagen sie noch wenig über die zugrunde liegenden Mechanismen aus, die ja das eigentliche Ziel der Forschung sind. Ein ganzes Stück weiter gebracht hat erst jüngst die Arbeit von Manfred Kaib[3], der an der Universität Regensburg den beteiligten Geruchssensillen mit elektrophysiologischen Methoden zuleibe gerückt ist. Der Titel seiner Arbeit: »Die Fleisch- und Blumenduftreceptoren auf der Antenne der gewöhnlichen Schmeißfliege *Calliphora vicina*«. Kaib identifizierte die zu erwartenden Sensillen auf der Fliegenantenne physiologisch. Sie sind haarförmig und liegen entweder inmitten eines Pelzes anderer Sensillen auf der Antennenoberfläche oder aber in kleinen Gruben von zehn bis fünfzig Tausendstel Millimeter Durchmesser versenkt[9,18] (Abb. 52).

Wieder war es die elektrophysiologische Methodik, die Spekulationen auf den Boden der Tatsachen stellte. Wieder lassen sich Sinneszellen zu Reaktionstypen zusammenfassen, die jeweils das gleiche Spektrum von Reizen gleich beantworten – also entweder mit einer Zunahme oder einer Abnahme der Impulsaktivität. Insgesamt sind bis jetzt sechs Typen von Fleischduftreceptoren und drei Typen von Blumenduftreceptoren bekannt.

Die untersuchte Fliegenart sucht zur Eiablage frische Tierleichen auf; einige ihrer Verwandten bevorzugen den Gestank starker Zersetzung. Unter ihren Fleischduftreceptoren gibt es solche, die auf den Duft frischen Fleisches besonders stark antworten und solche, die auf wochenaltes stark stinkendes Aas am stärksten reagieren. So kann die Fliege an der Heftigkeit der Reaktion ihrer verschiedenen Sinneszellen den Fäulnisgrad erkennen. Als Beispiel eine Zelle der zweiten Sorte:

| Reiz | Antwort |
|---|---|
| Fleisch, frisch | 10 Impulse pro Sekunde |
| Fleisch 1 Tag alt | 19 Impulse pro Sekunde |
| Fleisch 2 Tage alt | 33 Impulse pro Sekunde |
| Fleisch 3 Tage alt | 136 Impulse pro Sekunde |
| Fleisch 20 Tage alt | mehr als 200 Impulse pro Sekunde |
| Faulfleisch, zerfließend | 124 Impulse pro Sekunde |

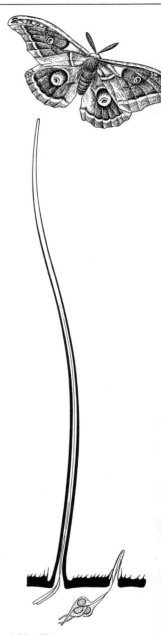

Abb. 52:
Typische Geruchssinnesorgane auf den Antennen von Schmetterlingen (lange und kurze Haare), Bienen (Oben Porenplatten, unten Grubenkegel), Fliegen (Riechgrube) und Heuschrecken (Grubenkegel

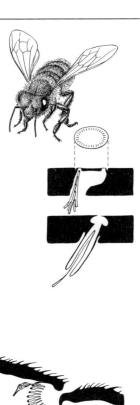

Nach etwa drei Wochen erreicht der Fleischgestank also bei der entsprechenden Sinneszelle der Fliege die größte Wirkung.

Der nächste Schritt: Welche Substanzen sind überhaupt wirksam? Verwendet man reine synthetische Düfte zur Reizung, dann zeigt sich, daß der genannte Receptortyp auf Verbindungen mit einer Kettenlänge von fünf bis sieben Kohlenstoffatomen anspricht, die eine Alkohol-, Aldehyd-, oder Ketogruppe enthalten. Die wirksamste Fraktion des Gestanks aber ist noch unbekannt.

Unter den Blumenduftreceptoren gibt es solche, die auf Anethol oder Octanol-(1) besonders gut ansprechen, solche, für die Decanol-(1) und solche, für die Terpene wie Pinen und Camphen besonders reizwirksam sind. Dem Laien wird all dies wenig sagen. Deswegen wollen wir uns hier die vielen weiteren Fachausdrücke ersparen, die wir bräuchten, um uns entweder in der nötigen Ausführlichkeit über die Chemie zu verständigen oder über die Eigenart bestimmter Duftempfindungen. Selbst einem Zoologen, der nicht speziell mit der Duftstoffchemie etwas zu tun hat, mag es schwerfallen, dem Fachmann zu folgen. Es ist wahrscheinlicher, daß es ihm ergeht wie dem Neueinwanderer in Israel, dessen Problem Ephraim Kishon so trefflich beschrieben hat: »Hebräisch läßt sich verhältnismäßig leicht erlernen, fast so leicht wie Chinesisch. Schon nach drei oder vier Jahren ist der Neueinwanderer in der Lage, einen Straßenpassanten in fließendem Hebräisch anzusprechen: ›Bitte sagen Sie mir, wie spät es ist, aber womöglich auf englisch.‹«

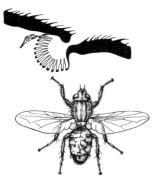

## Attraktiver Gestank

Ich habe seit vielen Jahren eine Pflanze in meinem Labor stehen, an der sich jährlich ein merkwürdiges Schauspiel wiederholt. Die sternförmige Blüte dieser Pflanze stinkt nach Aas. Schon kurz, nachdem sie sich geöffnet hat und ihren unangenehmen Geruch verströmt, kommen Fliegen, krabbeln auf ihr herum und legen schließlich ihre Eier in der Mitte ab. Sie sind auf den Trick der afrikanischen Teufelskralle *(Stapelia)* hereingefallen (Tafel 34). Die Blüte sieht auch ihrer dunkelroten Farbe wegen eher wie verrottendes Fleisch aus und es ist durchaus denkbar, daß auch ihre pelzige Behaarung zum Gelingen der Täuschung beiträgt. Für die Fliege geht die Begegnung fatal aus: Die schlüpfenden Larven sterben aus Futtermangel. Die Pflanze aber wird von der umherkrabbelnden Fliege bestäubt. Von einem Zusammenleben zu beiderseitigem Vorteil, einer Symbiose, kann hier nicht die Rede sein. Die Pflanze parasitiert geradezu an der Fliege.

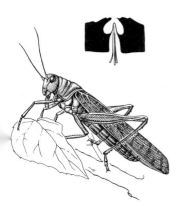

Auch andere Pflanzen locken Insekten, die ihre Nahrung bevorzugt auf Kadavern, Kot und Dung suchen, mit Aasgeruch an. Dazu gehört der wegen seiner raffinierten Falle schon aus der

Schulzeit vertraute Aronstab; auch denkt man zu Recht an den
fauligen, aminhaltigen Geruch der unscheinbaren Efeublüten, die
im Herbst voll von Fliegen sind. Und eine Rarität sei noch
erwähnt, eine Rekordhalterin gewissermaßen. In einem Heft der
»Umschau« von 1925 habe ich eine Schlagzeile für den Blumen-
freund gefunden: »Die größte Blüte«. Die dazugehörige Fotografie haben wir für dieses Buch umgezeichnet (Abb. 53). *Amorphophallus titanum* ist ein Riese von Blüte aus dem indo-malayischen
Wunderland. Steckbrief: Blütenbau ähnlich dem der Kalla; Blü-
tenscheide ein Meter im Durchmesser; Blütenkolben bis zu zwei
Meter hoch; Geruch entsetzlich, erfüllt die Tropennacht und
stinkt so sehr nach faulendem Fleisch, daß zu nahe gekommene
Neugierige schon mit einer Ohnmacht bezahlt haben sollen.
Bestäuber: Käfer, die, einmal im Kessel gelandet, durch einen
überkragenden Saum des Blütenkolbens am Hochklettern gehin-
dert werden.

Abb. 53:
Die größte Blüte der Welt:
*Amorphophallus titanum.*

## Käfer

Zunächst noch einmal zurück zu den Porenplatten. Porenplatten
sind auch von Blattläusen bekannt[17] und ihr Bau ist bei den
Blatthornkäfern *(Lamellicornia)* gut untersucht[10], deren berühm-
tester Vertreter seit Wilhelm Busch der Maikäfer *(Melolontha
melolontha)* sein dürfte. Fünfter Streich: Doch die Käfer, kritze,
kratze, kommen schnell aus der Matratze. Blatthornkäfer haben
eine typische Fahne an den Fühlern, die aus den blattförmig
vergrößerten Endgliedern besteht. Darauf sitzen Geruchsensillen
in großer Zahl, auch bei den blütenbesuchenden Verwandten des
Maikäfers wie beispielsweise dem Rosenkäfer *(Cetonia aurata)*
und *Hoplia farinosa,* der keinen deutschen Namen hat (Abb. 54,
Tafel 11).

Nicht bei allen Blatthornkäfern sind die Geruchsensillen
Porenplatten. Es können auch haarförmige Gebilde sein. Nach
Carl-Christian Meinecke, der 1975 zu diesem Thema eine Doktorarbeit geschrieben hat, lassen sich die vielen Variationen von
Riechsensillen bei den Blatthornkäfern in ihrer Mehrzahl als
Abwandlungen von drei Grundtypen verstehen: Porenplatten
mit Trichter, Porenplatten mit Sockel und haarförmige Sensillen.
Der Vergleich von fünfzig Käferarten hat ergeben, daß die aufgrund der Struktur der Riechsensillen aufgestellten Käfergruppen
verblüffend gut mit dem Stammbaum übereinstimmen, den
andere Autoren aufgrund ganz anderer Merkmale für die Blatthornkäfer entworfen haben. Übergangsformen im Sensillenbau
sind demnach ganz offensichtlich Ausdruck genetischer, also
verwandtschaftlicher Zusammenhänge.

Abb. 54:
Porenplatten blütenbesuchen-
der Käfer; von oben nach
unten: Rosenkäfer
*(Cetonia aurata,* vgl. Abb. 17
*(Hoplia farinosa* (vgl. Tafel 1
Pinselkäfer *(Trichius
fasciatus)*
Maßstab 1/1000 mm.

## Schmetterlinge

Wie steht es schließlich mit dem Geruchssinn der Falter? Es gibt eine ganze Reihe von Berichten, die besagen, daß viele Schmetterlinge zum Auffinden der Nahrung ihren Geruchssinn einsetzen[5,2,16,8]. Beispiele gibt es u. a. bei den Edelfaltern *(Nymphalidae),* zu denen die farbenprächtigsten einheimischen Schmetterlinge gehören, also etwa der große Fuchs *(Vanessa polychloros),* das Tagpfauenauge *(Vanessa io),* der Große Schillerfalter *(Apatura iris)* und der Admiral *(Vanessa atalanta).*

Wieder sind die Antennen der Sitz der Riechsensillen; aber die Forschung hat sich bei unseren heimischen Faltern bisher kaum darum gekümmert. Weichen wir also auf einige Exoten aus. *Oraesia excavata,* ein Nachtschmetterling, hat die ungewöhnliche Eigenart, Weintrauben anzustechen und an ihnen zu saugen. Den Weg zum süßen Saft weisen ihm die Riechhaare auf seinen Fühlern[19]. Der Queen Butterfly *(Danaus gilippus berenice)* aus Florida streckt, wenn er Honig riecht, seinen Rüssel aus[11,12]. Von Riechhaaren, die den seinigen ähneln, kennt man für ein Nachtpfauenauge *(Antheraea pernyi, Saturniidae)* die Reaktionsspektren recht genau[15]. Ihre Sinneszellen antworten auf blumige, aromatische und einige andere Duftstoffe. Wie bei den Porenplatten der Bienen zeigen sie jeweils unterschiedliche, aber überlappende und relativ große Reaktionsspektren, gehören also zum Typ der »Generalisten«. Obgleich diese Zuordnung mit einiger Zurückhaltung erfolgt, nachdem sich herausgestellt hat, daß auch solche relativ großen Spektren recht spezifisch sein können (Kapitel 19), bleibt doch der Unterschied zu jenem Typ von Riechsensillen bestehen, der als »Spezialist« in die Literatur eingegangen ist. Der »Spezialist« ist dazu da, ausschließlich oder zumindest ganz besonders empfindlich auf eine einzige oder wenige ausgesuchte Substanzen zu reagieren. Mit »Spezialisten« läßt sich nicht wie mit den »Generalisten« eine Fülle von Gerüchen unterscheiden. Vielmehr stellen sie hochselektive Filter dar, engste Pforten gewissermaßen, die nur einem oder ganz wenigen Gerüchen den Zutritt zum Zentralnervensystem erlauben. Solche offenbar biologisch sehr wichtige Gerüche sind besonders Sexuallockstoffe, Liebesdüfte, die gerade bei vielen Schmetterlingen eine große Rolle spielen.

## Liebesdüfte

Das bekannteste Beispiel ist der Seidenspinner *(Bombyx mori),* dessen Männchen allerkleinste Mengen des Lockstoffes Bombykol, den das Weibchen in speziellen Drüsen ihres Hinterleibes produziert, mit einer Suchreaktion beantworten. Wenn der Wind günstig steht, dann finden Schmetterlingsmännchen mit einem solchen System ihre arteigenen Weibchen über Entfernungen von mehreren Kilometern hinweg. Der Labor-Seidenspinner allerdings – das ist auch der für die Seidenproduktion verwendete – ist nicht mehr so tüchtig. Er kann gar nicht mehr fliegen und würde sicher nicht so weit zu Fuß gehen.

Dietrich Schneider und seine Mitarbeiter vom Max-Planck-Institut für Verhaltensphysiologie in Seewiesen, unter ihnen besonders Karl-Ernst Kaissling, arbeiten seit rund zwanzig Jahren an der Erforschung der Riechsensillen des Seidenspinners. Ihr primäres Ziel ist die Aufklärung des Kernstückes der Receptorphysiologie: die Umwandlung des Reizes in ein nervöses Signal, die sogenannte Transduktion, bei der die chemische Energie des Eingangs in die elektrochemischen Signale des Ausgangs gewandelt werden. Die mit diesem Problemkreis verbundenen Fragen sind sehr komplex und führen weit weg von der für den Laien anschaulichen Biologie. Es gibt wenige Receptortypen, bei denen man diese Vorgänge auch nur einigermaßen überschaut. Das Paradebeispiel sind die Lichtreceptoren, die Augen von Wirbeltieren und Insekten, ein anderes eben gerade die Geruchsreceptoren des Seidenspinners. Exemplarisch mögen sie zeigen, welche Art von Fragen den Sinnesphysiologen interessieren – auch wenn sie selbst direkt nichts mit der Begegnung von Blüten und Insekten zu tun haben. Der Seidenspinner ist nicht zufällig ein Labortier geworden. Seine Empfindlichkeit und Spezialisierung bei der Lockstoffwahrnehmung sind so hochgradig, daß man von vorneherein hoffen darf, gerade an so einem Beispiel grundlegende Mechanismen in besonderer Perfektion und deshalb relativ klar erkennbarer Form vor sich zu haben (Kapitel 21).

# 21 Elementarprozesse im Sinnesorgan

Die wahre Seele der Wissenschaft ist die Präzision der Zahl.

*d'Arcy Wentworth Thompson »On Growth and Form«, 1917*

Abb. 55:
Das Männchen des Seidenspinners schwirrt, sobald es vom Lockstoff des Weibchens getroffen wird. Sitzt es auf dem Tonabnehmer eines Plattenspielers, dann kann seine Reaktion genau registriert werden. Das feine Drähtchen über dem Schmetterling ist ein Thermistor, mit dem man das Eintreffen des Duftstromes messen kann.

Die Männchen des Seidenspinners *(Bombyx mori)* machen einen hilflosen Eindruck. Ihre Flügel sind verstümmelt, viel zu schwach, als daß sie sich wie andere Falter damit gaukelnd in die Luft erheben könnten. Der Seidenspinner ist ein Haustier, das über Jahrtausende der Seidenproduktion gedient hat und nur unter den unnatürlichen Bedingungen der Zucht auch mit diesem Handicap zur Fortpflanzung kommt.

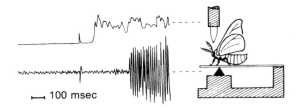

In der freien Natur müssen Schmetterlinge bisweilen mehrere Kilometer zurücklegen, um zum Geschlechtspartner zu gelangen. Wie finden sie ihn? Liebesdüfte der Weibchen animieren die Männchen und leiten sie zum Ziel. Aphrodisiaka und Wegweiser zugleich, Botenstoffe ähnlich den Hormonen, die ihre koordinierende Wirkung jedoch nicht innerhalb des Organismus entfalten, sondern der Verständigung zwischen den Individuen dienen. Der Fachausdruck für diese Substanzen ist Pheromon. Beim Seidenspinner besitzt das Weibchen zwei Hinterleibsdrüsen, die es zur Fortpflanzungszeit ausstülpt, so daß die duftende Verführung nach außen abdampft. Im Labor kann man ein auf diese Weise lockendes Weibchen auf einen Tisch setzen und mit einem einfachen Haushaltsfön beblasen. Ein von dem mit Lockstoff beladenen Luftstrom getroffenes Männchen fängt sofort aufgeregt mit den Stummelflügeln zu schwirren an – wenn es könnte, würde es losfliegen –, läuft zielgerichtet zum Weibchen und kopuliert mit ihm. In Zoologenkreisen ist dies als die Sexschau der Abteilung Professor Schneider des Max-Planck-Institutes für Verhaltensphysiologie in Seewiesen bekannt (Abb. 55).

Man kann das Weibchen bei diesem Versuch durch ein Glasröhrchen ersetzen, in dem ein Stück Filterpapier mit einer winzigen Menge Lockstoff (Bombykol) steckt. Schon eine Beladung des Papierchens mit nur $10^{-4}$ µg Bombykol versetzt über die Hälfte aller männlichen Versuchstiere in schwirrende Erregung. Es muß erstaunlich effektiv zugehen, damit der zehntausendste Teil eines Millionstel Milligramms so viel Wirkung entfaltet!

## Funktionsprinzipien eines Sinnesorgans

Dahinter steckt eine Sinnesleistung, die den Biologen sogleich vermuten läßt, daß alle Komponenten der eingesetzten »Apparatur« nahezu optimal gebaut und aufeinander abgestimmt sind. Folglich haben solche Spitzenleistungen auch besonderes Interesse für die Aufklärung der zugrunde liegenden Mechanismen. Um sie geht es hier. Wir wollen herausfinden, wie ein Sinnesorgan funktioniert. Zum Glück ist es nicht notwendig, all die vielen verschiedenen Sinnesorgane einzeln abzuhandeln. Die Prinzipien, soweit sie in unserem Zusammenhang interessieren, sind überall so ähnlich, daß man vom Ganzen viel verstanden hat, wenn man ein Beispiel kennt.

Ich möchte im folgenden zuerst vom Einzelfall absehen und dem Leser ein wenig Theoretisches zumuten. Dann greifen wir den Lockstoffreceptor des Seidenspinners als Spezialfall heraus. Die Wahl trifft gerade auf ihn, weil er so gut untersucht ist. Es soll nicht stören, daß er mit dem Blütenbesuch von Insekten direkt nichts zu tun hat. Was er uns sagt, informiert uns gleichzeitig über wesentliche Aspekte dessen, was sich in den Porenplatten der Bienen und Käfer, in den Schmeckhaaren und Riechgruben der Fliegen, in den Sehzellen der Komplexaugen abspielt. Sie alle passen auf ihre spezielle Weise in das Schema eines Auges, das uns die Abbildung 56 vorstellt und das zunächst der Leitfaden unseres Exkurses in die Sinnesphysiologie sein soll.

Tiere wie Menschen werden pausenlos von einer Fülle unterschiedlichster Reize bombardiert. Die erste wichtige Funktion der Sinnesorgane ist das Herausfiltern der biologisch wichtigen und zum jeweiligen Typ von Sinnesorgan passenden Art von Reiz. Das Auge ist für optische Reize da, das Ohr für akustische, die Nase für chemische. Die passenden Reize gehören jeweils derselben Sorte, einer bestimmten Energieform an, der sogenannten adäquaten Reizmodalität, wie der Fachmann sagt. Reize nichtadäquater Modalität bleiben normalerweise unbeantwortet. Sie kommen erst gar nicht an die Sinneszellen heran, weil etwa ein lichtleitender Apparat mit einer Linse fehlt, weil keine

Abb. 56:
Schema eines Sinnesorgans. In der Mitte die Sinneszelle. Der dicke Balken symbolisiert das Filter, durch welches nur diejenige Reizart gelangt, auf die das Sinnesorgan spezialisiert ist. Der Reiz, das Rezeptor-Potential und die Nervenimpulse sind nach ihrer Größe (senkrechte Achse) und ihrem Zeitverlauf (waagerechte Achse) aufgetragen.

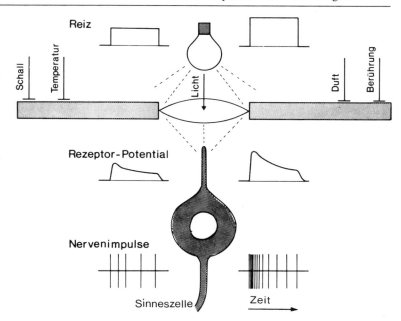

mechanische Struktur da ist, die sich durch Töne in Schwingungen versetzen ließe, oder weil Gewebe oder andere Barrieren den Zustrom von Düften nicht zulassen.

Auch ihrem adäquaten Reiz sind die Sinneszellen in der Regel nicht direkt ausgesetzt. Vielmehr wird der Reiz auf seinem Weg dorthin von Hilfsstrukturen – im Falle der Abbildung 56 einer Linse – noch einmal nach den speziellen Bedingungen des jeweiligen Sinnesorganes maßgeschneidert. Man spricht vom Reiztransport und – weil der Reiz dabei umgewandelt wird – von der Reiztransformation. Hier entfaltet die Natur einen großen Reichtum, eine bunte Palette physikalisch raffinierter Strukturen, die den Techniker gleichermaßen wie den Biologen in Erstaunen versetzen. Hohe Empfindlichkeit, Selektivität und Spezifität entscheiden sich zumeist, noch bevor der Reiz am Kernstück, den Sinneszellen ankommt. Alle Raffinesse des Linsenapparates unseres Auges, die brillante Mikromechanik unseres Mittel- und Innenohres, die filigrane Architektur der Porenplatten, das Linsenmosaik des Insektenauges – zahllose Beispiele aus einem Zauberkasten der Natur, dessen Enträtselung in jüngster Vergangenheit nicht zuletzt dank intensiver Zusammenarbeit der Zoologen mit Physikern, Chemikern und Ingenieuren stürmisch vorangeschritten ist.

Dennoch: Die Sinneszelle ist das Kernstück. Der Grund: Hier wird der Reiz, wie verschieden er auch bei den verschiedenen Sinnesorganen sein mag, immer in dieselbe elektrochemische Sprache des Nervensystems übersetzt. Hier, an der Zellmembran, wird die Energieform des Reizes in die des nervösen Signals überführt.

Das erste, was man dabei mit den Methoden der Elektrophysiologie messen kann, ist eine Spannungsschwankung über der Zellmembran, die der Spezialist Receptorpotential nennt. Ihr Verlauf spiegelt den Verlauf des Reizes wider. Sie variiert also in ihrer Größe – je nach Stärke des Reizes – und kann auch – je nach Dauer des Reizes – verschieden lange dauern. Aber dieses erste Signal wird nicht bis zum Gehirn geleitet, sondern verebbt nahe dem Ort seiner Entstehung. Wie geht es weiter? War das Receptorpotential groß genug, dann hat es eine zweite Sorte von Signal auf den Weg geschickt, bevor es selbst verebbte. Deshalb nennt man es auch Generatorpotential; es generiert die eigentlichen Nervenimpulse, die auch Aktionspotentiale heißen. Sie zeigen uns an, daß die Nervenfaser in Aktion ist.

Aktionspotentiale sind genormte Signale, stets gleich lang und gleich groß. Das Nervensystem verwendet sie für den Ferntransport von Information. Wie bei einer Zündschnur der Funke auf dem Weg zum Pulverfaß, so entsteht das Aktionspotential auf seinem Weg entlang der Nervenfaser an jeder Stelle neu. Es wird ohne Abschwächung fortgeleitet. Dabei legt es bei den Insekten etwa ein bis drei Meter in der Sekunde zurück; bei Wirbeltieren liegen die Spitzenwerte bei einhundertzwanzig Metern pro Sekunde, was in Autofahrereinheiten nicht weniger als vierhundertzweiunddreißig Kilometer pro Stunde bedeutet.

Alan Lloyd Hodgkin und Andrew Fielding Huxley, zwei britische Forscher, sind 1963 für ihre Theorie zur Entstehung der Nervenimpulse mit dem Nobelpreis für Medizin geehrt worden.

Alle Details der zugrunde liegenden physiko-chemischen Vorgänge zu erläutern, wäre ein sehr langer und mühsamer Marsch. Wir suchen uns den raschesten Abkürzer.

1. Schon im ungereizten Zustand liegt über der Wand der Sinneszelle eine Spannung von siebzig Tausendsteln eines Volts (70 mV).
2. Diese siebzig Millivolt entstehen, weil Ionen innerhalb und außerhalb der Zelle ungleich verteilt sind und die Zellwand für verschiedene Ionenarten verschieden gut durchlässig ist.
3. Die wichtigsten dieser Ionen sind das Kaliumion ($K^+$), das Natriumion ($Na^+$) und das Chloridion ($Cl^-$). Die Ruhespannung hängt vor allem mit dem $K^+$ zusammen.
4. Übersteigt das Generatorpotential einen Schwellenwert, dann bricht das vorher fein ausbalancierte Ionengleichgewicht über der Zellwand kurzzeitig zusammen. Die Durchlässigkeit der Zellwand erhöht sich vor allem für $Na^+$ stark. Natriumionen strömen vermehrt in die Zelle hinein, Kaliumionen vermehrt aus ihr hinaus.
5. Der Nervenimpuls ist im wesentlichen Ausdruck dieses Zusammenbruchs der Ruhespannung. Er ist rund ein Zehntel Volt groß und dauert nur etwa eine Tausendstel Sekunde, dann hat sich das alte Ruhegleichgewicht wieder eingestellt.

Die entscheidende Frage: Wie kann das Gehirn oder einfach die nächste Schaltstelle im Nervensystem die Größe des Reizes aus einem solchen digitalen Signal ablesen? Es kommt auf die Aufeinanderfolge an, auf die Frequenz. Je stärker der Reiz ist, desto schneller ist die Abfolge (Abb. 56). Vornehm ausgedrückt ist das eine analoge Frequenzmodulation. Auf den ersten Blick mag ein solcher Frequenzcode mangelhaft erscheinen. Der Empfänger muß immer erst das nächste Signal abwarten, bis er die Reizgröße erfahren hat. Er muß über die Zeit mitteln, während doch ein analoges Signal jederzeit die genaue Auskunft gibt. Der Nachteil wird gegen einen wichtigen Vorteil eingetauscht. Digitale Signale sind weniger störanfällig. Am Ende der Leitung kommt es nur auf ein Nein oder Ja an; war da ein Signal oder nicht? Wie bei jeder technischen Signalübertragung sind auch bei der Nervenleitung Verzerrungen durch Störungen von außen und Rauschen ein Problem. Bei Verwendung von digitalen Zeichen kommt die Botschaft trotz einiger Verzerrungen der Signale noch sicher an. Die »stille Post« kann hier nicht so leicht verfälscht werden, auch wenn der Weg lange ist, wie etwa von der Zehenspitze des Elefanten bis zu seinem Rückenmark.

## Die Antenne des Seidenspinners: ein Molekülsieb

Nun zum Spezialfall. Wir haben die Duftmoleküle des weiblichen Sexualstoffes auf der einen Seite und die Antwort der Sinneszellen auf der anderen. Was passiert dazwischen und weshalb sind die Tiere so unglaublich empfindlich? Eine vollkommene Kenntnis der zugrunde liegenden Vorgänge ist noch in weiter Sicht. Aber wir verfügen bereits über viele wichtige Teilantworten.

Die Antenne des Seidenspinnermännchens ist auffällig groß (Tafel 31). Sie stellt ein kunstvolles Molekülsieb dar, das den weiblichen Lockstoff aus der Luft herausfiltert. Der gegliederte Antennenstamm bildet an den einzelnen Segmenten jeweils zwei Seitenäste, die wie die Schenkel eines V zueinander stehen und in die »Windrichtung« weisen. An den Seitenästen wiederum stehen die Riechhaare in Reihen so, daß sie den Raum zwischen den benachbarten Seitenästen abdecken. Den Arbeiten von Rudolf Alexander Steinbrecht[12,13] am Max-Planck-Institut für Verhaltensphysiologie verdanken wir eine Menge bemerkenswerter Zahlen hierzu. Auf jeder der beiden männlichen Antennen stehen eintausendsiebenhundert Lockstoff-Riechhaare. Sie sind rund 0,1 mm lang und werden von je zwei Sinneszellen innerviert (Abb. 52).

Ein einzelnes Haar hat eine Oberfläche von rund 550 µm$^2$, die ganze Antenne eine Umrißfläche von rund 6 mm$^2$. Sollen Duftmoleküle wirksam werden, so müssen sie zunächst einmal an der

Antennenoberfläche hängenbleiben. Die aus der Geometrie vorausgesagte hohe Wirksamkeit des Filters hat sich durch direkte Messungen mit radioaktiv markiertem Lockstoff bestätigt. Nicht weniger als siebenundzwanzig Prozent aller Moleküle werden aus einem auf die Antenne gerichteten Luftstrom (Querschnitt 6 mm$^2$) herausgefischt. Wenn die Duftluft mit einer Geschwindigkeit von 60 cm/sec nur eine Sekunde über die Antenne strömt, dann übersteigt die auf den Haaren vorgefundene Duftkonzentration die der Duftluft bereits um das Einmillionfache[5,6]. Der erste Grund für die Empfindlichkeit ist demnach die Raffinesse in der Anordnung der schon mit dem bloßen Auge sichtbaren reizleitenden Strukturen.

## Zweitausendsechshundert Poren pro Riechhaar

Auf der Antenne angekommen, hat das Duftmolekül den Weg zur Sinneszelle zurückzulegen. Er führt über viele submikroskopisch kleine Poren (Abb. 57). Jedes Riechhaar besitzt rund

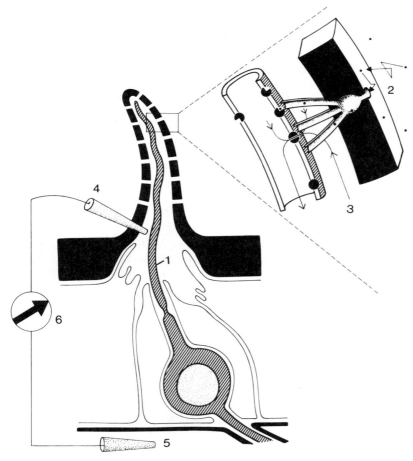

Abb. 57:
Das Riechhaar des Schmetterlings.
*1* der reizaufnehmende Fortsatz der Sinneszelle;
*2* eine der vielen Poren in der Haarwand in Vergrößerung;
*3* Stromfluß durch die Membran nach Auftreffen des Duftmoleküls;
*4* Meßsonde, welche die elektrische Antwort der Sinneszelle auf den Reiz mißt;
*5* Bezugselektrode im Blutraum;
*6* Meß- und Anzeigeinstrument (Oszillograph).

zweitausendsechshundert davon, etwa zweiunddreißig auf jedem Tausendstel Millimeter Haarlänge[13]. Die Moleküle diffundieren zu den Poren und hinein in darunterliegende Röhrchen, die bis nahe an die Sinneszellfortsätze heranreichen. Zu jedem Riechhaar gehören rund dreizehntausend solcher feiner Röhrchen oder Porentubuli.

Diffusion ist ein passiver Vorgang und langsam. Er spielt in der Biologie keine Rolle, wenn Substanzen über größere Entfernungen – das sind schon wenige Millimeter – transportiert werden sollen. Er ist dagegen sehr wichtig beim Transport über kurze Strecken. Ein Molekül Sauerstoff bräuchte Jahre, um ohne die Transporthilfe des Blutstromes von der Lunge zur Zehenspitze zu diffundieren. Einmal am Ort des Verbrauches angekommen, diffundiert das Molekül die winzige Strecke zwischen dem roten Blutkörperchen und dem Gewebe in Bruchteilen einer Sekunde. Die Duftmoleküle auf der Seidenspinnerantenne benötigen nur etwa fünf Tausendstel Sekunden, um von der Antennenoberfläche eine Strecke in der Größenordnung eines Tausendstel Millimeters zur Sinneszellmembran zu diffundieren[13].

## Die Auslösung des Nervensignals

Jetzt entsteht die Generatorspannung. Leider ist es um diesen Vorgang noch recht finster. Man kann annehmen, daß der Duftstoff an bestimmte Substanzen in oder auf der Sinneszellmembran gebunden wird und daraufhin die Durchlässigkeit der Zellmembran für bestimmte Ionen (besonders $Na^+$) zunimmt.

Die Ruhespannung verändert sich durch die Bindung des Duftmoleküls an die Zellmembran. Überschreitet die Änderung einen kritischen Wert von wenigen Tausendstel Volt, dann kommt es zu Nervenimpulsen. Bei starken Reizen folgen sie im Abstand von fünf Tausendstel Sekunden und weniger aufeinander, was einer Frequenz von zweihundert Hertz und mehr entspricht. Hier wie bei anderen Sinnesorganen steuert die Höhe der Generatorspannung die Frequenz der Nervenimpulse.

Seit wenigen Jahren weiß man, daß in einigen Fällen die Sinneszellen in diesem Geschehen nicht isoliert betrachtet werden dürfen[1,16]. Vielmehr ist die Sinneszellmembran (die ja eine Spannung liefert) als Teilbatterie in einem Stromkreis aufzufassen, in dem die um die Sinneszelle herumgewickelten Hüllzellen weitere Batterien darstellen. Man muß sich die Sinneszellmembran, da wo sie vom Reiz getroffen wird, dann nicht nur als Batterie, sondern als elektrischen Widerstand vorstellen, dessen Größe vom Reiz verändert wird und der wie ein Ventil den Stromfluß im Gesamtsystem steuert.

Der Begriff der Steuerung ist im Zusammenhang mit der Umsetzung des äußeren Reizes in die Erregung der Sinneszellen ganz allgemein sehr wichtig. Weshalb? Er besagt, daß die Energie für diese Umsetzung nicht aus dem Reiz selbst stammt, sondern aus dem Stoffwechsel der Zelle. Der Reiz dreht gewissermaßen nur am Wasserhahn, ohne selbst den Wasserstrom zu erzeugen. So erklärt sich auch, daß der Energiegehalt, der in einem Nervenimpuls steckt, wesentlich größer sein kann als derjenige des Reizes, auf den das Sinnesorgan gerade noch antwortet. Ein Beispiel: Der in einer Sehzelle ausgelöste Energieumsatz kann die im Lichtreiz steckende Energie um das Millionenfache übersteigen! Eine solch gewaltige Energieverstärkung bei kleinsten Reizen ist auch die Voraussetzung für diejenigen verblüffenden Empfindlichkeiten, die an das physikalisch überhaupt Denkbare heranreichen: etwa die Antwort einer Sehzelle auf ein einziges Lichtquant oder die einer Geruchszelle auf ein einziges Duftmolekül.

## Sehzellen

Die Betrachtung der Primärprozesse an Sehzellen von wirbellosen Tieren[15] verdeutlicht Gemeinsamkeiten und ist gleichzeitig ein Nachtrag zum Kapitel 13.

Sehzellen zählen Lichtquanten. In dem durch starke Oberflächenvergrößerung gekennzeichneten Bereich (Abb. 37) fangen sie mit Hilfe des Sehfarbstoffes Rhodopsin die Lichtquanten ein. Wie das Duftmolekül ein Empfängermolekül der Riechzelle verändert, so verändert das Licht das Rhodopsinmolekül chemisch. Zunächst streckt sich seine vorher abgewinkelte eigentlich farb-

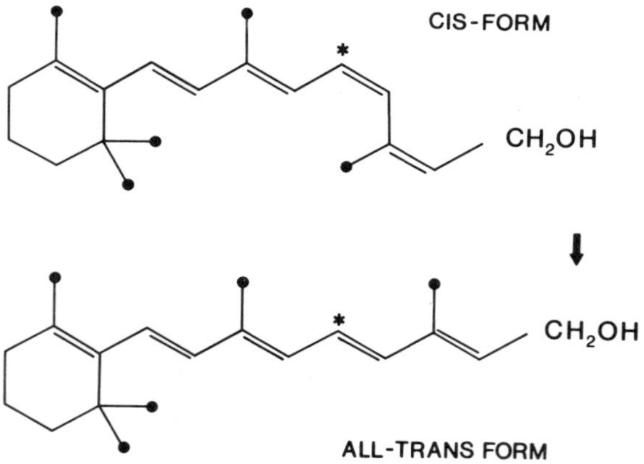

Abb. 58:
Zur Veränderung des Sehfarbstoffes bei Belichtung.

stofftragende Komponente, das Retinol. Die Abbildung 58 zeigt, was damit gemeint ist. Es folgt eine Reihe weiterer Veränderungen, die schließlich zu einem Receptorpotential an der Zellmembran führen. Man stellt sich vor, daß der Lichtreiz sogenannte »Lichtkanäle« öffnet, die bevorzugt den Natriumionen den Weg

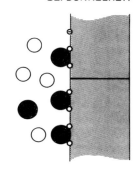

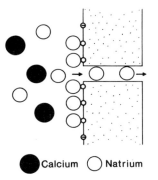

Abb. 59:
Bei Belichtung öffnen sich in der Membran der Sehzelle Kanäle für den Durchtritt von Natrium-Ionen. Dabei hat das Calciumion eine wichtige Kontrollfunktion.

entlang ihres Konzentrationsgefälles von außen ins Zellinnere freigeben. Dabei nimmt der elektrische Widerstand der Membran ab, was sich direkt messen und an der Umverteilung radioaktiv markierten Na$^+$ ($^{22}$Na) nachweisen läßt. Wie bei vielen Elementarprozessen kommt auch hierbei dem Calciumion (Ca$^{++}$) eine Schlüsselrolle zu (Abb. 59). Ohne Ca$^{++}$ ist die Sehzelle unerregbar. Die Hypothese: In der Sehzellmembran gibt es eine Pförtnersubstanz, die das Öffnen und Schließen des Lichtkanals kontrolliert. Möglicherweise ist diese Substanz der Sehfarbstoff selbst. Sie bindet im Dunkeln Ca$^{++}$, der Kanal ist geschlossen; bei Belichtung kommt an seiner Stelle das Na$^+$ zum Zug, die Pförtnersubstanz ändert sich, der Kanal öffnet sich.

## Extreme Spezialisierung

Kehren wir ein letztes Mal zum Seidenspinner zurück. Die Schwirreaktion des Seidenspinnermännchens wird ganz spezifisch vom Sexuallockstoff des Seidenspinnerweibchens ausgelöst. Die Sensoren sind ausgesprochene Spezialisten: hervorragend geeignet, eben diesen einen Stoff zu registrieren, aber gänzlich ungeeignet, eine größere Zahl von Duftstoffen zu unterscheiden. Schon geringfügige Änderungen in der Form des Duftstoffmoleküls bewirken eine drastische Abnahme der Empfindlichkeit. Man kennt sogar Fälle, bei denen bereits die spiegelbildliche Form des eigentlichen Schlüsselmoleküls nur eine wesentlich reduzierte Aktivität der Sinneszellen auslöst[4]. Ähnliche Verhältnisse sind von verschiedenen Insekten bekannt, unter anderem auch von den Alarmstoffreceptoren der Ameisen[2]. Die genaue Zuordnung dieser Spezifität zu einem der vorher genannten Teilschritte im Receptorgeschehen ist unklar. Mit dem Weg des Duftstoffes bis zur Sinneszelle hat sie wahrscheinlich nichts zu tun.

Das Interesse der Sinnesphysiologen konzentriert sich in Zusammenarbeit mit Chemikern auf die Bindung des Duftmoleküls an das Receptormolekül in der Sinneszellwand. Die nachgewiesenen großen Effekte kleiner Änderungen der Molekülstruktur führen immer wieder zu der Vorstellung zurück, daß bestimmte Bereiche des Duftmoleküls genau zu bestimmten Bereichen des Receptormoleküls passen müssen und dieses gleich einem Schloß nur von einem Schlüssel geöffnet werden kann.

Das Seidenspinnerweibchen kann mit den wenigen Millionstel Gramm Lockstoff (164 Nanogramm[10]), die es in seiner Duftdrüse produziert, theoretisch nicht weniger als 10$^{13}$ Männchen in flügelschwirrende Erregung versetzen. Den einen Grund für diese extreme Wirksamkeit kennen wir schon: das Molekülsieb Antenne. Ein weiterer macht uns mit einer tatsächlich nicht zu überbietenden Spitzenleistung bekannt. Die Riechzellen des

Angedufteten antworten schon auf ein einziges Lockstoffmolekül mit einem Nervenimpuls[7]. Empfindlicher geht es nicht.

Das Weibchen, so muß man schließen, hat auf diese Weise das Männchen fest an seiner duftenden Leine. Ja, es müßte ihm nach den neuesten Überraschungen aus den Labors von Kaissling und seinen Kollegen[8] sogar möglich sein, auch hemmend auf das Verlangen des Männchens einzuwirken. Von der Hinterleibsdrüse des Weibchens duftet eine zweite Substanz ab; sie erregt die zweite der beiden Sinneszellen des Riechhaares. Reizt man das Männchen im Labor mit beiden Substanzen gleichzeitig, dann sind beide Sinneszellen gleichzeitig aktiv. Trotzdem bleibt das Schwirren aus. Der hemmende Effekt der zweiten Substanz kommt vermutlich durch eine entsprechende Verschaltung der beiden Sinneszellen mit einer übergeordneten Instanz des Nervensystems zustande. Ob das Weibchen das Männchen durch wohldosiertes Abduften der beiden Stoffe so raffiniert fernsteuert? Jedenfalls zeigt dieses Beispiel einmal mehr, wie wichtig es ist, über die Sinnesorgane Bescheid zu wissen, wenn man Verhalten verstehen will.

# 22 Schmecken mit den Füßen

Die Vorstellung, daß einfache Systeme nur einfaches Verhalten hervorbringen können, ist nicht totzukriegen.

*Vincent G. Dethier »A Surfeit of Stimuli: A Paucity of Receptors«, 1971*

»Der tarsale Geschmackssinn von Fliegen«
Ich habe diesen klassischen Praktikumsversuch 1961 als Biologiestudent des vierten Semesters im Tierphysiologischen Kurs an der Universität München durchgeführt. Er ist einfach.

Versuchstier: *Calliphora erythrocephala* aus der Zucht des Zoologischen Institutes; die Tiere sind seit mindestens zwei Tagen nicht gefüttert, sondern nur mit reinem Wasser getränkt.

Aufbau: Fliege mit Äther (Wattebausch) kurz betäuben. Das Tier dann mit dem Rücken an den Kopf einer Stecknadel kleben. Stecknadel in Korken stecken und diesen an einem Stativ befestigen.
Einen Streifen Papier von zwanzig Zentimeter Länge und fünf Millimeter Breite zum Ring kleben. Die Fliege hält diesen Ring mit ihren Fußspitzen und dreht ihn, während sie auf der Stelle tretend läuft.

Ablauf: Bringen Sie mit einer sorgfältig gereinigten Pipette an markierten Stellen des Ringes die Schmecklösungen auf: Leitungswasser, 0,1prozentige Chininlösung, zehnprozentige Zukkerlösung. Die Fußspitzen der laufenden Fliege berühren die Lösungen. Wann streckt die Fliege ihren Rüssel aus? Nehmen Sie anschließend einen neuen sauberen Papierring und bestimmen Sie mit Rohrzuckerlösung die Schwellenkonzentration für die Rüsselreaktion.

Wir haben damals etwas Interessantes herausgefunden: Die Rohrzuckerlösung mußte nur 0,04prozentig sein, um die Fliege zur Rüsselreaktion zu veranlassen. Gleichzeitig haben wir entdeckt, daß unsere eigene Schwelle für die Empfindung »süß« etwa das Zehnfache höher liegt. Man kann ebenso wie die Fliege auch Tagschmetterlinge wie das Pfauenauge und den Distelfalter testen. Ihre Werte gehen herunter bis zu einer etwa 0,00034prozentigen Lösung; sie sind also um etwa das Hundertfache empfindlicher als die Fliege. Auf Wasser reagieren die Fliegen nicht, solange sie gut getränkt sind. Treffen sie auf das für uns bittere

Chinin, dann unterlassen sie nicht nur die Rüsselreaktion, sondern kehren meistens in einer Art Meideverhalten um. Da sie in unserem Versuch mit dem Rücken festgeklebt sind, drehen sie den losen Papierring um, anstatt sich selbst gegen die normalerweise feste Unterlage zu bewegen. Zwei Tröpfchen der Chininlösung auf demselben Ring bringen manch eine Fliege in Schwierigkeiten: Sie rennen wie gefangen zwischen ihnen hin und her.

## Eintausendsechshundert Schmeckhaare

Die ökologische Bedeutung dieser Rüsselreaktion liegt auf der Hand. Die Sinneshaare an den Füßen unterziehen den Nektar, die Wasserpfütze, die Marmelade des Frühstückstisches, fettige Substanzen von Aas und Kot und auch potentiell schädliche Stoffe einer chemischen Vorprüfung, bevor das Insektengehirn das Kommando gibt: Stehen bleiben und Rüssel ausstrecken. Das eigentliche Saugen setzt erst ein, wenn die von den Füßen schon als akzeptabel eingestufte Substanz in einer zweiten Prüfung durch Sinneshaare auf dem Rüsselende ebenfalls positiv bewertet wird.

Das Meßinstrumentarium der Fliege ist respektabel. Die genaue Auszählung der Schmeckhaare unter dem Mikroskop hat für die häufige Schmeißfliegenart *Phormia regina* ergeben: Vorderbein dreihundertacht, davon allein zweiunddreißig auf dem allerletzten Fußglied; Mittelbein zweihundertacht, Hinterbein einhundertsieben (Tafel 37). Auf dem Labellum des Rüssels stehen noch einmal rund zweihundertfünfzig solcher Haare und zudem einhundertzweiunddreißig chemisch empfindliche Papillen, was dann eine Gesamtzahl von angenähert eintausendsechshundert ergibt[2,8]. Die meisten Haare sind, wie zu erwarten, auf der nach unten weisenden Beinhälfte und zum Beinende hin zu finden. Die kleinsten unter ihnen sind nur achtundzwanzig Tausendstel eines Millimeters lang, die größten erreichen eine Länge von 0,5 Millimeter. was für die Maßstäbe eines Biologen durchaus stattlich ist.

Im Feinbau ähneln sie sich alle (Abb. 60). Das steife Haar ist innen hohl und an der Spitze offen. Hier dringt der Reiz ein und trifft auf die feinen Fortsätze von vier chemisch empfindlichen Sinneszellen. Zwei davon antworten bevorzugt auf salzige Lösungen (eine auf Kationen, die andere auf Anionen), und je eine bevorzugt auf Wasser und Zucker. Eine fünfte Zelle ist auf der Abbildung weggelassen, weil sie mit dem Geschmackssinn nichts zu tun hat. Sie endet an der Basis des Haares und registriert ihre Abbiegung, wenn der Fliegenfuß aufsetzt.

Im Hinblick auf die große Zahl der Geschmacksborsten erstaunt es zunächst, daß schon ein einziges Haar die Rüsselreaktion auslösen kann, wenn man es mit Zuckerlösung ausreichend

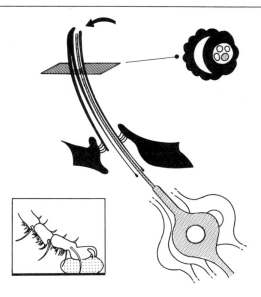

Abb. 60:
Feinbau eines Schmeckhaares. Der Pfeil weist auf die Pore in der Haarwand, durch die der Reiz in das Haar und an die Ausläufer der Sinneszellen gelangt. Links unten die Endglieder eines Fliegenbeines mit den Schmeckhaaren in einem Tröpfchen Flüssigkeit. Rechts oben das Schmeckhaar im Querschnitt.

hoher Konzentration reizt. Andererseits kann die Rüsselreaktion durch die Reizung eines Salzreceptors verhindert werden. Die erste Kontrolle über die Wirksamkeit eines Reizes findet schon auf der Ebene der Sinneszellen selbst statt. Jede der vier Sinneszellen spricht nämlich auf mehrere Substanzen an. Mischt man die klassischen Reize, wie das in der Natur sicher die Regel ist, dann wird etwa die Antwort eines Salzreceptors durch die Beimischung von Zucker zur Salzlösung erniedrigt. Erhöht man den Zuckergehalt, dann wird der Salzreceptor immer weniger, der Zuckerreceptor dagegen immer stärker antworten[1]. Das Verhalten gegenüber einer Mischlösung, wie sie in der Natur meist vorliegt, ist letztlich das Ergebnis eines Zusammenspiels von erregenden und hemmenden Einflüssen auf Nervenzellen, sogenannte Schaltneurone, im Zentralen Nervensystem der Fliege. Dabei muß man die verschiedenen Stufen der Reaktion ebenso wie die verschiedenen Schmeckborsten auseinanderhalten. Die normale Abfolge ist die folgende:

1. Ausstrecken des Rüssels; erfolgt bei einer hungrigen oder durstigen Fliege, wenn die Haare der Füße mit Zuckerlösung oder Wasser gereizt werden, nachdem sie vorher gestoppt und sich dem Reizort zugewendet hat.

2. Ausbreiten der großen Loben des Rüssels erfolgt, wenn Haare des Rüssels Kontakt mit dem Futter aufgenommen haben[7] (Abb. 29).

3. Aufsaugen der Nahrung erfolgt, nachdem die Geschmackspapillen auf den ausgebreiteten Loben das Futter geprüft haben.

4. Abbruch des Saugens erfolgt, wenn die Schmeckhaare und Papillen nicht mehr gereizt werden, wenn sie unnützen oder schädlichen Substanzen ausgesetzt sind, die zurückgewiesen werden, oder, wenn die Fliege ganz einfach satt ist.

## Wann ist die Fliege satt?

Dies ist eine ernste Frage. Auch bei der Fliege muß es neben der Anzeige »hungrig« die Anzeige »satt« geben. Die Nahrungsaufnahme wird in der Tat nicht nur von Geschmackshaaren reguliert, sondern auch von mechanisch empfindlichen Sinneszellen, die den Dehnungszustand des Vorderdarmes und des Hinterleibes registrieren[4,5,2].

Die Entscheidung darüber, ob die Fliege saugt oder nicht, kommt dadurch zustande, daß die Eingänge von den Sinneshaaren zu den hemmenden Eingängen von den Streckreceptoren in der Zentrale summiert werden. Hungrige Fliege: Sie saugt, weil der erregende Einfluß von den Schmeckhaaren groß ist, der hemmende Einfluß von den Streckreceptoren wegen des leeren Darmes aber klein. Satte Fliege: Sie hört zu saugen auf, weil der hemmende Einfluß von den Streckreceptoren wegen des gedehnten Darmes überwiegt[6,3]. Die Abbildung 61 faßt vereinfacht und schematisiert das Wichtigste zusammen. Im Prinzip ist die Aufeinanderfolge der Ereignisse, die vom Geschmacksreiz zum Ausfahren des Rüssels führen, recht einfach. Wir sehen, daß schon eine relativ einfache Verschaltung von relativ wenigen Nervenzellen ein ganzes Stück Verhalten zustande bringen kann.

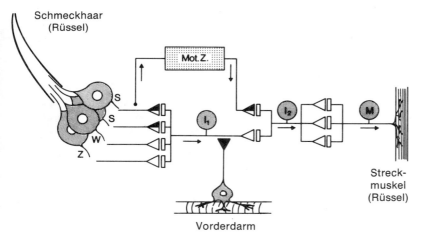

Abb. 61:
Ein vereinfachtes Schaltschema zur nervenphysiologischen Kontrolle der Rüsselreaktion der Fliege.
*S, W* und *Z* stehen für die salz-, wasser- und zuckerempfindlichen Sinneszellen.
*Mot. Z.* motorisches Zentrum im Zentralnervensystem.
*J* zwischengeschaltete Nervenzellen oder Interneurone.
*M* motorisches Neuron.
Die offenen Dreiecke symbolisieren erregende, die schwarzen hemmende Verbindung.

## Vierzehn Impulse in hundert Millisekunden

Vincent G. Dethier von der Princeton University, der sich wie kein anderer über viele Jahre intensiv mit dem Geschmackssinn und dem Futterverhalten der Fliege auseinandergesetzt hat, konnte zeigen, daß schon ein Unterschied von drei bis vier Impulsen in der Antwort derselben Sinneszelle innerhalb von einem Zehntel von einer Sekunde über das Ausstrecken oder Zurückziehen des Rüssels entscheiden kann[1]. Er reizte ein einzelnes Schmeckhaar auf dem Labellum einer durstigen Fliege mit einer 0,2 molaren Lösung von Kochsalz. Der Salzreceptor antwortete mit vierzehn Impulsen in einhundert Millisekunden und die Fliege streckte ihren Rüssel aus. Wurde dasselbe Haar nun mit 0,5 molarer Kochsalzlösung gereizt, dann antwortete der Salzreceptor mit vierzehn Impulsen in siebzig Millisekunden und die Fliege zog den Rüssel wieder zurück.

Wenn ein Haar schon so viel kann, weshalb dann eintausendsechshundert Stück davon? Mit einem ganzen Feld von Sinneshaaren an verschiedenen Körperstellen kann die Fliege auch herausfinden, wo genau das Futter ist, und ihren Körper und den Rüssel präzise dorthin dirigieren. Sie kann damit auch räumliche Gefälle in den Eigenschaften des Futters durch simultane Mehrfachmessung feststellen. Und schließlich muß man daran denken, was es heißt, daß die Sinneszellen keine reinen Spezialisten sind, sondern auf eine ganze Reihe von Stoffen mit unterschiedlicher Stärke ansprechen. Überlappen sich die Spektren verschiedener Sinneszellen teilweise, dann ergibt sich daraus eine gewaltige Zunahme der Informationsmenge, die kodiert und an das zentrale Nervensystem weitergegeben werden kann.

Jede Sinneszelle gibt auch über ein Stoffgemisch nur eine Meldung ab. Bei den verschiedenen Zellen wird sie aufgrund ihres unterschiedlichen Spektrums verschieden stark ausfallen. Würde das Zentralnervensystem die Meldungen eines ganzen Haarfeldes »ablesen«, dann würde sich das komplexe Gemisch als spezifisches Gesamtmuster der Erregungsverteilung abbilden und eine große Zahl verschiedener Gemische könnte an unterschiedlichen Gesamtmustern erkannt werden.

# 23 Parfümsammler und die Tricks der Orchideen

> Man muß vielmehr die Blumen an ihrem natürlichen Standort untersuchen, . . . Kurz, man muß die Natur auf der That zu ertappen suchen.
>
> *Christian Konrad Sprengel »Das entdeckte Geheimnis der Natur«, 1793*

In den Tropen der Neuen Welt lebt eine Gruppe von Bienen, die wegen ihrer metallisch bunten blauen, grünen und goldenen Färbung als Pracht- oder Goldbienen bekannt sind. Sie sind die nächsten Verwandten der Hummeln. Ihre verglichen mit anderen Bienen stark verlängerte »Zunge« (Kapitel 11) hat ihnen den wissenschaftlichen Namen *Euglossini* eingebracht, »die mit der wahren Zunge«. Ein weiteres Merkmal unterscheidet die Prachtbienen von allen anderen Bienengruppen: die mächtig aufgetriebene Hinterbeinschiene der Männchen (Abb. 62). Ich entsinne mich noch lebhaft an meine erste Begegnung mit Prachtbienen. Es war in Alta Verapaz, jenem bergigen Zentralland Guatemalas, in dem beinahe ewiger Frühling herrscht, der paradiesische Quetzal fliegt und der berühmte Kaffee des Hochlandes gedeiht. Am Rande des Bergregenwaldes blitzten im hellen Sonnenlicht die strahlenden Farben von Prachtbienen auf. Ich habe zwei mit dem Netz gefangen und fotografiert. Die Tafel 35 zeigt das Ergebnis.

Prachtbienen leben in enger Bindung an Orchideen, jene an Farbe und Gestalt wundervollen Geschöpfe, die wir, wie sonst nichts, spontan mit der Zauberwelt der Tropen in Verbindung bringen. Das hat schon Darwin gewußt und 1862 beschrieben. Und die Angelsachsen sagen schon immer Orchid Bees, Orchideen-Bienen, zu den Prachtbienen. Aber die Besonderheit und die Details dieser Begegnung sind erst in den letzten fünfzehn Jahren klargeworden. Wir verdanken sie vor allem den Forschungen von Calaway H. Dodson[6,8,10,16] von der University of Miami und Stefan Vogel[18,19], damals noch an der Universität Mainz.

Prachtbienen sind primär solitär. Nur einige von ihnen laufen unter dem Stichwort halbsozial, weil bei ihnen mehrere Weibchen gemeinsam ein Nest betreuen. Eine Arbeitsteilung wie im hochentwickelten Staatswesen der Honigbiene gibt es auch hier nicht. Die Weibchen der Prachtbienen sammeln das Baumaterial

## 23 Parfümsammler und die Tricks der Orchideen 187

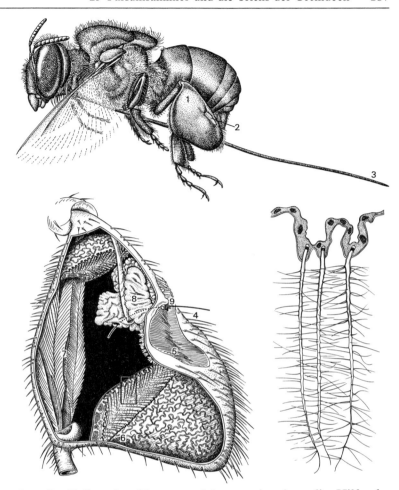

Abb. 62:
Prachtbienen sammeln die Duftstoffe von Orchideenblüten.
*Oben:* Ein Tier im Flug: *1* die aufgetriebene Schiene des Hinterbeines mit der Öffnung *(2)* zum Duftstoffbehälter; *3* der typische lange Rüssel.
*Unten:* Ein aufgeschnittener Duftstoffbehälter mit dem äußeren Eingang (s. Durchstichborste *4* zur Verdeutlichung), der Pfanne *(5)*, und dem eigentlichen dichtbehaarten Duftstoffbehälter *(6)*, der hier teilweise herausgenommen ist. *7* Beinmuskulatur, *8* Drüsengewebe, *9* beschuppter Napf.
Rechts ein Teil des Duftschwammes *(6)* vergrößert.

für die Zellen des Nestes und bauen sie ohne die Hilfe der Männchen. Wie andere Bienenweibchen tragen sie Pollen und Nektar von den verschiedensten Blüten ein und halten ihn in verschlossenen Zellen auf Vorrat.

Die männlichen Prachtbienen sind Vagabunden. Nach dem Schlüpfen kehren sie nie mehr in das mütterliche Nest zurück. Dessen Vorräte stehen ihnen demnach nicht zur Verfügung, und so sammeln sie ihre Nahrung selbst. Sie besuchen wie die Weibchen verschiedene Blüten. Mit ihrem langen Saugrüssel beuten sie mit Vorliebe den Nektar der Blüten aus, die ansonsten den langrüsseligen Schmetterlingen vorbehalten sind. Offenbar kommen die Prachtbienenmännchen mit ihrer Selbstversorgung gut zurecht, denn sie führen mit bis zu sechs Monaten ein ungewöhnlich langes Bienenmännchenleben.

Von den rund zweihundert Prachtbienenarten sind die Gattungen *Eulaema (Tafel 35)*, *Euglossa* und *Euplusia* besonders häufig auf Orchideenblüten anzutreffen. Sie machen etwa drei Viertel aller Prachtbienenarten aus. Gewöhnlich zeichnen sich die von ihnen besuchten und hier besonders interessierenden Orchideenblüten (vor allem Vertreter der *Catasetinae* und *Stanhopeinae*) durch starken Geruch aus und dadurch, daß sie dem Insektenbesuch keinerlei Verköstigung anbieten. Als Nahrung auszubeutenden Pollen gibt es nicht und die Nektarien sind rückgebildet. Was man früher auf der Suche nach der üblichen Belohnung für den Bestäuber als spezielles Futtergewebe interpretierte, entpuppte sich als spezielles hochaktives Duftorgan[18,20]. Auf der Oberfläche dieser Drüse entweicht der Duft nicht etwa nur spurlos gasförmig; vielmehr wird er in solchen Mengen produziert, daß er flüssig in kleinen Tröpfchen auf ihr verbleibt. Von diesem Duftstoff (Terpene) werden die Prachtbienenmännchen – und nur die Männchen – angelockt.

## Das Sammeln des Duftstoffes

Das Ungewöhnliche ist, daß sie den Duftstoff sammeln. Dabei bleibt der lange Rüssel nach hinten geklappt; sie sind ja nicht auf Nahrungssuche. Vielmehr reiben die Prachtbienenmännchen die Oberfläche der Duftdrüse mit ihren Vorderbeinen emsig ab. Dazu haben die Fußglieder spezielle Haarquasten, die den Duftstoff beim Reiben aufsaugen. Nur die Männchen besitzen solch feingefiederte Haare. Etwa jede Minute oder öfters wird das Bürstgeschäft unterbrochen. Dann schweben die Bienen einige Sekunden lang wenige Zentimeter über der Blüte und strampeln behende mit den Beinen. Man erinnert sich sogleich an das Pollenhöseln der Honigbiene und in der Tat wird hier der Duft gehöselt. Dabei werden alle Beine gebraucht[19,11]. Was passiert? Zunächst streift die Prachtbiene die Quasten der Vorderbeine, die ja nicht endlos Duftstoff aufnehmen können, am Metatarsus des jeweils gleichseitigen Mittelbeins ab (Abb. 63). Dazu hat der Mittelbeintarsus eine Kerbe, an der wie bei einem Rechen starre Borsten stehen. Danach hängen die Dufttröpfchen an deren Hinterseite. Von hier aus bugsiert die Biene das Parfüm in die aufgetriebene Hinterbeintibia. Sie zieht das Hinterbein nach vorne und dreht es gleichzeitig nach außen. So kommen die Dufttröpfchen mit der Öffnung des Duftbehälters in Berührung. Feingefiederte Haare übernehmen sie und leiten sie über einen Kanal ins Innere.

Der ganze Übertragungsvorgang umfaßt etwa drei bis fünf Wiederholungen dieser Bewegungsfolge und dauert bei den verschiedenen Prachtbienenarten zwischen zwei und sechs Sekunden. Dann sammelt die Biene wieder mit den Vorderbeinquasten, und nach fünf bis sechzig Sekunden wird die Beute erneut dem Parfümfläschchen übergeben[11].

Zwischen dem Dufthöseln der Prachtbienen und dem Pollenhöseln der Honigbienen (Kapitel 9) besteht ein markanter Unterschied. Der Duftstoff wird durch die Beine der jeweils gleichen

Abb. 63:
Das »Dufthöseln« der
Prachtbiene (vgl. Text).

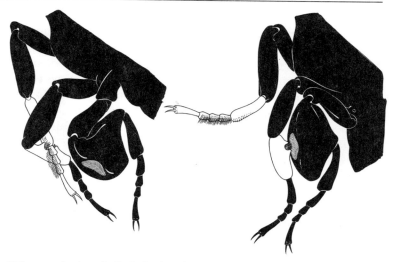

Körperseite in sein Behältnis gebracht, während beim Pollenhöseln der Honigbiene rechtes und linkes Hinterbein zusammenspielen. Der Unterschied wird verständlicher, wenn wir daran denken, daß hier verschiedene Geschlechter am Werke sind.

## Anatomie eines Parfümfläschchens

Der Duftstoffbehälter selbst ist recht kompliziert gebaut[17,19]. Wie die Abbildung 62 zeigt, führt die außen gelegene Pfanne – sie nimmt den Duftstoff auf – in einen mit feinstgefiederten Härchen durchsetzten Innenraum, der über der normalen Beinmuskulatur liegt und die von außen so auffällige Auftreibung am Hinterbein weitgehend ausfüllt. Die Wandung des Behälters ist eng gefurcht. Auf ihr sitzen die feingefiederten Haare, die wegen der entstehenden Kapillarwirkung den Innenraum zum Duftschwamm machen. Man kann an getöteten Tieren die Hinterbeinauftreibung auspressen und überprüfen, wieviel Parfüm sie aufnimmt. Das Ergebnis ist erstaunlich. Bei den hummelgroßen Arten der Gattung *Eulaema* fand Vogel[19,20] ein Volumen von bis zu $30\,\text{mm}^3$; ein einziges Tier kann also bis zu $60\,\text{mm}^3$ Duftstoff speichern.

## Der Duftstoff

Chromatographische Analysen[19,21] weisen den Orchideenduft als Gemisch von meist sieben bis zehn Komponenten aus. Sowohl die Art der Komponenten als auch ihr relativer Anteil am Gemisch variieren stark von Orchideenart zu Orchideenart. Eugenol und 1,8-Cineol waren in Freilandversuchen ganz besonders attraktiv für die meisten Prachtbienenmännchen (siebzig

Prozent der überhaupt angelockten Arten). Es überrascht demnach nicht, sie in den Duftstoffen von sechzig Prozent der untersuchten Prachtbienen-Orchideen zu finden[10]. Versieht man ein Stückchen Filterpapier damit und legt dieses im richtigen Biotop aus, dann kann man damit in wenigen Tagen bisweilen mehrere hundert Prachtbienenmännchen fangen. Die Zugabe einer zweiten Duftkomponente kann die Attraktivität der ersten aufheben. Dies bedeutet nichts weniger, als daß die Düfte nicht nur als Anlockungsmittel eingesetzt werden, sondern gleichzeitig einem Isolationsmechanismus dienen können, da bestimmte Orchideen bestimmte Bienenarten anlocken und so die Spezifität der Bestäubung erhöhen (Kapitel 30).

Es ist nicht ganz klar, wie die Entleerung des Duftbehälters unter natürlichen Umständen vor sich geht. Wahrscheinlich wird der Duftstoff passiv über eine napfförmige Öffnung abgegeben, deren Beschuppung ihn wie ein Docht nach außen zieht (Abb. 62). Auch die stattlichen Drüsen in der Hinterbeinauftreibung sind in ihrer Funktion bislang unklar. Mehreren Beobachtungen zufolge könnten sie dem Duftstoff Öle zusetzen und durch Lösung in Fett seine Flüchtigkeit verringern. Dieses Verfahren spielt auch in der Parfümindustrie bei der Anreicherung von Duftstoffen eine Rolle. Museumsstücke von Prachtbienen enthalten jedenfalls oft noch nach Jahren Duftstoff in ihren Hinterbeintibien. Freilich ist auch denkbar, daß die Drüsen selber Duft produzieren und dem Gesammelten modifizierend beimischen.

## Wozu der Duft?

Ob sich bei den Prachtbienen das Männchen parfümiert, um dem Weibchen zu gefallen? Leider ist die genaue Bedeutung des Duftes im Verhalten noch nicht ganz klar. Immerhin weisen einige Beobachtungen schon deutlich die Richtung.

Zunächst einmal: Prachtbienenweibchen werden von den hier behandelten Duftstoffen nicht angelockt. Andernfalls müßten sie an den Orchideen anzutreffen sein, was nicht der Fall ist. Ein Sexuallockstoff, wie er von vielen Insekten (Kapitel 20) zur Anlockung des Geschlechtspartners produziert wird, liegt hier also nicht vor. Es gibt andere Orchideen *(Ophrys),* die mit solchen Stoffen Weibchen vortäuschen und die Männchen nicht nur anlocken, sondern zu einer Pseudokopulation mit der Blüte verführen. Davon im nächsten Kapitel ausführlich. Bleiben wir bei den Prachtbienen. Wenn sich auch bei den Prachtbienen-Orchideen die alte Vorstellung des Sexuallockstoffes als irrig erwiesen hat, so besteht doch auch nach neuerer Ansicht ein enger Zusammenhang mit der Fortpflanzung der Bienen[19,10,22].

Wiederholt wurden Prachtbienenmännchen beobachtet, wie sie, ähnlich den Hummeln[14,12,13,4,15], an festgelegten Bahnen entlangfliegend offenbar Territorialflüge unternehmen. Hummeln setzen dabei auf Pflanzen Duftstoffe ab, die sie in ihrer Kopfdrüse selbst produzieren. Ihre Schwarmbahnen locken weitere paarungswillige Männchen an und sind auch der Ort, an dem sich die Geschlechter zur Kopulation treffen. Neben dem offenbar territorialen Fliegen der Prachtbienenmännchen wurde wiederholt auch beobachtet, daß sie an ihren Standplätzen sitzend flügelschwirrend ventilieren, auffliegen, den Standplatz in engen Kurven umkreisen und dann wieder auf ihm oder ganz in seiner Nähe mit steifgestreckten Hinterbeinen ventilieren. Es liegt nahe, das aktive Abduften des Orchideenparfüms zu vermuten[19].

Oftmals fliegen ein oder zwei weitere Männchen denselben Standplatz an und werden dann vom ersten gejagt. Da man zu all dem noch beobachtet hat, daß bis zu fünf Prachtbienenmännchen die gleiche Schwarmbahn gleichsinnig abfliegen und die Weibchen hier mit den Männchen kopulieren, liegt eine Parallele zu den Hummeln nahe. Dennoch reichen die vorliegenden Befunde nicht aus, und es bleibt ein weites Feld für zukünftige Forschung. Insbesondere müssen die vielen interessanten ersten Beobachtungen durch möglichst quantifizierte Verhaltensuntersuchungen unter experimentellen Bedingungen erhärtet werden. Vielleicht lockt der Duftstoff nur Männchen an und erhöht durch deren Anwesenheit am selben Schwarmplatz die Wahrscheinlichkeit der Begattung zufällig vorbeiziehender, durch die schillernden Männchen angelockter Weibchen?

## Berauscht auf die Rutschbahn

Die Orchidee (und einige andere Pflanzen wie *Gloxinia, Gesneriaceae* und Araceen) lockt mit dem Duft nicht nur die Bienen an, sondern bietet ihn als Belohnung zur Ausbeutung an. Wofür belohnt sie? Natürlich für die Bestäubung, die das Prachtbienenmännchen unwissentlich beim Duftsammeln vollzieht. Etwa zehn Prozent aller Orchideenarten sind davon betroffen[16]. Besonders interessant sind jene Fälle, bei denen die Orchidee diesem ihrem eigenen Ziel durch weitere Tricks nachhilft. Dabei kommt ihr die narkotische, berauschende Wirkung des Duftstoffes zugute.

Es ist fast zu schön, um wahr zu sein: »Die unmittelbare Reaktion der männlichen Bienen auf die Flüssigkeit kann man nur als Rausch bezeichnen. Sie verlieren in erheblichem Maße die Kontrolle über ihre Bewegungen und werden unbeholfen und träge und unaufmerksam. Offenbar genießen sie die Empfindung, denn sie kommen über lange Zeit immer wieder zurück, bevor sie dann ermüden und wegfliegen, nur um zu anderen ähnlichen Blüten zu fliegen, die zur gleichen Gattung oder Art gehören können oder nicht.« So schreiben Leendert van der Pijl und Calaway H. Dodson[16] in ihrem Orchideenbuch. Andere

Biologen haben dasselbe beobachtet. Somit ist es sicher nicht abwegig zu vermuten, die Orchidee könnte mit der berauschenden Wirkung ihres Duftstoffes die Bestäubung wahrscheinlicher machen und die männlichen Prachtbienen zuweilen auf einen Weg bringen, den sie freiwillig nicht so leicht gehen würden.

In der Tat gleiten die Bienen auf glatten Oberflächen aus und fallen oder rutschen oftmals in eine Position, die sie nur auf einem ganz bestimmten Weg verlassen können. Bei einer Reihe von Orchideen ist ein solches Ausrutschen wesentlicher Teil des Bestäubungsgeschehens und ein Grund mehr für die phantastische Vielgestaltigkeit ihrer Blüten. Zwei Beispiele aus einer Gruppe typischer Prachtbienen-Orchideen *(Stanhopeinae)* führen uns anschaulich diese bunte Zauberwelt vor.

1. Die Abbildung 64 zeigt die Blüte der von *Euglossa cordata* besuchten Orchidee *Gongora maculata*. Vom starken Geruch angelockt, fliegt die Prachtbiene die Duftdrüse des Labellums an, um rücklings mit ihren Vorderbeinquasten den Duftstoff aufzunehmen. Dabei verliert sie den glatten Boden unter den Füßen und fällt auf eine Rutschbahn, an deren Ende sie mit dem Hinterleib zwangsläufig gegen eine Klebescheibe *(Viscidium)* stößt, an der die Pollenpakete *(Pollinien)* hängen. Mit dieser Fracht fliegt die Biene zur nächsten Blüte, um die Rutschpartie zu wiederholen. Diesmal bleiben die Pollenpakete am Rutschenende an der Narbe hängen. Die Bestäubung ist vollzogen[2,6]. Bei Orchideen verschmelzen die männlichen und weiblichen Blütenteile ganz oder teilweise zum *Gynostemium*. Die Rutschbahn ist dieses *Gynostemium*, was die räumliche Nähe von Pollenpaket und Narbe an ihrem Ende erklärt.

Abb. 64:
Eine Prachtbiene gerät beim Sammeln des Duftstoffes auf der schlüpfrigen Unterseite des Labellum *(1)* auf die Rutschbahn einer Orchideenblüte, belädt sich unfreiwillig mit dem Pollenpaket *(2)* und bestäubt damit bei der nächsten Rutschpartie die Narbe *(3)*.

2. *Coryanthes speciosa* geht in der Manipulation des Prachtbienenmännchens noch weiter. Hier endet die Rutschpartie in einem Wasserfaß[1,7] (Abb. 65). Das Faß ist Teil des Labellums und bezieht seinen nassen Inhalt aus Drüsen des *Gynostemiums* (siehe oben), die genau über ihm liegen und ihr wäßriges Produkt in das Faß tropfen lassen. Im oberen Teil des Labellums sitzt die Duftdrüse. Ihr Duft lockt Prachtbienen aus den Gattungen *Eu-*

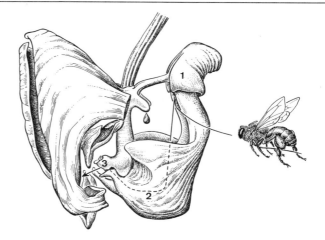

Abb. 65:
Die Orchidee *Coryanthes speciosa* erzwingt die Bestäubung dadurch, daß Prachtbienen beim Sammeln von Duftstoff bei *1* ausgleiten und in eine flüssigkeitsgefüllte Falle *(2)* geraten, die sie nur zu Fuß durch eine enge Öffnung bei *3* verlassen können. Dabei kriechen sie zwangsläufig unter der Narbe und den Pollinien hindurch.

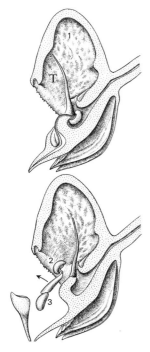

Abb. 66:
Orchideen der Gattung *Catasetum* – hier aufgeschnitten gezeichnet – schleudern den Bestäubern die Pollinien entgegen, sobald diese bei der Suche nach Duftstoffen im Labellum *(1)* an einen Trigger (T) stoßen. Die Klebescheibe *(2)* fliegt dem Insekt entgegen und heftet sich an seinem Hinterleib an. Das eigentliche Pollenpaket *(3)* ist durch einen Stiel mit der Klebescheibe verbunden.

glossa, *Euplusia* und *Eulaema* an. Beim Abkratzen des Parfüms abgerutscht, fallen sie in das Wasserfaß. Sie können es nur durch ein enges Tunnel verlassen, in dem sie unter der Narbe und den Pollinien hindurchkriechen müssen. Die Pollinien bleiben auf ihrem Hinterleib hängen. Beim Besuch der nächsten Blüte wiederholt sich diese nasse Partie und das Pollinium gerät an entsprechender Stelle auf die Narbe. Wieder ist die Bestäubung vollzogen; die Blüte beginnt innerhalb von Stunden zu welken und das Duften einzustellen. Nichts an all dem, was so glanzvoll aussieht, ist Luxus, alles ist den Zwängen dieser einen Funktion unterworfen.

Bei anderen Orchideen wird das Pollinium dem Insekt durch raffinierte Mechanismen entgegengeschleudert und bleibt mit seiner Klebescheibe an einer Körperstelle kleben, die für die verschiedenen Blüten charakteristisch ist (Abb. 66).

## Der Frauenschuh, eine einheimische Kesselfallenblume

Man muß nicht gleich in die Tropen reisen, um Orchideen zu sehen, die das Verhalten der Insekten so trickreich für die eigenen Belange ausnützen. Eine der schönsten einheimischen Orchideen ist der Frauenschuh (*Cypripedium calceolus*), der seinen Namen in allen Sprachen von seiner auffallend gelben und bauchig aufgetriebenen (Tafel 7) Lippe hat: Frauenschuh, Herrgottsschüehli, s-charpas u pantoflas, lady's slipper, pantofella, Scarpa della Madonna. Der »Schuh« ist nach oben offen. In seine Öffnung ragen Staubblätter und Narbe. Seitlich sitzen zwei fruchtbare Staubblätter, oben ein steriles Staubblatt, weiter unten die Narbe. Duft lockt kleine Bienenarten durch die große Öffnung in den Schuh hinein. Heraus kommen sie auf diesem Wege nicht mehr; sie rutschen an den eingerollten Blatträndern ab. Es gibt nur einen Ausweg. Er führt über eine viel kleinere Öffnung, welche die Insekten zwingt, sich unter der Narbe und dann an einem der Staubgefäße vorbei ins Freie zu drücken. Der Weg dorthin und nur er ist nicht glatt, sondern durch reichliche Behaarung gut gangbar. In der Nähe seines Endes flankieren ihn durchscheinende Flecken in der Wandung des Schuhs. Wozu? Viele Insekten meiden die Dunkelheit, es treibt sie ins Helle. Mit dem Licht, das durch seine Fenster eindringt, bringt der Frauenschuh seine getäuschten Gäste auf den richtigen Weg. Übrigens sind solche Fenster keine einmalige Erfindung des Frauenschuhs. Die am Grunde hell durchscheinende Wand des tiefen Trichters der Blüte des stengellosen Enzians erklärt sich auf dieselbe Weise (Tafel 4).

Beim Unterkriechen der Staubgefäße bleibt der Pollen des Frauenschuhs auf dem Rücken der Insekten hängen. Er gerät beim nächsten Blütenbesuch zwangsläufig zuerst auf die Narbe, bevor der Blütengast auf dem Weg in die Freiheit sich wieder am Pollen vorbeibewegt. Insekten, die für den Ausgang der vom Frauenschuh vorgesehenen Einbahnstraße zu groß sind, bleiben gefangen und gehen zugrunde. Solche, die so klein sind, daß sie die Narbe beim Herausschlüpfen nicht berühren, bestäuben nicht, nehmen aber auch keinen Pollen mit.

Die Falle des Frauenschuhs ist keine unfehlbare und immer wirksame Einrichtung. Eine der eingangs genannten kleinen Bienenarten gehören zu den Sandbienen *(Andrena)*. Nach einer Untersuchung von Daumann[5] ist der Trick des Frauenschuhs nur bei etwa der Hälfte von ihnen erfolgreich. Aber in der Auseinandersetzung um die größere Chance zur Fortpflanzung – darauf läuft die Evolution letztlich immer hinaus – zählt schon der geringste Vorteil, und fünfzig Prozent sind gewiß mehr als dies!

Blütenökologisch gehört der Frauenschuh ebenso wie sein tropischer Verwandter *Coryanthes* zu den Kesselfallenblumen, einer ökologisch definierten Gruppe von Blüten, deren Besonderheiten sich nach den gegebenen Kostproben von selbst aus dem treffenden Namen erklären.

# 24 Das falsche Weibchen

> ... mir selbst komme ich vor wie ein Kind, das am Meeresstrand spielt und manchmal eine etwas schönere Muschel oder einen glatteren Kiesel als gewöhnlich findet, während der große Ozean der Wahrheit unerforscht vor ihm liegt.
>
> *Isaac Newton, 1726*

Daß die Orchideen die abenteuerlichsten Bestäubungsmechanismen entwickelt haben, zeigt ein weiteres Beispiel. Es handelt weder von Rutschbahnen noch vom Parfümsammeln, aber wiederum erinnert es daran, daß die Vorstellung vom gegenseitigen Vorteil der Beteiligten eine Regel mit markanten Ausnahmen ist. Wieder gibt es keinen Nektar oder Futterpollen für die Insekten. Von Mutualismus kann keine Rede sein: Die Orchidee parasitiert an Verhaltensmustern des Bestäubers. Was uns in diesem Kapitel interessieren soll, ist eine der am besten untersuchten Kriminalgeschichten der Blütenökologie.

Orchideen der Gattung Ragwurz *(Ophrys)* imitieren das Weibchen ihrer Bestäuber und veranlassen die Männchen zu einer Pseudokopulation mit der Blüte. Dabei wird die Bestäubung vollzogen. Sexualtäuschblumen ist das wissenschaftliche Stichwort für diese Gaukler, die die Auslösemechanismen für das Sexualverhalten der Männchen entdeckt haben.

## Blüten mit animalischen Namen

*Ophrys* ist eine Orchideenordnung, die rund dreißig Arten und eine Reihe von Hybriden umfaßt. Ganz besonders häufig findet man *Ophrys*-Arten im Spätfrühling in den Mittelmeerländern, und allein schon deshalb lohnt sich der Spaziergang weg von der Küste ins Hinterland. Nur vier Arten sind bis Zentraleuropa vorgedrungen. Bei uns ist die »Fliege« *(Ophrys insectifera)* (Tafel 38) die bekannteste. Sie ist am weitesten nach Norden vorgedrungen, in Norwegen sogar bis etwas über den Polarkreis hinaus[7]. Mit ihrem animalischen Namen ist die Fliege oder Fliegenorchis in guter Gesellschaft. Es gibt auch eine »Hummel-«, »Bienen-« und »Spinnenorchis«, und diese Bezeichnungen beruhen auf der optischen Ähnlichkeit mit den entsprechenden Tieren und stammen aus einer Zeit, als man von den wahren ökologischen Zusammenhängen noch nichts wußte.

Das herausragende morphologische Merkmal der *Ophrys*-Blüten ist ihre Lippe *(Labellum)*, die ja schon beim Frauenschuh und den anderen im vorigen Kapitel behandelten Orchideen eine große Rolle gespielt hat. Die *Ophrys*-Lippe, eines der drei Blütenblätter, ist dick und mechanisch stabil. Zum Betrachter und zum Insektenbesuch hin ist sie konvex gewölbt und auf derselben Oberseite von samten haariger Beschaffenheit. Ihre Grundfarbe ist Dunkelpurpur und sie trägt verschiedene Zeichnungen, die bisweilen wegen ihres metallischen Blaus überraschen (Tafel 38). Zudem riecht das Labellum stark. Der Duft der *Ophrys*-Blüte geht allein von ihm aus. Stefan Vogel[17] hat die Duftdrüsen auf einem ein bis zwei Millimeter breiten Streifen vom Vorderrand lokalisiert und gefunden, daß sie sich auf den auffälligen kleinen Anhang am Lippenvorderrand konzentrieren, den zum Beispiel *Ophrys arachnites*, *Ophrys apifera* und *Ophrys tenthredinifera* haben (Abb. 67).

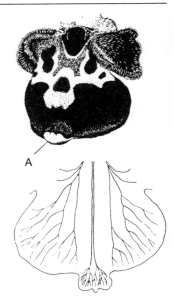

Carl von Linné schreibt 1745 in seiner »Reise nach Öland und Gotland«[12], daß die Blüten von *Ophrys insectifera* einer Fliege so sehr ähneln, daß der unkundige Beschauer zwei oder drei auf dem Pflanzenstengel sitzende Fliegen vermuten müsse und keine Kunst die Fliegen, so wie hier die Natur, nachahmen könne. Nach unseren heutigen Vorstellungen von einer Fliege erscheint diese Behauptung stark übertrieben. Aber sie enthält einen wahren Kern, der erst später erkannt wurde und noch viel später allgemeine Anerkennung fand. Ein Meilenstein auf diesem Weg sind die Arbeiten von A. Pouyanne, der nach jahrelangen Beobachtungen in Algerien 1917 seine Befunde über die Pseudokopulation veröffentlichte[13]. Er schreibt, daß *Ophrys speculum* regelmäßig nur von einem Insekt besucht wird, der Dolchwespe *Campsoscolia ciliata (Scoliidae)*, und daß nur das männliche Geschlecht Interesse an der Blüte zeigt, obgleich die Weibchen wie die Männchen andere Blüten zum Nektarerwerb besuchen. Bald danach hat M. J. Godfery aufgrund von Beobachtungen in Südfrankreich bestätigend eingestimmt[5], und schließlich haben Untersuchungen besonders an *Ophrys insectifera* aus Skandinavien[18,7] das Bild wesentlich erweitert. Heute ist Bertil Kullenberg vom Zoologischen Institut der Universität Uppsala der anerkannte Spezialist für Fragen der Bestäubungsbiologie von *Ophrys*. Er hat 1961 eine monumentale, dreihundertvierzig Seiten lange Arbeit dazu geschrieben.

Abb. 67:
Das dicke Anhängsel A einiger *Ophrys*-Blüten (hier *O. arachnites*) trägt spezielle Duftstoffdrüsen. Unten die starke »Innervierung« dieser Region.

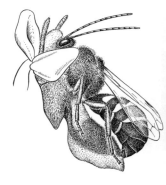

## Pseudokopulation, Spezifität und eine Ausnahme von der Regel

Die typischen Bestäuber von *Ophrys insectifera* sind nicht Fliegen, sondern Grabwespen *(Sphecidae)*: *Gorytes mystaceus* und *Gorytes campestris*. Auf dem Suchflug nach begattungswilligen

## 24 Das falsche Weibchen

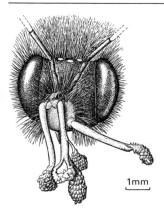

Abb. 69:
Oben der Kopf einer Langhornbiene *(Eucera nigrilabris)* mit Pollinien verschiedener Ophrys-Arten und unten der Hinterleib einer Erdbiene *(Andrena maculipes)* mit den Pollinien von *Ophrys lutea*.

◁ Abb. 68:
Pseudokopulation auf Ragwurzblüten.
Oben die Grabwespe *Gorytes nystaceus* auf *Ophrys insectifera* und unten die Erdbiene *Andrena maculipes* auf *Ophrys lutea*.

Weibchen – die später als die Männchen schlüpfen – setzen sie sich mit dem Kopf nach oben auf die Blüte und bleiben dort bisweilen mehrere Minuten, schwirren immer wieder mit den Flügeln und vollführen Bewegungen, die denen der Kopulation sehr ähnlich sind. Der Hinterleib reibt dabei mit vorgestreckten Kopulationsorganen gegen das Labellum und tastet suchend auf ihm herum (Abb. 68). Schließlich ermüdet das Tier, putzt sich und fliegt weg. Die Pollinien haben sich inzwischen an seinem Kopf festgeheftet. Bisher gibt es keinen Hinweis, daß es zur Spermaabgabe kommt. Der Geschlechtstrieb ist nach dem Blütenbesuch nicht erloschen und an der nächsten Blüte wiederholt sich die Täuschung. Gleichzeitig werden die Pollinien zur Narbe transportiert.

Andere Ragwurzarten locken andere Insekten an. Sie alle gehören zu den akuleaten Hautflüglern *(Hymenoptera)* und besitzen wie die Bienen, Ameisen und Wespen die typische »Wespentaille«: Dolchwespen *(Scoliidae)*, Grabwespen *(Sphecidae)* und besonders Solitärbienen *(Apidae)* der Gattungen *Andrena* (Erdbienen) und *Eucera* (Langhornbienen) (Abb. 68, 69).

Wenn auch Männchen einer Art durchaus verschiedene *Ophrys*-Arten besuchen, so sind doch die verschiedenen *Ophrys*-Arten auf ganz bestimmte *Hymenopteren*-Arten spezialisiert. Für die Fliegenragwurz sind es die schon genannten Grabwespen, für die Spiegelragwurz *(Ophrys speculum)* ist es die Dolchwespe *Campsocolia ciliata*, für die formenreiche Spinnenragwurz *(Ophrys araneifera)* sind es verschiedene Erdbienen und für die Wollschweber-Ragwurz *(Ophrys bombyliflora)* verschiedene Langhornbienen.

Wegen der engen und spezifischen Beziehung zwischen Blume und Insekt muß man in der Verbreitung der Bestäuber zugleich eine Grenze für die Verbreitung der Orchideen sehen. Eine Ausnahme erhärtet die Regel: *Ophrys apifera*, die Bienenragwurz, ist eine der typischen Mittelmeerarten (Tafel 28). Sie verführt Langhornbienen zur Pseudokopulation. Jedoch: *Ophrys apifera* gibt es auch in Zentraleuropa und den Weg dorthin hat sie nur geschafft, weil sie zur Selbstbestäubung fähig und damit gar nicht mehr auf den Insektenbesuch angewiesen ist. In Südengland ist ihre Selbstbestäubung und Selbstbefruchtung offenbar die Regel. Ein oder zwei Tage nach dem Öffnen der Blüte neigen sich die Pollinien aus der Säule (Gynostenium) heraus, hängen nach unten und bleiben leicht an der eigenen Narbe kleben, wenn sich der Blütenstengel im Wind bewegt[15].

Die Abhängigkeit der Orchideen von den passenden Insekten ist ein enormer Selektionsdruck. Werden die Bestäuberarten rar, dann ist ein Ausweg die über *Ophrys apifera* beschriebene Selbstbestäubung. Genetisch ist diese Lösung zumindest langfristig nicht unproblematisch (vergleiche Kapitel 4 und 30).

## Die besondere Bedeutung des Blütenduftes

Die Kardinalfrage: Mit welchen Tricks gelingt der *Ophrys*-Blüte das Vortäuschen des Insektenweibchens? Dazu hat vor allem Kullenberg[8,9,10] viele Freilandversuche angestellt. In Betracht kommen eine ganze Reihe von Merkmalen: Größe und Gestalt der Blüte, ihre Färbung, mechanische Beschaffenheit und ihr Duft. Das wichtigste Ergebnis sei vorweggenommen: Der Duft ist der überragende Faktor, nicht etwa die optische Ähnlichkeit zwischen Blüte und Insektenweibchen, die uns menschliche Betrachter am meisten beeindruckt. Ohne den Duft wird das Männchen weder aus der Entfernung angelockt, noch aus der Nähe sexuell erregt. Kullenbergs Freilandbeobachtungen und Versuche mit Blüten beziehungsweise Duftattrappen weisen die *Ophrys*-Düfte als artgruppenspezifisch aus. Jede der sechs gefundenen Duftgruppen (*Ophrys*-Gruppen) lockt eine bestimmte Art oder Artengruppe von Hymenopteren an. Ein Teil der Experimente bestand darin, ein mit Labellum-Extrakt beduftetes Stück Samt im Freien aufzuhängen und das Verhalten der Insekten gegenüber diesen Ködern zu studieren und nach dem Ausmaß der Lock- und Erregungswirkung zu klassifizieren. Dabei ergeben sich die sechs genannten Wirksamkeitsgruppen: »*Insectifera*-Duft«, »*Speculum*-Duft«, »*Scolopax*-Duft« und so weiter.

Auf der Suche nach der wirksamen Komponente im natürlichen Mischduft versetzten die Biologen den samtenen »Lockstoff« mit Fraktionen des natürlichen Duftes oder synthetischen Substanzen mit vermuteter Wirksamkeit. Und Kullenberg hat auch Körperteile von den einschlägigen Hymenopteren-Weibchen extrahiert und ihre Wirksamkeit geprüft. Kopfextrakt von *Eucera grisea* erregt nicht nur das Männchen der eigenen Art, sondern auch das von *Eucera longicornis*. Beide Arten sind Bestäuber von *Ophrys bombyliflora*. Ohne Zweifel produziert die Orchidee Lockstoffe, die den weiblichen Sexuallockstoffen entweder genau oder in ihrer Wirkung entsprechen. Aber nicht alle Befunde passen so nahtlos ins Bild. Wie so oft wird vieles bei genauerem Hinsehen komplexer. Zum Beispiel hat sich gezeigt, daß auch *Eucera*-Männchen Substanzen produzieren, die das männliche Begattungsverhalten stimulieren. In Erinnerung an das vorangegangene Kapitel sei hinzugefügt, daß Extrakte von Hummelköpfen *(Bombus, Psithyrus)* ebenso wirken wie die Markierungssubstanz aus der Kopfdrüse; auf den Samtköder aufgebracht, regten sie den Territorialflug und die Kopulation an und im Experiment war keine dieser Wirkungen artspezifisch[9,10].

Sicher ist die Welt der chemischen Signale bei den Hymenopteren sehr kompliziert. Es bleiben noch eine Menge Fragen. Ihre Lösung wird nicht zuletzt von der interdisziplinären Zusammenarbeit zwischen Chemikern und Biologen abhängen.

## Elektroantennogramm

Ein eleganter neuer Ansatz ist wieder die elektrophysiologische Methodik. Man kann die Wirkung der Duftstoffe auf die Riechsensillen der Insektenantenne messen. Wenn es im gegebenen Fall um das Überprüfen der Wirksamkeit sehr vieler Substanzen auf sehr viele Arten geht, dann ist das Registrieren der Antworten einzelner Sinneszellen zu mühsam. Vielmehr mißt man die summierte Antwort aller Riechsensillen zugleich, das Elektroantennogramm oder EAG. Dazu wird eine relativ grobe Elektrode in die Antennenspitze eingestochen.

Das EAG zeigt zum einen, ob die interessierenden Duftstoffe überhaupt Lockstoffsensillen erregen. Es ermöglicht zum anderen eine viel schnellere und genauere Beschreibung ihrer Wirksamkeiten als die Verhaltensbeobachtungen. Ernst Priesner[14] hat am Max-Planck-Institut für Verhaltensphysiologie in Seewiesen, wo auch der Seidenspinner ein wichtiges »Haustier« ist, die Wirkung von Extrakten von achtzehn Formen aus elf *Ophrys*-Arten an fünfzig Erd- und Langhornbienenarten *(Andrena, Eucera)* getestet. In der Tat finden sich die vermuteten engen Beziehungen wieder (Abb. 70). Klassifiziert man die Wirksamkeit der Extrakte nach EAG-Amplituden, dann ergibt sich weitgehend die aus Freilandversuchen erschlossene Artgruppenspezifität[8].

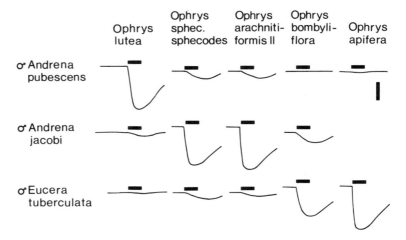

Abb. 70:
Die elektrische Antwort der Antennen verschiedener Ophrys-Bestäuber auf den Duft verschiedener Ophrys-Arten.

Auch lassen die EAG-Tabellen eine Vorhersage darüber zu, welche *Ophrys*-Arten vermutlich dieselben wirksamen Komponenten enthalten. Und das bringt uns zu einer weiteren Präzisierung der Frage: Welche Substanzen sind die wesentlichen? Für einige *Ophrys*-Arten sind Labelleninhaltsstoffe chemisch identifiziert. Priesner[14] hat sie vergleichend zu den Blütenextrakten getestet. Besonders wirksam auf *Eucera*-Arten war das Terpen γ-Cadinen; es ist vermutlich die Hauptkomponente im Labellenextrakt mehrerer *Ophrys*-Arten. Andere chemisch verwandte Substanzen waren mindestens um den Faktor Tausend unwirksamer.

Von den Chemikern wissen wir[1,14,11], daß in den Labellen neben dem γ-Cadinen noch eine Menge anderer Substanzen stecken: Alkohole, Aldehyde, Ketone, Ester, Kohlenwasserstoffe. Von diesen Stoffen rührt weitgehend der für unsere Nase jeweils typische *Ophrys*-Duft. Die hohe Wirksamkeit des Labellums auf die Bestäubernase geht jedoch nicht auf sie zurück. Selbst in höchster Konzentration lösen sie kein starkes EAG aus, ihre Wirkung ist weitgehend artunspezifisch und keineswegs dem Wirkungsmuster der *Ophrys*-Blüte vergleichbar. Dies ist einmal mehr eine Warnung vor allzu anthropomorpher Betrachtungsweise und voreilig daraus gezogenen Schlüssen. Im EAG-Test hatte gerade die für uns besonders intensiv duftende *Ophrys fusca* einen geringen Effekt, während für uns fast geruchlose Blüten hochwirksam sein können. Das γ-Cadinen ist umgekehrt für uns ein wenig prominenter Duftstoff. Daß er auch die wirksame Komponente des Sexualpheromons der *Eucera*-Weibchen ist, wird vermutet, ist aber noch nicht direkt nachgewiesen.

## Täuschung durch andere Blütenmerkmale

Vom Geruch angelockt, lokalisieren die Bestäuber die Blüten optisch, und einmal gelandet wird ihr Verhalten von Tastreizen auf der Blütenoberfläche geleitet. Ohne Duft geht es nicht, aber der Duft ist auch nicht alles im vorgetäuschten Weibchenbild. Versuche, besonders mit der Fliegenorchis und Grabwespe, zeigen eine ganze Reihe von Einflußgrößen auf.

Zuerst einmal ist die Größe der Blüte von Bedeutung. Zu kleine Blüten verlassen die Insekten wieder unverrichteterdinge.

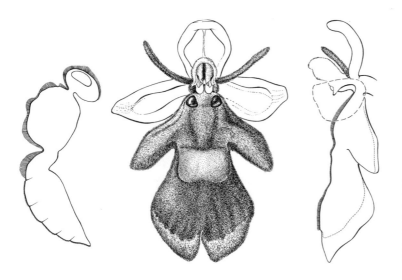

Abb. 71:
Die Behaarung der Fliegenorchis *(Ophrys insectifera)* und ihres Bestäubers, der Grabwespe *Gorytes mystaceus* (links). Rechts die Blüte in Seitenansicht.

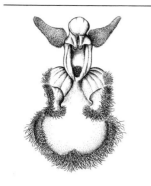

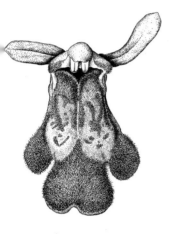

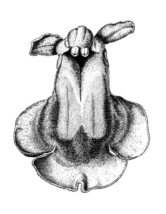

Abb. 72:
Drei Ragwurzarten:
*Ophrys speculum*,
*Ophrys fusca*
und *Ophrys lutea*
(von oben nach unten).

Bei zu großen hat die Blüte das Nachsehen, weil die Bestäuber nicht bis an die Pollinien beziehungsweise die Narbe reichen. Das Labellum muß konvex und mechanisch stabil sein, darf nicht schon verwelken. Längliche Blütenformen sind wirksamere Weibchenattrappen als quadratische. Wie bei den Originalen sind dunkel gefärbte Attrappen – auch graue, nicht aber grüne – attraktiver als helle. Violett und Purpurtöne schneiden in Vergleichstests am besten ab, auch wenn sie heller als grüne Attrappen sind. UV-Anteile erhöhen die Wirksamkeit ebenso wie eine kontrastreiche Zeichnung auf dem Labellum. Die Tastempfindungen auf dem Labellum sind für die Auslösung der präkopulatorischen Bewegungen wichtig. Samtene Oberflächen wirken stark, während es auf glatten erst gar nicht zu Kopulationsversuchen kommt. Das genaue Aussehen der Haare auf dem Labellum ist dabei nicht wichtig; es kommt vielmehr auf ihre mechanischen Eigenschaften, die Anordnung und den »Strich« an (Abb. 71 und 72).

Es muß nicht besonders erläutert werden, daß die Blüte hinsichtlich all der genannten Einflußgrößen besonders wirksam ist. Die Abbildung 71 zeigt die Behaarung einer *Ophrys*-Blüte und die des Insektenweibchens, soweit sie bei der Kopulation für das Männchen relevant ist. Man kann aber Attrappen zusammenstellen, die nicht nur stärker als echte Blüten, sondern auch stärker als echte Weibchen auf die Männchen wirken. Umgekehrt ist festzuhalten, daß die Wirksamkeit einer Attrappe durchaus nicht von perfekter optischer Ähnlichkeit mit dem Weibchen abhängt. Die von Carl von Linné so gerühmte Ähnlichkeit der *Ophrys insectifera*-Blüten mit einer Fliege wird bei genauerem Hinsehen sehr komplex, ganz abgesehen davon, daß die Bestäuber keine Fliegen sind, sondern Grabwespen. Immerhin aber hat das *Gorytes*-Weibchen einen schwarzen Rücken und dunkelpurpurne Flügel. Und wenn es die Flügel zusammenlegt, dann entsteht auf seinem Rücken ein Glanzfleck, der an den »Spiegel« der *Ophrys*-Blüte erinnert. Für ihre weiße oder gelbe Querbänderung des Hinterleibes gibt es auf der Blüte keine Entsprechung, und es ist zumindest fraglich, ob die früher als Scheinnektarien bezeichneten dunklen Flecken an der Labellumbasis die Augen des *Gorytes*-Weibchens vortäuschen. Dasselbe gilt für die beiden auffälligen »Antennen« des Blütenweibchens (Tafel 38).

## Ophrys-Bestäuber und Prachtbienen

Die Kapitel über das Farben- und Formensehen lassen gewiß keine Zweifel daran, daß es hier um schwierige physiologische Fragen geht. Ein Blick zurück auf die Prachtbienen zeigt einige wichtige Unterschiede im Stellenwert des Duftstoffes auf. Bei den Prachtbienen geht es um Markierungsstoff und das Sammeln von Duft, bei den *Ophrys*-Bestäubern um Sexuallockstoff und Kopulationsverhalten. Bei den Prachtbienen (auch bei den Markierungssubstanzen der Hummeln) kommt für die Selektion der Bestäuber der Substanzkombination ein besonderes Gewicht zu. Dagegen scheint die Artgruppenspezifität der *Ophrys*-Lockwirkung durch die Art der Stoffe, nicht so sehr durch ihre spezifische Mischung zustande zu kommen.

Die Prachtbienen werden mit Parfüm belohnt, die *Ophrys*-Bestäuber gehen leer aus. Über ihre subjektiven Empfindungen können wir nichts aussagen. Für die Pflanze wäre es fatal, würde das Insektenmännchen den Betrug merken und daraufhin weitere Blütenbesuche meiden. An den Nahrungserwerb gebundene Blütenstetigkeit, wie sie für die Honigbiene so charakteristisch und Ausdruck eines hochentwickelten Lernvermögens ist (Kapitel 25), hat hier keinen Platz. Vielmehr fällt das Insektenmännchen immer wieder auf dieselbe Täuschung herein, jedenfalls solange die Weibchen noch nicht geschlüpft sind. Nahrung bietet die Blüte erst gar nicht; der Bestäuber soll ja etwas ganz anderes tun als fressen.

Zunächst scheint es die Bestäubungswahrscheinlichkeit zu erhöhen, wenn möglichst viele Insektenarten angelockt werden. Dies ist aber nur richtig, wenn die Anlockung mit Blütenstetigkeit verbunden ist. Die *Ophrys*-Blüte imitiert eine ganze Reihe von Weibchenmerkmalen und erreicht auf diese Weise eine Selektivität in der Auswahl der Insektenmännchen. Daß es nur zu einer Teilselektivität kommt, bezeugen die vielen natürlicherweise vorkommenden *Ophrys*-Kreuzungen.

Die *Ophrys*-Arten sind nicht die einzigen bekannten Sexualtäuschblumen. Aber alle anderen gut belegten Fälle gehören ebenso zu den Orchideen[2,4,6,16].

# 25 Lernen und Vergessen

Der Weg ist lang und verzweigt, reich an Ablenkungen und Hindernissen. Das Ziel ist verschwommen und weit entfernt. Die Pilger sprechen viele Sprachen. Aber wir können zurückblicken, dann sehen wir Fortschritt, oder aufschauen, dann sehen wir aufregende Gipfel.

*Theodore Holmes Bullock »In Search of Principles in Neural Integration«, 1976*

Ein wahlloses Hin und Her der Bestäuber zwischen den Blüten verschiedener Arten könnte den Pflanzen nur wenig nützlich sein. Eine wichtige Voraussetzung für die Fremdbestäubung ist, daß die Insekten den Pollen einer Blüte auf die Narbe einer anderen Blüte *derselben* Art transportieren. Von seiten des Insekts, das um die Belange der Pflanzen nicht wissen kann, ist die geforderte Blüten- oder Blumenstetigkeit eine Frage der Ökonomie seines Verhaltens (Kapitel 29). Der zuletzt entscheidende Nettobetrag der mit dem Futter herbeigeschafften Energie ergibt sich erst nach Abzug aller nötigen Investitionen. Dazu gehört vor allem der Treibstoff für den Flug, aber auch die Energie, die zum Beispiel dazu aufgewendet werden muß, den besten Zugang zum Nektarium einer kompliziert gebauten Blüte zu finden (Abb. 89). Es ist ebenso unökonomisch, die Zeit- und Energieinvestition eines Lernaktes unnötig oft zu wiederholen, wie es unökonomisch ist, unnütz lange Flugstrecken zurückzulegen.

Blüten der gleichen Art werden zumeist in größerer Zahl benachbart sein. Das Festhalten an der einmal getroffenen Wahl kürzt demnach Wege, und entsprechend kennt man von der Biene neben Blütenstetigkeit auch Ortsstetigkeit.

Blütenstetigkeit ist nicht bei allen Blütenbesuchern der Insekten gleich ausgeprägt. In gewissem Umfang ist sie jedoch bei wesentlich mehr Insekten zu finden, als allgemein angenommen wird[19]. Dies gilt auch für Vertreter der Fliegen und Schmetterlinge, wenn auch die Hautflügler (Hymenoptera) und unter ihnen speziell die Honigbiene ein ganz besonderes Maß an Blütenstetigkeit vorzuweisen haben.

Schon bei oberflächlicher Betrachtung gewinnt man den ganz richtigen Eindruck, daß eine Sammelbiene während eines Ausflugs vom Stock nur auf Blüten der gleichen Art Nahrung sammelt. Genauere Angaben lassen sich aufgrund der Analyse der heimgebrachten Pollenpakete machen. Danach fliegen 93,2 Prozent, nach anderen Autoren sogar 98 Prozent der Bienen, nur eine einzige Blütensorte an[11,6]. Honigbienen besuchen bis zu fünfhundert Blüten auf einem Ausflug. Ihre Wahl ist demnach sehr genau und zuverlässig. Bei Hummeln sind immerhin noch rund 55 Prozent aller Pollenpakete rein und 32 Prozent enthalten nur zwei Pollensorten[12].

Dahinter steckt eine Lern- und Gedächtnisleistung, die Fähigkeit, Blütenmerkmale zu erkennen und mit Futter zu assoziieren und sich den Zusammenhang über längere Zeit zu merken. Um solche Anpassungsmöglichkeiten geht es in diesem Kapitel. Welche Merkmale lernt die Biene besonders gut oder schlecht, wie schnell lernt sie und wie lange erinnert sie sich an das Gelernte? Schließlich möchte man wissen, wie die Biene dazulernt und umlernt, da die Trachtquellen ja nicht immer ein ganzes Bienenleben von vier bis sechs Wochen unverändert bleiben und eine Anpassung an die neue Situation offensichtlich von elementarer Bedeutung ist. Die Forschung der letzten zehn Jahre hat den älteren Kenntnissen Erstaunliches hinzugefügt. Wir verdanken sie ganz besonders Martin Lindauer und einer ganzen Reihe seiner ehemaligen Schüler, die inzwischen selbst in Amt und Würden sind, darunter vor allem Randolf Menzel und seinen Mitarbeitern von der Freien Universität in Berlin.

## Das Lernen von Spektralfarben

Das Versuchsprinzip ist eine elegante Abwandlung des von Karl von Frisch 1910 ersonnenen »Farbensehtests«. Man muß es verstanden haben, will man die Bedeutung der daraus erstellten Lernkurven begreifen[30,24,27,28].

Bienen werden zunächst etwa dreißig bis fünfzig Meter vom Stock entfernt in der Mitte eines großen grauen Tisches mit Zuckerwasser gefüttert. Das Schälchen kann von unten mit monochromatischem Licht unterschiedlicher Intensität beleuchtet werden. Zwei weitere Schälchen, gleich weit von der Tischmitte entfernt, können ebenso mit Licht verschieden reiner Farbe beleuchtet werden. Während des Trainings hat die Biene nur zum mittleren Schälchen Zugang.

Im eigentlichen Test werden nur die anderen beiden Schälchen mit den Testfarben beleuchtet, bieten aber kein Futter. Neuankömmlinge, von der später nicht untersuchten Trainingsbiene im Stock alarmiert, wählen zunächst eine der Alternativfarben spontan aus. Dann aber wird die größere Attraktivität dieser Farbe durch Veränderung der Strahlungsdichte der anderen ausgeglichen. In vier Minuten fliegt die Biene die beiden Farben insgesamt bis zu vierzigmal an, zwanzigmal die eine und zwanzigmal die andere Farbe. Daraufhin wird das Schälchen in der Mitte mit einer der beiden Farben beleuchtet und die Biene dort mit Zuckerwasser belohnt. Dann kommt der springende Punkt:

Abb. 73:
Wie schnell lernen Honigbienen Farben?
Am schnellsten sind sie beim Violett (ca. 410 nm; die dritte Kurve von links steigt am steilsten an),
am langsamsten beim Blaugrün (ca. 490 nm; die fünfte Kurve von links steigt am flachsten an).

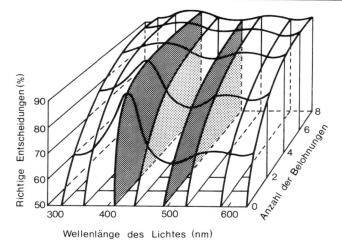

Wenn dieselbe Biene vom Stock zurückkommt, sind wieder die beiden äußeren Schälchen beleuchtet, das eine mit der Dressurfarbe, das andere mit deren Komplementärfarbe oder einer anderen Wellenlänge. Die Biene entscheidet sich für eine von ihnen. Sie wird dann in der Mitte wieder auf der zu untersuchenden Farbe belohnt und so fort. Nach wieviel Belohnungen wählen die Bienen die Dressurfarbe? Diese Fragen beantworten die Lernkurven (Abb. 73).

Die Biene lernt jede Farbe, die sie als solche sieht (vergleiche Kapitel 12 bis 14), aber die Geschwindigkeit, mit der sie den Zusammenhang mit Futter lernt, ist verschieden. Am schnellsten lernt sie Violett (413 und 428 nm). Schon nach einer einzigen Belohnung wählen die Bienen diese Farbe mit einer Wahrscheinlichkeit von fünfundachtzig Prozent! Bei Blaugrün (494 nm) dauert es am längsten, aber immerhin fallen nach einer Belohnung auch bereits neunundfünfzig Prozent der Wahlen richtig aus. Blau (444 nm) wird schneller als Gelb oder Orange erlernt, aber schon nach mehr als sechs Belohnungen erreichen alle Lernkurven einen Wert zwischen neunundachtzig und dreiundneunzig Prozent!

Die Lerngeschwindigkeit ist in weiten Bereichen von der Intensität (Strahlungsdichte) der Dressurfarbe unabhängig, solange diese nur über der Wahrnehmungsschwelle liegt.

## Farbensehen hängt vom Verhalten ab

Vergleicht man das Farbenlernen der Biene mit dem eigentlichen Farbensehen (Kapitel 12 bis 14), dann zeigt sich, daß die Mechanismen der Sinnesleistung allein keinesfalls zu seiner Erklärung ausreichen. Vielmehr bewertet das Gehirn Lernsignale unabhängig von deren Reizwirksamkeit und den Mechanismen in den

Sehzellen. Ultraviolett ist die bienensubjektiv hellste und gesättigtste Farbe und als solche besonders attraktiv. Die Farbunterscheidungsfähigkeit aber ist im Violett (400 nm), besonders jedoch im Blaugrün (500 nm) – der bienensubjektiv dunkelsten und am wenigsten reizwirksamen Farbe – besonders gut (siehe Seite 105). Andererseits wird Blaugrün am langsamsten gelernt, Violett dagegen am schnellsten. Die Kurven für Ultraviolett (ca. 340 nm) und Grün (ca. 530 nm) liegen dazwischen (nach einer Belohnung sind etwa fünfundsechzig Prozent der getroffenen Wahlen richtig).

Solche und ähnliche Versuche zeigen uns, daß die Farbenwelt der Insekten in verschiedene funktionelle Bereiche aufgeteilt ist. Die Bewertung der Farbe sieht für die verschiedenen Verhaltenszusammenhänge verschieden aus. Farbensehen wird nicht bei allen optisch gesteuerten Verhaltensweisen gleichartig eingesetzt. Neuesten Experimenten zufolge ist es nicht länger richtig, von *der* spektralen Empfindlichkeit eines Insektes zu sprechen, da diese stark von der untersuchten Verhaltensweise abhängt.

Ultraviolett, für die Biene insbesondere Himmelsfarbe, ist für die Navigation nach dem Himmel wichtig. Entsprechend sind Ultraviolettreceptoren im dorsalen Augenbereich besonders zahlreich[1]. Bienen können das Polarisationsmuster des Himmels zur Navigation einsetzen und die Polarisation des Lichtes ist im Ultraviolett stark ausgeprägt (Kapitel 27). Reines UV, obwohl die reizwirksamste Farbe, wird als Himmelszeichen nicht mit Futter assoziiert und deshalb als solches schwerer gelernt als zunächst erwartet. Wir erinnern uns auch daran, daß der Weg zum Nektar ja gerade durch UV-freie Blütenmale markiert ist (siehe Seite 127). Grün- und Blaureceptoren sind für die direkte Orientierung nach dem Sonnenstand besonders wichtig, nicht dagegen die UV-Receptoren[4]. Grünreceptoren sind besonders häufig im Bienenauge. Dem Darmstädter Zoologen Walter Kaiser und seinen Mitarbeitern ist es in langwierigen, mit mustergültiger Präzision durchgeführten Experimenten gelungen, nachzuweisen, daß die optische Steuerung von Bewegungen bei der sogenannten Optomotorik (dies ist eine weitverbreitete Kopf- oder Körperbewegung, mit der das Tier versucht, Bildverschiebungen im Auge zu vermeiden und dadurch die sich bewegende Umwelt optisch konstant zu halten) von Grünreceptoren dominiert wird und daß das Farbensehen an diesem Verhalten nicht beteiligt ist[13,14,15]. Interessanterweise ist das bei der Phototaxis, einer ähnlichen Reaktion, bei der sich das Tier gerichtet auf eine Lichtquelle zu oder von ihr weg bewegt, ganz anders: Hier lassen sich sehr wohl farbspezifische Effekte nachweisen, wenn auch die Beteiligung der UV-Receptoren besonderes Gewicht hat[16].

Die hohe Farbunterscheidungsfähigkeit im Blau-Grün kommt den Bienen vermutlich besonders bei der Orientierung nach Landmarken – wie Bäumen und Wiesen – zu ihren Sammelplätzen zugute. Sie wird als Hintergrundsfarbe nicht primär mit Futter in Verbindung gebracht. Schließlich ist zumindest in unseren Breiten die Mehrzahl der Blüten violett, blau oder bienenpurpurn (Mischung aus UV und Gelb, siehe Seite 121)[3]. Demnach scheint sich das schnelle Erlernen gerade des Violettbereichs als Futterzeichen aus seiner Verbreitung als Blütenfarbe zu erklären.

Für das Einprägen einer Farbe als Merkzeichen ist der Zeitpunkt ihrer Darbietung von entscheidender Bedeutung[25,30]. Die Biene muß sie während der letzten Phase des Anfluges sehen. Beim Saugen und während des Abfluges gebotene Farben werden nicht gelernt. Genau gesagt muß das Farbsignal innerhalb von etwa zwei Sekunden vor bis etwa eine halbe Sekunde nach Beginn der Futteraufnahme geboten werden, andernfalls wird es nicht mit der Belohnung assoziiert. Wenn sie ihren Rüssel bereits in die Blüte gesteckt hat, wird sie während des Saugens auf vielen Blumen auch keine Farbe mehr sehen. Man muß sich klarmachen, was die Zahlen sagen: Die Bienen benötigen nur drei kurze Sekunden eines ohne weiteres auch einmal eine Stunde dauernden Sammelfluges, um sich die Blumenfarbe einzuprägen! Experimentell läßt sich dies nachweisen, indem man während des Anfluges, Saugens und Abfluges jeweils verschiedene Farben bietet und dann beim nächsten Anflug alle drei Farben bietet. Die Biene wählt die Anflugsfarbe.

## Das Lernen von Düften und Formen

Unter den Lernsignalen nimmt der Duft vor der Farbe und der Form bezüglich der schnellen Erlernbarkeit die Spitzenstellung ein. Blumige Düfte werden nach einem einzigen Anflug schon zu siebenundneunzig bis hundert Prozent richtig gewählt[17] (siehe auch Kapitel 15), während Farben im Durchschnitt erst nach drei bis fünf Anflügen sicher (über neunzig Prozent) erkannt werden[24], und Formen gar erst nach zwanzig Anflügen, wobei in einigen Versuchen mit fünfundachtzig Prozent positiver Wahl nie das Niveau der Duft- und Farbendressur erreicht wurde[33]. Dennoch kann in Konkurrenzversuchen, bei denen alle drei Merkmalsmodalitäten gleichzeitig geboten werden, diese scheinbare Hierarchie durchbrochen werden: Wenn nämlich zum Beispiel ein Farbmerkmal in seiner relativen Wertigkeit höher steht als ein Duftmerkmal[18]. Davon später mehr. Zunächst seien die Ergebnisse der reinen Duftdressuren etwas genauer erläutert[17,18].

Die Biene lernt verschiedene Düfte unterschiedlich schnell. Blumige Düfte wie Rosmarin, Thymian und Geraniol kann sie schon nach einem einzigen Saugakt mit dreiundneunzig- bis hundertprozentiger Sicherheit von duftlosen oder anders duftenden Futterquellen unterscheiden[17]. Bei nichtblumigen Düften wird das Neunzig-Prozent-Niveau erst nach zwei oder drei Saugakten erreicht (Bromstyrol, Methylheptenon, Caprylsäure, Capronsäure, Isobornylacetat) oder aber selbst nach zehn und zwanzig Saugakten nicht. So bleibt das Maximum bei Valeriansäure und Buttersäure auch dann noch bei sechsundachtzig beziehungsweise siebenundachtzig Prozent[18].

Der gekonntere Umgang mit blumigen Düften erscheint biologisch sinnvoll. Das schnellere Erlernen von solchen Düften als von Farb- und Formsignalen ist lange mit der Kommunikation der Bienen im Stock in Verbindung gebracht worden. Dabei wird Information über den Duft der Trachtquelle weitergegeben, den die Sammlerin im Haarkleid mitbringt, nicht aber Information über Form und Farbe. Diese Erklärung leuchtet zunächst ein, ist aber nicht richtig. Zwar lernt die Biene den Duft allein durch die Mitteilung im Stock schon so perfekt, daß der Zuwachs an Wahlsicherheit durch den tatsächlichen Blütenbesuch nur noch so geringfügig zunehmen kann, daß dies statistisch nicht abzusichern ist. Dies ist nichts weniger als prospektives Lernen, nicht bloß Versuch und Irrtum. Eine erstaunliche Leistung bei einem wirbellosen Tier und eine eindrucksvolle Dokumentation der Effektivität der Kommunikation im Bienenstaat! Aber die Biene lernt den Duft auch ohne diese Mitteilung, allein durch Eigenerfahrung[17].

Das schnellere Lernen blumiger Düfte gegenüber nichtblumigen ist sehr wahrscheinlich angeboren, das heißt eine im Zentralnervensystem festgelegte Lerndisposition. Jedenfalls gibt es keine sicheren Hinweise, daß die Receptoren dafür verantwortlich zu machen seien, die auf nichtblumige Düfte keineswegs generell schwächer ansprechen (vergleiche Kapitel 15 und 16).

Die Konzentration des Duftstoffes ist wie die Intensität der Farbe ohne Einfluß auf den Lernerfolg, vorausgesetzt, sie liegt über der Wahrnehmungsschwelle. Auch das erscheint biologisch sinnvoll. Es sind nicht nur große Intensitätsschwankungen an der Blüte aufgrund von Außenbedingungen wie Wind und Temperatur zu erwarten. Auch die Duftemission kann gleich der Nektarsekretion und der Pollendarbietung eine strenge Tagesrhythmik aufweisen (Kapitel 26).

## Formen und Muster

Formen und Muster lernen Bienen vergleichsweise langsam. Große und kleine Scheiben (Durchmesser 20 mm beziehungsweise 55 mm) fliegt eine Biene nach zehn Belohnungen mit neunzigprozentiger Wahrscheinlichkeit richtig an, und die Unterscheidung vierstrahliger von vierundzwanzigstrahligen Sternfiguren gelingt nach etwa dreißig Besuchen mit zweiundneunzigprozentiger Sicherheit. Obgleich dieser Wert unabhängig davon ist, auf welchem der beiden Sterne belohnt wird, hängt der Verlauf

Der Fühler von *Hoplia farinosa*, einem Käfer, der häufiger Gast auf Blüten ist (s. Tafel 11). Die drei vergrößerten Endglieder können gespreizt werden und tragen auf den Innenflächen eine Fülle von Riechorganen (Porenplatten). Vergrößerung 22fach.

Tafel 34

◁ Tafel 34:
*Oben:* Die »Teufelskralle« *(Stapelia)*, eine Stammsukkulente aus den afrikanischen Tropengebieten, lockt Insekten mit einem penetranten Aasgeruch an, dessen Wirkung vermutlich durch die Fleischfarbe der Blüte und ihre wollige Behaarung unterstützt wird. Fliegen sammeln sich in großer Zahl auf dem vermeintlichen Aas und legen ihre Eier bevorzugt in der Mitte der Blüte ab.
*Unten:* Die Wiesenglockenblume *(Campanula patula)* gehört zu jenem häufigen Blütentyp, bei dem die Intensität des Duftes zum Blütengrund hin zunimmt. Dort wird der Nektar abgesondert. Vom Standpunkt der Biene aus ist die Wiesenglockenblume »bienenviolett«. Wegen ihres offenen Baues wird sie von vielen verschiedenen Insekten besucht und bestäubt.

Prachtbienen aus dem Hochland von Guatemala. Die grünschillernde Art ist *Exaerete smaragdina;* oben ihr Hinterbein mit der aufgetriebenen Schiene, die zu einem Duftstoffbehälter umgewandelt ist. Die andere Art unten rechts ist *Eulaema* sp.

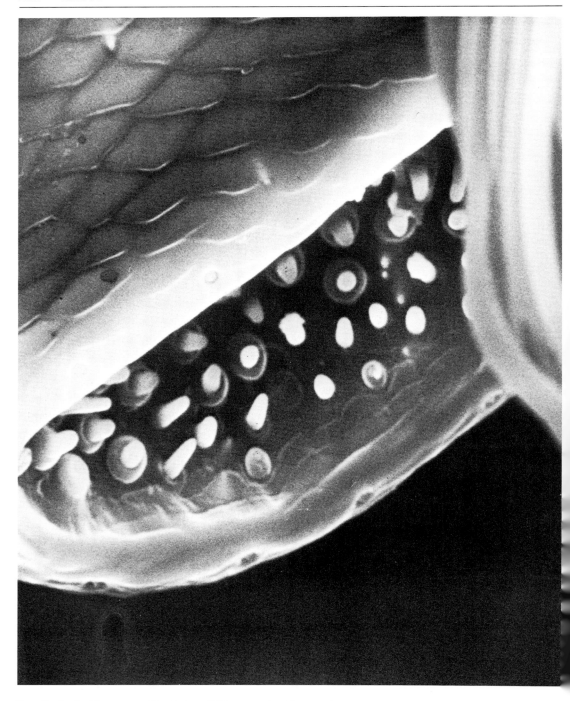

Das Ende des Tasters am Kopf eines Käfers aus der Gruppe der Schmalböcke *(Leptura)*, die auf Doldenblüten im Sommer recht häufig sind. Deutlich zu erkennen ist eine Batterie von zapfenförmigen Sinnesorganen. Vergrößerung 2350fach.

Die Fußspitze eines Beines der Schmeißfliege *(Calliphora erythrocephala)* mit verschiedenen haarförmigen Schmeck- und Tastborsten. Deutlich sind auch die Krallen zu sehen, und filigran gebaute Haftlappen darunter, die der Fliege das Laufen auf glatten und überhängenden Oberflächen ermöglichen. Vergrößerung 315fach.

Die Fliegen-Ragwurz *(Ophrys insectifera)*, der wohl bekannteste Fall einer Blüte, die am Balzverhalten eines Insektes parasitiert: Sie täuscht den Männchen von Grabwespen das Weibchen so gut vor, daß es zu einer Pseudokopulation zwischen Insekt und Blume kommt und dabei die Bestäubung vollzogen wird. Dabei spielen neben dem Geruch der Blüte ihre Form und Oberflächenstruktur eine Rolle.

Tafel 39 ▷:
Die Blüte der Hummel-Ragwurz *(Ophrys fuciflora)* in Großaufnahme zeigt die für die Ophrys-Arten typische bauchige Lippe. Sie ist samtig behaart und ihre Stabilität eine Voraussetzung für die Pseudokopulation der Insektenmännchen. Der grüne Pollenhalter am oberen Bildrand enthält zwei Pollenpakete; sie sind jeweils über einen Stiel mit Klebscheiben verbunden, die wenig unterha gut zu erkennen sind. Die Hummel-Ragwurz ist sehr vielgestaltig, und ihre vielen Unterarten sind schwer zu bestimmen.

*Oben:* Die Seerose *(Nymphaea)* demonstriert wie die Magnolie einen stammesgeschichtlich ursprünglichen Blütentyp. Sie enthält keinen Nektar, aber reichlich Pollen und wird regelmäßig von Käfern besucht.

*Unten:* Die Einbeere *(Paris quadrifolia),* wegen ihrer giftigen Frucht ganz zu Recht respektiert, hat eine merkwürdige Blüte. Allein die acht gelben schlanken Staubblätter sind an ihr bunt, allenfalls noch der braunpurpurne Fruchtknoten mit den vier fadenförmigen Narben. Die Blütenhüllblätter aber, sonst bei Insektenblumen farblich stark vom grünen Hintergrund abgesetzt (s. Tafel 1), sind hier kaum davon zu unterscheiden. Der Bestäubungsmechanismus der Einbeere ist nicht ganz klar. Nach alten Angaben soll der Fruchtknoten optisch faulendes Fleisch vortäuschen und Fliegen anlocken. Aber offenbar ist die Bestäubung durch Insekten bisher niemals direkt beobachtet worden. Um so interessanter ist es, daß die Möglichkeit der Windbestäubung experimentell nachgewiesen wurde. Ist die Einbeere sekundär zur Windbestäubung übergegangen? Dazu würde auch der wenig klebrige Pollen, das Fehlen von Nektar, und die an Gräser und Nadelbäume erinnernde farbliche Unauffälligkeit der Blüte passen. Nur der Pollen ist gelb. Er war es auch schon bei den ursprünglichen Blüten und ist es noch heute bei den windblütigen Pflanzen. Seine Farbe hat *primär* mit einer Lockwirkung nichts zu tun.

Abb. 74:
Lernkurven für die Unterscheidung verschiedener Formen bei der Honigbiene. Obere Kurve: Unterscheidung von großer und kleiner runder Scheibe;
mittlere und untere Kurve: Unterscheidung zwischen vier- und vierundzwanzigzackigem Stern; Trainingsmuster war entweder der vierundzwanzigzackige Stern (mittlere Kurve) oder der vierzackige Stern (untere Kurve).

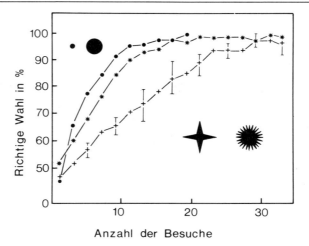

der Lernkurve davon wesentlich ab: Die Biene lernt schneller, wenn die Trainingsform der stark gegliederte vierundzwanzigstrahlige Stern ist (Abb. 74)[21].

Eigentlich ist es nicht ganz richtig, in diesem Abschnitt zum Lernen von *der* Biene (Honigbiene) zu sprechen. Es gibt genetisch fixierte Lerndispositionen, die rassenspezifisch sind, sich also etwa bei *Apis mellifera carnica* und *Apis mellifera ligustica* unterscheiden. Josta Lauer und Martin Lindauer schreiben dazu 1971: »Durch den Himmelskompaß werden beide Rassen in die nähere Umgebung des Ortes geführt. Die Carnica-Bienen können darüber hinaus noch durch charakteristische Leitlinien des Geländes eine zusätzliche Orientierungshilfe erhalten. Für Ligustica gilt letzteres nicht oder nur in geringerem Maße. Unterschiedliche Lerndispositionen spielen dann auch bei der Nahorientierung eine Rolle. Nach den ersten Lernakten werden beide Rassen durch die Gestalt des Ortes selbst an das Ziel herangeführt. Für die Carnica-Rasse verliert die Gestalt dann schnell an Attraktivität, da sie den räumlichen Bezug der Hilfsmarken, besonders wenn er übersichtlich gestaltet ist, codiert und conditioniert. Die Ligustica-Bienen haben dieses Vermögen nicht in dem Maße und sind länger an das Aussehen des Ortes gebunden, lernen aber letzten Endes genau wie die Carnica-Tiere, das Ziel aufgrund seiner Konstellation im Raum zu finden. Der Unterschied zwischen den Rassen besteht also darin: Die Carnica-Bienen codieren schon optische Marken der Umgebung von geringerer Auffälligkeit als die Ligustica-Bienen. Dadurch sind sie etwa in der Lage, den räumlichen Bezug zum Ort auszubilden und als Engramm zu speichern.«

## Umlernen als ökologische Anpassung

Es wäre um die Bestäuber schlecht bestellt, wären sie schon nach einem Lernakt für immer auf einen bestimmten Duftstoff fixiert. Die Blütenstetigkeit hat ihre Grenze da, wo das Nahrungsangebot sich ändert und im Verlaufe der Zeit andere Blüten mit anderen Duft- und Farbmerkmalen Besseres bieten. Die Bestäuber müssen dazu- und umlernen, wollen sie sich dem Angebot optimal anpassen. Ist es dabei nicht hinderlich, sich schon nach drei Belohnungen an eine Farbe mindestens zwei Wochen lang zu erinnern[24]?

Tatsächlich ist es für die Honigbiene schwerer umzulernen als neu zu lernen[8,26]. Das Umlernen auf eine neue Farbe fällt ihr leichter als das Umlernen auf einen neuen Duft. Aber diese Schwierigkeit ist wirklich nur relativ: Nach einem einzigen Lernakt für den ersten Duft, wird der zweite nach zehn Lernakten immerhin schon zu sechsundachtzig Prozent gewählt[17]. Daß die Biene bei der Dressur auf eine reine Spektralfarbe ähnliche andere Farben (Kapitel 14) mitlernt, hat zur Folge, daß nicht jede Nuance neu gelernt, beziehungsweise auf sie umgelernt werden muß[26]. Das ist ausgesprochen sinnvoll, da doch innerhalb einer Population von Blüten solche Farbabwandlungen häufig sind.

Natürlich ist es eine Frage der Überschaubarkeit, wenn man im Experiment nur entweder mit der Farbe oder dem Duft oder einem optischen Muster arbeitet. Blumen jedoch sind alles zugleich. Zudem sind die Öffnungszeit der Blüte und die Nektar- und Duftausscheidung nicht nur eine Funktion der Jahreszeit, sondern auch der Tageszeit. So kann es auch nicht verwundern, daß Honigbienen in Anpassung hieran mehrere in komplexen Versuchssituationen gleichzeitig gebotene Merkmale miteinander assoziieren. Das äußert sich darin, daß sie am besten bei ungestörter Merkmalskonfiguration lernen, aber eines von zwei offensichtlich als Einheit gelernten Zeichen nicht mehr oder nur noch schlecht zur Orientierung verwenden können, wenn sich das andere verändert hat. Das gilt besonders für das Merkmalspaar »Zeit« und »Farbe« und für das Merkmalspaar »Farbe« und »Duft«, weniger für die Konfiguration »Zeit« und »Duft«. Eine Blume, die täglich die Zeit der Nektarabsonderung und ihre Farbe ändern würde, ist für eine Biene etwas Unsinniges, auch wenn zum Beispiel der Duft unverändert bliebe.

Die ökologische Interpretation leuchtet unmittelbar ein. Die Sammeltätigkeit der Arbeiterin wird von einem Zeitsignal ausgelöst. Die Biene verläßt zu einer bestimmten Zeit den Stock und sucht nach Blumen. Dabei ist für die Fernorientierung die Farbe besonders wichtig, für die Nahorientierung der Duft (Kapitel 18). Farbe ist somit gewissermaßen dem Zeitsignal näher als der Duft.

In unmittelbarer Nähe oder auf der Blüte selbst gewährleistet die enge Verknüpfung von Farbe und Duft die Kontinuität der Orientierung[2].

## Kurzzeitgedächtnis und Langzeitgedächtnis

All das ist schon erstaunlich genug, wenn man bedenkt, daß wir es mit Insekten zu tun haben. Noch aufregender mag es erscheinen, daß offenbar sogar im Mechanismus der Informationsabspeicherung und der Gedächtnisbildung Ähnlichkeiten zu den Wirbeltieren bestehen.

Imker wissen seit jeher, daß Bienen ein lange anhaltendes Gedächtnis haben. Nach Schlechtwetterzeiten fliegen sie erneut zur alten Futterstelle, und wenn man den Stock verstellt, so fliegen die Sammelbienen fast zwei Wochen lang zuerst zum alten Standort zurück. Eine Rekordmeldung stammt von dem berühmten Bienenforscher Martin Lindauer[21]. Er konnte Bienen nach einhundertdreiundsiebzigtägiger Winterpause an der zuletzt im Herbst besuchten Futterstelle beobachten.

Bei den Wirbeltieren kennt man zwei Sorten von Gedächtnis: das Langzeitgedächtnis und das Kurzzeitgedächtnis. Wir erleben dies täglich an uns selbst. Eine nur einmal gehörte neue Telefonnummer haben wir nach dem Anwählen, spätestens nach wenigen Minuten schon wieder vergessen. Unseren Namen aber oder unsere eigene Telefonnummer oder den Nachhauseweg haben wir so oft wiederholt, daß sie schier unvergeßlich erscheinen. Sie sind auf Dauer im Gedächtnis eingespeichert. Der Übergang des Gemerkten vom Kurzzeit- in den Langzeitspeicher benötigt eine gewisse Zeit. Man kann ihn durch Unterkühlung, Elektroschock, $CO_2$-Narkose und auch mechanische Gewalteinwirkung beeinträchtigen. Deshalb erinnern sich Unfallpatienten mit Gehirnerschütterung gerade an die Augenblicke vor dem Unfall und den Unfall selbst nicht, während bereits im Langzeitspeicher befindliche Information davon nicht oder weit weniger betroffen ist. Die Fixierung von Information im Langzeitgedächtnis wiederum kann durch Pharmaka gestört werden, welche die Proteinsynthese stören. Antibiotika wie Puromycin sind solche Substanzen.

Man hat Mäusen Puromycin ins Gehirn injiziert; sie konnten daraufhin Neues nicht mehr lernen, obgleich zuvor Gelerntes unbeeinflußt blieb.

Das Interessante sind nun die Ähnlichkeiten zum Bienengehirn. Auch bei der Biene fand man ein Langzeit- und ein Kurzzeitgedächtnis. Man testet bei der Biene das Anhalten der Erinnerung dadurch, daß man die Häufigkeit der Richtigwahlen zu verschiedenen Zeitpunkten nach der letzten Belohnung prüft. Ihre Gedächtnisleistung nimmt in den ersten Stunden zu, erst dann langsam, aber stetig ab. Das ist auch bei den Wirbeltieren so und wie bei ihnen wird dieser Befund mit der Konsolidierungsphase des Gedächtnisses in Beziehung gebracht und mit dem Übergang vom Kurzzeit- zum Langzeitgedächtnis. Auch bei den Bienen ist diese Phase sehr anfällig gegen Elektroschock, $CO_2$-Narkose und Abkühlung des Gehirns: Sie alle unterbrechen die Erinnerung an Gelerntes[27].

Voraussetzung für die Wirksamkeit solcher Eingriffe ist nun, daß sie kurz nach der letzten Belohnung erfolgen – sieben Minuten danach schon sind sie bei der Biene ohne Effekt.

Man hat inzwischen sogar gute experimentelle Anhaltspunkte dafür, daß die beiden sogenannten Pilzkörper im Insektengehirn mit der Gedächtnisleistung etwas zu tun haben (Abb. 75). Diese pilzförmigen Gehirngebiete werden mit den höheren, den »intelligenten« Leistungen der Insekten in Verbindung gebracht. Sie sind gerade bei den »intelligenten« sozialen Insekten wie Bienen, Ameisen und Hummeln besonders stark ausgebildet. Mit einer Mikrosonde lassen sich Teile der Pilzkörper, die sogenannten α-Loben, selektiv auf null Grad C kühlen. Die Rüsselstreckreaktion (siehe Kapitel 15), vorher schon nach einmaliger Assoziierung von Duft und Belohnung durch den Duft allein auslösbar, sinkt von etwa fünfundsiebzig Prozent Antworten auf den Geruch bis auf dreiundzwanzig ab, wenn die α-Loben eine Minute nach der Belohnung für etwa eine Minute auf null Grad C gekühlt werden. Erfolgt das Kühlen sechs Minuten danach, so bleibt die Auslösbarkeit der Rüsselstreckreaktion unverändert[23,27].

Das Kurzzeitgedächtnis ist nicht bloß eine unvermeidliche Vorstufe zum Langzeitgedächtnis. Biologisch erscheint es auch deshalb sinnvoll, weil es den anpassungsfähigen Umgang mit neuer Information und die jeweils erforderliche Abänderung schon gespeicherter Information ermöglicht. Diese Fähigkeit ist gerade für das hochorganisierte Sozialwesen Honigbiene wichtig. Die koordinierte Zusammenarbeit von Zehntausenden von Individuen sorgt für eine weitgehende Unabhängigkeit von Außenfaktoren. Futtervorräte und konstant hohe Stocktemperatur auch bei frostigem Wetter, erlauben es, die ganze Sammelsaison hindurch immer neue Arbeitsbienen großzuziehen. Während dieser langen Zeit von mehreren Monaten ändert sich die Speisekarte laufend. Eine starre genetisch fixierte Festlegung der Bienen auf eine oder wenige Blütenarten wäre ausgesprochen unzweckmäßig. Vielmehr müssen sie sich dem stets neuen Angebot anpassen können.

Von den etwa zwanzigtausend Bienenarten lebt allerdings die Mehrzahl solitär. Hier liegt der Fall anders. Ihr kurzes Erwachsenenleben, auf sich allein gestellt, fällt in eine genau »vorhersehbare« Jahreszeit mit ebenso »vorhersehbarem« Futterangebot. Es kommt zur räumlichen und zeitlichen Bindung der Art an nur wenige oder sogar nur eine Blütenart. Die starre, aber präzise Beschränkung auf sie ist unter solchen Umständen offenbar der bessere Weg, um in der kurzen verfügbaren Zeit rasch genügend

25 Lernen und Vergessen   221

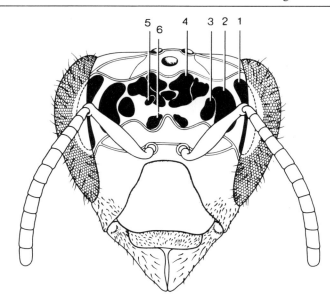

Abb. 75:
Das Gehirn der Honigbiene enthält rund 850000 Nervenzellen und ist ein Kubikmillimeter groß. Es ist hier schwarz eingezeichnet. Hinter den Augen liegen jeweils drei Gebiete (*1* Lamina, *2* Medulla, *3* Lobula), die vor allem optische Information verarbeiten. In der Mitte sind die sogenannten Pilzkörper *(4)* zu erkennen, von denen ein Abschnitt der Alpha-Lappen *(5)* ist. Die von den Sinnesorganen der Antennen kommenden Signale werden zunächst in den Antennen-Lappen *(6)* verarbeitet.

Energie zur Sicherung der Nachkommenschaft zu gewinnen[12,5,22]. Jedenfalls nimmt die Lernfähigkeit der Honigbiene eine Sonderstellung ein und übertrifft alles, was von anderen Insekten wie etwa Fliegen[29,31] dazu bekannt ist. Aristoteles schreibt in seiner Tierkunde vor über zweitausend Jahren: »Bei jedem einzelnen Ausflug setzt sich die Biene nie auf artverschiedene, sondern nur artgleiche Blüten, fliegt zum Beispiel von Veilchen zu Veilchen und rührt keine andere an, bis sie in den Stock zurückgeflogen ist.« Wie lange hat es gedauert, bis man darangehen konnte, nach den physiologischen Mechanismen zu fragen, die der Blütenstetigkeit zugrunde liegen!

# 26 Ordnung in der Zeit – Pünktlichkeit ist der halbe Erfolg

> Das Bienen werckelt sich also: Am tage sitzen sie vor den Loechern / als ob sie zu felde auff der Schildwache legen / des nachts ruhen sie biß der liebe schoene tag einbrechen wil / und eine auß ihnen die andern alle mit zweien oder dreien gedoesen / gleich wie mit einer Drommeten / ermuntert unnd auffgewecket. Als denn so fliegen sie alle herauß / ist es anders sache / daß ein schoener stiller tage werden solle / denn sie schmecken den raegen / und wind vorne hin / un alßdenn begeben sie sich nicht auß ihrem vorteil.
>
> *Gaius Plinius Secundus (23–79) »Naturalis historiae libri«, deutsche Ausgabe von 1565*

## Die Blumenuhr des Carl von Linné

Viele Blumen öffnen und schließen sich zu einer ganz bestimmten Tageszeit. Schon Carl von Linné (1707–1778), schwedischer Arzt und Botaniker, führender Systematiker seiner Zeit und Erfinder einer konsequenten wissenschaftlichen Namengebung, hat daraus eine Blumenuhr gemacht. So angeordnet, daß sie wie bei einer Uhr nacheinander erblühen, zeigen uns die verschiedenen Blumenarten die Stunde an.

Da gibt es ausgesprochene Frühblüher, aber auch Spätaufsteher und notorische Nachtlichter. So hat Linné gefunden, daß etwa der Wiesenbocksbart *(Tragopogon pratensis)* seine Blüten schon in den ersten Morgenstunden zwischen drei und fünf Uhr öffnet. Um zehn Uhr sind sie wieder geschlossen. Der gemeine Löwenzahn *(Taraxacum officinale)* ist zwischen acht und zehn Uhr an der Reihe; und zu den ausgesprochenen Spätaufstehern gehören der Trauerstorchschnabel *(Geranium triste)* und die zu Recht so benannte Nächtliche Silene *(Silene noctiflora)*. Ihr Erblühen zeigt dem aufmerksamen Beobachter die achtzehnte beziehungsweise einundzwanzigste Tagesstunde an. Das berühmteste Nachtlicht aber kommt aus Mittelamerika: die Königin der Nacht *(Selenicereus grandiflorus)*, ein schlanker kletternder Kaktus. Ihre prachtvollen Blütenkelche messen bis zu zwanzig Zentimeter im Durchmesser. Um Mitternacht sind sie voll entfaltet; aber dem Glanz der Nacht folgt das rasche Welken am Morgen.

Spätere Forscher haben die Blumenuhr Linnés bestätigt. Vor rund hundert Jahren schon hat der österreichische Botanikprofessor Anton Kerner, Ritter von Merilaun, festgestellt, daß die Uhr in Innsbruck der von Linné mit den gleichen Arten in Uppsala aufgestellten um zwei Stunden vorauseilt. Der Grund? In Innsbruck geht die Sonne zwei Stunden eher auf; für die Blumen ist sie ein wichtiger Zeitgeber.

Die Blütenbesucher bleiben von diesem Phänomen nicht unberührt. Wir müssen davon ausgehen, daß ihr Verhalten im Sinne einer für sie vorteilhaften Ökonomie den Umweltbedingungen angepaßt ist. Mit all den erstaunlichen Leistungen ihres sinnesphysiologischen Rüstzeuges und ihre Lernfähigkeiten werden sie wohl Wege finden, ihren Lebensmittelladen zumindest bevorzugt zu dessen Öffnungszeit anzufliegen. In der Tat werden Bienen von den Blüten auf diese Öffnungszeiten dressiert. Aber auch ohne eigentliches Lernen wird eine Synchronisation der Sammelaktivität der Bestäuber häufig dadurch erreicht, daß die Blüten neben dem Schauapparat auch den Duft nur zu bestimmten Tageszeiten als Lockmittel einsetzen. Der betörend intensive Duft der Königin der Nacht ist ein Beispiel; er weist den Nachtschmetterlingen den Weg. Auch einheimische Blumen machen so etwas: der Türkenbund *(Lilium martagon)* (Tafel 19), die Nachtkerze *(Oenothera biennis),* die Kuckucksblume *(Platanthera bifolia),* das Nickende Leimkraut *(Silene nutans)* und viele andere duften erst – oder zumindest verstärkt – am Abend. Andere duften zu anderen Zeiten.

Noch interessanter ist freilich, daß das Futterangebot selbst häufig einer täglichen Periodizität unterworfen ist. Sowohl die Menge – als Richtwerte gelten ein bis fünf Milligramm pro Blüte und Tag – als auch die Güte des Nektars, gemessen als Zuckergehalt, können im Verlauf eines Tages erheblich schwanken[4,8]. Dabei kann der meiste Nektar gleichzeitig der süßeste sein. In anderen Fällen bleibt die Qualität den ganzen Tag über konstant, aber die Menge geht durch ein oder mehrere Maxima und schließlich kann auch die angebotene Menge konstant sein, aber die Qualität variieren. Zumeist wird der beste Nektar um die Mittagszeit ausgeschieden, auch bei denjenigen Blüten, die morgens und abends am meisten davon sezernieren. Ganz allgemein wird der Nektar süßer, wenn die Sonne scheint, die Temperatur zu- und die Luftfeuchtigkeit abnimmt. Nachdem er ausgeschieden worden ist, dickt er unter diesen Umständen ein. Im einzelnen ist das Zusammenspiel zwischen der Nektarproduktion und der Nektarveränderung durch Umweltfaktoren weder ganz einfach, noch einheitlich. Mit Sicherheit beeinflussen Außenfaktoren den Nektar nicht nur nach seiner Sekretion, sondern auch diese Sekretion selbst[6]. Für unseren Zusammenhang reicht es aus festzustellen, daß die genannten Schwankungen existieren und sehr oft gesetzmäßig über den Tag verteilt auftreten. Dasselbe gilt auch für den Pollen[8], der häufig zwar frühmorgens reichlich zur Verfügung steht, später dagegen überhaupt nicht mehr. So ist das zum Beispiel beim Klatschmohn *(Papaver rhoeas)* (Tafel 2) und der Großen Königskerze *(Verbascum thapsiforme)*.

## Der Zeitsinn der Honigbiene

Die Honigbiene hat einen echten Zeitsinn. Ingeborg Beling, die Pionierin seiner genaueren Erforschung, erinnerte sich in einem Aufsatz, den sie ihrem Lehrer Karl von Frisch zum achtzigsten Geburtstag widmete[18], an ihre siebenunddreißig Jahre zuvor[3] angestellten aufregenden Versuche: »Ich hatte meine Bienen an einem Futtertisch im Freien täglich von sechzehn bis achtzehn Uhr gefüttert; nach drei Wochen blieb das Futterschälchen leer, aber ich beobachtete von frühmorgens bis spätabends die Futterstelle. Es war kaum zu glauben: Nur zur andressierten Futterstunde hielten meine markierten Sammelbienen Nachschau; sie mußten sich also die Futterzeit gemerkt haben; sie wußten genau, wieviel Uhr es war. Die Dressurzeit konnte in eine beliebige Tagesstunde gelegt werden, immer blieb das Ergebnis gleich. Sogar eine Dressur auf zwei Dressurzeiten gelang.« Später waren sogar Drei- und Fünfzeitendressuren erfolgreich und der Versuch gelang selbst in einem künstlichen Flugraum mit konstanten Außenbedingungen und, wenn es sein sollte, auch nachts.

Schon bald nach dieser ersten erstaunlichen Entdeckung war die Frage beantwortet, ob Bienen sich auch die Zeit erhöhter Nektarqualität einprägen können[19]. Sie können es und erscheinen zudem zur richtigen Zeit an verschiedenen Orten, wenn die Dressur dieses Kunststück verlangt.

Die Biene kann also, was sie können muß, um mit dem Nahrungsangebot ökonomisch umzugehen. Tatsächlich erspart sie sich auch unter natürlichen Bedingungen unrentable Flüge. Die Anpassung an das tageszeitlich schwankende Angebot von Nektar und Pollen ist leicht daran zu erkennen, daß an verschiedenen Blumen zu verschiedenen Tagesstunden Bienenhochbetrieb herrscht[8]. Ihre arbeitsfreie Zeit verbringen die Sammlerinnen in einer ruhigen Ecke des Stockes, aus der sie erst wieder hervorkommen, wenn ihr Blumenladen geöffnet hat[11], auch dann, wenn die Witterung einem Flug schon längst günstig gewesen wäre.

Eine bemerkenswerte Einschränkung erfährt der Zeitsinn der Bienen durch seine Bindung an den Vierundzwanzig-Stunden-Rhythmus. Auch nach wochenlangem Training gelingt es nicht, die Bienen etwa alle acht, neunzehn oder achtundvierzig Stunden zum Besuch einer Futterquelle zu veranlassen. Ein solch unnatürlicher Rhythmus ist nicht eingeplant und dies schadet auch nicht, weil die Blumenuhr ebenfalls im Vierundzwanzig-Stunden-Rhythmus läuft.

## Von Paris nach New York und von Long Island nach Davis

Noch verstehen wir fast nichts von den Mechanismen der Uhr, die diesem Zeitsinn zugrunde liegt. Dennoch lohnt es, einige Details zu ihrer Leistung aus der jüngeren Forschung zu berichten.

Zunächst ging es eine ganze Weile um die Frage, ob die »innere Uhr« trotz ihrer Bindung an den Vierundzwanzig-Stunden-Rhythmus unabhängig von Außenfaktoren funktioniert, also wirklich endogen ist, von innen gesteuert wird. Schlüsselexperimente hierzu waren die Versuche von Maximilian Renner vom Zoologischen Institut der Universität München; auch er ein ehemaliger Schüler Karl von Frischs[14,15,17]. Der Grundgedanke ist einfach: Von außen gesteuerte Periodizitäten hängen mit der Drehung der Erde zusammen, also mit Faktoren, die an Stellen unterschiedlicher geographischer Länge zeitverschoben auftreten, nämlich zur jeweiligen Lokalzeit. Dressiert man Bienen in Paris auf die Zeit zwischen 8.15 und 10.15 Uhr und testet sie am nächsten Morgen nach einem Nachtflug über den Atlantik in New York, dann kommen sie um 15 Uhr ostamerikanischer Tageszeit zum Futterschälchen. Das ist genau vierundzwanzig Stunden nach dem letzten Füttern in Paris. Da dieses Experiment in geschlossenen Räumen bei konstanten Temperatur- und Lichtverhältnissen stattfand, zeigt es eindeutig: Die innere Uhr funktioniert ohne den Einfluß von Außenfaktoren, die sich wie der Hell-Dunkel-Wechsel und eine ganze Reihe von geophysikalischen Faktoren im Tagesrhythmus ändern. Aber könnten der Sonnenstand und der Tag-Nacht-Wechsel unter natürlichen Bedingungen nicht doch die Bienenuhr beeinflussen?

In der Tat ist die Sache bei genauem Hinsehen komplizierter, als sie zunächst aussah. Maximilian Renner hat 1955 ein zweites Versetzungsexperiment durchgeführt. Dazu dressierte er Bienen im Freien auf einem großen Getreidefeld auf Long Island achtzig Kilometer nordöstlich von New York und testete sie dann nach dem nächtlichen Flug über den Kontinent, genau um achtundvierzig Längengrade versetzt auf einem Sturzacker im Sakramento-Tal bei Davis, achtzig Kilometer nordöstlich von San Francisco. Jetzt zeigte die Suchaktivität der Bienen am Futterplatz ganz klar zwei Maxima: das erste fünfundvierzig Minuten vor dem erwarteten Vierundzwanzig-Stunden-Termin (eine solche Abweichung ist normal; sie kommt auch ohne Versetzung vor), das zweite eineinhalb Stunden nach dem ersten. Nach drei Tagen schon hatte das zweite Maximum die dreiviertelstündige Ortszeitdifferenz zwischen dem Trainingsplatz an der Ostküste und dem Versuchsplatz in Kalifornien perfekt aufgeholt. Also sind am Zeitsinn der Biene auch exogene Faktoren beteiligt, die zwar normalerweise mit den endogenen synchronisiert sind, aber dennoch wichtig sein können, wenn es um die Feinanpassung an die Lokalzeit der Blumenuhr geht. In Laborversuchen konnte diese Anpassungsfähigkeit später dann auch noch genauer gezeigt werden. Bienen benötigen drei Tage, um sich einem künstlich um dreieinhalb Stunden verschobenen Tag-Nacht-Wechsel anzupassen[1,2]. Ganz genauso im Sinne eines exogen und eines endogen beeinflußbaren Teilmechanismus ist die Dissoziation der inneren Uhr durch Kohlendioxyd-Narkose zu verstehen[12]. Zeitdressierte Bienen kommen nach tiefer Kohlendioxyd-Narkose im Test sowohl zur Dressurzeit als auch zu der um die Narkosedauer verschobenen Zeit.

## Der soziale Zeitgeber im Bienenvolk und zeitgekoppeltes Lernen

Damit noch nicht genug. Neben der endogenen Rhythmik, die im ganzen Tier- und Pflanzenreich weiteste Verbreitung hat, und der ebenso weitverbreiteten Bedeutung von exogenen Zeitgebern wie vor allem dem Tag-Nacht-Wechsel kommt bei der Honigbiene ein spezieller dritter Aspekt hinzu, der ihren Zeitsinn charakterisiert: der soziale Zeitgeber[13]. Die Sammelbienen prägen ihrem Volk die Zeit ihrer größten Aktivität auf. Am nächsten Tag empfangen sie das Signal von ihm zurück. Setzt man zeitdressierte narkotisierte Sammelbienen in ein fremdes Volk mit anderer Sammelzeit, dann geht ihre Sammelaktivität am nächsten Tag prompt durch drei Maxima: zur eigenen Dressurzeit, zu der um die Narkosedauer verschobenen Zeit und schließlich zu der Sammelzeit des Gastvolkes.

Wenn die Honigbiene immer zur gleichen Tageszeit die gleiche Blütenart besucht, die gerade dann besonders viel oder besonders hochwertiges Futter anbietet, dann zeigt sie, daß sie zeitgekoppelt lernt. Diese Zeitkoppelung stellt sich heute als ein Grundelement des Lernens und Erinnerns der Honigbiene dar. Ihre Bedeutung ist biologisch ohne weiteres einsichtig. Dennoch versetzt es uns in Erstaunen, wenn sich etwa zeigt, daß Bienen im Experiment neunmal an einem einzigen Tag zur richtigen Zeit den richtigen Duft auswählen, auf den sie am vorausgegangenen Tag neunmal für die Dauer von nur je drei Sammelflügen dressiert wurden und daß sie zwei Zeitpunkte unterscheiden, die nur zwanzig Minuten Abstand voneinander haben. Solche Befunde betreffen nicht nur Düfte, sondern auch Farben[9], was die allgemeine Bedeutung des zeitgekoppelten Lernens unterstreicht.

Auguste Forel, der große Schweizer Psychiater und Entomologe (1848–1931), Professor in Zürich, hätte seine Freude an diesen Experimenten gehabt. In großer Ausführlichkeit beschreibt er in seinem Buch über »Das Sinnesleben der Insekten« (1910) seine Sommermahlzeiten im Freien: »Seit mehreren Jahren nehmen wir unsere Mahlzeiten (in Chigny, wo ich bis 1907 wohnte) im Sommer im Freien auf einer Veranda ein. Des Morgens, also zwischen sieben Uhr dreißig und neun Uhr dreißig standen dabei Konfitüren auf dem Tisch, denn, da die Kinder frühzeitig zur Schule gingen, die Erwachsenen aber gelegentlich spät aufstanden, so stellte das Frühstück eine dehnbare Mahlzeit dar.« Sie bot dem immer forschenden Geist Forels genügend Möglichkeiten zu wichtigen Beobachtungen. Eines Tages haben die Bienen die Konfitüren entdeckt und kommen jeweils zur Frühstückszeit in großen Scharen, auch dann noch, wenn der Professor Anweisung gegeben hatte, »den Tisch wie sonst auf der Veranda zu decken, jedoch keine Konfitüren darauf zu stellen«. Auguste Forel hat am 18. Juli 1906 um acht Uhr den Zeitsinn der Bienen beim Frühstück im Freien entdeckt und bewiesen. Sein Experiment endete auf recht unwissenschaftliche Weise: »Aus Sympathie mit den Bienen stellte ihnen meine Frau Zuckerwasser und Konfitüren zur Verfügung; infolgedessen gaben sie es bald auf, nur zu den Zeiten unserer Imbisse zu erscheinen, und das Experiment war dadurch verdorben.«

## Sequentielles Blühen

Betrachten wir die Geschichte zum Abschluß noch einmal kurz von der Seite der Pflanzen. Teilen verschiedene Arten denselben Lebensraum, dann konkurrieren sie um die Bestäuber. Neben all den Unterschieden in Form, Farben und Duft haben sich in diesem Wettstreit oftmals charakteristische Aufeinanderfolgen von Blühzeiten entwickelt, nicht nur Unterschiede in der Tageszeit, zu der sich Blüten öffnen und Nahrung spenden, sondern jahreszeitliche Unterschiede des Blühtermins. So gehen sich Konkurrenten, welche die gleichen Bestäuber haben, aus dem Wege.

Mehr noch: Ist das Blütenangebot für die Insekten knapp, dann kann die sequentielle Blütenbildung bedeuten, daß Bestäuber insgesamt wegen des anhaltenden Futterangebotes über längere Zeit verfügbar sind, daß sie erst dann überhaupt – wie etwa die Hummeln – zur Koloniebildung und zur Geschlechtsreife kommen. So gesehen wären sich diese Pflanzen nicht nur gegenseitige Konkurrenz, sondern zugleich gegenseitige Hilfe bei der Verköstigung der gemeinsamen Bestäuber[20].

# 27 Die Sprache der Bienen und ihr sinnesphysiologisches Instrumentarium

Es gibt keine Verständigungsform im gesamten Tierreich, die auch nur annähernd dem Bienentanz gleichgestellt werden könnte.

*Martin Lindauer »Verständigung im Bienenstaat«, 1975*

Stellt man ein Schälchen mit Zuckerwasser vor einen Bienenstock, dann dauert es mitunter Stunden, bis es entdeckt wird. Ist es aber einmal von einer Kundschafterin ausgemacht, dann spielt sich ein faszinierendes Schauspiel ab. In kürzester Zeit drängt sich eine stattliche Sammelschar am Futter. Ganz offenbar hat der gute Tip die Runde gemacht. Dahinter steckt die »Sprache« der Bienen.

Kaum eine andere Fähigkeit trägt zu der Sonderstellung des Menschen unter allen Lebewesen so sehr bei, wie die, sich durch Sprache zu artikulieren und Sprache zu verstehen. »Im Anfang war das Wort, und das Wort war bei Gott, und Gott war das Wort.« Für den Evangelisten Johannes ist Sprache göttlich, folglich der Mensch gerade wegen seiner Sprache in seinem ureigensten besonderen Sinne menschlich. Für viele Linguisten sind noch heute »menschlich« und »sprachbegabt« geradezu synonyme Begriffe. In der Tat gibt es in der Tierwelt nichts, was dieser Fähigkeit gleichkäme. Nirgendwo sonst gibt es einen solchen Reichtum an Signalen und deren so vollständige Loslösung von den Bedürfnissen des Augenblicks. Menschliche Sprache ist schier unvorstellbar produktiv, weil sie in einem hohen Maß frei über Wörter verfügt, neue schöpft, alte umfunktioniert, ein offenes System von Symbolen ist. Allein die Stellung eines Wortes im Satz oder gar nur seine Intonation kann seine Bedeutung ändern. Auch Schimpansen, unsere nächsten Verwandten, sind von solchen Fähigkeiten weit entfernt.

Sollte es bei wirbellosen Tieren wirklich etwas geben, was den Namen »Sprache« verdient? Die Tanzsprache der Bienen ist heute, fast vierzig Jahre nach ihrer ersten Entzifferung, ein Klassiker der Biologie. Und wenn auch von Anbeginn niemand die Sonderstellung der menschlichen Sprache in Zweifel ziehen wollte, so war doch von Anfang an klar, daß hier ein Verständigungssystem vorliegt, das einige im Tierreich, zumal bei wirbellosen Tieren, ungewöhnliche Züge aufweist: Es ist eine Sprache

27 Die Sprache der Bienen und ihr sinnesphysiologisches Instrumentarium    229

kodierter Gesten; ihre Elemente sind Signale, mit denen nicht nur angezeigt wird, daß es Futter gibt, sondern auch, wie gut es ist und in welcher Richtung und Entfernung es sich befindet. Signale, die sowohl orts- als auch zeitunabhängig vom signalisierten Gegenstand eingesetzt werden und die sich dazuhin auf verschiedene Gegenstände beziehen können, also nicht nur auf Futter.

## Rundtanz und Schwänzeltanz

Kehrt die Entdeckerin des Futterschälchens in den Stock zurück, dann verteilt sie den mitgebrachten Nektar an wartende Stockgenossinnen. Viele davon sind Jungtiere, die ihn zu Honig weiterverarbeiten, jedoch selbst noch nicht ausfliegen. Die älteren Bienen aber nehmen nicht nur Kostproben des mitgebrachten Nektars auf, sondern folgen dem Tanz der erfolgreichen Sammlerin eifrig nach. Ja, die heimgekehrte Biene tanzt!

War das Futterschälchen oder die Blumenwiese nur zehn oder fünfzehn Meter entfernt, führt sie auf der Wabe einen Rundtanz auf. Sie läuft enge Kreise und ändert dabei durch plötzliche Kehrtwendungen ihre Richtung (Abb. 76). Andere Bienen folgen der Tänzerin dicht auf und halten engen Kontakt mit den Fühlern. Der mitgebrachte Futterduft und der hautnah abgefühlte Tanz alarmieren sie.

Nun gibt es zwei Möglichkeiten den Bienentanz zu deuten: Gehören die Nachfolgerinnen zu einer alten Sammelschar, so

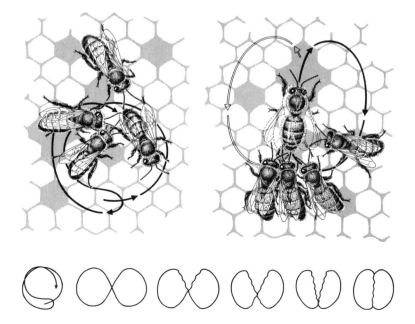

Abb. 76:
Der Tanz der Bienen. Links der Rundtanz und rechts der Schwänzeltanz. Darunter schematisch einige Übergangsformen.

zeigt ihnen die Tänzerin an dem mitgebrachten, ausgezeichnet im Bienenpelz haftenden Blütenduft, daß ihre alte Futterquelle wieder einen Besuch wert ist. Eine anders duftende Tänzerin ist für sie uninteressant. Kommt die Nachläuferin selber von der Futterquelle zurück, dann tanzt auch sie. Oft schon nach Minuten erscheint die lawinenartig gewachsene Sammelschar am Futterplatz.

Und die zweite Möglichkeit: Die Nachfolgerinnen sind Neulinge, die nie an der von der tanzenden Biene besuchten Futterquelle waren. Auch sie werden alarmiert, fliegen aus und suchen in der nahen Umgebung des Stockes in allen Richtungen nach dem Duft, den die Tänzerin von ihrem Blütenbesuch mitgebracht hatte (vergleiche Kapitel 18). So wird die alte Sammelschar in Kürze erheblich vergrößert. Je mehr Futter gefunden wurde und je besser es ist, desto länger und heftiger sind die Tänze und desto effektiver ist die Rekrutierung der Sammelbienen. Und wenn das Angebot wieder schlechter wird, dann wird auch die Werbung dafür immer spärlicher und schließlich ganz eingestellt. Dann bleiben zuerst die Neulinge aus und schließlich hört auch die alte Sammelschar zu sammeln auf.

Noch raffinierter sind die Schwänzeltänze. Sie werden aufgeführt, wenn das Futter weiter vom Stock entfernt ist. Bei der in Deutschland häufigsten Honigbienenrasse *(Apis mellifera carnica)* heißt das rund fünfundachtzig Meter und mehr. Die fündigen Sammlerinnen tanzen wiederum an den senkrechten Waben im Dunkeln des Stockes. Diesmal aber laufen sie nicht Kreise, sondern liegende Achter (Abb. 76). Beim Durchlaufen des mittleren geraden Teils schwänzeln sie: Ihr Körper bewegt sich rhythmisch zur Seite hin und her, so als würde er sich um eine kurz vor dem Kopf gelegene Achse drehen. Sie schwänzeln etwa fünfzehnmal pro Sekunde. Anders als der Rundtanz unterrichtet der Schwänzeltanz die Nachläuferinnen nicht nur über die Existenz einer lohnenden Futterquelle sowie ihre Ergiebigkeit (wenn wir einmal vom Duft der Futterquelle absehen), sie erfahren durch ihn zusätzlich, in welche Richtung und wie weit sie fliegen müssen.

Zuerst zur Richtung. Der Winkel zwischen der Senkrechten und dem geraden Schwänzelteil des Tanzes gibt den Winkel an zwischen der Sonne (dem Azimuth, nicht ihrer Höhe über dem Horizont; Abb. 77) und der Flugrichtung vom Stock zum Futter. Wenn die Tänzerin zum Beispiel so geflogen ist, daß ihre Flugrichtung zum Futter einen Winkel von sechzig Grad einnahm und dabei die Sonne rechts von ihr stand, dann wird der Schwänzellauf auf der senkrechten Wabe nach der Rückkehr um sechzig Grad nach links zur Lotrechten geneigt sein. Bei allen anderen Winkeln passiert Entsprechendes. Läuft sie während des Schwänzelns genau nach oben, so heißt das: »zur Futtersuche in Richtung Sonne fliegen«, läuft sie genau nach unten, so heißt das: »von der Sonne weg fliegen, der Stock steht zwischen Sonne und

## 27 Die Sprache der Bienen und ihr sinnesphysiologisches Instrumentarium

Abb. 77:
Die Richtungsweisung beim Schwänzeltanz. Der Winkel zwischen Bienenstock, Sonne und Futterstelle erscheint beim Tanz auf der senkrechten Wabe im dunklen Stock als Abweichung vom Lot. Steht der Bienenstock zwischen Sonne und Futter, dann läuft die Tänzerin beim Schwänzeln nach unten, steht das Futter zwischen Bienenstock und Sonne, dann schwänzelt sie nach oben.

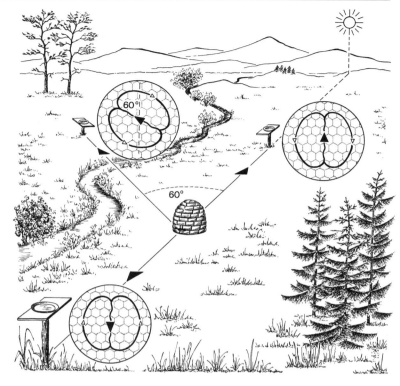

Futter« (Abb. 77). Neulinge, die nie zuvor an der angezeigten Stelle waren, verstehen die Botschaft. Sie gelangen ohne Führung durch andere Bienen ans Ziel. Sie werden vielmehr dorthin geschickt und kommen selbst dann noch an, wenn sie kilometerweit fliegen müssen.

Es hat in jüngster Zeit eine heftige Kontroverse über die Signifikanz des Bienentanzes gegeben. Für den Spezialisten ist sie sehr aufschlußreich[10,11]. Da am Ende aber alles Wesentliche doch beim alten blieb, brauchen wir hier nicht darauf einzugehen.

Karl von Frisch, von dem in diesem Buch schon oft die Rede war, hat 1965 ein umfangreiches Werk mit dem Titel »Tanzsprache und Orientierung der Bienen« geschrieben. Es ist die Zusammenfassung der Lebensarbeit eines genialen Naturforschers und Experimentators, der es neben aller strengen Wissenschaftlichkeit auch noch versteht, die kompliziertesten Dinge einfach darzustellen. Und es ist das Fazit aus all den Beiträgen, die fast fünfzig Doktoranden und zum Teil inzwischen selbst weithin bekannte Mitarbeiter im Verlauf von rund vierzig Jahren den ersten Entdeckungen Stück für Stück zugefügt haben. Dieses Buch ist eine schier unerschöpfliche Fundgrube; ein lebendiges Kompendium unzähliger meisterlich und geduldig zusammengetragener experimenteller Befunde. Wir können hier nur einen winzigen Bruchteil davon berichten.

## Der Sonnenkompaß

Beim näheren Hinsehen erweist sich die Tanzsprache der Bienen als ein kompliziertes Zusammenspiel vieler eng verzahnter Einzelleistungen.

Ist die Sonne trotz ihrer scheinbaren Wanderung ein verläßlicher Wegweiser?

Wenn die im Schwänzeltanz steckende Richtungsanzeige nicht bloß für eine tägliche kurze Zeitspanne funktionieren soll, dann muß die Biene jederzeit wissen, wann die Sonne wo steht. Bei kurzen Entfernungen mag die Sonne ein verläßlicher Bezugspunkt sein; wenn aber die Futterquelle mehrere Kilometer vom Stock entfernt ist – Martin Lindauer[16] gibt einen Rekord von zwölf Kilometern an – dann hat sich der Sonnenstand in der Zeit zwischen Hinflug und Tanz nach der Rückkehr erheblich geändert. Die Sammeltour einer Biene kann ohne weiteres eine Stunde dauern. Eine weitere Komplikation besteht darin, daß die Geschwindigkeit der Sonnenstandsänderung (unter anderem) von der Tageszeit abhängt und am Mittag größer ist als am Morgen und am Abend. Mit anderen Worten: Die Biene muß nicht nur wissen, welche Tagesstunde es ist, sondern auch, wie sich der Sonnenstand zu dieser Tageszeit ändert. Sie weiß es. Die innere Uhr ist uns schon aus dem vorausgegangenen Kapitel bekannt. Daß sie die scheinbare Sonnenwanderung berücksichtigt, zeigt sich daran, daß sich die Richtungsanzeige im Schwänzellauf nicht auf die Zeit des Hinflugs, sondern – erstaunlich genug – auf die des Tanzes bezieht[2]. Mehrfach wurden Dauertänze beobachtet[14] die über Stunden anhalten können: Obgleich die Sonne im Stock nicht sichtbar ist, macht die Richtung des Schwänzellaufes die Änderung des Sonnenstandes mit. Die angezeigte Kompaßrichtung bleibt also unverändert.

Wir wissen schon, daß die innere Uhr auch nachts funktioniert. Auch die Sonnenstandsanzeige ist nicht abgeschaltet, obgleich die Bienen nachts gewiß nie die Sonne gesehen haben. Sogar die bisweilen beobachteten nächtlichen Tänzerinnen zeigen unter Bezugnahme auf den nächtlichen Sonnenstand in die Richtung des am vorhergehenden Abend besuchten Futterplatzes. Wieder tanzen sie nicht winkel-, sondern wirklich kompaßtreu. Martin Lindauer, engster Mitarbeiter Karl von Frischs und längst selbst weltweit bekannter Bienenforscher, hat 1959 folgenden raffinierten Versuch angestellt: Sonnenlos aufgezogene Bienen werden am Nachmittag im Freien dressiert, ansonsten jedoch im Dunkeln gehalten. Wenn sie zum erstenmal bei Morgensonne ins Freie gelangen, suchen sie trotz des unbekannten Sonnenstandes kompaßrichtig nach dem Futter. Sie brauchen also nur einen kleinen Ausschnitt des scheinbaren Sonnenlaufes zu sehen, um ihn zum ganzen Tageslauf (beziehungsweise Nachtlauf) zu ergänzen. So erklärt sich die bemerkenswerte Fähigkeit der Nachttänzerinnen, wenn ihre Anzeige auch nicht ganz so genau wie die der Tagtänzerinnen ist.

Diese erstaunliche Fähigkeit ist nicht angeboren, sondern erlernt. Erst nach fünf Dressurnachmittagen fliegen die Bienen den richtigen Weg.

Was macht die Biene bei bewölktem Himmel?

In unseren Breiten ist ein bedeckter Himmel ein gewohntes Bild. Wolken stehen nur allzuoft vor der Sonne. Warten die Bienen immer, bis die Sonne wieder hinter den Wolken hervorkommt und als Bezugspunkt für ihre Orientierung zur Verfügung steht? Oder erkennen sie den Sonnenstand vielleicht schon unter Bedingungen, unter denen er uns verborgen bleibt? Genau dies ist der Fall. Oftmals läßt sich beobachten, daß der Bienentanz auch dann noch die richtige Richtung anzeigt, wenn die Sonne für unser Auge längst hinter der Wolkendecke vollkommen verschwunden ist.

Die Biene sieht, daß die Wolken vor der Sonne anders strahlen als der übrige Himmel. Die Stelle der Sonne hebt sich also für die Biene farblich von der restlichen Wolkendecke ab. Ursprünglich schienen die Experimente eindeutig dafür zu sprechen, daß der um rund fünf Prozent erhöhte Anteil an Ultraviolett das Wesentliche ist[9]. Nach neuesten Befunden sind die langwelligeren Anteile des Lichtes die wahrscheinlichere Ursache[24].

## Ein Stückchen blauer Himmel

Auf eine ganz neue Sinnesqualität bringt uns das Stückchen blauer Himmel, das der Biene auch dann noch Sonnenkompaßorientierung ermöglicht, wenn die Wolkendecke so dick ist, daß die Sonne sich nicht einmal mehr aufgrund der andersartigen Strahlung durch die Wolken hindurch verrät.

Im Dunkeln eines Holzkastens tanzen die Bienen auf horizontaler Wabe desorientiert. Zeigt man ihnen durch eine kleine Öffnung im Kasten ein Stück blauen Himmels, dann sind sie sogleich orientiert.

»Es muß kein weites blaues Himmelsfeld sein. Es genügt schon ein zehn Zentimeter breiter Spalt im Plattenzelt. Bei anderen Versuchen war in der nördlichen Abschlußwand des Zeltes ein Ofenrohr eingesetzt, vierzig Zentimeter lang und fünfzehn Zentimeter im Durchmesser, so daß die Bienen vom Tanzboden aus ein kreisrundes Stück blauen Himmels sehen konnten, dessen Durchmesser einem Sehwinkel von zehn bis fünfzehn Grad entsprach. Das genügte für ihre Orientierung, sie wiesen nach Westen, wo der Futterplatz lag. Brachte ich vor dem Ofenrohr einen Spiegel an, so daß auf der Wabe statt eines nördlichen Himmelausschnittes das Spiegelbild eines südlich gelegenen Himmelsteils sichtbar wurde, so verliefen die Tänze merklich gehemmt, waren aber eindeutig nach der entgegengesetzten Richtung, nach Osten, orientiert.« So schreibt Karl von Frisch 1965.

Bienen sehen wie viele andere Insekten, Spinnen und Krebse die Schwingungsrichtung polarisierten Himmelslichtes und nützen es zur Fernorientierung. Was heißt das?

Natürliches, direkt von der Sonne kommendes Licht, schwingt in allen möglichen Richtungen. Man sagt, es ist unpolarisiert. Licht, das durch die Erdatmosphäre hindurch vom blauen Himmel kommt, ist teilweise polarisiert, hat eine bevorzugte Schwingungsrichtung. Die Polarisationsrichtung des blauen Himmelslichtes zeigt über den Himmel verteilt ein Muster, das vom Sonnenstand abhängt und somit wie dieser einen Tagesgang hat (Abb. 78). Insekten sehen dieses Muster im Gegensatz zu uns, und Bienen wissen über seinen Tagesgang ebensogut Bescheid wie über den der Sonne selbst. Werden sie am Nachmittag im Schatten eines Berges, in dem sie zwar blauen Himmel, nicht aber die Sonne sehen, auf eine bestimmte Richtung dressiert und dann in eine ihnen unbekannte Gegend versetzt, so fliegen sie am nächsten Morgen dennoch in die andressierte Richtung[8]! Sie schließen vom Polarisationsmuster des Himmels auf den Stand der Sonne. Die Sonne ist demnach auch dann noch zur Navigation verwendbar, wenn sie sich hinter einer dicken Wolkendecke versteckt, solange nur ein Stückchen blauer Himmel zu sehen ist.

Wir wissen heute auch, daß die Fähigkeit des Arthropodenauges, die Schwingungsrichtung des Lichtes wahrzunehmen, eng damit zusammenhängt, daß die Moleküle seines Sehfarbstoffes eine Vorzugsrichtung haben und in feinen Röhrchen stecken, eben jenem zur Sehachse hin gerichteten Saum von Ausstülpungen, von dem bereits im Kapitel 13 die Rede war (Abb. 37). Im Wirbeltierauge dagegen weisen sie in alle Richtungen gleichermaßen. Der Effekt: Polarisiertes Licht wird um so stärker absorbiert, je genauer seine Schwingungsrichtung mit der Richtung der »Röhrchen« und ihrer Sehfarbstoffmoleküle übereinstimmt. Allerdings könnte die Beteiligung von nur einem polarisationsempfindlichen Empfänger für die Bestimmung der Polarisationsrichtung des Lichtes nur dann ausreichen, wenn das Tier ihn systematisch genau unter demselben Himmelspunkt dreht und das Gehirn die aufeinanderfolgenden Informationen entsprechend verarbeitet. Weshalb eine solch komplizierte Annahme? Weil die Stärke der Erregung einer polarisationsempfindlichen Sehzelle nicht nur von der Polarisationsrichtung des Lichtes abhängt, sondern auch von seinem Polarisationsgrad und seiner Gesamtintensität. Die naheliegendere Lösung dieses Problems der Mehrdeutigkeit sieht allerdings anders aus. Die Biene müßte für denselben Himmelsfleck mindestens zwei polarisationsempfindliche Empfänger mit unterschiedlicher Vorzugsrichtung und

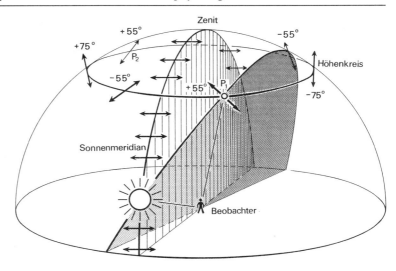

Abb. 78:
Schema der Polarisation des Himmelslichtes.
Die Schwingungsrichtung des linear polarisierten Lichtes steht senkrecht zu jedem Großkreis durch die Sonne (gezeigt für den Sonnenmeridian und den Großkreis durch den beobachteten Himmelspunkt P1). Entlang eines Höhenkreises dreht die Schwingungsrichtung systematisch durch alle Richtungen; eine Folge davon ist, daß es für den Beobachter je zwei Himmelspunkte mit derselben Schwingungsrichtung gibt, z. B. P1 und P2.

einen nicht-polarisationsempfindlichen Empfänger benützen und im Gehirn deren unterschiedliche Erregung miteinander vergleichen.

Wir wissen außerdem, daß die Polarisationsempfindlichkeit an jene Sehzellen gekoppelt ist, die besonders stark auf Ultraviolett ansprechen. Nicht an alle drei, sondern an die kurze Zelle Nummer neun. Die beiden langen UV-Zellen (Nummer eins und fünf auf Abb. 37) sind in sich so stark verdrillt, daß es insgesamt über die ganze Zelle hinweg keine Vorzugsrichtung der feinen Ausstülpungen mit dem Sehpigment mehr gibt. Diese Bindung der Polarisationssichtigkeit an das Ultraviolett erscheint ausgesprochen sinnvoll, weil gerade im Streulicht des blauen Himmels sein Anteil besonders groß ist[18,3]. Sie ist zudem ein erneuter Beweis für die herausragende biologische Bedeutung der UV-Sichtigkeit der Insekten.

Gehen wir einen Schritt weiter, dann sehen wir sogleich, daß die Wahrnehmung der Schwingungsrichtung des polarisierten Lichtes von einem Fleckchen Himmel allein für eine Orientierung nicht ausreicht, da sich verschiedene Stellen des Himmels zugleich durch dieselbe Polarisationsrichtung auszeichnen. Sieht die Biene im Versuch wirklich nur eine einzige Schwingungsrichtung, dann weist ihr Schwänzeltanz in der Tat in zwei Richtungen, ist im wahren Sinn des Wortes zweideutig. Nun kann die Biene solche Zweideutigkeiten dadurch ausmerzen, daß sie Information von mehreren Himmelspunkten verarbeitet, was normalerweise auch der Fall sein dürfte. Selbst wenn dies so ist, geht das Fragen weiter. Trägt sie eine vollständige – und dann recht komplizierte – Karte der Himmelspolarisation mit sich herum, um damit die genaue Kompaßrichtung zu bestimmen? Oder führt sie stufenweise einfachere Rechenoperationen durch, die nur eine grobe Kenntnis des Musters erfordern? Wie sie es genau

## Die Sonnensteine der Wikinger

Unserer eigenen Erfahrung ist diese Welt der Polarisationsmuster verborgen. Aber mit einem Polarisationsfilter vor den Augen, der nur eine bestimmte Schwingungsrichtung des Lichtes durchläßt, können wir ohne weiteres sehen, wie die Polarisationsrichtung des Lichtes am blauen Himmel variiert. Wir drehen dazu den Filter und immer dann, wenn er an einer bestimmten Stelle des Himmels am meisten Licht durchläßt, stimmt die Polarisationsrichtung des Filters mit derjenigen des Himmelslichtes überein (Abb. 79). Wikinger haben sich dies sehr wahrscheinlich schon vor tausend Jahren für die Navigation auf ihren langen Seereisen nach Grönland und Neufundland zunutze gemacht[19]. Sie benutzten, so die gut begründete Vorstellung, ein kleines Stück blauen Himmels und einen der aus alten Sagen bezeugten Sonnensteine, um den Stand der Sonne auch dann noch festzustellen, wenn die Sonne selber nicht zu sehen war, zur Dämmerungszeit also oder bei starker Bewölkung. Sonnensteine sind polarisationsempfindliche Kristalle, die sich im Prinzip genauso verhalten wie ein technischer Polarisationsfilter (Abb. 79), mit

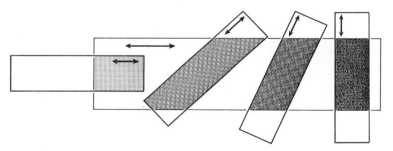

Abb. 79:
Zwei übereinandergelegte Polarisationsfolien lassen dann am meisten Licht durch, wenn ihre Polarisationsrichtungen (Pfeile) übereinstimmen, am wenigsten, wenn sie senkrecht zueinander stehen.

dem man auf einfache Weise durch Drehen die Polarisationsrichtung des Lichtes analysieren kann. Unter den polarisationsempfindlichen Kristallen, die den Wikingern theoretisch zugänglich waren (darunter Andalusit, Kalkspat und Turmalin), hat der Cordierit besondere Aufmerksamkeit erregt. Es ist ein häufiger Bestandteil des Gneises und kommt in Norwegen beispielsweise bei Kragerø und anderen Orten an der Küste des Oslo-Fjordes vor. Seine Farbe ist dem Blau des Saphirs sehr ähnlich. Chemisch stellt der Cordierit ein Magnesium-Aluminium-Silikat dar. Halten wir nun einen solchen sagenumwobenen Stein gegen den Zenit und drehen ihn in der horizontalen Ebene um sich selbst, dann finden wir schnell eine Stellung, in der er am hellsten erscheint, also am meisten Licht hindurchläßt: Jetzt stimmt die Vorzugsrichtung des Kristalls (Analysatorrichtung) mit der Schwingungsrichtung des anvisierten Himmelsstückes überein. Wo aber ist die Sonne? In der senkrecht dazu stehenden Richtung! Weshalb? Weil – die Abbildung 78 zeigt es – die Schwingungsrichtung des Himmelslichtes senkrecht auf der Ebene steht, die Beobachter, Sonne und beobachteter Himmelspunkt (in unserem Beispiel der Zenit) miteinander bilden. Praktisch kann man mit einem Cordierit-Kristall den Sonnenstand auf fünf Grad genau bestimmen. Für die langsamen Schiffe der Wikinger war dies sicher genau genug.

Nehmen wir an, die Bienen bestimmen im Prinzip wie die Wikinger den Sonnenmeridian. Woher wissen sie, ob die Sonne nun tatsächlich vor oder hinter ihnen steht? Theoretisch stehen dazu eine Reihe von Zusatzinformationen zur Verfügung: die Farbe des Himmelslichtes, der Polarisationsgrad, der Anteil an Ultraviolett.

Im sogenannten Sky Compass war das uralte Prinzip der Wikinger noch bis in die Mitte der siebziger Jahre lebendig. Der Sky Compass war ein tragbares Gerät, das Navigatoren der Lufthansa mit ins Cockpit ihrer Boeing 707 genommen haben, wenn sie beim Flug in die Polarregion Schwierigkeiten bei der Festlegung einer astronomischen Bezugsgröße für die Navigation erwarteten. Dies war besonders im Herbst und Frühjahr der Fall, also zur Zeit langer Dämmerungen, wenn in polnahen Breiten, wo auch der Magnetkompaß unzuverlässig wird, sechs bis acht Stunden lang weder Tag noch Nacht ist und weder die Sonne noch die Sterne für die Richtungsbestimmung zur Verfügung stehen. Mit dem Sky Compass, dessen wesentliches Element ein Polarisationsfilter ist, ließ sich die Sonnenrichtung auch dann noch feststellen, wenn die Sonne selbst bis zu sieben Grad unter dem Horizont stand – solange nur der Zenit nicht verdeckt war.

Die Trägheitsnavigation hat nach 1974 den Sky Compass wie andere solche Zusatzgeräte überflüssig gemacht – rund eintausend Jahre nach den Wikingern, etwa dreihundert Jahre nach der Entdeckung der Polarisation des Himmelslichtes durch den dänischen Gelehrten Erasmus Bartholinus und nur etwa fünfundzwanzig Jahre, nachdem ihn ein amerikanischer Physiker der John Hopkins Universität für die Navy entwickelt hatte.

## Entfernungsweisung und die besondere Bedeutung von Vibrationssignalen

Wie umständlich, zeit- und treibstoffraubend, wäre eine Autobahnfahrt, bei der wir zwar wissen, daß uns die gewählte Autobahn nach Süden bringt, bei der wir aber wegen fehlender Entfernungsinformation an jeder Ausfahrt langsam fahren und überlegen müssen, ob es nicht vielleicht die unsrige ist. Die Richtungsweisung allein reicht zur eindeutigen Bestimmung eines Zieles nicht aus. Wir können nicht erwarten, daß die Sammlerinnen sicherheitshalber jede Blume, die auf ihrem »richtigen« Weg liegt, auf den von der Vortänzerin mitgebrachten Duft hin überprüfen. Von Stockgenossinnen alarmierte Bienen (auch Neulinge) suchen mit eindrucksvoller Genauigkeit bevorzugt in der richtigen Entfernung. Woher kommt die Information dazu? Mit der Entfernung ändert sich im Schwänzeltanz eine ganze Reihe von Größen: die Zahl der Umläufe, die Rücklaufzeit, die Zahl der Schwänzelbewegungen, die Schwänzeldauer, die Länge der Schwänzelstrecke. Welches ist der entscheidende Faktor?

Wie bei der Richtungsweisung ist wieder der Schwänzelteil des Tanzes besonders wichtig. Seine Dauer ändert sich mit der Entfernung des Futters besonders systematisch und genau. Bei der Krainer-Biene *(Apis mellifera carnica)* steigt sie von rund 0,5 sec bei 200 m auf 4 sec bei 4500 m an[7]. Aber nicht die Schwänzeldauer allein ist der Signalträger, sondern eine akustische Markierung, die mit dem Schwänzeln einhergeht (Abb. 80). Die Biene produziert sie mit ihrer Flugmuskulatur, weshalb die Flügel beim Schwänzeln leicht vibrieren. Die erzeugte Frequenz beträgt rund zweihundertfünfzig Hertz. Wir können sie aus der Nähe ohne weiteres hören[4,5,25]. Die Dauer dieses Schallsignals stimmt mit derjenigen des Schwänzellaufes überein. Weshalb ist die akustische Markierung des Schwänzelns dennoch so wichtig? Mitunter, etwa bei sehr schlechter Futterqualität, tanzen Sammelbienen schweigend. Harald Esch von der University of Notre Dame in Indiana hat fünfzehntausend solcher Tänze beobachtet. Nicht ein einziger hat die Nachfolgerinnen dazu gebracht, an die Futterstelle zu fliegen.

Die Biene hat im Gegensatz etwa zu Heuschrecken, Grillen und vielen Schmetterlingen kein Organ, das wir im menschlichen Sinne als Hörorgan bezeichnen würden, eines also, das speziell für die Wahrnehmung von Luftschall im Fernfeld taugen würde. Dennoch kommen mindestens zwei Sinnesorgane für die Wahrnehmung des Schwänzelschalls in Betracht: einmal die Johnstonschen Organe an der Antennenbasis – sie sprechen auf kleinste Antennenschwingungen an; zum anderen Organe in den Beinen, die empfindlich auf Vibrationen der Unterlage ansprechen. Noch ist unklar, wie das tatsächlich verwertete Signal physikalisch aussieht. Sind es Schwingungen, die durch den direkten Kontakt mit dem Hinterleib der Tänzerin verursacht werden? Wird die Antenne schon ohne Berührung von den rhythmischen Luftströmungen bewegt, die das schwänzelnde Tier umgeben? Oder aber wird die Wabe in Schwingungen versetzt und die Nachfolgerin auf diese Weise indirekt durch Körperschall informiert? Wie immer sich dieses Kabinettstück im einzelnen abspielt: die Botschaft wird verstanden und die Nachfolgerinnen machen sich auf

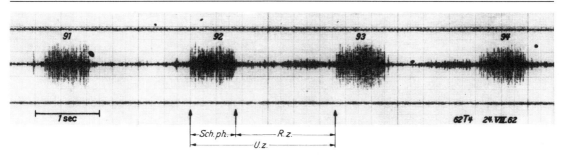

Abb. 80:
Schallproduktion beim Schwänzeltanz. Registrierung von vier Umläufen (91–94).
*Sch.ph.* Schwänzelphase,
*R.z.* Rücklaufzeit,
*U.z.* Umlaufzeit.

den theoretisch vorgezeigten Weg. Die Genauigkeit ihres Ankommens ist größer als die Genauigkeit der Tänzerin. Offenbar bilden die Neulinge über mehrere Tänze den Mittelwert. In der Regel fliegen sie jedenfalls erst aus, nachdem sie sechs Tänzen aufmerksam gefolgt sind. Ja, sie sind sogar so vorausschauend, daß sie sich für den oft kilometerlangen Ausflug zum Futter nur mit der gerade notwendigen Menge Treibstoff (Nektar) beladen.

## Kraftaufwand und Gegenwind

Ist es nicht erstaunlich, daß die Bienen bevor sie tanzen, die Entfernung zum Futterplatz messen können? Ohne Kilometerzähler, ohne Schrittzähler, ohne Landkarte, ohne Wanderkompaß, ohne Uhr und Wegweiser! Ein einsamer Wanderer ohne all diese Hilfsmittel wäre in der Tat schlecht gestellt. Er würde, wenn er wissen will, wie viele Kilometer er zurückgelegt hat, vermutlich zuerst einmal am veränderten Sonnenstand die Dauer seines Marsches schätzen und dann mit seiner durchschnittlichen Stundenkilometerleistung multiplizieren. Liefe er wirklich immer gleich schnell, wäre die Zeit ein gutes Maß für die zurückgelegte Entfernung. Vielleicht würde er auch genau wissen, nach welcher Wegstrecke er normalerweise müde wird und die Entfernung so am Müdigkeitsgrad schätzen. Aber eine solche Rechnung ist stark vom Gelände abhängig und er müßte seine Korrekturfaktoren für »Waldlauf«, »Bergtour« und so weiter kennen.

Bienen messen die Entfernung nicht nach der Zeit, auch nicht optisch nach Landmarken, sondern nach dem Energieverbrauch. Sie messen und melden eigentlich gar nicht die Entfernung als solche, sondern den Energieaufwand, der bis zum Erreichen des Futterplatzes vom Stock aus erforderlich ist. Ist die Biene gegen den Wind geflogen, dann »verlängert« sie eine bestimmte Strecke in ihrer Tanzsprache, ist sie mit dem Wind geflogen, dann »verkürzt« sie diese. Man kann den Bienen kleine Gewichte aufkleben oder Fähnchen, die den Luftwiderstand im Flug erhöhen. Beides hat denselben Effekt wie Gegenwind[21].

Der Hinweg ist ausschlaggebend, nicht der Rückweg. In einem

besonders eindrucksvollen Versuch mußten Sammlerinnen durch einen engen Gang zu Fuß zum Futter laufen. In den Stock zurückgekehrt, fingen auch sie zu tanzen an und wiesen mit Rundtänzen in die Nähe, mit Schwänzeltänzen in die Ferne. Aber der Übergang von Rund- zu Schwänzeltanz, der beim Flug bei fünfzig bis achtzig Meter liegt, erfolgte beim Fußmarsch schon bei drei bis vier Meter. Um drei bis vier Meter zu laufen, braucht die Biene rund vierzig Sekunden. In derselben Zeit könnte sie dreihundertdreißig Meter fliegen. Die Zeit also kann nicht das entscheidende Maß für die Entfernung sein. Es ist der Treibstoffverbrauch. Für drei Meter Fußmarsch muß die Biene genausoviel Zucker verbrennen wie für fünfundfünfzig Meter Flug[1,22]!

Wir haben keine Vorstellung, wie die Biene diesen Treibstoffverbrauch mißt. Vielleicht an dem Füllungszustand des Treibstoffbehälters?

Ich kann mich noch lebhaft an die Zeit meiner ersten Begegnung mit der Bienensprache entsinnen. Ich war glücklich, als studentische Hilfskraft unter der Anleitung von Martin Lindauer auf dem Dach der Münchner Sternwarte einen ganz nahen Blick auf diese Wunderwelt werfen zu dürfen. Damals ging es um die Frage, wonach sich die Bienen bei bedecktem Himmel orientieren. Die Faszination ist bis heute geblieben, und es fällt schwer zu sagen, was an der Bienensprache am meisten beeindruckt.

Zuerst sind es vielleicht die erstaunlichen Leistungen der Sinne, vor allem derjenigen, die wir selbst nicht besitzen: die Wahrnehmung des Ultravioletts und der Schwingungsrichtung des polarisierten Lichtes, der von der inneren Uhr korrigierte Sonnenkompaß, die Messung des Kraftaufwandes. Etwas weiteres habe ich noch ganz verschwiegen: Bienen nehmen auch das Magnetfeld der Erde wahr[17].

## Zusammenspiel und Flexibilität

In dem Schwänzeltanz der Sammelbiene steckt normalerweise ein kleiner Fehler. Die angezeigte Richtung zum Futter stimmt nicht ganz genau, sondern enthält eine Mißweisung, die bis zu etwa zehn Grad beträgt und sich erstaunlicherweise mit dem Tagesablauf systematisch verändert. Jahrelang hat man vergeblich versucht, diese merkwürdige Erscheinung zu deuten, bis das Magnetfeld der Erde die eindeutige Antwort gegeben hat. Die Mißweisung verschwindet bis auf ±1,5 Grad, wenn man das Erdmagnetfeld und seine Änderungen im Experiment kompensiert!

Noch faszinierender ist das Zusammenspiel all dieser Leistungen bei der Orientierung und Kommunikation, ihre enge Verzahnung, ihre Synthese zu einer perfekten biologischen Ordnung. Diese Ordnung ist viel weniger starr, als man es bei dem Verhalten eines wirbellosen Tieres vermuten möchte. Es wird durchaus nicht immer gleich vollautomatisch getanzt. Das Futter muß reichlich sein, muß attraktiv sein (hoher Zuckergehalt), darf noch nicht von anderen Bienen übervölkert sein, die Sammlerin muß ihren Trip schon mehrfach erfolgreich hinter sich gebracht haben. Die zum Tanz verführende Zuckerkonzentration variiert je nach Angebot mit der Jahreszeit[12], mit dem Duft (bei blumigen Düften wird schon eher getanzt) und mit der Nachfrage im Stock. Sind die Waben gefüllt, dann unterbleibt der Tanz auch bei einer Futterqualität, die das Volk zu schlechteren Zeiten in helle Aufregung versetzt hätte.

Der erstaunlichste Beleg für die Flexibilität der Kommunikation ist jedoch, daß die Tänze nicht nur eingesetzt werden, um andere Bienen zu Futterquellen zu schicken, also zu Nektar und Pollen, sondern auch zu Wasser und bisweilen pflanzlichen Harzen, und zu etwas gänzlich anderem, nämlich einem neuen Nistplatz[13,16].

Wenn der Schwarm schon ausgezogen ist und im Freien hängt, ziehen sogenannte Spurbienen los, um einen neuen Nistplatz zu finden; zurückgekommen signalisieren sie ihren Fund mit dem vertrauten gleichen Schwänzeltanz, mit dem Sammelbienen für eine Trachtquelle werben. Wieder wird die Güte des Fundes durch die Lebhaftigkeit und Dauer des Tanzes angezeigt. Dies ist auch die Grundlage für den Einigungsprozeß, der ablaufen muß, wenn die Bienen die Wahl zwischen mehreren Nistplätzen haben, was der Normalfall ist. Sie müssen sich einigen, da sie nur eine Königin haben und eine Teilgruppe ohne Königin nicht überleben könnte. Es passiert etwas Erstaunliches. Die nur mittelmäßig erfolgreichen Spurbienen lassen sich von Kolleginnen umstimmen, die heftiger für die Qualität des von ihnen entdeckten Nistplatzes werben. Sie folgen ihnen, schauen sich den besseren Nistplatz selber an und werben dann – zurückgekehrt und überzeugt – selbst heftig tanzend für ihn. Wenn sich alle Spurbienen einig sind, wird umgezogen. Bis dahin können mehrere Tage vergangen sein. Die Königin hat mit dieser Entscheidung nichts zu tun. Der neue Nistplatz wird allein von den Spurbienen ausgehandelt.

# 28 Zur Evolution des Bienentanzes

> *Ihre Nahrung suchen sie biß in die sechtzig schritt weit vonn ihren Koerben / und wenn sie in der naehe die Blumen außgesogen / fertigen sie ettliche gewisse Erkundiger auß / die ihnen andere weitere nahrung oder weide außspaehen und ersuchen sollen.*
>
> Gaius Plinius Secundus (23–79) »Naturalis historiae libri«, deutsche Ausgabe von 1565

Fasziniert von der Komplexität und Präzision eines Verhaltens wird ein Biologe immer über die Analyse des vorgefundenen Tatbestandes hinaus nach dessen Evolution fragen. Aus biologischer Sicht ist unser Verständnis erst dann komplett, wenn wir uns auch dazu kompetent äußern können. Freilich ist oft gerade dies ungemein schwierig. Verhalten hinterläßt keine versteinerten Spuren und nur in allzu vielen Fällen wäre es vermessen, auf die Details der Entstehungsgeschichte in absehbarer Zeit – wenn überhaupt – zu hoffen. Die oft gebrauchte Redewendung, die Evolution habe ja lange genug Zeit gehabt, Kompliziertes nach der Methode der vielen kleinen Schritte zuwege zu bringen, ist nicht viel mehr als eine unbefriedigende Beschreibung der Unkenntnis des konkreten Falles.

Was hat sich in den siebzig Millionen oder mehr Jahren zugetragen, seit es Bienen gibt[18]?

Die vergleichende Betrachtung des Kommunikationsverhaltens verschiedener Bienenarten hat immerhin zu plausiblen Vorstellungen über einige mögliche wichtige Trends in der Entwicklung des Bienentanzes geführt[14,17,8,5,6].

## Die vier Arten der Honigbiene

Von den rund dreitausendfünfhundert beschriebenen Bienenarten[20] teilen, soweit wir heute wissen, nur vier den Volksgenossinnen mit Tänzen Richtung und Entfernung der Futterquelle mit. Sie alle gehören der Gattung *Apis* an, den Honigbienen im engeren Sinn, die auch nur diese vier Arten umfaßt:

1. *Apis mellifera,* unsere westliche Honigbiene; in ihrem weiten Verbreitungsgebiet von Vorderasien, Afrika und Europa gibt es viele geographische Rassen.
2. *Apis cerana,* die indische Honigbiene, deren Heimat Ostasien ist.

## 28 Zur Evolution des Bienentanzes 243

3. *Apis dorsata,* die südostasiatische Riesenhonigbiene. Sie ist wegen ihres Stiches und ihrer Angriffslust gefürchtet; durch Alarmsubstanzen in Erregung versetzt, stürzen sich innerhalb weniger Sekunden Tausende von Bienen auf einen Eindringling.
4. Schließlich *Apis florea,* die Zwerghonigbiene, die ebenfalls in Südostasien beheimatet ist.

Worin unterscheidet sich ihre Verständigung über Futterquellen?

Das Nest der Zwerghonigbiene besteht nur aus einer Wabe, die das ganze Jahr über im Freien am Ast eines Strauches oder Baumes hängt und nur etwas größer als ein Handteller ist. Die Oberseite der Wabe ist zu einer horizontalen Plattform verbreitert. Sie bildet den Tanzboden. Die von den Blüten zurückgekehrten Bienen laufen dorthin, um sich tanzend mit anderen Arbeiterinnen zu verständigen. Da die Zwerghonigbienen ohne Ausnahme im Freien tanzen und nicht – wie unsere Honigbiene und die ihr sehr nahestehende indische Honigbiene – im Dunkeln einer Höhle, brauchen sie auch den Winkel zwischen der Sonne und der Hinflugbahn nicht auf die Schwerkraft zu übertragen (vergleiche Abb. 76). Ihr Tanz weist direkt in die Richtung zum Futter. Auch unsere einheimische Honigbiene macht dies bisweilen, wenn sie auf dem horizontalen Anflugbrettchen des Bienenstockes im Freien tanzt (Abb. 81). Aber wir wissen ja schon, daß sie nicht von der Horizontallage des Tanzbodens abhängt. Bei der Zwerghonigbiene ist das anders, wie Martin Lindauer 1956 auf eindrucksvoll einfache Weise demonstrieren konnte. Er schreibt selbst dazu[17]: »Wir schneiden das Ästchen, an dem die Wabe angebaut ist, ab und drehen die Wabe an der horizontalen Achse, so daß die vormals horizontale Tanzfläche jetzt vertikal

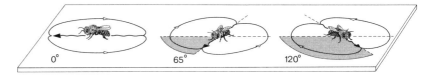

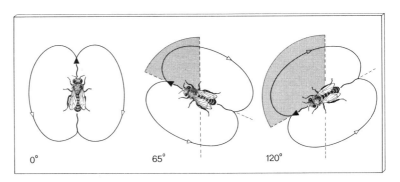

Abb. 81:
Der Schwänzeltanz der Honigbienen.
*Oben:* Auf der Horizontalen im Freien weist der Schwänzelteil direkt in die Richtung des Futters (die Sonne ist links im Bild zu denken).
*Unten:* Anzeige derselben Richtungen auf der senkrechten Wabe im Dunkeln des Stockes.

gestellt ist. Augenblicklich stellen alle Tänzerinnen ihre Tänze ein, rennen eiligst nach oben an den neuen First der Wabe, laufen dort erregt herum, treten dabei eine Miniaturplattform aus und tanzen in der alten Weise weiter.« Ein anderer Versuch bestand darin, den Tieren jegliche horizontale Fläche wegzunehmen. Martin Lindauer setzte der Wabe einen gläsernen Dachreiter auf und brachte die Tänzerinnen damit vollkommen durcheinander.

Die Riesenhonigbiene, so scheint es, nimmt eine Zwischenstellung zwischen der Zwerghonigbiene und unserer westlichen Honigbiene ein. Ihre Wabe hängt zwar ebenfalls im Freien, hat aber keine horizontalen Tanzflächen. Die Riesenhonigbiene tanzt vertikal und transponiert, wie zu erwarten, gleich unserer Honigbiene den Sonnenwinkel in den Schwerkraftwinkel. Aber: Sie tanzt nur auf den Wabenteilen, die den Blick auf den Himmel freigeben. Möglicherweise vereinfacht das für die Nachläuferinnen bei der Richtungsfindung das erneute Zurückschalten von Schwerkraftwinkel auf Sonnenwinkel.

Die indische Honigbiene brauchen wir nicht näher zu betrachten. Sie ist unserer Honigbiene allzu ähnlich.

Dem Vergleich dieser vier tanzenden Bienenarten zufolge hat sich die Evolution der getanzten Richtungsweisung möglicherweise in den folgenden Schritten vollzogen[17]:
1. Tanz im Freien auf horizontaler Fläche und direkte Anzeige der Richtung zum Futter.
2. Tanz im Freien auf vertikaler Fläche und indirekte Anzeige der Richtung durch Transponieren der optischen in die Schwerkraftanzeige, was auch viele andere Insekten können.
3. Tanz im Dunkel einer Höhle auf vertikaler Fläche und dann notwendigerweise indirekte Richtungsanzeige.

Dieser letzte Schritt ist wesentliche Voraussetzung für das Leben in Höhlen. Dies wiederum ist Voraussetzung für das Überwintern und Überleben in unserem ungünstigen Klima. In jüngster Zeit wird die Stammesgeschichte der vier Bienenarten neu diskutiert[13]. Dabei blieb vor allem die Vorstellung nicht unwidersprochen, daß eine freibrütende florea-ähnliche Art am Anfang stand.

## Ein Seitenblick auf Fliegen und Schmetterlinge

Aber wie kam es überhaupt zum Tanz? Diese Frage ist schwer zu beantworten. Vielleicht präsentieren uns Fliegen *(Phormia regina)* das Bild einer wichtigen Vorstufe. Vincent G. Dethier, damals an der John Hopkins University in Baltimore, Maryland, berichtete 1957 in der Zeitschrift »Science«[3], daß Fliegen *nach* dem Saugen eines kleinen Tropfens Zuckerwasser auf horizontaler Fläche Rundläufe vollführen, bei denen sie wiederholte Wendungen im und gegen den Uhrzeigersinn machen. Offensichtlich

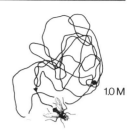

Abb. 82:
Das Laufverhalten der Fliege *Phormia regina* nach der Aufnahme von Zuckerwasser zunehmender Konzentration (0,125 bis 1,0 molar).

Abb. 83:
Das Laufmuster einer kurz mit Zuckerwasser gefütterten Fliege auf horizontaler Fläche bei einseitiger Beleuchtung (rechts) und auf einer senkrechten Fläche im Dunkeln (links).

dienen diese Tänze der Suche nach mehr Futter. Je konzentrierter das Futter und je hungriger die Fliege, desto heftiger sind die Läufe und desto länger halten sie an (Abb. 82). Im Dunkeln haben sie keine Vorzugsrichtung. Aber das ändert sich unverzüglich, wenn man die Lauffläche von der Seite beleuchtet; dann laufen die Fliegen parallel zur Lichteinfallsrichtung (Abb. 83). Dethier kippte daraufhin den Tanzboden in die Senkrechte und schaltete das Licht aus. Die Fliegen liefen im wesentlichen in Richtung des Lotes hin und her. Das heißt, daß konstante Reize wie Licht oder die Schwerkraft dem ansonsten ungerichteten Verhalten eine Vorzugsrichtung geben. Setzt man eine eben gefütterte Fliege in eine Ansammlung anderer Fliegen, dann würgt sie fast immer etwas Futter hervor. Fliegen aus der Menge folgen ihren Rundläufen, versuchen Zuckerwasser von ihren Mundwerkzeugen abzulecken und fangen nach einer Weile sogar selbst an, kreisend herumzulaufen. Die Parallelen zur Honigbiene sind verblüffend. Allerdings: Die Fliege zeigt die Richtung zum Futtertropfen nicht an. Es ist nicht möglich, sie zu einem Tanz zu veranlassen, bei dem sie einen bestimmten Winkel zum Reiz, sei es Licht oder die Schwerkraft, einhält. Außerdem fliegen die erregten Folgerinnen nirgendwohin, schon gar nicht

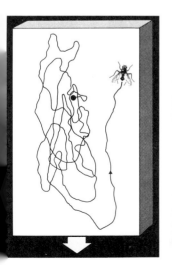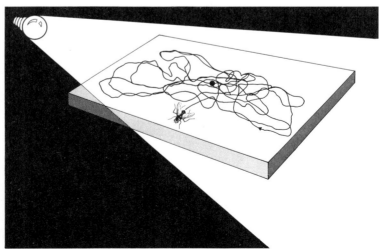

gerichtet. Dennoch führen uns die Fliegen möglicherweise etwas vor, was der Urform des Rundtanzes ähneln könnte.

Die Suche nach einer möglichen Vorform des Schwänzeltanzes führt uns zu den Schmetterlingen. D. Blest hat 1960 in der britischen Zeitschrift »Behaviour« eine Abhandlung geschrieben mit dem langen Titel: »The evolution, ontogeny and quantitative control of the settling movements of some New World Saturniid moths, with some comments on distance communication by honey-bees«[1]. Kurz gesagt geht es darum, daß neuweltliche Schmetterlinge aus der Familie der Saturniiden nach der Landung seitliche Schüttelbewegungen ausführen und die Dauer dieses Verhaltens ähnlich dem Schwänzeln der Biene mit der Dauer des vorausgegangenen Fluges und damit der Entfernung zunimmt. Ein Beispiel: Flugdauer zwei Minuten, vier Bewegungen; Flugdauer dreißig Minuten, fünfundzwanzig Bewegungen. Ursache und Anpassungswert dieses merkwürdigen Schüttelns sind unbekannt. In unserem Zusammenhang ist es dennoch spannend, hat doch möglicherweise die Urform der Entfernungsanzeige bei der Honigbiene so ausgesehen.

## Duftmarken und Lotsenbienen

Kehren wir zu den Bienen selbst zurück. In den Tropen und Subtropen der Welt, besonders zahlreich auf dem amerikanischen Kontinent, leben die stachellosen Bienen *(Meliponini)*. Es gibt rund dreihundert Arten davon. Sie zeichnen sich dadurch aus, daß ihr Stachel stark zurückgebildet ist und nicht mehr zur Verteidigung taugt. Statt dessen sind die Bisse vieler stachelloser Bienen sehr gefürchtet. Ihre Wirkung kann bei einigen Arten wegen der brennenden Ausscheidung einer großen im Kopf gelegenen Drüse äußerst unangenehm sein. Die stachellosen Bienen brauchen eine solche Wehrhaftigkeit. Sie leben sozial und ihre stattlichen Futtervorräte wollen verteidigt werden.

In den Nestern der verschiedenen Arten stachelloser Bienen leben von rund dreihundert bis zu achtzigtausend Individuen beisammen. Die Sammlerinnen aller bisher untersuchten Arten haben einen Weg gefunden, ihre Nestgenossinnen auf lohnendes Futterangebot aufmerksam zu machen. Das ist bei einem solchen Sozialwesen zu erwarten. Rasch hat sich aber herausgestellt, daß ihre Kommunikation einfacher als die der Honigbiene ist, wenn auch der Erfolg der Rekrutierung nicht immer geringer ist.

Wieder verdanken wir Martin Lindauer eine entscheidende Pionierarbeit. Er hat zusammen mit Warwick Kerr[15,16] an der Universidade de São Paulo zehn brasilianische Arten der stachellosen Bienen unter die Lupe genommen. Der Befund: Alle haben ein Kommunikationssystem, mit dem Neulinge von Sammlerinnen auf ein lohnendes Sammelareal aufmerksam

28 Zur Evolution des Bienentanzes 247

Abb. 84:
*a* Verschiedene sehr effektiv alarmierende stachellose Bienen im Vergleich zur Honigbiene *(Apis mellifera)*. Die Punkte um das Futtertischchen geben die erfolgreich rekrutierten Neulinge wieder.
*b* Die Neulinge von *Scaptotrigona*, einer dieser erfolgreichen Arten, fliegen auch dann noch gerichtet ans entfernte Ziel, wenn ein Kontrolltischchen mit Futter dicht beim Stock aufgestellt ist.

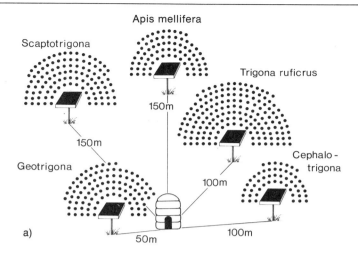

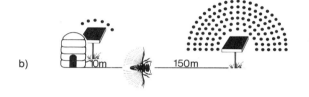

Abb. 85:
*a* Beispiele für weniger erfolgreich rekrutierende stachellose Bienen (vgl. Abb. 84).
*b* zeigt für eine dieser Arten *(Trigona droryana)*, daß die alarmierten Neulinge ungerichtet vom Stock ausschwärmen. Am Kontrolltischchen *K* im Norden kamen sogar etwas mehr Bienen an als am Futterplatz *F*.

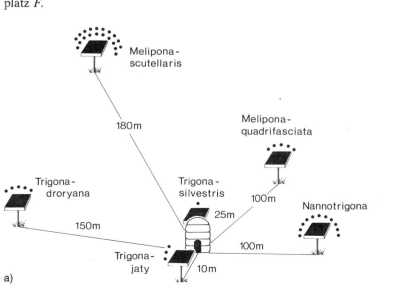

gemacht werden. Der Erfolg der Verständigung ist bei den einzelnen Arten unterschiedlich. Immerhin haben vier Arten der Gattung *Trigona* in einer bestimmten Zeitspanne ebenso viele oder sogar mehr Neulinge zum Futterplatz gebracht wie unsere Honigbiene in derselben Situation. Der Futterplatz stand in diesen Versuchen fünfzig bis einhundertfünfzig Meter vom Stock entfernt (Abb. 84). Die weniger erfolgreichen *Trigona*-Arten animieren im Nest nur allgemein zur Futtersuche, worauf die Neulinge zunächst in allen Richtungen und auch in ganz verschiedenen Entfernungen nach dem von der Sammlerin mitgebrachten Duft suchen (Abb. 85)[12]. Die erfolgreicheren Arten hingegen weisen die Neulinge präzise nach Richtung und Entfernung ein. Lindauer und Kerr haben beobachtet, daß sie selbst dann noch zum antrainierten Futterplatz fliegen, wenn ganz in Stocknähe ein Konkurrenztischchen steht (Abb. 84).

Wie kommt es dazu? Stachellose Bienen machen es ganz anders als Honigbienen.

Im Detail hat dies zuerst *Trigona postica* verraten. Sie gehört zu den aggressiven Arten, die dem Eindringling durch Attacken auf Augen, Ohren und Mund und Eindringen ins Haar schwer zu schaffen machen[18]. Nicht immer ist biologische Feldarbeit so schön, wie sie sich in Fernsehsendungen darstellt!

Eine auf fünfunddreißig Meter dressierte Sammlerin flog elfmal ganz normal zwischen Futtertischchen und Stock hin und her. Ihr zwölfter Rückflug war ein Zickzackflug, den sie dreiundzwanzigmal unterbrach, um an Grashalmen und Steinen mit gespreizten Mundwerkzeugen das Sekret ihrer Mandibeldrüse abzustreifen (Abb. 86). Überraschenderweise kehrte die Biene neun Meter vor dem Stock um und kam gewissermaßen als Lotsenbiene nach zwei Minuten mit neun Neulingen wieder am Futterplatz an. In einem anderen Fall waren es siebenundfünfzig! Dieser Vorgang wiederholt sich. Die Duftmarken halten nur gut zehn Minuten, dann müssen sie erneuert oder auch durch andere ersetzt werden[11]. Dies ist wichtig: Sie werden nur bei anhaltend guter Futterquelle erneuert; bei versiegendem Futterangebot verschwinden sie rasch, so daß sinnlose Flüge von Nestgenossinnen alsbald ausbleiben. Wir werden an die Hummelmännchen erinnert, die bei ihren Balzflügen Duftmarken ins Gelände setzen (siehe Kapitel 23) und natürlich an Ameisen, die den Weg zum Futter chemisch markieren.

Die Neulinge werden bei *Trigona postica* also persönlich zum Futter geleitet. In diesem Punkt erscheinen uns selbst die fortgeschrittenen *Trigona*-Arten primitiver als die Honigbiene, die ihr Ziel selbständig und aus dem Gedächtnis nach der *vor* dem Abflug aufgenommenen Information findet.

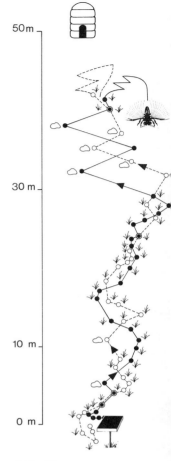

Abb. 86:
Die Markierungsflüge einer stachellosen Biene *(Trigona postica)*. Oben der Stock, unten das Futtertischchen. Volle und offene Kreise symbolisieren Duftmarken, die auf zwei Flügen an Grasbüscheln und Steinen abgesetzt wurden.

## Schallsignale

Vor ihrem Abflug wurden die *Trigona*-Neulinge von Sammlerinnen auf der Wabe alarmiert. Die Sammlerin läuft im Zickzack umher und rempelt die untätigen Arbeiterinnen auffällig an. Darauf folgen diese nach, betasten sie mit den Antennen und erfahren so über den im Haarkleid und im Nektar mitgebrachten Duft, von welchen Blütensorten die Sammlerin kommt, nicht aber, woher sie kommt. Alle untersuchten *Trigona*-Arten alarmieren darüber hinaus mit einem deutlich hörbaren Summen. Lindauer und Kerr[15] schreiben, daß es wie beim Morsen in unregelmäßigen Stößen abgegeben und über die Vibration der Wabe von den Nestgenossinnen wahrgenommen wird.

Die alarmierten Bienen laufen zum Nestausgang und warten als lockerer Schwarm vor dem Nest auf den Lotsen[15,2]. Auf dem Weg zum Futter umschwärmen sie die Duftmarken, die als Wegmarken dienen, allein aber nicht ausreichen: Ohne persönliche Führung durch die Lotsenbiene bleibt der Rekrutierungserfolg aus. Umgekehrt können einige *Trigona*-Arten vermutlich auf die Duftmarken verzichten. Dies bringt uns zu einer anderen Gattung: *Melipona*. Auch bei ihr sind bisher keine Duftmarken bekannt geworden[18]. Um so differenzierter stellt sich das Schallsignal dar.

Wie bei allen anderen stachellosen Bienen fehlt auch hier die Richtungsanzeige in der Alarmierung. Anders die Entfernungsanzeige! Harald Esch, heute Professor für Zoologie an der Notre Dame University in Indiana, hat 1967[5,6] in São Paulo bei zwei brasilianischen Arten der Gattung *Melipona (Melipona quadrifasciata* und *Melipona merillae)* eine aufregende Entdeckung gemacht: Anders als bei den *Trigona*-Arten taugt bei ihnen das Summsignal auf der Wabe sehr wohl zur Entfernungsangabe. Es hält zunächst einige Sekunden an und geht dann in Pulse über. Deren Dauer nimmt systematisch mit der Entfernung des Futters vom Stock zu. So fand Esch zum Beispiel für zweihundert Meter Entfernung eine Sekunde, für fünfzig Meter nur eine halbe Sekunde. Die Abhängigkeit der Pulsdauer von der Entfernung gleicht derjenigen des Schwänzelschalls der Honigbiene *(Apis mellifera)* verblüffend (Abb. 87). Mehrere weitere Tatsachen sprechen dafür, daß das Schallsignal zur Entfernungsanzeige eingesetzt werden kann:

1. Gerade von *Melipona* sind keine Duftmarken im gegebenen Verhaltenszusammenhang bekannt[18].
2. Der Schall wird erst abgegeben, wenn das Futter eine Mindestgüte hat, die bei einer Zuckerkonzentration von 0,5 bis 1 molar liegt.
3. Esch[5] hat zudem beobachtet, daß Neulinge *allein* am Futterplatz ankommen.

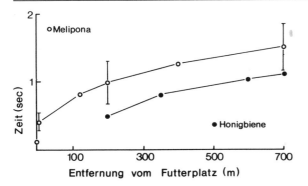

Abb. 87:
Schallsignale zeigen die Entfernung an. Ihre Dauer ändert sich bei der Honigbiene und der stachellosen Biene *Melipona quadrifasciata* gleichermaßen gesetzmäßig mit der Entfernung des Futterplatzes vom Nest.

Auch die Richtungsanzeige hat ihre Besonderheiten: Die erfahrene Sammlerin zeigt den alarmierten Neulingen die Richtung durch einen gemeinsamen Zickzackflug in Stocknähe an und geht in größerer Entfernung in geraden Flug über. Dabei verliert sie den Kontakt zu den Neulingen, die nach zwanzig bis dreißig derartigen Ausflügen nicht mehr am Nest auf den Lotsen warten, sondern allein ausfliegen und selbst alarmieren.

## Der verkürzte Zickzackflug

Nun brauchen wir uns nur noch vorzustellen, die gelotste Strecke würde immer weiter verkürzt (eine Verkürzung auf zehn bis zwanzig Meter kommt bei *Melipona seminigra* tatsächlich vor), dann sind wir der Honigbiene schon beträchtlich nahe. Dann fallen nämlich Richtungs- und Entfernungsanzeige zusammen, der Zickzackflug der Lotsenbiene ist zum Schwänzellauf geworden, Duftmarken und Leitbiene haben gleichzeitig ihre Bedeutung verloren[5,6]. Ist das Schwänzeln der Honigbiene beim Schwänzeltanz also eine Flugintentionsbewegung? Dafür spricht auch, daß das gleichzeitig produzierte Schallsignal nicht nur von den Flugmuskeln erzeugt wird, sondern auch seine Frequenz von zweihundertfünfzig Hertz der Flügelschlagfrequenz entspricht, ohne daß es zu einem wirklichen Flügelschlag kommt[4].

Ob dies wirklich der Gang der Evolution war, wissen wir nicht. Immerhin ist es die am besten begründete Vorstellung, die wir haben.

## Nicolaus Unhoch und das Bienenballett

Karl von Frisch hat den Begriff »Sprache« im Zusammenhang mit den Bienen immer als Metapher gebraucht. Natürlich hat er gewußt, daß Bienen den Dingen keinen Namen geben können, daß sie keine echte Begriffsbildung haben und ihr winziges Gehirn von nicht mehr als 1 mm³ Inhalt nicht zum Denken im anthropomorphen Sinne taugt, sondern zur Organisation instinktgesteuerten Verhaltens. Wenn er von der »Tanzsprache« redet, hat er zumindest anfänglich nicht an Schallereignisse gedacht. Inzwischen stellen wir fest, daß gerade Schallsignale im Verständigungssystem der Sammlerinnen aller untersuchten Bienenarten eine besonders wichtige Rolle spielen.

Übrigens: Bei den Hummeln wurden bisher keine Anzeichen für eine Verständigung über die Lage von Nektar- und Pollenquellen entdeckt[10,5]. Der von den Blüten mitgebrachte Duft mag eine gewisse Rolle spielen[7]. Zunächst muß der Befund überraschen, da die soziale Organisation der Hummeln in anderer Hinsicht durchaus mit derjenigen vieler stachelloser Bienen Schritt hält. Aber ihre Staaten überdauern den Winter nicht und bezüglich ihrer Futtervorräte leben sie mehr oder weniger von der Hand in den Mund. Im Hummelvolk ist Einzelinitiative wesentlich größer geschrieben als bei den Bienen, zumal den Honigbienen.

»Sobald sie in den Stock kommen, schütteln sie ihre Last ab, und einer jeden folgen drei oder vier andere. Was diese in Empfang nehmen, ist schwer zu sehen, auch ist noch nicht ihre Arbeitsweise beobachtet worden. Dagegen ist das Aufnehmen des Wachses an Ölbaumblüten beobachtet worden, weil sie sich wegen der Dichtigkeit der Blütenblätter länger darin aufhalten.« Aristoteles schreibt in seiner berühmten »Tierkunde« über viele Einzelheiten der Bienenbiologie. Manche davon erscheinen uns heute skurril, viele richtig. Sehr wahrscheinlich wußte er, wie das Zitat belegt, bereits vor mehr als zweitausenddreihundert Jahren vom Schwänzeltanz. Eine recht genaue Beschreibung des Rundtanzes entstammt einer »Anleitung zur wahren Kenntnis und zweckmäßigsten Behandlung der Bienen nach drey- und dreyßigjähriger genauer Beobachtung und Erfahrung« vom Beginn des letzten Jahrhunderts. Der Oberammergauer Beneficiat Nicolaus Unhoch hat sie 1823 geschrieben. Er berichtet im Kapitel VI des ersten Heftes vom Bienenballett: »Es wird Manchem lächerlich, ja wohl gar unglaublich erscheinen, wenn ich behaupte, daß auch die Bienen, wenn anders der Stock in gutem Stand ist, gewisse Lustbarkeiten und Freuden unter sich haben, daß sie sogar auch nach ihrer Art zuweilen einen gewissen Tanz anstellen.« Etwas später wird diese Lustbarkeit genauer beschrieben, die Unhoch in einem gläsernen Beobachtungsstock oft gesehen hat, allerdings nur, wie er ganz richtig sagt, an schönen heiteren Tagen: »Eine einzelne Biene drängt sich unvermuthet zwischen andere drei bis vier ruhig stehende Bienen hinein, steckt den Kopf auf den Boden, streckt die Flügel auseinander, und zittert mit ihrem aufgerichteten Hinterleibe eine kleine Weile, die nächststehenden Bienen thun auch ein Gleiches, stecken ihren Kopf auf den Boden, endlich drehen sie sich miteinander in etwas mehr als einem Halbzirkel bald rechts bald links fünf bis sechs Mal hin und her, und machen einen förmlichen Rundtanz. Auf einmal geht die

Tanzmeisterin von ihnen hinweg, gesellt sich auf einer anderen Seite unter andere ruhigsitzende Bienen hinein, und thut wieder ein Gleiches, wie das erstemal und die nächststehenden Bienen tanzen mit ihr.« Der Autor bekennt, daß Freunde, denen er dies zeigte, sich über diesen »Scherz der Bienen« wunderten und herzlich lachen mußten, und fragt sich, ob es eine »muthige Freude und Aufmunterung« unter den Bienen ist. Kritisch fügt er jedoch hinzu, daß er sich die eigentliche Bedeutung des Tanzes nicht erklären könne und die Deutung seines wirklichen Zweckes der Zukunft überlassen bleibe.

Diese Zukunft hätte den Autor vermutlich in noch größere Begeisterung versetzt. Was wir heute an Details über das wissen, was wirklich hinter dem Bienenballett steckt, muß trotz unserer Gewöhnung an technische Meisterleistungen jeden mit Bewunderung erfüllen, der sich nur die Mühe macht, es zur Kenntnis zu nehmen.

# 29 Die wärmeregulierte Hummel und die Ökonomie im Verhalten

Natur hat weder Kern
Noch Schale
Alles ist sie mit einemmale.

*Johann Wolfgang von Goethe »Zur Morphologie«, 1820*

Angepaßtheit im biologischen Sinne ist unteilbar. Die Beziehung zwischen den Eigenschaften eines Organismus und seiner Umwelt muß umfassend »sinnvoll« sein. Je mehr wir von einer solchen Beziehung zugleich ins Blickfeld bekommen, desto klarer scheint die Harmonie der biologischen Ordnung auf. Freilich drängen sich besonders auffällige Anpassungen in den Vordergrund; auch hier in diesem Buch sind sie getrennt dargestellt. Aber das hängt nur damit zusammen, daß unser Gehirn zu große Mühe hat, viele Einzelaspekte eines Gesamtsystems gleichzeitig mit der gleichen Schärfe und in ihrem Zusammenspiel zu erfassen.

Neben der sinnes- und neurobiologischen Angepaßtheit der Insekten an den Besuch der Blumen ist einer der interessantesten Blickwinkel, aus dem die moderne Biologie auf diese Begegnung schaut, derjenige der Energiebilanz. Wie hoch sind die Einnahmen, wie hoch die Ausgaben? Rentiert sich das Verhalten der Insekten, ist es ökonomisch? Stimmt die Kasse?

Das Blumenfutter ist die Energiequelle, aus der letztlich die Nachkommenschaft produziert wird. Da das System offenkundig funktioniert, muß es auch wirtschaftlich sein. Aus der Distanz betrachtet, ist die Sache klar. Aber wir wollen es ja genauer wissen.

Die aufgenommene Energie durchläuft verschlungene Wege, bis das Endprodukt in »Gramm Nachkommenschaft« vorliegt. Die Liste der Investitionen, die dem Insekt abgefordert werden, ist lang. Das Nettoeinkommen ist sehr viel kleiner als der Bruttolohn.

Wie immer in der Naturwissenschaft brauchen wir Messungen, Zahlen, um dies besser zu verstehen. Dabei treten eine Menge Schwierigkeiten auf. Am einfachsten ist es noch, den Energiegehalt des Ausgangsmaterials zu bestimmen – der Zuckergehalt des Nektars ist selbst im Gelände schnell gemessen. Erheblich mühevoller ist es herauszufinden, wieviel Nektar eine Blume zu verschiedenen Tageszeiten, bei verschiedenen Temperaturen und bei unterschiedlichem Insektenbesuch absondert; wie sich die Zusammensetzung des Nektars im Verlauf des Tages und der Blühdauer verändert; wie die Nektaraufnahme durch das Insekt von der Vorratslage »zu Hause« abhängt, von der Tages- und Jahreszeit, vom Ausmaß der Konkurrenz; wie der Treibstoffverbrauch sich mit der Temperatur, der Anordnung der Blumen, ihrer Zugänglichkeit und vielen anderen Faktoren ändert. Eine Fülle von Fragen! In keinem Fall kennen wir alle Antworten. Also tun wir das Nächstbeste: Wir greifen ein Beispiel heraus, das uns die Problematik besonders gut demonstriert.

Im Mittelpunkt dieses Kapitels stehen die Hummeln. Neben anderen Zoologen hat Bernd Heinrich von der University of California in Berkeley sie in jüngster Zeit besonders intensiv studiert und 1979 viele seiner Messungen und Ideen in einem hübschen Buch mit dem Titel »Bumblebee Economics«[8] zusammengefaßt.

## Einnahmen und Ausgaben

Hummeln leben wie die Honigbiene im Sozialverband. Das Hummelvolk aber ist – zumindest in gemäßigten Breiten – eine Sommergesellschaft. Seine Aktivitäten müssen bis zum Winter möglichst viele junge Königinnen hervorbringen. Nur diese Königinnen überleben und einem Teil davon gelingt im nächsten Frühjahr die Neugründung eines Hummelvolkes. Man sieht sie dann allenthalben und sie fallen uns auf, weil die Frühjahrshummeln besonders groß sind.

Was geschieht mit der eingenommenen Energie im Hummelnest? Die Abbildung 88 faßt es schematisiert zusammen.

An einem mit vierhundert Tieren (davon zweihunderteinundsechzig Arbeiterinnen) gutbesetzten Hummelnest *(Bombus vosnesenskii)* beobachtete eine Gruppe von amerikanischen Zoologen[1] im Juni 1977 bei San Francisco zwischen fünf Uhr morgens und neun Uhr abends eintausendneunhundertzweiunddreißig Futterflüge. Zur Zeit der höchsten Aktivität gab es am Nesteingang zweihundert Starts und Landungen pro Stunde. Neunhundertachtunddreißig der heimkehrenden Arbeiterinnen brachten Pollen mit, im Mittel 0,021 g. Die Zuckerladung wog im Durchschnitt 0,027 g. Die täglichen Gesamteinnahmen dieses Hummelvolkes beliefen sich zur Beobachtungszeit auf 20 g Pollen und 45 g Zucker.

Diese Ernte wird in volkseigenen Pollen- und Honigtöpfen gelagert. Von dort aus geht der Vorrat zum Verbraucher. Nektar (Zucker) ist vor allem dazu da, den Betriebsstoffwechsel aufrechtzuerhalten, während Pollen (Proteine) besonders für die Aufzucht des Nachwuchses wichtig ist (siehe Kapitel 10 und 8).

Abb. 88:
Energie- und Materialfluß durch eine Hummelkolonie. *P* Pollen und *N* Nektar sind die Eingangsgrößen. Sie werden in Pollentöpfen *(1)* und Honigtöpfen *(2)* gespeichert. Verbrauch als Futter *(a)* für die Königin *(3)*, die die Eier legt *(4)*, und für die Larven *(5)*; Verbrauch zur Thermoregulation *(b)* (Königin und Arbeiterinnen 6 wärmen die Brut und heizen das Nest). Die Ausgänge des Systems: Energiekosten für den Flug und die Temperaturregulation der Sammlerinnen, Wärmeverlust, Verluste durch Königinnen und Männchen, die die Kolonie verlassen und Verluste durch den Tod der Tiere im Herbst.

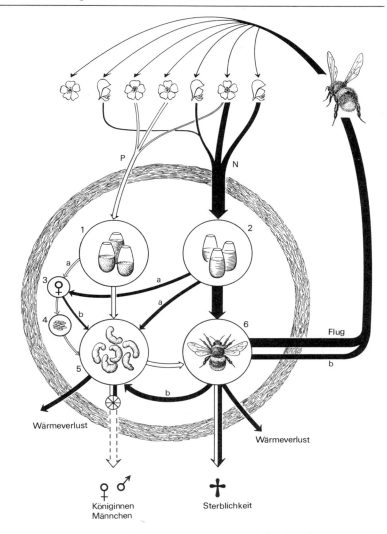

Ein erster Anteil der Zuckerernte verläßt das Nest mit den Sammlerinnen. Sie nehmen ihn als Treibstoff für den Flug mit, durchschnittlich 0,0021 g pro Tier und Sammelflug. Von den heimgebrachten 0,027 g abgezogen, ergeben sich dann als Gewinn der dreißig- bis neunzigminütigen Futtertour rund 0,025 g Zucker. Bei acht bis zehn Flügen pro Tag erwirtschaftet eine Arbeiterin ihrem Volk täglich 0,2 g Zucker (0,3 ml Honig) und, wenn sie Pollen sammelt, 0,2 g Pollen.

Im Volksmund ist die Honigbiene das Musterbeispiel für Fleiß, was wir schon im Kapitel 6 etwas relativiert haben. Die Hummel übertrifft den Bienenfleiß weit. Das sieht man gleich, wenn man das Hummelvolk in Gedanken auf die Größe eines Bienenvolkes bringt, also beispielsweise sechzigtausend Arbeiterinnen. Sechzigtausend Hummeln würden täglich den Nektar für achtzehn Liter Honig einbringen! Tatsächlich ist für ein Volk von Honigbienen schon ein Honiggewinn von 1 kg pro Tag ein respektabler Erfolg und nur den Zeiten bester Tracht vorbehalten.

Der größte Teil der täglichen Einnahmen der zweihunderteinundsechzig Arbeiterinnen unseres Hummelvolkes wird von diesen selbst, den einhundertsechsunddreißig neuen Königinnen und den zweihundertneununddreißig Larven als Futter verbraucht. Zwar enthielt das beobachtete Nest auch Vorräte: 195 ml (260 g) Honig und 5,7 g Pollen. Aber man kann hier von einer längerfristigen Anlage für Schlechtwetterperioden ausgehen, die mit dem Tagesgeschehen direkt nicht viel zu tun hat.

Bezogen auf das Endprodukt der ganzen Hummelwirtschaft, die jungen Königinnen, ergibt sich eine zunächst einfache Rechnung. Eine Königin wiegt rund 0,4 g. Bei einer Futterverwertung von eins zu eins, wenn also für 1 g Hummelmasse 1 g Pollen gefüttert werden muß (dies ist eine sinnvolle Annahme), benötigt eine Pollensammlerin zwei Tage, um genug für die Produktion einer Königin zu sammeln, die rund 0,4 g wiegt. Müßte demnach die Königinnenproduktion nicht ganz erheblich schneller und umfangreicher ablaufen? Die Wirklichkeit sieht komplizierter aus.

Der Energiegewinn der Sammlerinnen geht nicht nur in die Aufzucht der Larven und das Futter der Königinnen. Tatsächlich macht dies nur einen kleinen Bruchteil aus. Einen erheblich größeren kostet nach den Befunden von Bernd Heinrich[4,7] die Regulation der Temperatur, sowohl im Nest als auch außerhalb. Erstaunliches spielt sich hier bei einem Tier ab, von dem man gemeinhin annehmen sollte, daß es als Vertreter der Wechselwarmen immer so kalt und so warm ist wie seine Umgebung. Weit gefehlt. Körper-, Larven- und Nesttemperatur werden mit viel Aufwand reguliert.

## Achthundertachtzig Kilometer südlich vom Nordpol

Hummeln (Gattung: *Bombus*) sind typische Bewohner des Nordens. Ihre Heimat ist die gemäßigte Zone und besonders häufig kommen sie in deren kälterem Teil vor. Hummeln sind als einzige unter der näheren Bienenverwandtschaft bis in die Arktis vorgedrungen. Der Rekord ihrer nördlichen Verbreitung liegt im Ellesmere Land, dem nördlichsten Zipfel Kanadas, nur achthundertachtzig Kilometer vom Nordpol entfernt[16]. Entsprechend selten begegnet man Hummeln in Wüsten. Schon am Mittelmeer sind sie vergleichsweise rar, ebenso in den Tropen[12]. Kurzum: Hummeln haben es fertiggebracht, in der Kälte zu leben. Auch bei uns fliegen sie bei Temperaturen, bei denen sich keine Honigbiene aus dem Stock wagt. An kalten Tagen sieht man Hummeln in aller Frühe und noch spätabends eifrig sammeln, selbst bei zehn Grad C oder weniger, auch bei Regen. Kein Wunder, daß sie

Meister der Temperaturregulation sind. Sie müssen es sein. Könnten sie ihren Flugmotor nicht auf dreißig bis siebenunddreißig Grad C aufheizen, könnten sie nicht einmal starten.

## Ein warmes Nest und die gewärmte Brut

Die Wahl des neuen Nestplatzes durch die Koloniegründerin ist ein wichtiger erster Schritt in Richtung Wärmeersparnis. In unseren Breiten sind verlassene Mäusegänge mit ihrer wärmeisolierenden Auspolsterung und auch Vogelnester beliebte Plätze. Wachsdecken, Mooshüllen und dergleichen schützen vor Kälte und Feuchtigkeit (Abb. 11). Die Isolation des Nestes wird von den Hummeln ausgebessert, ergänzt und je nach der Außentemperatur den Bedürfnissen angepaßt. Arktische Arten entgehen dem Permafrost, indem sie ihre Nester auf dem Boden anlegen und so auch die Aufwärmung durch die Sonne ausnutzen. Wenn es dennoch zu kalt wird im Nest, heizen die Hummeln, indem sie mit der Flugmuskulatur »zittern«. Von außen ist davon nichts zu sehen, da die Flügel mechanisch entkoppelt sind. Es kann auch umgekehrt zu warm werden im Nest; dann fächern die Hummeln, so wie die Honigbienen, frische Luft herein. Das Resultat dieses Verhaltens ist bei unseren einheimischen Arten eine Nesttemperatur von konstant dreißig Grad C, zumindest dann, wenn das Hummelvolk voll entwickelt ist und über genügend Arbeitskräfte verfügt[3].

Schaut man sich Einzeltiere genauer an, dann findet man noch wesentlich mehr Wärmeregulation.

Bernd Heinrich hat den Hummeln winzige elektrische Thermometer in die Brust und den Hinterleib gesteckt und die Temperatur gemessen[7,9]. Das wärmespendende »Fliegen im Leerlauf« dient nicht nur der Aufrechterhaltung der Nesttemperatur. Die Brut braucht Wärme, soll sie sich ohne Verzug entwickeln. Das über einhundertfünfzig Jahre alte Postulat, im Hummelnest werde regelrecht gebrütet, hat sich eindrucksvoll bestätigt[4,9]. Bernd Heinrich berichtet von einer Königin, die sich zu Beginn der Kolonieentwicklung Tag und Nacht an ihren Brutklumpen mit Larven und Eiern drückte, wenn sie nicht gerade auf Sammeltour war. Sie streckte die Beine und krümmte ihren Hinterleib so um den Brutklumpen, daß sie mit dem Rüssel gleichzeitig einen Honigtopf erreichte. In kalten Nächten trinkt die Amme den ganzen Honigtopf leer. Sinnigerweise ist gerade die Unterseite des Hinterleibes, mit der sie den Brutklumpen berührt, wenig behaart, wärmetechnisch gesprochen also relativ schlecht isoliert. Auf diese Weise wird die Wärmeübertragung an der richtigen Stelle erleichtert. Man möchte geradezu von »Brutflecken« sprechen, wie sie bei Vögeln zur Brutzeit als kahle und besonders durchwärmte Stellen der Bauchhaut vorkommen. Die Temperaturmessungen haben es klar gezeigt: Solange die Hummel nicht brütet, herrscht bei der Brut annähernd die Außentemperatur. Sobald die Hummel sich an die Brut drückt, steigt die Temperatur sprunghaft an. Im Experiment erreichte der Unterschied zur Außentemperatur bis zu fünfundzwanzig Grad C!

Die brütende Hummel heizt ihren Brustabschnitt auf konstant 34,5 bis 37,5 Grad C. Sie kann das bei Außentemperaturen zwischen drei und dreiunddreißig Grad C. Die Temperatur des Hinterleibes liegt nur rund zwei Grad C niedriger. Also fließt Wärme von der Brust (Flugmuskulatur) in den Hinterleib; je kälter, desto mehr. In einer kalten Nacht verbraucht die brütende Hummel ebensoviel Energie für das Wärmen wie sie tagsüber sammelt. Um die Brust im Stand bei fünf Grad C Außentemperatur auf dreißig Grad C zu halten, muß sie etwa eine halbe Kalorie pro Minute aufwenden. Das entspricht ziemlich genau den Treibstoffausgaben, die beim Fliegen anfallen. Im Wettlauf mit der Zeit, bei dem es um die beschleunigte Entwicklung von Eiern, Larven und Puppen durch Temperaturerhöhung geht, wird viel Energie aufgewendet (Abb. 88). An wärmeren Tagen wird die Energierechnung schnell kleiner[9].

## Treibstoff für den Flug

Ebenso eindrucksvoll ist der Energieverbrauch für den Flug, eingeschlossen das Aufheizen vor dem Start.

Die Brust der Hummel ist vollgepackt mit Flugmuskulatur, die mindestens dreißig Grad C warm sein muß, wenn sie sich so schnell und kräftig kontrahieren soll, daß sich das Tier in die Luft erhebt. Bei manchen Arten liegt die Brusttemperatur konstant um siebenunddreißig Grad C, also ganz nahe unserer Körpertemperatur. Was aber geschieht bei kaltem Wetter? Dann bleiben in der Tat viele Insekten am Boden und ihre Sammelflüge fallen aus. Hummeln haben sich durch aktive Thermoregulation von dieser Abhängigkeit befreit und gerade deshalb war es ihnen möglich, so ungewöhnlich weit nach Norden vorzudringen. Bernd Heinrichs Messungen brachten physiologische Meisterleistungen ans Licht[5,7].

Im Thorax einer von außen wie im Schlaf dasitzenden Hummel kann sich plötzlich die Temperatur innerhalb von nur einer Minute von vierundzwanzig Grad C auf siebenunddreißig Grad C erhöhen (Abb. 89). Das Aufheizen von sechs auf siebenunddreißig Grad C dauert siebzehn Minuten. Nicht einmal ein Flügelzittern ist dabei zu sehen. Die Wärmequelle sind wieder die Flugmuskeln. Die Hummel zittert im Thorax bei entkoppelten Flügeln. Hat sie die richtige Starttemperatur erreicht, hebt sie zum Sammelflug ab. Und nun bleibt die Thoraxtemperatur auch dann zwischen fünfunddreißig und fünfundvierzig Grad C, wenn das

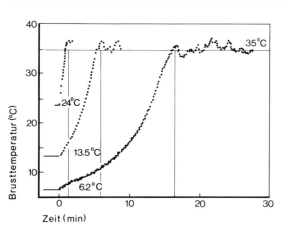
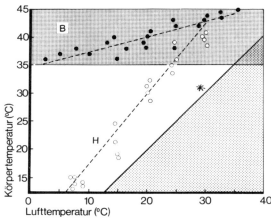

Abb. 89 (links):
Eine Hummelkönigin heizt sich auf. Aufgetragen ist die sprunghafte Erhöhung der Brusttemperatur auf ca. 37° C, ausgehend von verschiedenen Umgebungstemperaturen (24° C, 13,5° C und 6,2° C).

Abb. 90 (rechts):
Die Temperatur im Brustabschnitt *B* und im Hinterleib *H* von Königinnen der Hummelart *Bombus vosnesenskii* während des Fluges. Während die Temperatur im Brustabschnitt trotz der großen Änderungen der Lufttemperatur relativ konstant bleibt, ändert sich die Temperatur des Hinterleibes stark. Steigt die Außentemperatur auf über 30° C, dann haben die Hummeln auch Schwierigkeiten, die Brusttemperatur unter der tödlichen Grenze von 45° C zu halten. Die rechte theoretische Kurve * käme dann zustande, wenn die Hummel nicht regulierte, ihre Körpertemperatur also stets gleich der Außentemperatur wäre.

umgekehrte Problem auftritt: Dieselben Thoraxmuskeln produzieren natürlich ebenso Wärme, wenn sie für den Flug selbst eingesetzt werden. Hohe Außentemperaturen bedeuten Überhitzungsgefahr. Mehr als fünfundvierzig Grad C im Thorax sind tödlich. Die Hummeln meistern dieses Problem, indem sie Wärme aus dem Thorax in den Hinterleib abführen. Auf diese Weise funktioniert das Flugsystem bei Außentemperaturen zwischen zwei Grad C (Königinnen; bei den Arbeiterinnen sind es zehn Grad C) und dreißig Grad C (Abb. 90).

Wie groß ist der Energieaufwand für den Flug? Für das Aufheizen der Muskulatur zum Start auf einen Endwert von fünfunddreißig Grad C beträgt er bei Ausgangstemperaturen von vierundzwanzig Grad C, 13,5 beziehungsweise 6,5 Grad C, in Wärmemengen ausgedrückt 2,9 Kalorien, 7,5 Kalorien beziehungsweise 15,7 Kalorien[5]. In Zucker umgerechnet (1 mg Zucker entspricht etwa vier Kalorien) ergeben sich 0,7 mg, 2 mg und 4 mg. Der Flug selbst – ohne Berücksichtigung der Temperaturregelung – kostet rund 0,3 Kalorien pro Minute. In Zucker ausgedrückt sind das rund 0,07 mg pro Minute. Dies mag absolut betrachtet sehr gering erscheinen. Eine Hummel wiegt aber auch nur 0,2 g. Berechnet man ihre Stoffwechselrate relativ zu ihrem Gewicht, dann zeigt sich, daß sie selbst Kolibris, die besonders stoffwechselaktiv sind, übertrifft. Umgerechnet auf eine Sammelschar von dreihundert Tieren mit nur je fünf Stunden Flugzeit ergeben sich tägliche Kosten von 6,3 g für ein Hummelvolk, fast ein Drittel der Gesamteinnahmen an Nektar.

## Wärmefluß durch die Wespentaille

Mit der Temperatur ihres Hinterleibes kann die Hummel offenbar beides: beim Brüten, auch bei großer Kälte, konstant hochhalten und beim Flug nicht regulieren, so daß sie sich stark mit der

260  Die Sinne und das Verhalten

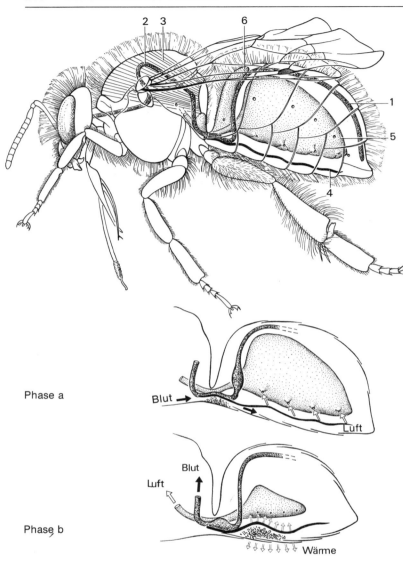

Abb. 91:
Eine »gläserne« Hummel zeigt das Inventar zur Wärmeregulation.
*Oben:* Der Brustabschnitt sowie der Rücken des Hinterleibes sind von einem dichten Pelz langer Haare bedeckt. Er wirkt wärmeisolierend. Die Unterseite des Hinterleibes jedoch ist vergleichsweise spärlich behaart. Sie wirkt wie ein thermisches Fenster. Die enge Verbindung zwischen Brust und Hinterleib und die Luftsäcke *(6)* im Vorderteil des Hinterleibes wirken einem Wärmefluß von der Brust in den Hinterleib entgegen. Schließlich das Gegenstromprinzip: Das Herz *(1)* pumpt relativ kaltes Blut aus dem Hinterleib nach vorne (*2* Aorta, *3* Brustmuskulatur). Die Schleife des Gefäßes durch die Hummeltaille bringt dieses Blut in engen Kontakt mit dem wärmeren Blut, das aus dem Brustabschnitt kommend vom Diaphragma *(4)* nach hinten bewegt wird. Das kältere Blut erwärmt sich, dem Brustabschnitt bleibt die Wärme erhalten.
*Unten:* Wenn die Wärmekonservierung durch den Gegenstrom vermindert werden soll, um etwa eine Überhitzung des Brustabschnittes zu vermeiden, oder den Hinterleib beim Brüten zu erwärmen, dann fließen die beiden gegenläufigen Blutströme vermutlich nicht gleichzeitig, sondern nacheinander durch die Hummeltaille.
Phase *a:* Der Hinterleib dehnt sich, Luft strömt von außen in den Luftsack *(5)* ein. Gleichzeitig hebt sich das Diaphragma und Blut strömt aus der Brust ein.

Lufttemperatur ändert und stets fünf bis zehn Grad C über ihr liegt (Abb. 90). Wie wird im zweiten Fall die Wärme im Brustabschnitt zurückgehalten, wie im ersten an den Hinterleib abgegeben?

Die Antwort steckt in der »Wespentaille«, dem stielförmigen Verbindungsstück zwischen dem Hinterleib und dem Brustabschnitt. In der Fachsprache heißt diese Einschnürung Petiolus und strenggenommen liegt sie zwischen dem ersten und zweiten Hinterleibssegment. Schneiden wir eine Hummel senkrecht der Länge nach auf, dann sehen wir die Strukturen, die uns die gestellte Frage beantworten[6] (Abb. 91).

Phase *b*: Der Hinterleib kontrahiert sich, Luft strömt aus dem großen Luftsack des Hinterleibes in die Brust. Das Diaphragma hat sich gesenkt, so daß zwar das Hinterleibsblut vom Herz in die Brust gepumpt werden kann, aber die Passage für den Fluß des Blutes in der umgekehrten Richtung zu eng ist. Das in den Hinterleib eingetretene Blut gibt dort seine Wärme ab (kleine Pfeile).

Das Herz der Insekten ist schlauchförmig und liegt unter der Oberseite des Hinterleibes. In dem nach vorne abgehenden Gefäß, der Aorta, wird Blut durch die Flugmuskulatur hindurch zum Kopf befördert. Dort verläßt es die Gefäßbahn, ergießt sich in die Körperhöhle und fließt langsam zurück zum Herzen, in das es durch seitliche Öffnungen zurückkehren kann. Den Hinterleibsstiel passiert das rücklaufende Blut unter einem Diaphragma, das sich flächig durch den ganzen Hinterleib erstreckt. Da es weder Venen noch Kapillaren gibt, spricht der Zoologe von einem offenen Kreislaufsystem. Bei der Hummel zieht die Aorta als enge »Haarnadel« durch den Hinterleibsstiel.

Dem Gastransport dient bei Insekten nicht das Blut, sondern ein System von reich verzweigten Luftröhren, die Tracheen, die in feinsten Verzweigungen die Gewebe aller Organe erreichen. Vor allem im Hinterleib hat es bei vielen Insekten – so auch bei den Hummeln – große Auftreibungen (Tracheensäcke). Durch die Hummeltaille ziehen zwei große Tracheen. Pumpbewegungen des Hinterleibes treiben Luft durch das System.

Eine ganze Reihe verschiedener Messungen spricht dafür, daß mit der Wärme des Brustabschnittes folgendes passiert[6]:

1. Zuerst der Fall, bei dem die Wärme im Brustabschnitt zurückgehalten wird. Schon die Form des engen Hinterleibsstieles und die reiche Behaarung der Hummel wirken dem Wärmeverlust entgegen. Zusätzlich wird ein Teil der mit dem Blut zum Herzen zurückfließenden Wärme vom Aortablut aufgenommen. Dabei ist ein einfacher Trick im Spiel, das Gegenstromprinzip. In der Aorta fließt das kalte Blut aus dem Hinterleib im Gegenstrom mit dem warmen Thoraxblut, von dem es nur durch dünnste Zellagen getrennt ist. Wärme tritt ins kältere Aortenblut über und bleibt dem Thorax auf diese Weise erhalten. Das gleiche Prinzip spielt im Tierreich oft eine Rolle: beim Gasaustausch in der Fischkieme zum Beispiel, bei der Harnproduktion in der Säugerniere, bei den Enten, die im Winter mit nackten Beinen auf dem Eis stehen und die Abgabe von Körperwärme in Grenzen halten müssen; schließlich behalten damit viele Säugetiere einen kühlen Kopf.

2. Wie kann man mit demselben Apparat das Gegenteil erreichen, die Wärmeabgabe an den Hinterleib? Wahrscheinlich mit Hilfe eines raffinierten »Schalters«, der bewirkt, daß die beiden gegenläufigen Ströme nicht gleichzeitig, sondern abwechselnd durch den Hinterleib fließen und damit das Gegenstromprinzip außer Kraft setzen. Die Abbildung 91 zeigt genauer, wie man sich dies vorzustellen hat.

Übrigens muß man sehr vorsichtig sein, wenn man solche Befunde auf andere Tiere überträgt. Selbst in der nächsten Hummelverwandtschaft, bei der Honigbiene, gibt es keinen solchen Schalter; das heißt, der Gegenstrom – Wärmeaustausch ist immer in Betrieb, der Hinterleib taugt also nicht zur Abgabe überschüssiger Wärme aus dem überhitzten Thorax. Dennoch kann die Biene bis zu der extrem hohen Außentemperatur von sechsundvierzig Grad C fliegen, ohne zu heiß zu werden. Ein Rekord unter den bisher untersuchten Insekten! Der Trick: Sie würgt ein Tröpfchen aus ihrem Honigmagen heraus und hält es am Rüssel. Seine Verdunstung führt zur Abkühlung. So bleibt nicht nur der Kopf kühl – auch die Thoraxtemperatur wird um rund zehn Grad C herabgesetzt. Bei Außentemperaturen von weniger als dreißig Grad C reguliert die fliegende Honigbiene weder die Kopf- noch die Brusttemperatur[9].

## Der beste Weg zum Futter

Wenn wir von ökonomischem Verhalten sprechen, dann meinen wir, auf einen kurzen Nenner gebracht, den nutzbringenden Umgang mit dreierlei: mit der Energie, also der Währung unseres biologischen Wirtschaftssystems, mit der Zeit und mit dem Risiko. Alle drei Faktoren müssen so aufeinander abgestimmt sein, daß die Produktion von Nachkommenschaft gesichert ist. Die Evolution wird diejenigen als die Fittesten übriglassen, deren Nettogewinn pro Zeiteinheit bei tragbarem Risiko am größten ist.

Zur Energie: Wir haben gesehen, welche Wege sie geht und können uns ein konkretes Bild davon machen, was es für eine Hummel heißt, ökonomisch damit umzugehen.

Zur Zeit: Die Hummeln müssen eine ganze Reihe von zeitlichen Bezügen in ihr Verhalten mit einbeziehen. Vor allem sind da die jahres- und tageszeitlichen Periodizitäten. Die Produktion der neuen Königinnen muß vor dem Winter abgeschlossen sein. Beim Futtersammeln ist ein gutes timing mit der Blühzeit der Futterpflanzen wichtig, auch das mit der tageszeitlichen Temperaturänderung und mit der Zeit der größten Nektarabscheidung (Kapitel 26). Die Zeit spielt beim Flug von Blüte zu Blüte eine Rolle und wir können getrost auch hier behaupten, daß Zeit »Geld« bedeutet. Die auszubeutende Nektarmenge muß in einem sinnvollen Verhältnis zur Dauer des Anfluges und des Rückfluges stehen; zwischen den Blüten eines Blütenstandes sollte nicht wahllos hin- und hergeflogen werden. Schließlich sollte der Zugang zur Blüte rasch gefunden werden; der Neuling findet ihn bei kompliziert gebauten Blüten erst nach längerem Herumprobieren (Abb. 92).

Zum Risiko: Ein Risiko entsteht immer dann, wenn Zeit- oder Energiebilanz nicht mehr stimmen. Wenn etwa Schlechtwetterperioden nicht mit Futtervorrat begegnet werden kann oder wenn die jungen Königinnen zu spät heranreifen.

Kehren wir noch einmal kurz zum Ausgangspunkt zurück. Wie verhält sich die Hummel beim Sammelgeschäft selbst?

Es hat in den vergangenen Jahren nicht an Versuchen gefehlt, die Erklärung des Verhaltens der Bienen und speziell der Hum-

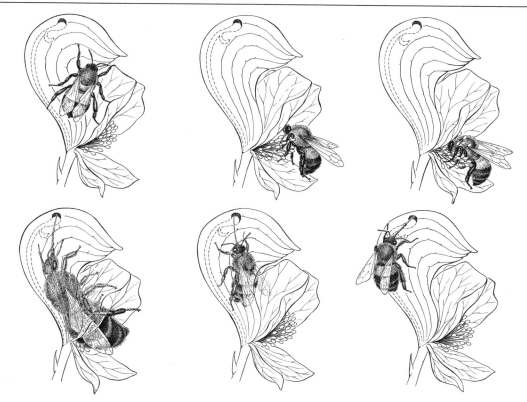

Abb. 92:
Hummeln an Blüten des Eisenhuts.
*Oben:* links versucht ein unerfahrenes Tier, von oben in die Blüte einzudringen; in der Mitte eine Hummel, die vergeblich zwischen den Staubgefäßen nach Nektar sucht; rechts ein Tier, das die Staubgefäße beim Pollensammeln schüttelt.
*Unten:* große (links) und kleine (Mitte) Hummeln erreichen den Nektar auf verschiedene Weise; Nektarräuber (rechts) schließlich beißen ein Loch in den »Helm« und saugen den Nektar von außen, ohne in die Blüte einzudringen und der Bestäubung zu nützen.

meln, die wir hier als Beispiel unter den vielen blütenbesuchenden Insekten herausgegriffen haben, durch Messen und Zählen aus der bloßen Plausibilität herauszuheben[2]. Bisher gibt es keine alleingültige einheitliche Theorie zur optimalen Strategie der Futterbeschaffung. Vermutlich wird es eine solche auch nicht geben können; zu unterschiedlich sind die ökologischen Bedingungen, unter denen sie sich abspielt. Aber wieder gibt es eine Reihe von Messungen, die es uns erlauben, das Problem für unseren konkreten Fall konkret aufzuzeigen.

Graham Pyke von der University of Utah in Salt Lake City hat die nordamerikanische Hummelart *Bombus appositus* gründlich beim Nektarsaugen an einer typischen Hummelblume, dem Rittersporn *(Aconitum columbianum),* beobachtet und gefunden, daß es dabei recht systematisch zugeht[14,15].

Die Hummeln starten in aller Regel ihren Besuch an einer der untersten Blüten des Blütenstandes. 84,6 Prozent aller Starts spielen sich an den untersten drei Blüten ab. Von dort aus geht es nach oben, gewöhnlich zu Blüten, die sie nicht kurz vorher schon einmal aufgesucht haben. Selten kommt es zu einem nach unten gerichteten »Umweg«. In neunzig Prozent aller Fälle fliegen die Hummeln zu der Blüte weiter, die am nächsten oder zweitnächsten liegt. Wollte man die Hummel herumdirigieren, dann würde etwa folgendes Kommando zu den Beobachtungen passen: »Fliege stets zu der nächstgelegenen Blüte, die du nicht gerade besucht hast, ausgenommen, du hast dich gerade nach unten bewegt. Bist du gerade am Blütenstand angekommen, dann fliege zu der nächstgelegenen Blüte über dir.« Ein solches Kommando würde auch bedeuten, daß zwei hintereinanderfolgende Abwärtsbewegungen nicht vorkommen dürfen.

Überraschenderweise verlassen die Hummeln den Blütenstand meist nicht am oberen Ende, sondern in siebenundsechzig von hundert Fällen von einer darunter gelegenen Blüte. Der Grund? Innerhalb eines Blütenstandes nimmt die Nektarmenge in den Blüten von unten nach oben ab. Es erscheint demnach sinnvoll, unten anzufangen und oben aufzuhören, bevor der Nettoprofit fraglich wird. Für die Blüte ist dies nicht etwa ungünstig, wie man zunächst meinen könnte. Das Alter der Blüten nimmt beim Rittersporn ebenso wie bei anderen typischen Hummelpflanzen mit ähnlichen Blütenständen (zum Beispiel dem Fingerhut und dem Weidenröschen) von unten nach oben ab. Blüten mit empfangsbereiten Narben liegen unten, solche mit reifen Pollen oben. Fliegt nun die Hummel von einem Rittersporn zum nächsten, dann tut sie genau das, was die Pflanze braucht: Sie trägt den Pollen der oberen Blüten des gerade verlassenen Blütenstandes auf die Narben der unteren Blüten des neuen Blütenstandes. Fremdbestäubung wird dadurch gefördert, außerdem Pollen gespart: Die größtmögliche Menge gelangt auf die empfangsbereiten Narben und wird nicht für die zu jungen Blüten verschwendet[14]. Andererseits trägt die Hummel nicht soviel Pollen mit sich herum, daß sie unendlich viele Blüten bestäuben könnte. Sind deshalb die Blüten des Rittersporns spiralig angeordnet? Auf ihrem Weg nach oben läßt die Hummel wegen der spiraligen Anordnung stets Blüten aus. Vielleicht bestäubt sie auf diese Weise gerade so viele Blüten desselben Blütenstandes, wie sie wirklich bestäuben kann, um dann zur nächsten Pflanze weiterzufliegen. Die Pflanze hätte auch hierdurch die Wirksamkeit des Polleneinsatzes erhöht. Eine plausible Vorstellung; der Beweis steht noch aus.

Immerhin zeigt sich wieder in aller Deutlichkeit, daß viele Einzelheiten im Bau beziehungsweise im Verhalten der Partner erst im Lichte ihres gegenseitigen Verhältnisses einen biologischen Sinn bekommen.

## Der Konkurrenz aus dem Wege gehen

Das Verhalten bei der Futtersuche kann sich aufgrund von Konkurrenz ändern. Das ist auch bei der Hummel so. *Solidago canadensis,* die in die Verwandtschaft der Astern gehört, heißt wegen ihrer langen Reihen gelber Blüten Goldrute. Goldenrod, wie die Amerikaner dazu sagen, ist in der Küstengegend von

Abb. 93:
Die Goldrute *Solidago canadensis* und zwei Hummeln, die sich beim gleichzeitigen Sammeln so arrangieren, daß die größere Art *(Bombus terricola)* die innen gelegenen Blüten ausbeutet, die kleinere *(Bombus ternarius)* dagegen die äußeren.

Maine im August eine wichtige Energiequelle für Hummeln. Oftmals saugen mehrere Arten zugleich daran den Nektar. Zwischen der kleinen Art *Bombus ternarius* und der größeren Art *Bombus terricola* kommt es dabei zu einem interessanten Arrangement (Abb. 93). Die kleinen Hummeln ziehen sich auf die außen gelegenen Blüten zurück sobald die großen auftauchen und überlassen diesen die weiter innen gelegenen Blüten zur Ausbeutung. Die großen Hummeln wiederum bleiben den außen gelegenen Blüten fern, weil der Blütenzweig so weit außen ihr Gewicht nicht mehr trägt. Ihre kleinen Vettern können überall saugen und sie tun es auch, sobald die großleibige Konkurrenz abgezogen ist. Ist sie aber da, so tun sie besser daran, ihr aus dem Wege zu gehen und nicht Zeit und Energie für eine ungleiche Auseinandersetzung zu vergeuden[13].

Eine ähnlich friedliche Aufteilung der Ressourcen unter verschiedenen Hummelarten beobachtet man auch, wenn es um die Auswahl der Futterpflanzen geht. *Bombus appositus* und *Bombus flavifrons* sammelten zunächst jeweils auf Pflanzen, deren Blüten gerade so tief wie die Hummelrüssel lang waren. Entfernte der Experimentator die eine Art aus dem Areal, dann stieg sogleich die Häufigkeit, mit der die andere die Blütensorte der ersten aufsuchte[10]. Flexibilität ist die entscheidende Voraussetzung für ihren Erfolg. Sie tut gut daran, nicht stur dieselbe Blütensorte anzufliegen, sondern ab und zu auch die Situation bei den Nachbarblüten zu erkunden. Ist die langrüsselige Hummelart ausgefallen *(B. appositus),* dann lohnt sich mit einem Mal der Besuch von *Delphinium barbeyi* (ein Rittersporn) auch für die Hummelart mit dem kürzeren Rüssel *(B. flavifrons).* Weshalb? Weil der Nektarspiegel gestiegen und in Reichweite des kürzeren Rüssels gelangt ist.

Es ist fraglich, ob es bei allen Hummeln unter allen Außenbedingungen im Wettstreit um die Nahrung so friedlich zugeht. Unter den stachellosen Bienen der Tropen (Kapitel 6) gibt es ausgesprochen aggressive Vertreter (beispielsweise *Trigona silvestriana* und *T. corvina*) (Tafel 9). Die Auseinandersetzung um das Futter geht für den Unterlegenen bisweilen sogar tödlich aus, nachdem sich die Bienen bis zu einer Stunde oder länger ineinander verbissen haben und im intensivsten Stadium ihres Kampfes Bauch an Bauch ringen, eine klebrige Substanz ausscheiden und dem Gegner oftmals durch Zerbeißen des Kopfes den Garaus machen. Je konzentrierter der Nektar und je reicher das Pollenangebot, desto länger und intensiver sind die Auseinandersetzungen der Kontrahenten. Obgleich dies zunächst Zeit- und Futterverlust bedeutet, lohnt sich dieses Verhalten offenbar. Die weniger aggressive Art wird von der Futterquelle ausgeschlossen. Gewöhnlich gewinnt die größere Art und das leuchtet ein. Ist sie es doch, die beim Herumfliegen den höheren Energieaufwand treiben muß und so schneller an die Grenze kommt, an der das Sammeln von Nektar und Pollen unrentabel wird, weil die Blüten zu unergiebig sind[11].

# 30 Gekoppelte Evolution im Wettstreit um begrenzte Ressourcen

> ... muß ich doch in seiner Arbeit den ersten ernstlichen wissenschaftlichen Versuch bewundern, alle Erscheinungen der organischen Natur aus einem großartigen, einheitlichen Gesichtspunkte zu erklären und an die Stelle des unbegreiflichen Wunders das begreifliche Naturgesetz zu bringen.
>
> *Ernst Haeckel über Charles Darwin, 1862*

Im Erstaunen über die Präzision und Ordnung in Dingen, die nur bei flüchtiger Betrachtung grob und alltäglich aussehen, stellt sich uns immer wieder die Frage: Wie ist es dazu gekommen? Keines der biologischen Probleme, die uns den Weg bis hierher geführt haben, ist ohne eine Antwort auf diese Frage ganz gelöst. Je feiner Insekt und Pflanze aufeinander abgestimmt sind, desto mehr drängt uns die Frage nach der Entstehungsgeschichte ihrer Partnerschaft. Erinnern wir uns an das erste Kapitel. Ein besseres Beispiel als die Gallwespe und ihre Feigen ist kaum auszudenken: Die Balance von wechselseitigem Nutzen und wechselseitiger Abhängigkeit wird in solchen spektakulären Fällen von Co-Evolution besonders deutlich. Die Ordnung in der Beziehung zwischen den Sinnesleistungen der Insekten und den Eigenarten der von den Blüten ausgesandten Signale ist nicht weniger eindrucksvoll, eingeschlossen das Beispiel der Fliegenorchis, die so differenziert in das Sexualverhalten der männlichen Grabwespen eingreift. Aber es soll hier keine Reihenfolge der Erstaunlichkeit aufgestellt werden, zumal sich ja stets aufs neue zeigt, daß auch »einfache« Dinge monströse Perfektion erkennen lassen, sobald man sie nur genau genug ansieht. Es soll vielmehr der Vorgang Evolution noch einmal gesondert für unseren Zusammenhang betrachtet werden.

»Als ich im Sommer 1787 die Blume des Waldstorchschnabels *(Geranium sylvaticum)* aufmerksam betrachtete, so fand ich, daß der unterste Theil ihrer Kronblätter auf der inneren Seite und an den beiden Rändern mit feinen und weichen Haaren versehen war. Überzeugt, daß der weise Urheber der Natur auch nicht ein einziges Härchen ohne eine gewisse Absicht hervorgebracht hat, dachte ich darüber nach, wozu denn wohl diese Haare dienen möchten.« So schreibt Christian Konrad Sprengel 1793 in der Einleitung zu seinem berühmten blütenökologischen Buch. Kein Zweifel, für ihn war die Beschäftigung mit der Natur gleichzeitig die Beschäftigung mit dem Willen und der Weisheit des Schöpfers. Die Frage, wie sich all das, was er bestaunte, im Laufe der Zeit entwickelt haben mag, stellte sich für ihn nicht. Für uns ist es eine zentrale Frage.

## Hundertfünfunddreißig Millionen Jahre Blütenpflanzen

Vor rund einhundertfünfunddreißig Millionen Jahren, kurz vor dem Verschwinden der Dinosaurier und Ammoniten, begann in der Pflanzenwelt die Entwicklung der bedecktsamigen Blütenpflanzen oder Angiospermen. Nach erdgeschichtlichen Maßstäben haben sich die Bedecktsamer schnell ausgebreitet. Schon in der mittleren Kreidezeit vor etwa achtzig Millionen Jahren verdrängen sie die Gingkobäume, Baumfarne, Palmfarne und Bennettiteen, die damals die Pflanzengesellschaften beherrschen. Schon damals beginnt das bis heute andauernde Zeitalter der Angiospermen. Mit rund zweihundertfünfzigtausend lebenden Arten stellen sie heute die bei weitem größte Pflanzengruppe. Außer den Sandwüsten und den arktischen Regionen haben sie die Kontinente gänzlich erobert. Sie sind die beherrschende Gruppe der Landpflanzen. Ihre Variabilität und Anpassungsfähigkeit ist ohnegleichen. Sie sind an der Evolution der Tiere des Festlandes entscheidend mitbeteiligt, da diese ja allesamt aus erster oder zweiter Hand von der Energie leben, die von ihnen und den anderen Pflanzen mit Hilfe der Photosynthese nutzbar gemacht wird. Mensch und Tier sind in diesem Sinne die Parasiten der Pflanzen.

Die typischen Anpassungen der bedecktsamigen Blütenpflanzen sind Anpassungen der Fortpflanzungsorgane an die Bestäubung durch Insekten. Ihre Eizellen liegen geschützt im Fruchtknoten. Der Schauapparat der Blüte lockt die Insekten auf der Suche nach Pollen und Nektar an. Gleichzeitig wird die Samenanlage vor dem Fraß durch dieselben Insekten – ursprünglich wohl vor allem die unspezialisierten Käfer – geschützt und in den geschlossenen Fruchtblättern vor ihnen versteckt. Daher der Name: Bedecktsamer oder Angiospermen, vom griechischen *angeion*, Behälter und *sperma*, Same. Schließlich ist so auch die Narbe entstanden. Sie fängt den Pollen nicht nur auf und stimuliert sein Keimen, sondern sortiert zudem unerwünschten Pollen aus und fördert die genetisch vorteilhafte Fremdbestäubung[9].

Daß das Verpacken der Samenanlage in den Fruchtblättern auch als Schutz vor dem Vertrocknen wichtig ist, versteht sich bei Landpflanzen von selbst.

Die Blüte hat den einzigartigen Erfolg der Angiospermen entscheidend mitgeformt. Als Fortpflanzungsorgan ist sie unter allen Pflanzenorganen der natürlichen Selektion besonders direkt ausgesetzt. Kein Wunder, daß sich die genetische Vielfalt der

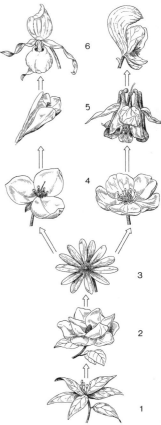

Abb. 94:
Wichtige Trends in der Entwicklung der Blütengestalt über eine Zeit von 100 Millionen Jahren.
*1* ursprünglichste amorphe Blüte ohne eindeutig erkennbare Gestalt und Symmetrie.
*2* Blüte von offener halbkugeliger Form ohne eindeutige Symmetrie (wie die Blüten von Magnolien).
*3* typisch offene radiärsymmetrische Blüte (wie die des Adonisröschen). Danach Aufspaltung in verschiedene Entwicklungslinien, wie etwa Blüten der hier gezeigten einkeimblättrigen Blütenpflanzen (links) und Blüten der Hahnenfußgewächse (rechts).
*4* Blüten mit verringerter,

aber festgelegter Zahl von Blütenblättern (wie die der Tradescantie, links, und des Wiesenhahnenfußes, rechts).
5 Blüten zunehmend räumlicher Gestalt mit verborgenem Nektar und sehr häufig bilateraler Symmetrie (wie die der Freesie, links, und der Akelei, rechts).
6 Komplexe Blütengestalten der höchsten Entwicklungsstufe (wie die Blüten des Frauenschuhs, links, und des Eisenhuts, rechts).

Abb. 95:
Die Familie des Phlox zeigt eindrucksvoll, wie sich die Blütengestalt innerhalb einer Familie unter dem Selektionsdruck verschiedener Bestäuber auseinanderentwickeln und anpassen kann. Ausgangspunkt waren hypothetisch Blüten, die von Bienen bestäubt werden. Selbstbestäubung (S) hat sich vermutlich mehrmals sekundär aus der Insektenbestäubung entwickelt.

Angiospermen gerade in der eindrucksvollen Vielfalt ihrer Blüten widerspiegelt.

Wie hat die Evolution der Blüte ausgesehen?

Eine Magnolienblüte aus der Kreidezeit, den heutigen Magnolien sehr ähnlich, muß dem Ausgangspunkt der heutigen Vielfalt sehr nahe gewesen sein. In großer Zahl spiralig angeordnete Staub-, Frucht- und Blütenblätter waren typisch. Im Verlauf der Zeit nahm ihre Zahl ab, ihre Anordnung wurde kreisförmig. Der Übergang zur regelmäßigen radiären Symmetrie und dann zur bilateralen Symmetrie ist ein weiterer Trend in der Evolution der Blütenpflanzen. Gleichzeitig verschmelzen Blütenteile miteinander. Die Blüte nimmt schließlich eine immer »räumlichere« Gestalt an, Kronröhren, Nektarsporne und dergleichen werden gebildet[5] (Abb. 94). Die zweiseitige Symmetrie komplexer Blütenformen vom Typ des Frauenschuhs etwa, des Löwenmäulchens oder Rittersporns sind späte Erwerbungen der Evolution. Auch unter der heutigen Flora können diese allgemeinen Trends in der Evolution der Blütengestalt in morphologischen Reihen wiedergefunden werden[5].

So erscheint zunächst ein recht geschlossenes Bild. Oft ist die Evolution im Einzelfall jedoch komplizierter abgelaufen. Dasselbe Resultat wurde häufig auf verschiedenen parallelen Wegen erreicht. Vielfach sind Anpassungen an bestimmte Bestäuber beherrschend und es kommen Wechsel im Bestäuber vor. Einmal erreichte Blütenformen können der Ausgangspunkt für eine ganze Palette von ökologischen Spezialanpassungen sein; die Familie des Phlox ist das Paradebeispiel dafür (Abb. 95)[3,8].

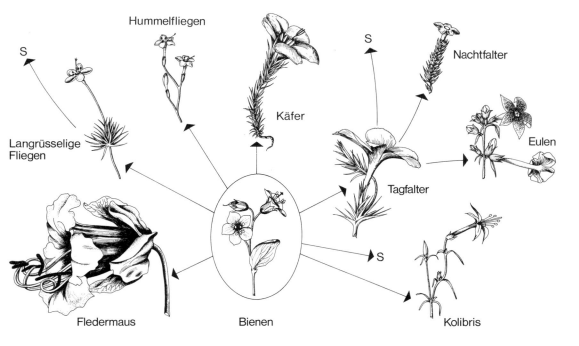

# Insekten: Die Geschichte eines einzigartigen Erfolges

Die Insekten stehen den Blütenpflanzen an Erfolg nicht nach. Unter den Tieren sind auch sie die beherrschende Gruppe. Dies drückt sich zum einen in der Zahl der Arten aus: Von den rund 1,2 Millionen bekannten Tierarten gehören nicht weniger als etwa neunhunderttausend zu den Gliedertieren oder Arthropoden, deren wichtigste Vertreter die Krebse, Spinnen und Insekten sind. Und unter den Arthropoden wiederum bilden die Insekten mit rund achthunderttausend Arten die weitaus größte Gruppe (Abb. 96). Von den blütenbesuchenden Insekten wiederum ist die Gruppe der Käfer mit rund dreihundertfünfzigtausend Arten die größte, gefolgt von den Schmetterlingen, Hautflüglern (etwa einhunderttausend) und Zweiflüglern (Fliegen und Mücken, etwa fünfundachtzigtausend).

Insekten haben nahezu alle Lebensräume erobert, die kleinsten Lücken im Erdreich, das Wasser, als erste echte Landtiere in der Stammesgeschichte nicht nur das Land, sondern auch die Luft.

Abb. 96:
Die Stämme des Tierreiches (vgl. Text).

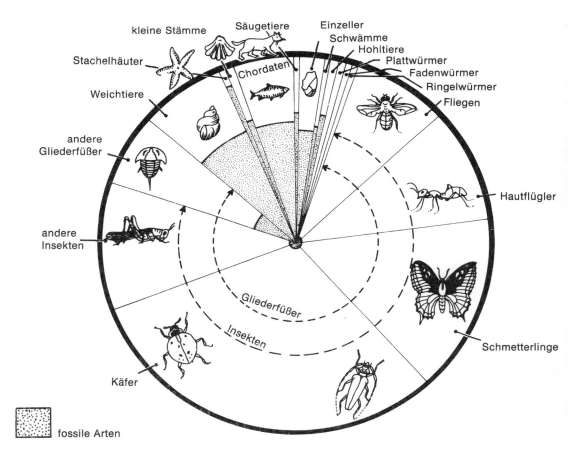

# 30 Gekoppelte Evolution im Wettstreit um begrenzte Ressourcen

Die Zahl der Individuen ist schier astronomisch hoch. Man schätzt, daß auf jeden Menschen fast eine Milliarde Insekten kommen. So wie wir aus botanischer Sicht heute im Zeitalter der Angiospermen leben, so leben wir aus zoologischer Sicht in einer Welt der Insekten.

Ihre Geschichte ist wesentlich älter als die der Blütenpflanzen. Sie beginnt bereits im Dunkel des Paläozoikums. Das älteste bisher bekannte Insekt ist ein Springschwanz aus dem Mitteldevon von Schottland[4]; es ist rund dreihundertundfünfzig Millionen Jahre alt. Die ersten durch Versteinerungen in größerer Zahl sicher belegten Insekten lebten vor rund dreihundert Millionen Jahren in den riesigen Wäldern der Schuppenbäume, Siegelbäume und Baumfarne, deren Reste heute unsere Steinkohle bilden. Es war die Zeit, als die Reptilien begannen, die Amphibien als beherrschende Tiergruppe zu verdrängen, lange vor den ersten Vögeln und Säugetieren. Damals waren die Insekten bereits hoch entwickelt und geflügelt. Die wichtigsten Etappen ihrer Evolution lagen bereits hinter ihnen. Es gab schon solche, die ihre Flügel einfalten konnten und bei ihrer Entwicklung über ein Puppenstadium eine vollständige Verwandlung durchmachten. Leider fehlen uns die Fossilien dazu. Die Riesenlibelle *Meganeura monyi* aus den Kohlelagern von Commentry in Frankreich ist einer der frühesten Funde. Sie macht ihrem Namen Ehre: Körperlänge dreißig Zentimeter, Flügelspannweite bis zu sechzig Zentimeter. Auch Schaben sind unter den ersten nachweisbaren Insekten (Abb. 97). Vor etwa dreißig Millionen Jahren (nach neuesten Vorstellungen vielleicht sogar mehr), im Tertiär, als das große Sterben des Riesenheeres der Reptilien des Erdmittelalters schon viele Millionen Jahre zurücklag und die Evolution der Säugetiere bereits weit fortgeschritten war, ist die Insektenwelt der heutigen bereits so ähnlich, daß es mitunter schwerfällt, die wundervoll in Bernstein aus jener Zeit erhaltenen Arten von den heutigen zu unterscheiden. Der lange ununterbrochene Erfolg der Insekten, getragen von ihren Anpassungen ans Landleben und ihrer Beweglichkeit, ist ohnegleichen.

Unter den heutigen Blütenbestäubern sind die Käfer eine besonders alte Gruppe. Die ältesten Käferfossilien stammen aus dem Erdaltertum, dem Perm, und sind rund zweihundertundachtzig Millionen Jahre alt. Bienen, Fliegen und Schmetterlinge sind wesentlich jünger (Abb. 97). Hautflügler tauchen als Versteinerungen erstmals im Erdmittelalter (Trias) vor rund zweihundert Millionen Jahren auf. Die Geschichte der so weitgehend an den Blumenbesuch angepaßten Bienen und Hummeln aber, die zu den Hautflüglern gehören, ist nicht von derjenigen der Angiospermen zu trennen, die erst hundert Millionen Jahre später zur beherrschenden Pflanzengruppe werden. Schmetterlinge sind im ganzen Erdmittelalter, das vor rund siebzig Millionen Jahren endet, noch nicht sicher nachzuweisen.

Abb. 97:
Fossile Insekten.
Oben eine Schabenart, die vor vermutlich mehr als 200 Millionen Jahren im Erdaltertum gelebt hat (*Kunguroblattina microdictya*, Blattopteroidea, aus dem unteren Perm des Ural) und unten ein mindestens 140 Millionen Jahre alter Vertreter der Hautflügler aus dem Erdmittelalter (*Mesohelorus muchini*, Hymenoptera, aus dem oberen Jura von Kasachstan).

## Co-Evolution und Spezialisierung

Das Ausmaß der Spezialisierung auf den Blütenbesuch ist offensichtlich bei denjenigen Insekten am größten, deren Entfaltung ganz oder größtenteils in die Epoche der Angiospermen fällt. Besonders deutlich spiegelt es sich in der Ausgestaltung der Mundwerkzeuge wider (Kapitel 11). Mit der Spezialisierung der Blütengestalt geht gleichzeitig eine Auswahl der spezialisierten Blütenbesucher einher. Wird der Nektar am Ende einer langen Blütenröhre angeboten, dann ist er bereits einer Biene nicht mehr zugänglich. Ihr Rüssel ist zu kurz, ihr Körper zu dick, um bis vor Ort zu gelangen. Selbst wenn die Blütenröhre rüssellang ist, kann das Fehlen eines Landeplatzes den Besuch von Hummeln und Bienen verhindern. Schmetterlinge haben hier keine Probleme. Ihr Rüssel ist lang genug und viele von ihnen brauchen keinen Landeplatz, weil sie im Schwirrflug saugen können. Schmetterlinge sind aber selbst wieder so weitgehend spezialisiert – und das heißt ja immer auch, in ihren Möglichkeiten eingeengt –, daß sie nur den Nektar, nicht aber den Pollen nutzen können. Es fehlen ihnen die Kieferzangen dazu.

Solche Überlegungen führen zu der Einteilung in Käferblumen, Fliegenblumen, Bienenblumen, Schmetterlingsblumen und so weiter (Kapitel 3), die aber nicht überstrapaziert werden darf. Für die stark spezialisierten Blütenformen ist sie sicher sinnvoll. Schwieriger wird es bei den vielen einfach gebauten Blüten, an denen sich viele verschiedene Insekten einfinden.

Mit zunehmender Spezialisierung sind die Insekten auf eine immer engere Auswahl von Blüten angewiesen. Unter der von ihnen besuchten Auswahl haben diejenigen den größten Zulauf, deren Nahrungsangebot am attraktivsten ist und deren Blütengestalt und Geruch sich ihnen besonders gut einprägen. Varianten in einer Blütenpopulation, die sich in diesem Sinne vor anderen Individuen auszeichnen, haben eine erhöhte Chance, befruchtet zu werden. Die Insekten treiben auf diese Weise Auslese unter den Blütenpflanzen. Das Ergebnis ist genau dasselbe wie bei der vom Tierzüchter und Pflanzenzüchter betriebenen Zuchtwahl, und es ergibt sich zwangsläufig, daß die Sinnes- und Lernleistungen der Insekten mit den von den Blüten ausgehenden Signalen in engem Zusammenhang stehen. Die Biene ist ein Paradebeispiel hierfür (Kapitel 12 bis 22).

Gerne möchte man wissen, ob sich die Sinnesleistungen der stammesgeschichtlich primitiveren Insekten aus dem Bezug zu einfacheren Blütenformen verstehen lassen und in diesem Sinne »primitiver« sind. Im Verlauf der Evolution muß das Erkennen von Blütenformen und Blütenmustern immer wichtiger geworden sein. Schließlich mußten die Insekten lernen, mit räumlichen Situationen fertigzuwerden, mit denen die höchstentwickelten

Blütenformen diejenigen konfrontieren, die zu ihrem Nektar vordringen wollen[5]. Die Insekten müssen Lernen gelernt haben, da in den komplizierten Blüten das Futter nicht offen daliegt, vielmehr allein die Assoziation von verschiedenen Signalen mit ihm den richtigen Weg zum verborgenen Nektar weist.

Unter allen Insekten ist die Biene einzigartig gut untersucht. Was uns fehlt, sind breit angelegte Untersuchungen an den anderen Bestäubergruppen. Sie sind schwierig, weil es so viele Merkmale gibt, die sich möglicherweise aus einer uns unbekannten Vorgeschichte erklären und nicht unbedingt mit einer gegenwärtigen arterhaltenden Leistung zu tun haben. Viele Spezialanpassungen hängen mit der stammesgeschichtlichen Beziehung der Insekten zum Blütenbesuch sicher nur indirekt zusammen. Die eindrucksvollen Leistungen des Nervensystems der Honigbienen etwa stehen gewiß über denjenigen der stammesgeschichtlich jüngeren Schmetterlinge, obgleich die Bienen viele einfache, offene Blüten ursprünglicher Gestalt anfliegen, die den spezialisierten Schmetterlingen nicht zugänglich sind. Die Sonderstellung der Bienen erschließt sich viel eher aus dem Zusammenhang mit ihrer sozialen Organisation und – eng damit zusammenhängend – der Brutfürsorge (Kapitel 6 und 7).

## Gerichtete Evolution

Weshalb hat die Evolution überhaupt eine Richtung? Ist das Evolutionsgeschehen nicht ohne Absicht und Programm? Sind nicht gerade die ungerichteten Veränderungen im Erbgut eine ihrer tragenden Säulen, die Mutationen, die ohne Vorausschau auf ihren späteren Anpassungswert erfolgen? Es lohnt sich, darüber noch ein paar Worte gesondert zu verlieren. Darwins eigene Anschauungen über die Grundlagen der Vererbung waren vollkommen unzureichend. Die Richtigkeit seiner Theorie, die übrigens in verblüffender Übereinstimmung der Grundgedanken gleichzeitig und unabhängig von Alfred Russel Wallace entwickelt wurde, ist um so eindrucksvoller. Schon Darwin forderte die spontane, ungerichtete Veränderung des Erbgutes. Aber erst die moderne Genetik zeigt den Weg, auf dem Regelmäßigkeit in den Ablauf von Millionen von Evolutionsjahren kam und gibt uns eine Vorstellung davon, wie die Harmonie im Zusammenspiel der Teile des Organismus trotz der laufenden genetischen Veränderungen erhalten blieb und bleibt[6].

Die allermeisten Mutationen sind kleine Schritte. Die Evolution erklärt sich nicht – wie man noch in den ersten Jahrzehnten dieses Jahrhunderts glaubte – aus drastischen Änderungen, Sprüngen, die sogar neue Arten mit einem Schlage schaffen könnten. Das Gegenteil ist der Fall. Auf die feinen Unterschiede im Erbgut der Individuen einer Population kommt es an. Für sie ist nicht allein die Mutation verantwortlich, sondern noch mehr die geschlechtliche Fortpflanzung, deren wesentlicher biologischer Sinn ja gerade das Schaffen genetischer Variabilität ist. Bei der Befruchtung vereinigen sich männliche Gene mit weiblichen Genen. Das elterliche Erbgut wird aber nicht als unveränderlicher Block weitergegeben. Bei der Bildung der Keimzellen der neuen Generation entmischt sich das Erbgut der beiden Geschlechter wieder. Dabei kommt es zur Rekombination, zu einer Neuzusammenstellung. Die neuen Einfachsätze des Erbgutes der Keimzellen sind eine Mischung aus dem Erbgut der beiden Eltern (zum Sonderfall der Bienen siehe Kapitel 7). Die genetische Vielfalt in einer Population ist ungeheuer groß; man findet kaum jemals zwei genetisch identische Individuen. Deshalb verblüfft auch die Gleichheit eineiiger Zwillinge immer von neuem. Dagegen führen uns zweieiige Zwillinge anschaulich die genetische Variabilität vor. Elterliche Teilinformationen können in zufälliger freier Kombination den Nachkommen weitergegeben werden. Dies ist eine der Grundregeln der Vererbung. Schon Gregor Mendel hatte sie gefunden. Allerdings war die bei ihm zunächst nur gedankliche Aufteilung des Erbgutes in einzelne Gene seinen Zeitgenossen noch ganz unverständlich und mußte um die Jahrhundertwende neu entdeckt werden. Zu Mendels und damit auch zu Darwins Zeiten war die Vorstellung, das Blut sei der Träger des Erbgutes, weithin verbreitet und anerkannt. Sie lebt heute noch fort in Begriffen wie »Vollblut« und »Halbblut«, mit denen der Pferdezüchter die Erbmasse verschiedener Rassen charakterisiert. Nach der Blut-Theorie waren Kinder stets eine einfache echte Mischung aus den Elternteilen, mit der bedeutsamen Konsequenz, daß sich die Individuen einer Population von Generation zu Generation immer ähnlicher werden, um schließlich genetisch identisch zu sein. Darwin war der Widerspruch klar, wenn er ihn auch nicht lösen konnte: Wenn Evolution überhaupt stattfinden soll, dann muß es innerhalb einer Population Variabilität geben.

Genetische Variabilität, die auf Mutation und Rekombination zurückgeht, ist nicht der Evolutionsvorgang selbst, sondern die Voraussetzung dazu. Evolution im eigentlichen Sinne ist eher mit natürlicher Auslese in Verbindung zu bringen. Sie, die Selektion, greift nicht am Erbgut selbst an, sondern an Strukturen und Funktionen, die das Erbmaterial unter den gegebenen Umweltbedingungen hervorbringt, am sogenannten Phänotyp, dem Erscheinungsbild.

Noch in diesem Jahrhundert hat man lange geglaubt, daß die Erbanlagen mehr oder weniger unabhängig und zueinander beziehungslos das Erbgut eines Organismus bilden. Die ganz logische Folgerung: Jede Veränderung im Erbgut muß mit hoher Wahrscheinlichkeit eine Störung der offensichtlichen Harmonie des Organismus bewirken. Inzwischen weiß man, daß jedes

Merkmal auf die Wirkung von Dutzenden oder Hunderten von Genen zurückgeht und die Genwirkungen stark vernetzt sind. Nur einige dieser Gene gehören zu den »Strukturgenen«, viele andere sind »Reguliergene«, die das Zusammenspiel überwachen. Ein solches harmonisches Gengefüge kann sich langfristig nur harmonisch entwickeln, weil die Selektion am Phänotyp angreift, den sie als Einheit, als Systemganzes hervorbringt.

Die Richtung in der Evolution, die Trends, die man immer wieder zumindest über weite Strecken der Entstehungsgeschichte zur heutigen Lebewelt findet, ergeben sich daraus, daß die Umweltbedingungen mit den arterhaltenden Leistungen aller Organe und Verhaltensweisen eine Zuchtwahl in Richtung verbesserter Arterhaltung treiben.

Natürliche Auslese ist in diesem wichtigen Sinn weder zufällig noch ungerichtet. Von Selektionsdruck zu sprechen, ist sehr sinnvoll. Er schiebt gewissermaßen die genetische Zusammensetzung der Population in eine bestimmte Richtung. Maß der Auslese ist die »Fitness«, der Grad der Tauglichkeit. Fitness hat nur bedingt etwas mit dem langen Überleben zu tun und es ist auch nicht notwendigerweise so, daß der Kraftprotz fitter ist als der schmächtige Denker. Evolutionsbiologisch fit ist, wer möglichst viel von seinem Erbgut an die nächste Generation weitergibt, also zur Fortpflanzung gelangt und viele gut angepaßte Nachkommen produziert. Nur der Fortpflanzungstüchtige trägt zur Evolution bei. Dennoch wäre es falsch, die Organismen in »fit« und »nichtfit« einzuteilen. Die natürliche Auslese trennt nicht Spreu von Weizen. Sie sorgt dafür, daß aus einer Palette individueller genetischer Variation mit vielen feinen Übergängen das Bessere allmählich das Gute verdrängt. Die Veränderung des gemeinsamen Erbgutes einer Population, also der Häufigkeit bestimmter Kombinationen von Genen, ist der Schrittmacher des Artenwandels, also der Evolution selbst.

## Die bunte Sommerwiese: Umwelt und Abbild der Insekten

Die Beziehung zwischen Blüten und Insekten steht diesem Vorgang der natürlichen Zuchtwahl besonders nah. Schließlich geht es dabei um die Bestäubung, also ganz direkt um die arterhaltende Leistung der Blüte. Die Evolution all der in diesem Buch genannten Merkmale, welche eine Blüte attraktiver für die Insekten machen, beruht darauf, daß die »besseren« Genotypen bevorzugt zur Befruchtung kommen und die weniger attraktiven Pflanzen langsam verdrängen. Da die Insekten diese Zuchtwahl betreiben, sind sie es auch, die die bunte Sommerwiese gestalten. Je größer die Zahl der nebeneinander existierenden und gar gleichzeitig blühenden Pflanzen ist, die alle auf Fremdbestäubung angewiesen sind, desto stärker ist auch der Selektionsdruck, eigenartig im wahrsten Sinne des Wortes zu sein, anders als die Konkurrenz auszusehen und unverkennbar zu riechen. Insekten – zunächst durch das reiche Pollenangebot angelockt – waren bei der Evolution der Blüte von Anfang an dabei. Schon der ursprüngliche Blütentyp der Magnolien wird von Insekten bestäubt (die heutigen Magnolien sind auf Käfer spezialisiert[10]). Die Vielfalt der Blüteneinrichtungen spiegelt die Vielfalt der Möglichkeiten, attraktiver zu sein, um mit Hilfe der Insekten unter dem Druck einer starken Konkurrenz zur Befruchtung zu kommen. Umgekehrt formen die Pflanzen auch die Insekten. Es wird derjenige unter dem ebenso starken Druck der Konkurrenz bevorzugt zum Futter gelangen, der etwa das für die ökonomische Ausbeutung einer bestimmten Blüte am besten geeignete Mundwerkzeug hat, die geeignetsten Sinnesleitungen und Verhaltensweisen. In einer Population von bestäubenden Insekten wird sich unter den vielen Variationen diejenige genetisch am besten durchsetzen, also bevorzugt fortpflanzen, deren Futterbeschaffung am rationellsten vor sich geht. In diesem Sinne sind sich die Pflanzen und ihre Bestäuber gegenseitig Umwelt und Abbild.

## Angebot und Nachfrage

Im Wettstreit um die begrenzten Ressourcen – seien es Bestäuber oder sei es Futter – liegt der Selektionsdruck auf der wechselseitigen Passung von Blüte und Bestäuber. Man spricht von Co-Evolution, weil es um die Entstehung wechselseitiger Anpassungen von Blüte und Bestäuber geht. Bei dieser gekoppelten Evolution durch wechselseitige Auslese hat immer ein Partner die Nase vorn und der andere zieht nach. Änderungen in einem der Partner fördern die Auslese von Varianten des anderen, welche die enge Beziehung zum ersten wieder herzustellen vermögen. Der Saugrüssel, entstanden in engstem Zusammenhang mit dem Auftreten von Nektar, verändert sich in gleichem Maße wie die Blütenröhre, die den Nektar birgt. Man könnte den Vorgang auch mit Angebot und Nachfrage charakterisieren. Sein Resultat sind die Adaptationen. Sie betreffen nicht allein die Struktur der Organe, sondern auch die Physiologie, sei es die Blühzeit, die Zusammensetzung des Nektars oder die Tagesperiodik seiner Sekretion, sei es die Selbststerilität vieler Pflanzen, sei es der Zeitsinn der Honigbiene oder ihre Lernfähigkeit, das Geschick beim Eindringen in kompliziertere Blüten, oder Verhaltensweisen wie die der Prachtbienen und der Bestäuber der Ophrysblüten. Dieses Buch ist voll von Beispielen.

Adaptationen zwischen Pflanzen und Bestäubern sind nie endgültiges Ergebnis eines erfolgreichen Zusammenspiels. In einer sich dauernd und unvorhersehbar ändernden Umwelt können nur weitere Abwandlungen von Strukturen und Funktionen den bleibenden Erfolg der Kooperation garantieren. In diesem Sinne hat Anpassung ihre Grenze in Anpassungsfähigkeit, der Fähigkeit, eine neue Generation mit neuen Genkombinationen zu produzieren. Evolutionsbiologisch erklärt sich so nicht nur der besondere Wert geschlechtlicher Fortpflanzung, sondern es wird auch verständlich, weshalb individuelles Leben ohne Ausnahme einmal endet. Der Tod des Individuums gereicht der Art zum Vorteil. So wird der neuen und zugleich neuartigen Generation Platz gemacht, die Evolution in Gang gehalten und erreicht, daß die Spezies als Ganzes fortwährend über eine große Zahl verschiedener Genkombinationen verfügt, die ausreicht, um in einer zukünftig veränderten Umwelt zu bestehen.

Vorgetäuschte Weibchen und Nektardiebe zeigen uns, daß bei der Partnerschaft zwischen Pflanzen und Tieren Geben und Nehmen nicht immer gleich entwickelt sind. Sie erinnern uns daran, daß es in der Zufallsgeschichte der Evolution primär um den eigenen Vorteil geht, das Evolutionsgeschehen opportunistisch verläuft.

Adaptation ist Spezialisierung und Spezialisierung engt die Möglichkeiten ein, macht abhängig. So mußten die ursprünglichen, nichtspezialisierten Insekten wie die Käfer im Laufe der Zeit als Bestäuber an Bedeutung verlieren, während die hochspezialisierten Bienen, Fliegen und Schmetterlinge für die Blüten immer wichtiger wurden. Der lange Rüssel des Schmetterlings ist an das Saugen von Nektar angepaßt, das Fressen von Pollen ist ausgeschlossen. Die lange Kronröhre der typischen Schmetterlingsblume ist an den Schmetterling angepaßt, stellt aber gleichzeitig auch eine Barriere für den kurzen Rüssel der Biene dar. Es ist unmittelbar einsichtig, daß die Spezialisierung die Blütenstetigkeit der Bestäuber fördert. Damit wurde für die Pflanze bei geringem Pollenaufwand Bestäubung und insbesondere Fremdbestäubung sicherer und für das Tier das Auffinden und Einverleiben der Nahrung ökonomischer. Die Spezialisierung auf eine geregelte Bestäubung durch wenige Insekten hat auch die Geschwindigkeit der Evolution erhöht, da sie die biologische Isolation nicht nur von Arten, sondern auch von Populationen zur Folge hat. Diese Isolation von Populationen geht der Entstehung neuer Arten voraus. Die Buntheit der Sommerwiese, die faszinierende Vielfalt der Blüten hat also einen direkten Bezug zur Spezialisierung und zu den Barrieren, die durch sie aufgebaut werden. In der Tat sind die Unterschiede in den Blüten einzelner Arten gerade bei denjenigen Familien groß, die sich durch die hochspezialisierte Bestäubung durch ganz bestimmte Insektenarten auszeichnen[9].

## Gregor Mendel und Charles Darwin

Darwin, der Sprengels Werk kannte und schätzte, hat von den genetischen Grundlagen des Evolutionsgeschehens nichts gewußt. Die genialen Schriften seines Zeitgenossen, des Augustinermönches Gregor Johann Mendel, kannte Charles Darwin nicht. Mendels Konzept von der genetischen Variation paßte sehr gut zu dem Darwins von der zufälligen Änderung des Erbgutes. Die damalige wissenschaftliche Welt erkannte seinen Wert nicht und Mendel selbst, der in seiner Brünner Realschule Biologie, Physik und Mathematik unterrichtete, unterschätzte wohl ihre volle Bedeutung. Er hat die Schriften Darwins gelesen, ohne die umwälzende Bedeutung seiner eigenen Befunde für dessen Theorie gebührend zu würdigen. Allerdings wurde Mendel 1868, nur zwei Jahre nach Veröffentlichung seines Werkes »Versuche über Pflanzenhybriden«, zum Abt gewählt, mußte seine Versuche aufgeben und sich anderen Dingen zuwenden. Als Darwin 1882 – zwei Jahre vor Mendel – starb, war noch vieles unklar und vermutlich erschien es ihm immer noch in höchstem Maße absurd, sich vorzustellen, wie er sagt, daß Organe extremer Perfektion und Komplexität, wie etwa das menschliche Auge, von der natürlichen Auslese geformt sein könnten. Die Vehemenz und Bedingungslosigkeit seines klaren Denkens läßt sich aber in einer Formulierung ablesen, die nur ein paar Seiten dahinter in demselben Kapitel über »Schwierigkeiten der Theorie« in seinem monumentalen Werk über »The origin of species« (1859) zu lesen ist. Er schreibt: »Wenn man zeigen könnte, daß irgendein komplexes Organ existiert, das nicht von vielen, aufeinander folgenden, kleinen Abänderungen geformt sein könnte, dann würde meine Theorie absolut zusammenbrechen. Aber ich kann einen solchen Fall nicht finden.« Nichts hat die Biologie so beeinflußt und geprägt wie der Sturm, den Darwins Theorie auslöste. Sie hat unser Weltbild verändert. Inzwischen hat die Forschung Darwin eingeholt. Ergebnisse aus den Labors verschiedenster Forschungsrichtungen haben ihm wieder und wieder recht gegeben. Seine Theorie ist heute so sicher wie etwa die Atomtheorie der Physik. Noch immer fasziniert sie uns so wie ihren Schöpfer, der sein Buch über den Ursprung der Arten mit den Worten schließt: »Es liegt Großes in dieser Betrachtung des Lebens und seinen Kräften, die der Schöpfer ursprünglich einigen wenigen oder nur einer Form eingehaucht hat; und darin, daß sich aus einem so einfachen Anfang unzählige der schönsten und wundervollsten Formen entwickelten und noch entwickeln, während sich unser Planet nach wie vor nach dem unabänderlichen Gesetz der Schwere dreht.«

# Literatur

Kapitel 1
1. Galil. J.: Sycomore wasps from ancient Egyptian tombs. Israel J. Entomol. II, 1–10 (1967).
2. Galil, J.: Fig biology. Endeavour *1*, 2, 52–56 (1977).
3. Galil, J., Eisikovitch, D.: Further studies on pollination ecology in *Ficus sycomorus*. II. Pocket filling and emptying by *Ceratosolen arabicus* Magr. New Phytol. *73*, 515–528 (1974).
4. Galil, J., Zeroni, M. and Bar-Shalom (Bogoslavsky) D.: Carbon dioxide and ethylene effects in the coordination between the pollinator *Blastophaga quadraticeps* and the syconium in *Ficus religiosa*. New Phytol. *72*, 1113–1127 (1973).
5. Hennig, W.: Die Stammesgeschichte der Insekten. Kramer, Frankfurt a. M. 1969.
6. Plinius Secundus, Gaius: Naturkunde, Bücher XIV und XV. R. König, G. Winkler (Hrsg.). Artemis Verlag, München 1981.
7. Ramirez, W.: Fig wasps: Mechanism of pollen transfer. Science *163*, 580–581 (1969).
8. Ramirez, W.: Coevolution of *Ficus* and *Agaonidae*. Ann. Miss. Bot. Gard. *61*, 770–780 (1974).

Kapitel 2
1. Nultsch, W.: Allgemeine Botanik. G. Thieme Verlag, Stuttgart 1977.
2. Strasburger, E.: Lehrbuch der Botanik. G. Fischer Verlag, Stuttgart – New York 1978.

Kapitel 3
Bücher zur Blütenökologie
1. Bertsch, A.: Blüten-lockende Signale. Otto Maier Verlag, Ravensburg 1975.
2. Faegri, K., van der Pijl, L.: The principles of pollination ecology. Pergamon Press. Oxford – New York – Toronto – Sydney – Braunschweig 1979.
3. Kugler, H.: Blütenökologie. G. Fischer Verlag, Stuttgart 1970.
4. Meeuse, B. J. D.: The story of pollination. The Ronald Press Comp., New York 1961.
5. Proctor, M., Yeo, P.: The pollination of flowers. William Collins Sons & Co. Ltd., London – Glasgow – Sydney – Auckland – Toronto – Johannesburg 1975.

## Kapitel 4

1. East, E. M.: Distribution of self sterility in flowering plants. Proc. americ. Philos. Soc. *82* (1940).
2. James, W. O., Clapham, A. R.: The Biology of Flowers. Clarendon Press, Oxford 1935.
3. Linskens, H. F.: Biochemistry of incompatibility. Geerts, Genetics Today *3*, 629–635 (1965).
4. Stocker, O.: Grundriß der Botanik. Springer Verlag, Berlin – Göttingen – Heidelberg 1952.
5. Strasburger, E.: s. Kapitel 2.
6. Wells, H.: Self-fertilization: advantageous or deleterious? Evolution *33* (1), 252–255 (1979).

## Kapitel 5

1. Darwin, Ch.: The origin of species by means of natural selection or the preservation of favoured races in the struggle for life. 1859. Deutsche Übersetzung der 3. engl. Auflage von H. G. Bronn; E. Schweizerbartsche Verlagshandlung, Stuttgart 1863.
2. Sprengel, Ch. K.: Das entdeckte Geheimnis der Natur im Bau und in der Befruchtung der Blumen. F. Vieweg, Berlin 1793; Nachdruck Verlag J. Cramer, Lehre 1972.

## Kapitel 6

1. Faegri, K., van der Pijl, L.: s. Kapitel 3.
2. Frisch, K. von: Aus dem Leben der Bienen. Verst. Wiss. Bd. 1, Springer Verlag, Berlin – Heidelberg – New York 1969.
3. Knoll, F.: Die Biologie der Blüte. Verst. Wiss. Bd. 57, Springer Verlag, Berlin – Göttingen – Heidelberg 1956.
4. Knuth, P.: Handbuch der Blütenbiologie. Bd. I: Einleitung und Literatur. Verlag W. Engelmann, Leipzig 1898.
5. Kugler, H.: s. Kapitel 3.
6. Leuenberger, F.: Die Biene. H. R. Sauerländer & Co., Aarau – Frankfurt a. M. 1954.
7. Lindauer, M.: Ein Beitrag zur Frage der Arbeitsteilung im Bienenstaat. Z. vergl. Physiol. *34*, 299–345 (1952).
8. Lindauer, M.: Verständigung im Bienenstaat. G. Fischer Verlag, Stuttgart 1975.
9. Rüdiger, W.: Ihr Name ist Apis. Ehrenwirth, München 1977.
10. Schremmer, F.: Morphologische Anpassungen von Tieren – insbesondere Insekten – an die Gewinnung von Blumennahrung. Verh. Dtsch. Zool. Ges. *55*, 375–401 (1961).

## Kapitel 7

1. Hamilton, W. D.: The genetical theory of social behaviour. J. Theor. Biol. *7*, I. 1–16, II. 17–52 (1964).
2. Wickler, W., Seibt, U.: Das Prinzip Eigennutz. Hoffmann und Campe, Hamburg 1977.
3. Wilson, E. O.: Sociobiology: The New Synthesis. The Belknap Press of Harvard Univ. Press, Cambridge/Mass. 1971.
4. Wilson, E. O.: The Insect Societies. The Belknap Press of Harvard Univ. Press, Cambridge/Mass. 1972.
5. Wilson, E. O.: Biologie als Schicksal. Die soziobiologischen Grundlagen menschlichen Verhaltens. Ullstein, Frankfurt – Berlin – Wien 1980.

## Kapitel 8

1. Buchmann, St. L.: Buzz pollination of *Cassia quiedondilla* (Leguminosae) by bees of the genera *Centris* and *Melipona*. Bull. South. Calif. Acad. Sci. *73*, 3, 171–173 (1974).

2. Echlin, P.: Pollen. Sci. Am. *218*, 4, 80–90 (1968).
3. Erdtman, G.: Pollen morphology and plant taxonomy. I. Angiosperms. Chronica Botanica Co., Waltham, Mass. 1952.
4. Faegri, K., Pijl, van der L.: s. Kapitel 3.
5. Kugler, H.: s. Kapitel 3.
6. Ledbetter, M. C., Porter, K. R.: Introduction to the fine structure of plant cells. Springer Verlag, Berlin – Heidelberg – New York 1970.
7. Pohl, F.: Die Pollenerzeugung der Windblütler. Beih. bot. Centralbl. Abt. A, 56 (1937).
8. Vasil, J. K.: The new biology of pollen. Naturwiss. *60*, 247–253 (1973).

Kapitel 9
1. Buchmann, St. L.: siehe Kapitel 8.
2. Buchmann, St. L., Hurley, J. P.: A biophysical model for buzz pollination in angiosperms. J. theor. Biol. *72*, 639–657 (1978).
3. Frisch, K. von: s. Kapitel 6.
4. Kugler, H.: s. Kapitel 3.
5. Matthes, D.: Die »Pollenkehrmaschine« Blütenstaub fressender Käfer. Umschau *21*, 660–661 (1968).
6. Michener, C. D.: An interesting method of pollen collecting by bees from flowers with tubular anthers. Rev. Biol. Trop., *10*, 2, 167–175 (1962).
7. Michener, C. D., Winston, M. L., Jander, R.: Pollen manipulation and selected activities and structures in bees of the familiy Apidae. Univ. Kans. Sci. Bull. *51*, 19, 575–601 (1978).
8. Schremmer, F.: s. Kapitel 6.
9. Schremmer, F.: »Geborgte Beweglichkeit« bei der Bestäubung von Blütenpflanzen. Umschau *8*, 228–234 (1969).
10. Vogel, St.: Ölblumen und ölsammelnde Bienen. Akad. Wiss. Lit., 1–267, F. Steiner, Wiesbaden 1974.

Kapitel 10
1. Faegri, K., van der Pijl, L.: s. Kapitel 3.
2. Kugler, H.: s. Kapitel 3.
3. Schremmer, F.: s. Kapitel 9.
4. Vogel, St.: Nektarien und ihre ökologische Bedeutung. Apidologie *8*, 4, 321–335 (1977).

Kapitel 11
1. Andersen, S. O., Weis-Fogh, T.: Resilin. A rubberlike protein in arthropod cuticle. Adv. Insect Physiol. *2*, 1–65 (1964).
2. Eastham, L. E. S., Eassa, J. E. E.: The feeding mechanism of the butterfly *Pieris brassicae* L. Phil. Trans. Roy. Soc. (London) Ser. B. 659, Vol. *239*, 1–43 (1955).
3. Hepburn, H. R.: Proboscis extension and recoil in Lepidoptera. J. Ins. Physiol. *17*, 637–656 (1971).
4. Jacobs, W., Renner, M.: Taschenlexikon zur Biologie der Insekten. G. Fischer Verlag, Stuttgart 1974.
5. James, W. O., Clapham, A. R.: The Biology of Flowers. Oxford 1935.
6. Kugler, H.: s. Kapitel 3.
7. Meeuse, B. J. D.: s. Kapitel 3.
8. Schmitt, J. B.: The feeding mechanism of adult Lepidoptera. Smith. Misc. Coll. *97*, 4, 1–28 (1938/39).
9. Schremmer, F.: s. Kapitel 6.
10. Schremmer, F.: s. Kapitel 9.

11. Vogel, St.: Kesselfallen-Blumen. Umschau in Wiss. u. Techn. *65,* 12–16 (1965).
12. Weber, H.: Grundriß der Insektenkunde. G. Fischer Verlag, Stuttgart 1966.

Kapitel 12

1. Autrum, H., Kolb, G.: Spektrale Empfindlichkeit einzelner Sehzellen der Aeschniden. Z. vergl. Physiol. *60,* 450–477 (1968).
2. Beier, W., Menzel, R.: Untersuchungen über den Farbensinn der deutschen Wespe (*Paravespula germanica* F., Hymenoptera, Vespidae): Verhaltensphysiologischer Nachweis des Farbensehens. Zool. Jb. Physiol. *76,* 441–454 (1972).
3. Bernard, G. D.: Red-absorbing visual pigment of butterflies. Science *203,* 1125–1127 (1979).
4. Darwin, Ch.: s. Kapitel 5.
5. Exner, F., Exner, S.: Die physikalischen Grundlagen der Blütenfärbungen. Sitz.ber. Akad. Wiss. Wien, math.-naturw. Kl. *119,* Abt. 1, 1–55 (1910).
6. Frisch, K. von: Demonstration von Versuchen zum Nachweis des Farbensinnes bei angeblich total farbenblinden Tieren. Verh. Dtsch. Zool. Ges. Freiburg, 50–58 (1914).
7. Frisch, K. von: Zur Streitfrage nach dem Farbensinn der Bienen. Biol. Zentralbl. *39,* 122–139 (1919).
8. Frisch, K. von: Erinnerungen eines Biologen. Springer Verlag, Berlin – Göttingen – Heidelberg 1962.
9. Knoll, F.: Abh. Zool. Bot. Ges. Wien 1921–1926.
10. Kugler, H.: Blütenökologische Untersuchungen mit Hummeln. Planta *10* (1930).
11. Kugler, H.: Blütenökologische Untersuchungen mit Hummeln. Planta *25* (1936).
12. Kühn, A., Pohl, R.: Dressurfähigkeit der Bienen auf Spektrallinien. Naturwiss. *9,* 738–740 (1921).
13. Kühn, A.: Über den Farbensinn der Bienen. Z. vergl. Physiol. *5,* 762–800 (1927).
14. Menzel, R.: Über den Farbensinn der deutschen Wespe (*Paravespula germanica* F., Hymenoptera): ERG und selektive Adaptation. Z. vergl. Physiol. *75,* 86–104 (1971).
15. Schremmer, F.: Versuche zum Nachweis der Rotblindheit von *Vespa rufa* L. Z. vergl. Physiol. *28,* 457–466 (1941).
16. Sprengel, Ch. K.: s. Kapitel 5.
17. Swihart, S. L.: The neural basis of colour vision in the butterfly, *Papilio troilus*. J. Insect Physiol. *16,* 1623–1636 (1970).
18. Swihart, S. L.: Colour discrimination by the butterfly *Heliconius charitonius*. Anim. Behav. *19,* 156–164 (1971).
19. Swihart, S. L.: The neural basis of colour vision in the butterfly, *Heliconius erato*. J. Insect Physiol. *18,* 1015–1025 (1972).
20. Swihart, S. L., Gorden, W. C.: Red photoreceptor in butterflies. Nature, *231,* Nr. 5298, 126–127 (1971).

Kapitel 13

1. Autrum, H.: Die biologischen Grundlagen des Farbensehens. n + m »Naturwissenschaft und Medizin« *1,* 4, 3–15 (1964).
2. Autrum, H., v. Zwehl, V.: Die spektrale Empfindlichkeit einzelner Sehzellen des Bienenauges. Z. vergl. Physiol. *48,* 357–384 (1964).
3. Burkhardt, D.: Colour discrimination in insects. Adv. Ins. Physiol *2,* 131–173 (1964).

4. Daumer, K.: Reizmetrische Untersuchungen des Farbensehens der Bienen. Z. vergl. Physiol. *38*, 413–478 (1956).
5. Helversen, O. von: Zur spektralen Unterschiedsempfindlichkeit der Honigbiene. J. comp. Physiol. *80*, 439–472 (1972).
6. Hering, E.: Zur Lehre vom Lichtsinn. Karl Gerolds Sohn, Wien 1878.
7. Hertel, H.: Chromatic properties of identified interneurons in the optic lobes of the bee. J. comp. Physiol. *137*, 215–231 (1980).
8. Kühn, A.: Zum Nachweis des Farbenunterscheidungsvermögens der Bienen. Naturwiss. *12*, 116–118 (1924).
9. Kühn, A.: Über den Farbensinn der Bienen. Z. vergl. Physiol. *5*, 762–800 (1927).
10. Menzel, R., Blakers, M.: Colour receptors in the bee eye – morphology and spectral sensitivity. J. comp. Physiol. *108*, 11–33 (1976).
11. Menzel, R.: Farbensehen bei Insekten – ein rezeptorphysiologischer und neurophysiologischer Problemkreis. Verh. Dtsch. Zool. Ges. 26–40 (1977).
12. Menzel, R.: Spectral sensitivity and color vision in invertebrates. Handbook of Sensory Physiology (Autrum et al. ed.). *7*, 504–580 (1979).
13. Snyder, A. W., Pask, C.: Spectral sensitivity of dipteran retinula cells. J. comp. Physiol. *84*, 59–76 (1973).

Kapitel 14
1. Autrum, H.: s. Kapitel 13.
2. Daumer, K.: Reizmetrische Untersuchungen des Farbensehens der Bienen. Z. vergl. Physiol. *38*, 413–478 (1956).
3. Daumer, K.: Blumenfarben, wie sie die Bienen sehen. Z. vergl. Physiol. *41*, 49–110 (1958).
4. Grant, K. A., Grant, V.: Hummingbirds and their flowers. Columbia University Press, New York – London 1968.
5. Ilse, D.: Über den Farbensinn der Tagfalter. Z. vergl. Physiol. *8*, 658–692 (1928).
6. Kay, Q. O. N.: Preferential pollination of yellow-flowered morphs of *Raphanus raphanistrum* by *Pieris* and *Eristalis* spp. Nature *261*, 5557, 230–232 (1976).
7. Kugler, H.: Die Ausnutzung der Saftmalsumfärbung bei den Roßkastanienblüten durch Bienen und Hummeln. Ber. Dtsch. Bot. Ges. *54*, 394–400 (1936).
8. Kugler, H.: Der Blütenbesuch der Schlammfliege *(Eristamyia tenax)*. Z. vergl. Physiol. *32*, 328–347 (1950).
9. Kugler, H.: Blütenökologische Untersuchungen mit Goldfliegen (Lucilien). Ber. Dtsch. Bot. Ges. *64*, 327–341 (1951).
10. Lex, Th.: Duftmale an Blüten. Z. vergl. Physiol. *36*, 212–234 (1954).
11. Porsch, O.: Grellrot als Vogelblumenfarbe. Biologia Generalis *7*, 647–674 (1931).
12. Vogel, St.: Farbwechsel und Zeichnungsmuster bei Blüten. Österr. bot. Z. *97*, 44–100 (1950).

Kapitel 15
1. Daumer, K.: s. Kapitel 14, Nr. 3.
2. Free, J. B.: Effect of flower shapes and nectar guides on the behaviour of foraging honeybees. Behaviour *37*, 269–285 (1970).
3. Frisch, K. von: Der Farbensinn und Formensinn der Biene. Zool. Jahrb. Abt. allg. Physiol. Tiere *35*, 1–182 (1914).
4. Knoll, F.: s. Kapitel 12.
5. Kugler, H.: UV-Male auf Blüten. Ber. Dtsch. Bot. Ges. *79*, 2, 57–70 (1966).

6. Kugler, H.: Hummeln als Blütenbesucher. Ergebn. d. Biologie *19*, 143–323 (1943).
7. Lutz, F. E.: The colour of flowers and the vision of insects, with special reference to ultraviolet. Ann. of the New York Acad. Sci. *29*, 181 (1924).
8. Manning, A.: Some aspects of the foraging behaviour of bumblebees. Behaviour *9*, 2/3, 164–201 (1956).
9. Manning, A.: The effect of honey-guides. Behaviour *9*, 114–139 (1956).
10. Scora, R. W.: Dependency of pollination on patterns in *Monarda* (Labiatae). Nature *204*, 1011–1012 (1964).
11. Sprengel, Ch. K.: s. Kapitel 5.

## Kapitel 16

1. Beck, G., Ritter von Mannagetta und Lerchenau: Die Pollennachahmung in den Blüten der Orchideengattung *Eria*. Sitz.ber. Acad. Wiss. Wien, Math.-naturwiss. Kl. *123*, 1033–1046 (1914).
2. Osche, G.: Zur Evolution optischer Signale bei Blütenpflanzen. Biol. i. uns. Zeit *9,6*, 161–170 (1979).
3. Pijl, van der, L., Dodson, Ch.: Orchid Flowers, Their Pollination and Evolution. Univ. of Miami-Press, Coral Gables 1969.
4. Vogel, St.: Mutualismus and Parasitismus in der Nutzung von Pollenträgern. Verh. Dtsch. Zool. Ges. 1975, 102–110, G. Fischer Verlag, Stuttgart 1975.
5. Vogel, St.: Evolutionary shifts from reward to deception in pollen flowers. In: The pollination of flowers by insects (A. Richards Ed.). Linn. Soc. Symp. Ser. Nr. *6*, 89–96 (1978).

## Kapitel 17

1. Anderson, A. M.: Shape perception in the honey bee. Anim. Behav. *25*, 62–79 (1977).
2. Anderson, A. M.: Parameters determining the attractiveness of stripe patterns in the honey bee. Anim. Behav. *25*, 80–87 (1977).
3. Anderson, A. M.: Visual scanning in the honey bee. J. comp. Physiol. *130*, 173–182 (1979).
4. Autrum, H.: Über zeitliches Auflösungsvermögen und Primärvorgänge im Insektenauge. Naturwiss. *39*, 290–297 (1952).
5. Frisch, K. von: s. Kapitel 15.
6. Hertz, M.: Die Organisation des optischen Feldes bei der Biene II. Z. vergl. Physiol. *11*, 107–145 (1930).
7. Hertz, M.: Über figurale Intensitäten und Qualitäten in der optischen Wahrnehmung der Biene. Biol. Zbl. *53*, 10–40 (1933).
8. Horridge, G. A. (Ed.): The compound eye and vision of insects. Clarendon Press, Oxford 1975.
9. Jacobs-Jessen, U. F.: Zur Orientierung der Hummeln und einiger anderer Hymenopteren. Z. vergl. Physiol. *41*, 597–641 (1959).
10. Jander, R., Volk-Heinrichs, I.: Das strauchspezifische visuelle Perceptor-System der Stabheuschrecke *(Carausius morosus)*. Z. vergl. Physiol. *70*, 425–447 (1970).
11. Jander, R.: Visual pattern recognition and directional orientation in insects. Ann. New York Acad. Sci. *188*, 5–11, 1971.
12. Jander, R., Schweder, M.: Über das Formunterscheidungsvermögen der Schmeißfliege *Calliphora erythrocephala*. Z. vergl. Physiol. *72*, 186–196 (1971).
13. Jander, R., Fabritius, M., Fabritius, M.: Die Bedeutung von Gliederung und Kantenrichtung für die visuelle Formunterscheidung der

Wespe *Dolichovespula saxonica* am Flugloch. Z. f. Tierpsychol. *27*, 881–893 (1970).
14. Schnetter, B.: Visuelle Formunterscheidung der Honigbiene im Bereich von Vier- und Sechsstrahlsternen. Z. vergl. Physiol. *59*, 90–109 (1968).
15. Seidl, R.: Die Sehfelder und Ommatidien-Divergenzwinkel der drei Kasten der Honigbiene. Verh. Dtsch. Zool. Ges. 1980, 367 (1980).
16. Voss, Chr.: Über das Formensehen der roten Waldameise *(Formica-rufa*-Gruppe). Z. vergl. Physiol. *55*, 225–254 (1967).
17. Wehner, R., Lindauer, M.: Die optische Orientierung der Honigbiene *(Apis mellifica)* nach der Winkelrichtung frontal gebotener Streifenmuster. Verh. Dtsch. Zool. Ges. Göttingen 1966, *30*, 239–246 (1967).
18. Wehner, R.: The generalization of directional stimuli in the honey bee, *Apis mellifera*. J. Insect Physiol. *17*, 1579–1591 (1971).
19. Wehner, R. (Ed.): Information processing in the visual systems of arthropods. Springer Verlag, Berlin – Heidelberg – New York 1972.
20. Wehner, R.: Pattern recognition. In: The compound eye and vision of insects. G. Horridge (Ed.), 75–113, Oxford University Press, London 1975.
21. Wehner, R., Flatt, J.: Visual fixation in freely flying bees. Z. Naturforsch. *32*, 469–471 (1977).
22. Zettler, F.: Die Abhängigkeit des Übertragungsverhaltens von Frequenz- und Adaptationszustand, gemessen am einzelnen Lichtreceptor von *Calliphora erythrocephala*. Z. vergl. Physiol. *64*, 432–449 (1969).

Kapitel 18
1. Aufsess, A. von: Geruchliche Nahorientierung der Biene bei entomophilen und ornithophilen Blüten. Z. vergl. Physiol. *43*, 469–498 (1960).
2. Fischer, W.: Untersuchungen über die Riechschärfe der Honigbiene. Z. vergl. Physiol. *39*, 634–659 (1957).
3. Frisch, K. von: Über den Geruchssinn der Bienen und seine blütenbiologische Bedeutung. Zool. Jb. Physiol. *37*, 1–238 (1919).
4. Gubin, W. A.: Über die Geruchsempfindlichkeit bei Honigbienen. Pschelovodstvo 7, 17–19 (1957).
5. Kaissling, K. E., Priesner, E.: Die Riechschwelle des Seidenspinners. Naturwiss. *57*, 1, 23–28 (1970).
6. Lex, Th.: Duftmale an Blüten. Z. vergl. Physiol. *36*, 212–234 (1954).
7. Neuhaus, W.: Über die Riechschärfe des Hundes für Fettsäuren. Z. vergl. Physiol. *35*, 527–552 (1953)
8. Porsch, O.: Vogelblumen. Umschau *29*, 70–75 (1925).
9. Ribbands, C. R.: The scent perception of the honey bee. Proc. roy. Soc. B *143*, 367–379 (1955).
10. Schwarz, R.: Über die Riechschärfe der Honigbiene. Z. vergl. Physiol. *37*, 180–210 (1955).
11. Teichmann, H.: Über die Leistung des Geruchssinnes beim Aal *(Anguilla anguilla* L.). Z. vergl. Physiol. *42*, 206–254 (1959).
12. Vareschi, E.: Duftunterscheidung bei der Honigbiene – Einzelzell-Ableitungen und Verhaltensreaktionen. Z. vergl. Physiol. *75*, 143–173 (1971).

Kapitel 19

1. Dostal, B.: Riechfähigkeit und Zahl der Riech-Sinneselemente bei der Honigbiene. Z. vergl. Physiol. *41*, 179–203 (1958).
2. Forel, A.: Das Sinnesleben der Insekten. München 1910.
3. Kaissling, K. E.: Insect olfaction. In: Handbook of Sensory Physiology Vol. *VI*, 351–431. L. M. Beidler (Ed.). Springer Verlag, Berlin – Heidelberg – New York 1971.
4. Kramer, E.: The orientation of walking honey bees in odour fields with small concentration gradients. Physiol. Entomol. *1*, 27–37 (1976).
5. Krause, B.: Elektronenmikroskopische Untersuchungen an den Plattensensillen des Insektenfühlers. Zool. Beitr. *6*, 161–205 (1960).
6. Lacher, V., Schneider, D.: Elektrophysiologischer Nachweis der Riechfunktion von Porenplatten (Sensilla placodea) auf den Antennen der Drohne und der Arbeitsbiene *(Apis mellifica* L.). Z. vergl. Physiol. *47*, 274–278 (1963).
7. Lacher, V.: Elektrophysiologische Untersuchungen an einzelnen Rezeptoren für Geruch, Kohlendioxyd, Luftfeuchtigkeit und Temperatur auf den Antennen der Arbeitsbiene und der Drohne *(Apis mellifica* L.). Z. vergl. Physiol. *48*, 587–623 (1964).
8. Lindauer, M., Martin, H.: Über die Orientierung der Biene im Duftfeld. Naturwiss. *50*, 509–514 (1963).
9. Martin, H.: Zur Nahorientierung der Biene im Duftfeld. Zugleich ein Nachweis für die Osmotropotaxis bei Insekten. Z. vergl. Physiol. *48*, 481–533 (1964).
10. Martin, H.: Leistungen des topochemischen Sinnes bei der Honigbiene. Z. vergl. Physiol. *50*, 254–292 (1965).
11. Neuhaus, W.: Zur Frage der Osmotropotaxis, besonders bei der Honigbiene. Z. vergl. Physiol. *49*, 475–484 (1965).
12. Schneider, D., Steinbrecht, R. A.: Checklist of insect olfactory sensilla. Symp. zool. Soc. London *23*, 279–297 (1968).
13. Slifer, E. H., Sekhon, S. S.: The fine structure of the plate organs on the antenna of the honey bee, *Apis mellifera* L. Expl. Cell. Res. *19*, 410–414 (1960).
14. Slifer, E. H., Sekhon, S. S.: Fine structure of the sense organs on the antennal flagellum of the honey bee, *Apis mellifera* Linnaeus. J. Morph. *109*, 351–381 (1961).
15. Vareschi, E.: s. Kapitel 18.

Kapitel 20

1. Behrend, K.: Riechen in Wasser und in Luft bei *Dytiscus marginalis* L. Z. vergl. Physiol. *75*, 108–122 (1971).
2. Ilse, D.: s. Kapitel 14.
3. Kaib, M.: Die Fleisch- und Blumenduftreceptoren auf der Antenne der Schmeißfliege *Calliphora vicina*. J. comp. Physiol. *95*, 105–121 (1974).
4. Kaissling, K. E.: s. Kapitel 19.
5. Knoll, F.: Lichtsinn und Blumenbesuch des Falters von *Macroglossum stellatarum* (Insekten und Blumen III). Abh. Zool.-Bot. Ges. Wien *12*, 121–378 (1922).
6. Kugler, H.: s. Kapitel 14, Nr. 9.
7. Kugler, H.: Über die optische Wirkung von Fliegenblumen auf Fliegen. Ber. Deutsch. Bot. Ges. *69*, 387–398 (1956).
8. Lederer, G.: Biologie der Nahrungsaufnahme der Imagines von *Apatura* und *Limenitis*, sowie Versuche zur Feststellung der Gustoreception durch die Mittel- und Hinterfußtarsen dieser Lepidopteren. Z. Tierpsychol. *8*, 41–59 (1951).

9. Liebermann, A.: Correlation zwischen den antennalen Geruchsorganen und der Biologie der Musciden. Z. Morph. Ökol. Tiere 5, 1–97 (1925).
10. Meinecke, C.-C.: Riechsensillen und Systematik der Lamellicornia (Insecta Coleoptera). Zoomorph. 82, 1–42 (1975).
11. Myers, J. H.: The structure of the antenna of the Florida queen butterfly, *Danaus gilippus berenice* (Cramer). J. Morph. 125, 315–328 (1968).
12. Myers, J. H., Walter, M.: Olfaction in the Florida queen butterfly: Honey odour receptors. J. Insect Physiol. 16, 573–578 (1970).
13. Schaller, A.: Sinnesphysiologische und psychologische Untersuchungen an Wasserkäfern und Fischen. Z. vergl. Physiol. 4, 370–464 (1926).
14. Schneider, D., Steinbrecht, R. A.: s. Kapitel 19.
15. Schneider, D., Lacher, V., Kaissling, K. E.: Die Reaktionsweise und das Reaktionsspektrum von Riechzellen bei *Antheraea pernyi* (Lepidoptera, Saturniidae). Z. vergl. Physiol. 48, 632–662 (1964).
16. Schremmer, F.: Sinnesphysiologie und Blumenbesuch des Falters von *Plusia gamma* L. Zool. Jb. Abt. System. 74, 373–434 (1941).
17. Slifer, E. H., Lees, A. D.: The sense organs of the antennal flagellum of aphids (Homoptera), with special reference to the plate organs. Quart. J. micr. Sci. 105, 21–29 (1964).
18. Slifer, E. H., Sekhon, S. S.: Fine structure of the sense organs on the antennal flagellum of a flesh fly, *Sarcophaga argyrostoma* R.-D. (Diptera, Sarcophagidae). J. Morph. 114, 185–208 (1964).
19. Yamada, M.: The dendritic action potentials in an olfactory hair of the fruit-piercing moth, *Oraesia excavata*. J. Insect Physiol. 17, 169–179 (1971).

Kapitel 21
1. Davis, H.: A model for transducer action in the Cochlea. Cold Spring Harb. Symp. quant. Biol. 30, 181–190 (1965).
2. Dumpert, K.: Alarmstoffrezeptoren auf der Antenne von *Lasius fuliginosus* (Latr.) (Hymenoptera, Formicidae). Z. vergl. Physiol. 76, 403–425 (1972).
3. Hansen, K., Kühner, J.: Properties of a possible acceptor protein. Int. Symp. Olf. and Taste IV, D. Schneider ed., Wissenschaftl. Verlagsges. Stuttgart, 350–356 (1972).
4. Kafka, W. A., Ohloff, G., Schneider, D., Vareschi, E.: Olfactory discrimination of the two enantiomers of 4-methyl-hexanoic acid by the migratory locust and the honeybee. J. comp. Physiol. 87, 277–284 (1973).
5. Kaissling, K. E.: s. Kapitel 19.
6. Kaissling, K. E.: Sensory transduction in insect olfactory receptors. 25. Colloqu. Ges. Biol. Chemie, Mosbach (L. Jaenicke ed.), Springer Verlag Berlin – Heidelberg – New York, 243–273 (1974).
7. Kaissling, K. E., Priesner, E.: Die Riechschwelle des Seidenspinners, Naturwiss. 57, 23–28 (1970).
8. Kaissling, K. E., Kasang, G., Bestmann, H. J., Stransky, W., Vostrowsky, O.: A new pheromone of the silkworm moth *Bombyx mori*. Sensory pathway and behavioral effect. Naturwiss. 65, 382–384 (1978).
9. Kasang, G., Kaissling, K. E.: Specificity of primary and secondary olfactory processes in *Bombyx* antennae. Int. Symp. Olf. and Taste IV, D. Schneider ed., Wiss. Verlagsges. Stuttgart, 200–206 (1972).
10. Kasang, G., Schneider, D., Schäfer, W.: The silkworm moth *Bom-*

*byx mori*. Presence of the (E,E) stereoisomer of bombykol in the female pheromone gland. Naturwiss. *65*, 337 (1978).
11. Schneider, D., Block, B. C., Boeck, J., Priesner, E.: Die Reaktion der männlichen Seidenspinner auf Bombykol und seine Isomeren: Elektroantennogramm und Verhalten. Z. vergl. Physiol. *54*, 192–209 (1967).
12. Steinbrecht, R. A.: Zur Morphometrie der Antenne des Seidenspinners, *Bombyx mori* L.: Zahl und Verteilung der Riechschwellen (Insecta, Lepidoptera). Z. Morph. Tiere *68*, 93–126 (1970).
13. Steinbrecht, R. A.: Der Feinbau olfaktorischer Sensillen des Seidenspinners (Insecta, Lepidoptera). Rezeptorfortsätze und reizleitender Apparat. Z. Zellforsch. *139*, 533–565 (1973).
14. Steinbrecht, R. A., Müller, B.: On the stimulus conducting structures in insect olfactory receptors. Z. Zellforsch. *117*, 570–575 (1971).
15. Stieve, H.: Photorezeption und ihre molekularen Grundlagen. In: Biophysik (W. Hoppe et al. Ed.); Springer Verlag, Berlin – Heidelberg – New York 1977.
16. Thurm, U.: Grundzüge der Transduktionsmechanismen in Sinneszellen. In: Biophysik (W. Hoppe et al. Ed.), Springer Verlag, Berlin – Heidelberg – New York 1977.

Kapitel 22

1. Dethier, V. G.: A surfeit of stimuli: a paucity of receptors. Am. Sci. *59*, 6, 706–715 (1971).
2. Dethier, V. G.: The Hungry Fly. Harvard University Press, Cambridge/Mass. – London 1976.
3. Fredman, St. M.: Peripheral and central interactions between sugar, water und salt receptors of the blowfly, *Phormia regina*. J. Ins. Physiol. *21*, 265–280 (1975).
4. Gelperin, A.: Stretch receptors in the foregut of the blowfly. Science *157*, 208–210 (1967).
5. Gelperin, A.: Abdominal sensory neurons providing negative feedback to the feeding behavior of the blowfly. Z. vergl. Physiol. *72*, 17–31 (1971).
6. Getting, P. A.: The sensory control of motor output in fly proboscis extension. Z. vergl. Physiol. *74*, 103–120 (1971).
7. Pollack, G.: Labellar lobe spreading in the blowfly: regulation by taste and satiety. J. comp. Physiol. *121*, 115–134 (1977).
8. Wilczek, M.: The distribution and neuroanatomy of the labellar sense organs of the blowfly *Phormia regina* Meigen. J. Morph. *122*, 175–202 (1967).

Kapitel 23

1. Allen, P. A.: Pollination in *Coryanthes speciosa*. American. Orch. Soc. Bull. *19*, 528 (1951).
2. Allen, P. A.: Pollination in *Gongora maculata*. Ceiba *4*, 121–124 (1954).
3. Arditti, J.: Orchids, Sci. Am. *214*, 1, 70–78 (1966).
4. Bringer, B.: Territorial flight of bumble-bee males in coniferous forest on the northernmost part of the island of Öland. Zoon Suppl. *1*, 15–22 (1973).
5. Daumann, E.: Zur Bestäubungsökologie von *Cypripedium calceolus* L. Österr. Bot. Z. *115*, 434–446 (1968).
6. Dodson, C. H.: The importance of pollination in the evolution of the orchids of tropical America. Bull. Am. Orch. Soc. *31*, 525–534, 641–649, 731–735 (1962).

7. Dodson, C. H.: Studies in orchid pollination: The genus *Coryanthes*. American Orch. Soc. Bull. *34,* 680–687 (1965).
8. Dodson, C. H.: The role of chemical attractants in orchid pollination. Biochemical coevolution. Oregon State University Press, 83–107 (1970).
9. Dodson, C. H.: Coevolution of orchids and bees. In: Coevolution of animals and plants (L. E. G. Gilbert and P. H. Raven Ed.), 91–99, University of Texas Press, Austin – London 1975.
10. Dodson, C. H., Dressler, R. L., Hills, G. H., Adams, R. M., Williams, N. H.: Biologically active compounds in orchid fragrances. Science *164,* 1243–1249 (1969).
11. Evoy, W. H., Jones, B. P.: Motor patterns of male euglossine bees evoked by floral fragrances. Anim. Behav. *19,* 583–588 (1971).
12. Haas, A.: Die Mandibeldrüse als Duftorgan bei einigen Hymenopteren. Z. Naturf. *39,* 484 (1952).
13. Haas, A.: Vergleichende Verhaltensstudien zum Paarungsschwarm solitärer Apiden. Zeitschr. Tierpsychol. *17,* 402–416 (1960).
14. Krüger, E.: Über den Bahnflug der Männchen der Gattung *Bombus* und *Psithyrus.* Zeitschr. Tierpsychol. *8,* 61–75 (1951).
15. Kullenberg, B., Bergström, G., Bringer, B., Carlberg, B., Cederberg, B.: Observations on scent marking by *Bombus* Latr. and *Psithyrus* Lep. males (Hym., Apidae) and localization of site of production of the secretion. Zoon Suppl. *1,* 23–32 (1973).
16. Pijl, van der L., Dodson, C. H.: s. Kapitel 16.
17. Sakagami, S. F.: Über den Bau der männlichen Hinterschiene von *Eulaema nigrita* Lepeltier (Hymenoptera, Apidae). Zool. Anzeiger *175,* 347–354 (1965).
18. Vogel, St.: Duftdrüsen im Dienste der Bestäubung. Über Bau und Funktion der Osmophoren. Akad. Wiss. u. Lit. Mainz, Math.-naturwiss. Kl. *10,* 601–673 (1962).
19. Vogel, St.: Parfürmsammelnde Bienen als Bestäuber von Orchidaceen und *Gloxinia.* Österr. Bot. Z. *113,* 302–361 (1966).
20. Vogel, St.: »Parfümblumen« und parfümsammelnde Bienen. Umschau *10,* 327 (1967).
21. Williams, N. H., Dodson, C. H.: Selective attraction of male euglossine bees to orchid floral fragrances and its importance in long distance pollen flow. Evol. *26,* 84–95 (1972).
22. Zucchi, R., Sakagami, S. F., Camargo, de J.: Biological observations on a neotropical bee, *Eulaema nigrita,* with a review on the biology of *Euglossinae* (Hymenoptera, Apidae). A comparative study. Journ. Fac. Sci. Hokkaido Univ. ser. VI, *17,* 271–380 (1969).

Kapitel 24

1. Bergström, G.: Role of volatile chemicals in *Ophrys*-pollinator interactions. In: Biochemical Aspects of Plant and Animal Coevolution, 207–231. J. B. Harborne Ed. Academic Press, London 1978.
2. Coleman, E.: Further observations on the pseudocopulation of the male *Lissopimpla semipunctata* Kirby (Hymenoptera Parasitica) with the Australian orchid, *Cryptostylis leptochila.* F. v. M. Proc. R. Entomol. Soc. Lond. (A), *13,* 82–83 (1938).
3. Correvon, H., Pouyanne, A.: Un curieux cas de mimétisme chez les Ophrydées. J. Soc. nat. d'Horticult. France *17,* 29–31 (1916).
4. Dodson, C. H.: The importance of pollination in the evolution of the orchids of tropical America. Amer. Orch. Soc. Bull. *31,* 525–534, 641–649, 731–735 (1962).

5. Godfery, M. J.: The fertilization of *Ophrys speculum, O. lutea* and *O. fusca.* J. Bot. (Lond.) *63,* 33–40 (1925).
6. Kerr, W. E., Lopez, C. R.: Biologia da reprodução de *Trigona (Plebeia) droryana* F. Smith. Rev. Brasil. Biol. *22,* 335–341 (1963).
7. Kullenberg, B.: Investigations on the pollination of *Ophrys* species. Oikos *2,* 1–19 (1950).
8. Kullenberg, B.: Studies on *Ophrys* L. pollination. Zool. Bidr. Uppsala *34,* 1–340 (1961).
9. Kullenberg, B.: New observations on the pollination of *Ophrys* L. (Orchidaceae). Zoon Suppl. 1, 9–14 (1973a).
10. Kullenberg, B.: Field experiments with chemical sexual attractants on aculeate Hymenoptera males. II. Zoon Suppl. 1, 31–42 (1973b).
11. Kullenberg, B., Bergström, G.: Chemical communication between living organisms. Endeavour *34,* 59–66 (1975).
12. Linné, C. von: Öländska och Gothländska resa. Stockholm – Uppsala 1745.
13. Pouyanne, A.: La fécondation des *Ophrys* par les insectes. Bull. Soc. Hist. Nat. Afr. N. *8* (1917).
14. Priesner, E.: Reaktionen von Riechrezeptoren männlicher Solitärbienen (Hymenoptera, Apoidea) auf Inhaltsstoffe von *Ophrys*-Blüten. Zoon. Suppl. 1, 43–54 (1973).
15. Proctor, M., Yeo, P.: The pollination of flowers. W. Collins Sons & Co., Glasgow 1975.
16. Stoutamire, W. P.: Australian terrestrial orchids, thynnid wasps, and pseudocopulation. Am. Orch. Soc. bull. 1974, 13–18 (1974).
17. Vogel, St.: s. Kapitel 23, Nr. 18.
18. Wolff, T.: Pollination and fertilization of the fly Ophrys, *ophrys insectifera* L. in Allindelille fredskov, Denmark. Oikos *2,* 20–59 (1950).

## Kapitel 25

1. Autrum, H., v. Zwehl, V.: s. Kapitel 13.
2. Bogdany, R. J.: Linking of learning signals in honey bee orientation. Behav. Ecol. Sociobiol. *3,* 323–336 (1978).
3. Daumer, K.: s. Kapitel 14, Nr. 3.
4. Edrich, W.: Honey bees: Photoreceptors participating in orientation behaviour to light and gravity. J. comp. Physiol. *133,* 111–116 (1979).
5. Eickwort, G. C.: Biology of the European mason bee, *Hoplitis anthocopoides* (Hymenoptera: Megachilidae), in New York State. Search (Cornell Univ. Agric. Stat.) *9,* 1–29 (1973).
6. Free, J.: The flower constancy of honey bees. J. anim. Ecol. *32,* 119–131 (1963).
7. Frisch, K. von: 1914, s. Kapitel 15.
8. Frisch, K. von: Über den Geruchssinn der Biene und seine blütenbiologische Bedeutung, Zool. Jb. Abt. Allg. Physiol. *37,* 1–225 (1920).
9. Frisch, K. von: Die Psychologie der Bienen. Z. Tierpsychol. *1,* 9–21 (1937).
10. Frisch, K. von: Tanzsprache und Orientierung der Bienen. Springer Verlag Berlin – Heidelberg – New York 1965.
11. Grant, V.: The flower constancy of bees. Bot. Rev. *16,* 379–398 (1950).
12. Heinrich, B.: Foraging specializations of individual bumblebees. Ecol. Monogr. *46,* 105–128 (1976).
13. Kaiser, W.: The spectral sensitivity of the honey bee's optomotor walking response. J. comp. Physiol. *90,* 405–408 (1974).

14. Kaiser, W.: The relationship between visual movement detection and colour vision in insects. In: The compund eye and vision in insects. G. A. Horridge (Ed.), Clarendon Press, Oxford 1975.
15. Kaiser, W., Liske, E.: Optomotor reactions of stationary flying bees during stimulation with spectral light. J. comp. Physiol. *89*, 391–408 (1974).
16. Kaiser, W., Seidl, R., Vollmar, J.: Spectral sensitivities of behavioural patterns in honey bees. J. comp. Physiol. *122*, 27–44 (1977).
17. Koltermann, R.: Lern- und Vergessensprozesse bei der Honigbiene – aufgezeigt anhand von Duftdressuren. Z. vergl. Physiol. *63*, 310–334 (1969).
18. Kriston, I.: Zum Problem des Lernverhaltens von *Apis mellifica* L. gegenüber verschiedenen Duftstoffen. Z. vergl. Physiol. *74*, 169–189 (1971).
19. Kugler, H.: s. Kapitel 3.
20. Lauer, J., Lindauer, M.: Genetisch fixierte Lerndispositionen bei der Honigbiene. Akad. d. Wiss. u. Lit., Math.-naturwiss. Kl., Inf. Org. *1*, 5–87 (1971).
21. Lindauer, M.: Allgemeine Sinnesphysiologie: Orientierung im Raum. Fortschr. Zool. *16*, 58–140 (1963).
22. Linsley, E. G., Mac Swain, J. W., Raven, P. H.: Comparative behavior of bees and Onagraceae. Univ. Calif. Publ. Ent. *33*, 1–58 (1963).
23. Masuhr, T., Menzel, R.: Learning experiments on the use of side-specific information in the olfactory and visual system in the honey bee *(Apis mellifica)*. In: Information processing in the visual systems of arthropods. R. Wehner ed., 315–322. Springer Verlag, Berlin – Heidelberg – New York 1972.
24. Menzel, R.: Untersuchungen zum Erlernen von Spektralfarben durch die Honigbiene *(Apis mellifica)* Z. vergl. Physiol. *56*, 22–62 (1967).
25. Menzel, R.: Das Gedächtnis der Honigbiene für Spektralfarben. I. Kurzzeitiges und langzeitiges Behalten. Z. vergl. Physiol. *60*, 82–102 (1968).
26. Menzel, R.: Das Gedächtnis der Honigbiene für Spektralfarben. II. Umlernen und Mehrfachlernen. Z. vergl. Physiol. *63*, 290–309 (1969).
27. Menzel, R., Erber, I., Masuhr, T.: Learning and memory in the honey-bee. In: Experimental analysis of insect behaviour, 195–217. Springer Verlag, Berlin – Heidelberg – New York 1974.
28. Menzel, R., Erber, I.: Learning and memory in bees. Sci. Am. *239*, 1, 102–110 (1978).
29. Nelson, M. C.: Classical conditioning in the blowfly *(Phormia regina)*. J. comp. Physiol. *77*, 353–368 (1971).
30. Opfinger, E.: Über die Orientierung der Biene an der Futterquelle. Z. vergl. Physiol. *15*, 431–487 (1931).
31. Quinn, W. G., Harris, W. A., Benzer, S.: Conditioned behaviour in *Drosophila melanogaster* (Learning, memory, odor discrimination, colour vision). Proc. Natl. Acad. Sci. USA *71*, 708–712 (1974).
32. Schnetter, B.: Experiments on pattern discrimination in honey bees. In: Information processing in the visual system of arthropods. R. Wehner (Ed.), 195–201. Springer Verlag, Berlin – Heidelberg – New York 1972.
33. Wehner, R.: Zur Physiologie des Formensehens bei der Honigbiene. Z. vergl. Physiol. *55*, 145–166 (1967).

Kapitel 26

1. Beier, W.: Beeinflussung der inneren Uhr der Bienen durch Phasenverschiebung des Licht-Dunkel-Zeitgebers. Z. Bienenforsch. *9*, 356–378 (1968).
2. Beier, W., Lindauer, M.: Der Sonnenstand als Zeitgeber für die Biene. Apidologie *1*, 5–28 (1970).
3. Beling, J.: Über das Zeitgedächtnis der Bienen. Z. vergl. Physiol. *9*, 259–338 (1929).
4. Beutler, R.: Biologisch-chemische Untersuchungen am Nektar von Immenblumen. Z. vergl. Physiol. *12*, 72–176 (1930).
5. Heinrich, B.: Bumblebee foraging and the economics of sociality. Am. Scientist *64*, 384–395 (1976).
6. Huber, H.: Die Abhängigkeit der Nektarsekretion von Temperatur, Luft- und Bodenfeuchtigkeit. Planta *48*, 47–98 (1956).
7. Kerner, A. von Merilaun: Pflanzenleben. II. Die Fortpflanzung und ihre Organe. Bibl. Inst. Meyer, Leipzig – Wien 1913.
8. Kleber, E.: Hat das Zeitgedächtnis der Bienen biologische Bedeutung? Z. vergl. Physiol. *22*, 221–262 (1935).
9. Koltermann, R.: 24-Std.-Periodik in der Langzeiterinnerung an Duft- und Farbsignale bei der Honigbiene. Z. vergl. Physiol. *75*, 49–68 (1971).
10. Koltermann, R.: Periodicity in the activity and learning performance of the honeybee. In: Insect Behaviour. L. Barton Browne ed., 218–227. Springer Verlag, Berlin – Heidelberg – New York 1974.
11. Körner, J.: Zeitgedächtnis und Alarmierung bei den Bienen. Z. vergl. Physiol. *27*, 445–459 (1940).
12. Medugorac, J.: Die Orientierung der Bienen in Raum und Zeit nach Dauernarkose. Z. Bienenforsch. *9*, 105–119 (1967).
13. Medugorac, J., Lindauer, M.: Das Zeitgedächtnis der Bienen unter dem Einfluß von Narkose und sozialen Zeitgebern. Z. vergl. Physiol. *55*, 450–474 (1967).
14. Renner, M.: Ein Transozeanversuch zum Zeitsinn der Honigbiene. Naturwiss. *42*, 540 (1955).
15. Renner, M.: Der Zeitsinn der Arthropoden. Ergebn. Biol. *20*, 127–158 (1958).
16. Renner, M.: Über ein weiteres Versetzungsexperiment zur Analyse des Zeitsinnes und der Sonnenorientierung der Honigbiene. Z. vergl. Physiol. *42*, 449–483 (1959).
17. Renner, M.: The contribution of the honeybee to the study of time-sense and astronomical orientation. Cold Spr. Harb. Symp. Quant. Biol. XXV, 361–367 (1960).
18. Von Stein-Beling, J.: Über das Zeitgedächtnis der Bienen. Steirischer Imkerbote *18*, 11, 238–242 (1966).
19. Wahl, O.: Beitrag zur Frage der biologischen Bedeutung des Zeitgedächtnisses der Bienen. Z. vergl. Physiol. *18*, 709–717 (1933).
20. Waser, M. M., Real, L. A.: Effective mutualism between sequentially flowering plant species. Nature *281*, 670–672 (1979).

Kapitel 27

1. Bisetzky, A. R.: Die Tänze der Bienen nach einem Fußweg zum Futterplatz. Z. vergl. Physiol. *40*, 264–288 (1957).
2. Boch, R.: Die Tänze der Bienen bei nahen und fernen Trachtquellen. Z. vergl. Physiol. *38*, 136–167 (1956).
3. Edrich, W.: Honey bees: photoreceptors participating in orientation behaviour to light and gravity. J. comp. Physiol. *133*, 111–116 (1979).

4. Esch, H.: Über die Schallerzeugung beim Werbetanz der Honigbiene. Z. vergl. Physiol. *45,* 1–11 (1961).
5. Esch, H.: Beiträge zum Problem der Entfernungsweisung in den Schwänzeltänzen der Honigbienen. Z. vergl. Physiol. *48,* 534–546 (1964).
6. Esch, H., Bastian, J. A.: How do newly recruited honeybees approach a food site? Z. vergl. Physiol. *68,* 175–181 (1970).
7. Frisch, K. von: Tanzsprache und Orientierung der Bienen. Springer Verlag, Berlin – Heidelberg – New York 1965.
8. Frisch, K. von, Lindauer, M.: Himmel und Erde in Konkurrenz bei der Orientierung der Bienen. Naturwiss. *41,* 245–253 (1954).
9. Frisch, K. von, Lindauer, M., Schmeidler, F.: Wie erkennt die Biene den Sonnenstand bei geschlossener Wolkendecke? Rundschau *10,* 1–7 (1960).
10. Gould, J. L.: Honey bee recruitment: the dance language controversy. Science *189,* 685–693 (1975).
11. Gould, J. L.: The dance-language controversy. Quart. Rev. Biol. *51,* 2, 211–244 (1976).
12. Lindauer, M.: Über die Einwirkung von Duft- und Geschmacksstoffen sowie anderen Faktoren auf die Tänze der Bienen. Z. vergl. Physiol. *31,* 348–412 (1948).
13. Lindauer, M.: Schwarmbienen auf Wohnungssuche. Z. vergl. Physiol. *37,* 263–324 (1955).
14. Lindauer, M.: Sonnenorientierung der Bienen unter der Äquatorsonne und zur Nachtzeit. Naturwiss. *44,* 1–6 (1957).
15. Lindauer, M.: Angeborene und erlernte Komponenten in der Sonnenorientierung der Bienen. Z. vergl. Physiol. *42,* 43–62 (1959).
16. Lindauer, M.: Verständigung im Bienenstaat. G. Fischer Verlag, Stuttgart 1975.
17. Lindauer, M., Martin, H.: Die Schwereorientierung der Bienen unter dem Einfluß des Erdmagnetfeldes. Z. vergl. Physiol. *60,* 219–243 (1968).
18. Menzel, R., Snyder, A.: Polarized light detection in the bee, *Apis mellifera.* J. comp. Physiol. *88,* 247–270 (1974).
19. Ramskou, Th.: Solstenen, Kobenhavn 1969.
20. Rossel, S., Wehner, R., Lindauer, M.: E-vector orientation in bees. J. comp. Physiol. *125,* 1–12 (1978).
21. Schifferer, G.: Über die Entfernungsangabe bei den Tänzen der Bienen. Staatsexamensarbeit Univ. München 1952.
22. Scholze, E., Pichler, H., Heran, H.: Zur Entfernungsschätzung der Bienen nach dem Kraftaufwand. Naturwiss. *51,* 69–70 (1964).
23. Wehner, R.: Wie navigieren Insekten? Umschau *75,* 21, 653–660 (1975).
24. Wehner, R.: Spectral cues in skylight navigation of insects. Experientia *34,* 904 (1978).
25. Wenner, A. M.: Sound production during the waggle dance of the honey bee. Anim. Behav. *10,* 79–95 (1962).

Kapitel 28

1. Blest, A. D.: The evolution, ontogeny and quantitative control of the settling movements of some New World Saturniid moths, with some comments on distance communication by honey-bees. Behaviour *16,* 188–253 (1960).
2. CruzLandim, C. da, Ferreira, A.: Mandibular gland development and communication in field bees of *Trigona* (Scaptotrigona) *postica.* J. Kansas Entomol. Soc. *41,* 474–481 (1968).

3. Dethier, V. G.: Communication by insects: physiology of dancing. Science *125*, 331–336 (1957).
4. Esch, H.: s. Kapitel 27, Nr. 4.
5. Esch, H.: Die Bedeutung der Lauterzeugung für die Verständigung der stachellosen Bienen. Z. vergl. Physiol. *56*, 199–220 (1967a).
6. Esch, H.: The evolution of bee language. Sci. Am. *216*, 4, 96–104 (1967b).
7. Free, J. B.: The flower constancy of bumble-bees. J. Anim. Ecol. *39*, 395–402 (1970).
8. Frisch, K. von: s. Kapitel 27, Nr. 7.
9. Frisch, K. von: Dialects in the language of the bees. Sci. Am. *207*, 2, 79–87 (1962).
10. Jacobs-Jessen, U. F.: Zur Orientierung der Hummeln und einiger anderer Hymenopteren. Z. vergl. Physiol. *41*, 597–641 (1959).
11. Kerr, W. E., Ferreira, A., de Mattos, N. S.: Communication among stingless bees – additional data. J. New York Entomol. Soc. *71*, 80–90 (1963).
12. Kerr, W. E., Esch, H.: Communicacão entre as abelhas sociais brasilieras e sua contribuicão pára o entendimento da sua evolução. Ciencia e Cult. Sao Paulo *17*, 529–538 (1965).
13. Koeniger, N.: Neue Aspekte der Phylogenie innerhalb der Gattung *Apis*. Apid. *7*, 357–366 (1976).
14. Lindauer, M.: Über die Verständigung bei indischen Bienen. Z. vergl. Physiol. *38*, 521–557 (1956).
15. Lindauer, M., Kerr, W. E.: Die gegenseitige Verständigung bei den stachellosen Bienen. Z. vergl. Physiol. *41*, 405–434 (1958).
16. Lindauer, M., Kerr, W. E.: Communication between the workers of stingless bees. Bee World *41*, 29–41, 65–71 (1960).
17. Lindauer, M.: s. Kapitel 27, Nr. 16.
18. Michener, Ch. D.: The social behavior of the bees. The Belknap Press of Harvard University Press, Cambridge/Mass. 1974.
19. Unhoch, N.: Anleitung zur wahren Kenntnis und zweckmäßigsten Behandlung der Bienen. München 1823.
20. Wilson, E. O., s. Kapitel 7, Nr. 4.

## Kapitel 29

1. Allen, J., Cameron, S., McGinley, R., Heinrich, B.: The role of workers and new queens in the ergonomics of a bumblebee colony (Hymenoptera: Apoidea). J. Kans. Entomol. Soc. *51* (3), 329–342 (1978).
2. Eickwort, G. C., Ginsberg, H. S.: Foraging and mating behaviour in Apoidea. Ann. Rev. Entomol. *25*, 421–446 (1980).
3. Hasselroth, T. B.: Studies on Swedish bumblebees (Genus *Bombus* Latr.): their domestication and biology. Opusc. Entomol. Suppl. *17*, 1–192 (1960).
4. Heinrich, B.: Thermoregulation in bumblebees. I. Brood incubation by *Bombus vosnesenskii* queens. J. comp. Physiol. *88*, 129–140 (1974).
5. Heinrich, B.: Thermoregulation in bumblebees. II. Energetics of warm-up and free flight. J. comp. Physiol. *96*, 155–166 (1975).
6. Heinrich, B.: Mechanisms of heat exchange between thorax and abdomen in bumblebees. J. exp. Biol. *64*, 561–585 (1976).
7. Heinrich, B.: The physiology of exercise in the bumblebee. Am. Sci. *65*, 455–465 (1977).
8. Heinrich, B.: Bumblebee Economics. Harvard University Press, Cambridge/Mass. – London 1979a.

9. Heinrich, B.: Keeping a cool head: honeybee thermoregulation. Science *205*, 1269–1271 (1979 b).
10. Inouye, D. W.: Resource partitioning in bumblebees: experimental studies of foraging behavior. Ecology *59*, 4, 672–678 (1978).
11. Johnson, L. K., Hubbell, St. P.: Aggression and competition among stingless bees: field studies. Ecology *55*, 120–127 (1974).
12. Michener, Ch. D.: s. Kapitel 28.
13. Morse, D. H.: Resource partitioning in bumblebees: the role of behavioral factors. Science *197*, 678–680 (1977).
14. Pyke, G. H.: Optimal foraging in bumblebees and coevolution with their plants. Oecologia (Berl.) *36*, 281–293 (1978).
15. Pyke, G. H.: Optimal foraging in bumblebees: rule of movement between flowers within inflorescences. Anim. Behav. *27*, 1167–1181 (1979).
16. Richards, K. W.: Biology of *Bombus polaris* Curtis and *B. hyperboreus* Schönherr at Lake Hazen, North West Territories (Hymenoptera Bombini). Quaest. Entomol. *9*, 115–157 (1973).

Kapitel 30
1. Baker, H. G., Hurd, P. H.: Intrafloral ecology. Ann. rev. entomol. *13*, 385–414 (1969).
2. Faegri, K., van der Pijl, L.: s. Kapitel 3.
3. Grant, V., Grant, K. A.: Flower pollination in the *Phlox* family. Columbia Univ. Press, New York – London 1965.
4. Hennig, W.: Die Stammesgeschichte der Insekten. Kramer, Frankfurt a. M. 1969.
5. Leppik, E. E.: Origin and evolution of bilateral symmetry in flowers. Evol. Biol. *5*, 49–85 (1971).
6. Mayr, E.: Selektion und gerichtete Evolution. Naturwiss. *52*, 8, 173–180 (1965).
7. Mayr, E.: Grundlagen der Evolutionsbiologie. Naturwiss. *56*, 392–397 (1969).
8. Stebbins, L. G.: Adaptations of cross-pollination. In: Flowering plants-evolution above the species level. L. G. Stebbins (Ed.). The Belknap Press of Harvard Univ. Press, Cambridge/Mass. 1974.
9. Takhtajan, A.: Evolution und Ausbreitung der Blütenpflanzen. G. Fischer Verlag, Stuttgart 1973.
10. Thien, L. B.: Floral biology of Magnolia. Amer. J. Bot. *61*, 10, 1037–1045 (1974).

# Abbildungsnachweis

*Die Zeichnungen entstanden nach Angaben des Verfassers und verschiedener Autoren.*

Abb. 1–3: nach Galil, 1977.
Abb. 4: nach versch. Autoren.
Abb. 5: z. T. nach Echlin, 1968.
Abb. 6: nach Strasburger, 1978.
Abb. 10: nach Renner und nach Suchantke, 1965.
Abb. 14: nach Hegi, 1906.
Abb. 16: nach Schremmer, 1959.
Abb. 17: oben nach Schremmer, 1961.
Abb. 18: nach Matthes, 1968.
Abb. 19: a) nach Schremmer, 1961; b) und c) nach Vogel, 1974.
Abb. 20: nach Buchmann and Hurley, 1978.
Abb. 21: nach Knoll, 1956.
Abb. 23: nach Heinrich, 1973.
Abb. 24: nach Kükenthal – Renner, 1980.
Abb. 25: nach Jacobs – Renner, 1974 und Kükenthal – Renner, 1980.
Abb. 26–28: nach Eastham and Eassa, 1955.
Abb. 29: nach Smith, 1930.
Abb. 30: nach Schremmer, 1969.
Abb. 31: nach Meeuse, 1961.
Abb. 32: z. T. nach Heinrich, 1979.
Abb. 34–35: nach Knoll, 1926.
Abb. 36: nach v. Helversen, 1972.
Abb. 37: nach Wehner, 1975.
Abb. 39: nach Kugler, 1966.
Abb. 40: nach Knoll, 1956.
Abb. 41: nach Free, 1970.
Abb. 45: nach Hertz, 1933.
Abb. 46: nach Vareschi, 1971.
Abb. 47: nach V. Frisch, 1965 und Kaissling, 1971.
Abb. 48–50: nach Martin, 1964.
Abb. 51: nach Martin, 1965.
Abb. 52: nach Kaissling, 1971 u. a. Autoren.
Abb. 53: nach Umschau *29*, 1925.
Abb. 57: nach Steinbrecht, 1973 und Kaissling, 1979.
Abb. 59: nach Stieve, 1977.
Abb. 60: nach Hansen und Heumann, 1971 und Shiraishi and Tanabe, 1974.
Abb. 61: nach Getting, 1971 und Fredman, 1975.
Abb. 62: oben nach Heinrich, 1979; unten nach Vogel, 1966.
Abb. 63: nach Vogel, 1966.
Abb. 64–66: nach Arditti, 1966.
Abb. 68: nach versch. Autoren.
Abb. 69, 71–72: nach Kullenberg, 1961.
Abb. 70: nach Priesner, 1973.
Abb. 73 u. 75: nach Menzel und Erber, 1979.
Abb. 74: nach Schnetter, 1972.
Abb. 76–77: nach von Frisch, 1965.
Abb. 78: nach Wehner, 1975.
Abb. 81: nach von Frisch, 1962.
Abb. 82–83: nach Dethier, 1957.
Abb. 84–86: nach Lindauer und Kerr, 1958.
Abb. 87: nach Esch, 1967.
Abb. 88–89: nach Heinrich, 1979.
Abb. 90: nach Heinrich, 1977.
Abb. 91–92: nach Heinrich, 1979.
Abb. 93: nach Angaben von Morse, 1977.
Abb. 94: nach Leppik, 1971.
Abb. 95: nach Grant and Grant, 1965.
Abb. 96: nach Barrington, 1979.

*Für die bereits an anderer Stelle publizierten Abbildungen haben die folgenden Verlage und Institutionen freundlicherweise das Abdrucksrecht gegeben.*

Abb. 8: aus Ch. K. Sprengel: Das entdeckte Geheimnis der Natur im Bau und in der Befruchtung der Blumen, Berlin 1793. Senckenbergische Bibliothek, Frankfurt.
Abb. 9: aus H. Pager: Bee World *54*, 2, 61, 1973. International Bee Research Association, Gerrards Cross, GB.
Abb. 11: aus E. O. Wilson: The Insect Societies, 1972. The Belknap Press of Harvard University Press, Cambridge, Mass.
Abb. 12: aus W. Jacobs, M. Renner: Taschenlexikon zur Biologie der Insekten, 1974. G. Fischer Verlag, Stuttgart.
Abb. 15: aus St. L. Buchmann: Buzz pollination of *Cassia quiedondilla* (Leguminosae) by bees of the genera *Centris* and *Melipona*, 1974. Southern California Academy of Sciences, Los Angeles.
Abb. 43: aus E. Hadorn, R. Wehner: Allgemeine Zoologie, 1978. G. Thieme Verlag, Stuttgart.
Abb. 44: aus K. von Frisch: Tanzsprache und Orientierung der Bienen, 1965. Springer Verlag, Heidelberg.
Abb. 54: aus C.-C. Meinecke: Riechsensillen und Systematik der Lamellicornia, 1975. Springer Verlag, Heidelberg.
Abb. 55: aus K.-E. Kaissling, E. Priesner: Die Riechschwelle des Seidenspinners, 1970. Springer Verlag, Heidelberg.
Abb. 67: aus St. Vogel: Duftdrüsen im Dienste der Bestäubung. Über Bau und Funktion der Osmophoren, 1962. F. Steiner Verlag, Wiesbaden.
Abb. 80: aus H. Esch: Beiträge zum Problem der Entfernungsweisung in den Schwänzeltänzen der Honigbienen, 1964. Springer Verlag, Heidelberg.
Abb. 97: aus W. Henning: Die Stammesgeschichte der Insekten, 1969. W. Kramer Verlag, Frankfurt.

Tafeln 3 unten, 5 oben, 6 oben, 12, 19 unten, 20, 29 oben, 38, 39, 40: Dr. R. Loftus.
Tafeln 10, 11 oben links: Institut für Film und Bild.
Tafel 11 unten rechts und links: Prof. Dr. U. Maschwitz.
Tafel 11 Mitte rechts: Prof. Dr. M. Mühlenberg.
Tafel 31: Prof. Dr. K.-E. Kaissling.

Alle anderen Tafeln stammen vom Autor.

# Namen- und Sachverzeichnis

*Kursive Ziffern verweisen auf Abbildungen oder Tafeln.*

Aal, Riechschärfe 149
Aas 167
Aasgeruch 167, *210*
Abkühlung, Gehirn 219, 220
Acker-Hummel *118, 119*
Acker-Rettich 124
Aconitum columbianum 263
– napellus 29, 79, 128, *80*
Aculeata 43
Adaptation 276
Admiral 169
Adlerfarn 77
Adonisröschen 28, 33, *60*
Adonis vernalis 28, *60*
Aeschna cyanea 101
Aesculus hippocastanum 125, 145
Agaonidae 14
Akelei 28, 79, *80*
Aktionspotential 174
Alpen-Binse *66*
Alpenfettkraut 126, 127, 135
Alpenrebe 79
Alpen-Troddelblume 28, *52*
Alpenveilchen 28
Alpen-Vergißmeinnicht *155*
Altruismus 63
Ameisen 43, 139, 248
Ammenbiene 39
Ammendrüse 39
Amorphophallus titanum 168, *168*
Analysatorrichtung 237
Anderson, A. 142
Andrena 194, 197, 199
– maculipes *196*
Anethol 167
Anflugsfarbe 207
Angiospermen 24f., *25*, 268f.
Angraecum sesquipedale 93
Antennen 150, 175, s. a. Fühler
Antheraea pernyi 169
Antheridien 22, *23*

Anthocaris cardamines 47
Anthophora pilipes 92
Anthophoridae 74
Antwort, elektrische d. Sinnesorgans 172f., *173, 176*, 199
Anulus, Farnsporangium 22, *23*
Aorta, Hummel *260*, 261
Apatura iris 169
Apfelsäure 23
Apidae 38f., 43, 197
Apis cerana 242, 244
– dorsata 243, 244
– florea 243
– mellifera 38f., *59*, 85, 92, *110, 112, 113, 114*, 140, *160*, 242, s. a. Honigbiene
– mellifera carnica 217
– mellifera ligustica 217
Apoidea 61
Aquilegia vulgaris 79, *80*
Arbeiterinnenkasten, Bienen 62
Archegonien 22, *23*
Archimedes, Spirale des 87
Argynnis aglaia 47
Aristoteles 42, 93, 165, 221, 251
Arktis, Hummeln 256
Aromia moschata *59*
Aronstab 29, 168
Artemis 42
Arten, eusoziale d. Bienen 62
Arum maculatum 29
Aster 32
Auflösungsvermögen, räumliches 137, *137*
Aufsess, A. von 144
Auge, Honigbiene *107*
Aurikel 122, 145, *154*
Aurorafalter 47
Auslese, natürliche 272f.
Außenlade, Schmetterlingsrüssel 86
Außenskelett 48
Autrum, H. 101, 103, 104, 121

Bärlapp 23
Barrett, J. H. 74
Bartholinus, E. 237

Bauchsammler 61, 71, *117*
Bautätigkeit, Bienen 40
Beck, G., Ritter von Mannagetta und Lerchenau 135
Befruchtung 22, 24, 274
Befruchtungsantheren 68
Begattungsöffnung, Feigengallen 17
Begonien, Narbe 134
Behaarung, Pollensammler 69, *71, 72, 73, 109–114*
Behaarung, Teufelskralle 167, *210*
Beinsammler *57*, 61, 69f., *112–114*
Beköstigungsantheren 68, *68*
Belichtung, Sehfarbstoff 178, *178*
Beling, I. 224
Bereitschaftsdienst, Bienen 40
Bernard, G. 101
Bestäubung, aktive der Feigenwespen 17
Bewegungsenergie, Speicherung 88
Bezugselektrode *176;* s. a. Elektrophysiologie
Bezugskonzentration, Duftorientierung 163
Bienen 38f., 43f., 61f., 271, 277; s. a. Honigbiene
Bienen, stachellose *57*, 246f., *247, 248, 250*, 266
Bienen-Artemis 42, *42*
Bienenarten 61, 220
Bienenblau *52*, 122
Bienenblaugrün 122, *158*
Bienenfarben 121f.
Bienenfleiß 255
Bienengehirn 219f., *221*
Bienengelb 122, *154*
Bienengrauer Hintergrund *49*, 123f.
Bienenkönigin 39, 63
Bienenpurpur *51* (Sonnenröschen), 122, *154, 158* (Königskerze)
Bienen-Ragwurz *156*, 197
Bienenrüssel 85f.
Bienenschwarz 123
Bienensprache 228f., 242f.
Bienentanz, Evolution 242f.

Bienenultraviolett *50,* 123
Bienenviolett 122, *210*
Bienenweiß 121
Bienenwolf 59
Blastophaga psenes 18
– quadraticeps *15,* 19
Blatt, Metamorphose 30
Blatthonig 94
Blatthornkäfer 46, *59, 72,* 168, *169*
Blattläuse 94, 168
Blattopteroidea *271*
Blattschneiderbienen 71
Blaugrün, Lernkurve *205*
Bläulinge 47
Blest, D. 246
Blühen, sequentielles 227
Blume 24f.
Blumendüfte 144f., 165f., 207f. (Lernen)
Blumenduftreceptoren, Fliege 167
Blumenfarben 121f.
Blumenuhr 222
Blumenvögel 146
Blumenwespen 61
Blüte, Definition 21, 24, *25*
Blüte, Evolution 268f., *268, 269*
Blüten, optische Muster 142
Blütenblätter 24, *25*
Blütenböcke 46, *59,* 72
Blütendiagramm 26, *26*
Blütenduft 144f., 198, 230
Blütenformen 26f., *27*
Blütengäste 38f.
Blütengrundriß 26f., *26*
Blütenmal 126f., *126, 132,* 135, *154, 155*
Blütenmodelle 130f., *131*
Blütenpflanzen 24, 268f.
Blütenstand 14, 29, 263
Blütenstetigkeit 96f., 203, 218, 277
Blütensymmetrie *26,* 269
Blutweiderich 32
Bocksfeigenbaum 19
Bockkäfer 46, *59,* 72, *212*
Bombus, s. Hummeln
– agrorum *118, 119*
– appositus 263, 265
– flavifrons 265
– hortorum 92
– lapidarius *44, 111*
– ternarius 265, *265*
– terrestris 92
– terricola 265, *265*
– vosnesenskii 254, *259*
Bombykol 169f.
Bombyliidae, s. Wollschweber
Bombylius discolor 45, 92
– fuliginosus 99, *100*
– medius *59*
Bombyx mori, s. Seidenspinner
Boretsch *127*
Borrago officinalis *127*
Breitbandneurone 108
Brunnwinkel 97
Brut, Bienen 39, 43, *44,* 61, *61,* 255, 257f.
Brutammen, Honigbiene 39, 70
Brutflecken 257

Brutklumpen 257
Brutzelle *44, 61,* 75
Brusttemperatur, Hummel 258f.
Bryonia dioeca *127*
Bullock, Th. H. 203
Buntkäfer 46
Buprestidae 46
Bürste, Honigbiene 70, *112*
Buttersäure 148
Buzz pollination 74f., *76*

Calciumion, Sehzellen 179, *179*
Caltha palustris 28, 74, 122, 127, 145, *154*
Calliphora 166
– erythrocephala 139, *153,* 181, *213*
– vicina 166
Calliphoridae 46
Campanulaceae 28
Campanula patula 145, *210*
Camphen 167
Campsoscolia ciliata 196
Canthariden 46
Capricficus 19
Carlina acaulis 127, 142, *156*
Carausius morosus 139
Cassia *68,* 76
Catasetinae 188
Catasetum *193*
Celonites abbreviatus *71*
Centaurea cyanus 127
– jacea 29, *54*
Cerambycidae 46, *59,* 72, *212*
Ceratosolen arabicus 15f., *17*
Cetonia aurata 46, 71, *72,* 168, *169*
Chalcidoidea 14
Christrose *80*
Cicuta virosa 165
1,8-Cineol 189
Clematis alpina 79
Cleridae 46
Cocytius antaceus 92
– cluentis 92, 93
Co-Evolution 93, 267f., 272f., 276
Coleoptera 38, 46, 168, 270, 271; s. a. Käfer
Commelina coelestis 68
$CO_2$-Narkose, Gedächtnis 219
Cordierit, Polarisationssehen 236
Coryanthes *193,* 194
– speciosa 192, *193*
Crocus *66*
Cuevas de Araña 41
Cypripedium calceolus 29, *55,* 193, *268, 269*
Cytisus 127
– canariensis *127*

Danaus gilippus berenice 169
Darwin, Ch. 32, 35, 37, 93, 186, 267, 273, 278f.
Dauertänze, Bienen 232
Daumann 194
Daumer, K. 105, 122, 128
Dawkins, R. 61, 62
Decanol-(-l) 167

Delphinium barbeyi 266
Dendriten 150, *173,* 176
Desoxyribonukleinsäure 62
Dethier, V. G. 181, 184, 244
Dianthus arenarius *127*
Diaphragma 260, 261
Dicentra *26*
Dichogamie 33
Digitalis grandiflora *49*
– purpurea *27,* 122, 127, 135, *158,* 264
Digitale Signale 175
Diptera 38, 44f., 92, 244f.; s. a. Fliegen
Distel 29, 127, 142, *156*
Distelfalter 181
Divergenzwinkel 137f., *137*
Dodson, C. H. 186, 191
Dolchwespe 196, 197
Doldenblüten 44, 46, *59*
Doldengewächse 33
Dolichovespula saxonica 140
Dost, echter 78
Dressierbarkeit 96
Dressurduft 146f.
Dressurfarben 97f.
Drohnen 63
Dryas octopetala 122
Dryopteris filix-mas 22f., *23;* s. a. Farne
Duft, Blüten-, und stachellose Bienen 248, 249
–, blumiger 148, 207
–, nicht blumiger 208
Duftattrappen 198
Duftbehälter, Prachtbienen *187,* 189, *211*
Duftdressur 207f.
Dufthöseln, Prachtbienen 188f., *189*
Duftmale, Blumen 144f.
Duftmarken, stachellose Bienen 246f., *248, 248*
Duftorgan, Orchideen 188, *192, 193,* 196, *196*
Duftsensillen, s. Geruchssinnesorgane
Duftstoffkonzentration, Schwankung 216
Duftunterscheidung 146f., *147*

Eastham, L. E. S. 87, 89
Eassa, J. E. E. 87, 89
Echte Feige 13
Edelfalter 169
Efeu *78,* 81, 168
Ehrenpreis 122
Einbeere *216*
Eisenhut 29, 79, *80,* 263, *263*
Eisikowitch, D. 15, 17
Eisner, Th. 38
Eintagsfliegen 48
Eiweißgehalt, Pollen 67
Eizelle 22, *23,* 24, *25,* 65f.
Elastischer Wirkungsgrad, Resilin 88
Elektroantennogramm EAG 199f., *199*
Elektrische Antwort, Sinnesorgan *173,* 174f., 177, 199f., *199*
Elektrophysiologie 103f., 151f., 166, *173,* 174f., 176, 177f., 183f., *183,* 199f., *199*
Embryo, Blütenpflanze 21
Empfindlichkeit, spektrale 103f., *105,* 107

# Namen- und Sachverzeichnis

Empidae 46
Endosperm 66
Energieaufwand, Hummeln 253f., *255*
Energiebilanz, Hummeln 253f., *255*
Energieverbrauch, Messung durch Honigbienen 239
Entfernungsweisung, Bienen 237f., 246, 249, 250, *250*
Enziane 80, s. a. Gentiana
Enzian, deutscher 127
–, stengelloser 28, *52,* 81, 122, 142, 194
Ephemeridae 48
Ephesus, Bienendarstellung 42, *42*
Epilobium angustifolium *81*
Epipactis latifolia 79
– palustris 122
Erbgut, Pollen 65
Erdbiene 194, *196, 197,* 199, *199*
Erdhummel 92
Erdmagnetfeld 240
Erdnest, Pelzbiene *75*
Erdtman, G. 65
Eristalis 45, 92
– arbustorum 124
– tenax 124
Erystalomya tenax 124
Erythraea centaurium 28
Esch, H. 238, 249
Eselsfeige 14
Eßfeige 18, 19
Esparsette 142
Eucera 197, 199, *199*
– grisea 198
– longicornis 198
– nigrilabris *197*
Eugenol 189
Euglossa 187, 192
– cordata *92, 192*
Euglossinae 93, 186, *187, 192, 193,* 211
Eulaema 187, 189, 192, *211*
Eulen, Schmetterlinge 47
Euplusia 167, 192
Evolution 62, 267f.
–, gerichtete 273f.
–, Bienentanz 242f.
–, Blüte 268f., *268, 269*
Exaerete smaragdina *211*
Exine, Pollen 66
Exner, S. 96, 97

Fahne, Schmetterlingsblume 29, *54*
Falle, Orchideen *55,* 193, *193*
Farbabwandlungen der Blüten 218
Farbenblindheit, Mensch 96
Farbenkreis 121, *121*
Farbenlernen, Honigbiene 204f., *205*
Farbensehen 95f., *98, 100,* 102f., *105, 107,* 121f., *121*
Farbensehen, trichromatisches 103f., *105, 107*
Farbensehen, Unterschiede im Verhalten 205f.
Farbfiltereffekt, seitlicher 107
Farbton, Unterscheidungsfähigkeit 102, 105f., *105*

Farne 22f., *23, 49*
Feigen 13f., *15, 16*
Feigenbäume 14
Feigenwespen 14f., *15, 16, 17*
Feldhahnenfuß 32
Feldrose 128
Felsennelke 28
Fenchel 164
Fernlockfarbe 123
Fernorientierung 163, 234
Fernwirkung, optische 99
Fersensporn 70, *113*
Fette, Pollen 67
Fettkraut, blaues 29, *53*
Fettsäuren, Riechen 148
Ficus carica 13, 18
– religiosa 19
– sycomorus 14, 18
Fieberklee 32
Figurale Intensität 140f., *141*
– Qualität 140f., *141*
Figuren, Lernen 140f., 207f., *217*
Fingerhut 122, 264
–, blaßgelber *49*
–, purpurner *27,* 122, 127, 135, *158,* 264
Fitness 64, 275
Fleckenmale *53, 115,* 126, 135, *158*
Fleisch, Aasgeruch 167
Fleischdüfte 165f.
Fleischduftreceptoren, Fliege 166
Fliegen, Bestäuber 38, 44f., 82, *210*
–, Evolution 270f., *270,* 277
–, Geruchssinn 165f., *167*
–, Geschmackssinn 181f., *183, 184,* 213
–, Rüssel *85,* 90f., *91, 92*
Fliegenorchis, Ragwurz 195f., *200,* 214
Flug, Energieaufwand *255,* 259
Flügelaufhängung, Resilin 88
Flugmuskulatur 41, 76, 238, 250, 257, 258
Flugverhalten, Mustererkennung 143
Forel, A. 161, 226f.
Formenlernen 208f., *217*
Formensehen 136f.
Formica rufa 139
Formicidae 43
Fortpflanzung, geschlechtliche 22, *23,* 24, *25,* 268, 274
Frauenflachs, Leinkraut *27, 27, 129,* 135, *158*
Frauenschuh 29, *55,* 193f., *268,* 269
Free, J. B. 131
Fremdbestäubung 31f., 268, 275, 277
Frequenzcode 175
Frequenzmodulation 175
Frisch, K. von 39, 96, 102, 128, 140, 146, 204, 225, 231, 232, 234, 250
Fritillaria imperialis 78
Frucht 21, 123
Fruchtknoten 24, *25*
Frühlingsenzian 28
Fruchtzucker, Nektar 94
Fuchs, großer 169
Fuchs, kleiner *120*
Fühler *117,* 150f., *150,* 159, *160, 166,* 209

Furchenbiene 92
Futter 39, 253f., *256*
Futterballen *61*
Futterbeschaffung, optimale 262f., *263,* 265
Futterduft 229, 248, 249
Futtersaftdrüse 39, 70

Galea *84,* 86
Galil, J. 13, 15, 17, 19
Gallen, Feigen 16
Gallenblüten, Feigen 19
Gallwespen 13f., 16
Gänseblümchen 29
Gartenhummel 92
Gauklerblume 28, *53, 67,* 127
Gedächtnis 219f.
Gegenfarbentheorie 108
Gegenfarbenneurone 108
Gegenstromprinzip 260, 261
Gehirn, Honigbiene 120, 138, 219f., *221*
Geißfeigenbaum 13, 19
Geißfeigenäste 19
Gene 62, 274; s. a. Fremdbestäubung
Generalist, Duftsensillen 169
Generation, geschlechtliche 22f., *23,* 24, *25*
–, ungeschlechtliche 22f., *23,* 24, *25*
Generationswechsel 22f.
Generatorpotential 174, 177
Gentianaceae 80
Gentiana acaulis 81, 142; s. a.G. clusii
– clusii 28, *52,* 122
– germanica 127
– pneumonanthe 127
Geometridae 47
Geradflügler 48
Geranium sylvaticum 267
– triste 222
Geruchssinn 146f., 150f., 165f., 175f., *210*
–, Elektroantennogramm *159,* 199, *199*
–, Honigbiene 150f., *150,* 160, 167
–, Käfer 168, *169, 209*
–, Orientierung 152f., *161, 162, 163, 164*
Gesamtzuckergehalt, Nektar 78
Geschlechtsorgane, Farne und Blütenpflanzen 22f., *23,* 25
Geschlechtszellen, Farne und Blütenpflanzen 22f., *23,* 25
Geschmackssinn 181f., *183, 184,* 213
Gesneriaceae 191
Glockenblume 28, 33, *52, 210*
Glockenblumengewächse 28
Glossa *84, 85, 85, 118,* 119
Gloxinia 191
Godfery, M. J. 196
Goethe, J. W. von 30, 83, 253
Gogh, V. van 133
Goldbienen 186
Goldfingerkraut *126*
Goldfliege 124, 131
Goldnessel 127
Goldregen 127, *127,* 142
Goldrute *81,* 264, 265

Gongora maculata 192, *192*
Gorytes 201
– campestris 196
– mystaceus 196, *196, 200*
Grabwespen 196
Grassi, E. 34
Grautafelversuche 99, *100*
Griffel 24, 66, *66*
Griffel, Feigenblüten 16, *17*
Grillen 48, 139
Grundfarbenbereiche 121, *121*
Guatemala 186
Gymnadenia odoratissima 79
Gynostemium 192, *192*

Haarkleid 69f., *109, 110, 111,* 257, *260*
Haarquasten, Prachtbienen 188
Haeckel, E. 267
Hahnenfußgewächse 67, 73, 79, *80, 268*
Halictus ssp. 92
Hamilton, W. D. 63
Händelwurz 79
Hautflügler 38f., 92, 270f.; s. a. Bienen, Honigbiene, Hummeln, Wespen
Heckenrose *51, 56*
Hedera helix *78,* 81
Heidekraut 28
Heidekuhschelle 33, *60*
Heimkehrstimmung, Honigbiene 140
Heinrich, B. 254, 256, 257, 258
Heizen, Honigbiene 41
–, Hummel 257f.
Helianthemum nummularium 28, *51,* 122
Helianthus rigidus 132, *132*
Heliconius 101
Helleborus *80*
Helligkeitsunterscheidung 97
Helmholtz, H. von 103
Helverson, O. von 105
Hemimetabole 48
Hepburn, H. R. 88
Herbstzeitlose 28
Hering, E. 108
Herz, tränendes *26,* 27
Herz, Hummel *260,* 261
Herzblatt 33, *78, 82, 116*
Hess, C. von 96
Heterocera 47
Heterostylie 32
Heuschrecken 48, *167*
Himmelslicht, polarisiertes 233f., *235*
Hinterbein, Prachtbiene *187, 189, 211*
–, Hummeln und Bienen *57, 110, 112, 113, 114*
Hintergrund, bienengrauer *49,* 123f.
Historia Naturalis, Plinius 13, 222, 242
Hodgkin, A. L. 174
Höschen, Bienen *57,* 69f.
Hofmeister, W. 24
Hohelied, Salomo 43
Holometabole 48
Holzbiene 61, *61*
Honig 39, 93f.
Honigbiene, Evolution: Bienentanz 242f.

–, Farbensehen 96f., *98,* 102f., *105, 107,* 121f., *121*
–, Formensehen *131,* 140f., *140, 141*
–, Geruchssinn 146f., *147,* 150f., *150, 160, 161, 162, 163, 164, 167*
–, Höseln 69f., *110, 112, 113, 114*
–, Honigherstellung 93f.
–, Kopf-Rüssel-Reaktion 132, *132*
–, Kulturgeschichte 41f., *42*
–, Lebensweise 38f.
–, Lernen und Gedächtnis 204f., *205,* 217, *221*
–, Polarisationssehen 233f.
–, Rüssel 85f., *85,* 92
–, Sonnenkompaß 232f.
–, Soziobiologie 61f., *63*
–, Tanzsprache und Fernorientierung 228f., *229, 231, 239, 243, 250*
–, Vibrationssignale 237f.
–, Zeitsinn 224f.
Honigblase 93, *94*
Honigblätter 79, *80*
Honigtau 94
Honigtöpfe *44,* 254, *255*
Honigzellen 94
Hoplia farinosa 46, *59,* 168, *169, 209*
Hüllblätter *156*
Hummeln, Blütenattrappen 130f.
–, Buzz pollination 75f., *76*
–, Duftmarken 248
–, Energiebilanz 254, *255*
–, Farbensehen 101, 124
–, Futterbeschaffung, optimale Strategie 262f., *263, 265*
–, Honigmagen *94*
–, Kältestarre 40
–, Lebensweise 43f., *44,* 255
–, Pollenpakete *56, 57, 109, 111,* 204
–, Rüssel 85, 92, *118, 119*
–, Temperaturregulation 257f., *259, 260*
–, Territorialflüge 190
–, Verständigung 251
Hummelfliegen 45, *59,* 99f., *100*
Hummel-Ragwurz 215
Hummel-Schwebfliege 92
Hund, Riechschärfe 148
Huxley, A. F. 174
Hymenoptera 38f., 92, 270, 271; s. a. Hautflügler
Hypopharynx 84

Immergrün *66, 127*
Imker der Maya 42
Impatiens biflora *81*
Indische Honigbiene 242, 244
Innendienst, Honigbiene 40
Insekten, Evolution 270f., *270*
–, fossile *271*
Insektenfallenblumen 29, *55,* 192, 193, *193,* 194
Intensität, figurale 140f., *141*
Iris *67, 115, 158;* s. a. Schwertlilie
– germanica 145
– variegata 79, *115*

Jander, R. 139
Jasmin 148
Jett, St. C. 65
Jiménez, J. R. 13, 144
Johnstonsche Organe 238
Juncus alpinus *66*

Käfer, Bestäuber 38, 46, *269*
–, Evolution *270,* 271, 276
–, Geruchssinn 168, *169*
–, Pollensammeln 71f., *72, 73*
–, Rüssel *93*
Kaib, M. 166
Kaiser, W. 206
Kaiserkrone 78
Kältestarre, Hummeln 40
Kaissling, K.-E. 170, 180
Kamm, Pollensammeln 70, *71, 113;* Ölsammeln 74, *74*
Kapuzinerkresse 145
Kartoffel 76, 134
Kastanie 125
Kästner, E. 69
Kay, Q. O. M. 124
Keimung, Pollenkorn 24, *25*
Kerner, A. Ritter von Merilaun 222
Kernobstarten 32
Kerr, W. 246, 249
Kesselfallenblume 29, *55,* 193f., *193,* 194
Kiefertaster *84*
Kirsche, wilde 122
Kishon, E. 167
Klatschmohn 28, *50,* 67, 142, 145, 223
Klebscheiben, Orchideen *193,* 214
Klee 142
Knabenkraut 79, *127*
Knoll, F. 99, 129
Knuth, P. 38
Kohlendioxyd, Zeitgeber 18f.
Kohlweißling *85,* 87, 89, 92, 101
Kolb, G. 101
Kolibris 123, 259
Komplementärfarben 121
Komplexauge 106f., *107, 153*
König der Nacht 222
Königsgräber, ägyptische 13f.
Königskerze *27,* 122, 134, *158,* 223
Konturendichte 140
Konturenlänge 140
Konzentrationsunterschiede, Duft 160f., *163*
Köpfchen-Blume 29, *54*
Kopf-Rüssel-Reaktion, Biene 132, *132, 147;* s. a. Rüsselreaktion
Korbblütler 33
Körbchen, Pollensammeln *57,* 70, *114*
Körbchen-Blume 29, *156*
Kornblume 127
Kotgeruch 166
Kraftaufwand, Bienenflug 239
Kramer, E. 161, 163
Krabbenspinne *59*
Krokus 28, *66*
Krönungsornat Napoleons 43
Kropfsammler 61, 71, *71*

Kuckucksblume 223
Kugler, H. 27, 128, 130, 166
Kühn, A. 98, 105
Kuhschelle *60,* 133
Kullenberg, B. 196, 198
Kürbis 65
Kurzzeitgedächtnis 219 f.

Labellenextrakt, Ophrys 199
Labellum, Fliegenrüssel *85,* 91, *91*
Labellum, Orchidee *55,* 192, *192, 193,* 196
Labiomaxillarkomplex 85, *85*
Labium 84, *84*
Labkrautgewächs 32
Labrum *84*
Lacher, V. 151
Lamellicornia 46, *59, 72,* 168, *169,* 209
Lamium *26*
– luteum *127*
Landeplatz 29
Länge, Rüssel 91 f., *92, 93*
Langhornbienen 197, *197,* 199
Langzeitgedächtnis 219
Larve, Honigbiene 39
Larvenfutter, Öl 74
Lathyrus 29
– pratensis *54*
Laubmoos 23
Lauer, J. 217
Lavendel 148
Lawinenhund, Riechschärfe 148
Legestachel, Feigenwespen 16, *17*
Leimkraut 223
Leinkraut s. Frauenflachs 100, 129, *129, 158*
Lepidoptera s. Schmetterlinge
Leptura *212*
Lerndispositionen 217
Lernen, zeitgekoppelt 226 f.
–, Honigbiene *140*
–, prospektives 208
–, Düfte 207 f.
–, Formen 208, 217 f.
–, Spektralfarben 204 f.
Lernkurven 204, *217*
Lex, Th. 144
Libellen 48, 101
Lichtnelke *58*
Lieblingsfarben 124 f.
Ligustersphwärmer 92
Lilie, weiße 31
Lilium martagon 79, *115,* 127, 128, 223
Linaria vulgaris *27,* 100, *129,* 135, *158*
Lindauer, M. 40, 161, 204, 217, 219, 228, 232, 240, 243, 244, 246, 249
Linné, C. von 196, 201, 222
Lippe, Ragwurz *156,* 196, *214, 215*
Lippenblume 28, *53*
Lippentaster *84*
Lockstoff, Sexual- 169, 171 f., *171,* 179 f., 190
Lockstoffdrüsen, Seidenspinner 171
Lockstoffrezeptor, Seidenspinner 172 f.
Löffelborsten 72, *73*
Löffelchen, Rüssel 85, *119*

Lotsenbiene 248, 250
Löwenzahn 222
Lucilia 124, 166
Lungenenzian 127
Lungenkraut 32
Luther, M. 15
Lutz, F. E. 128
Lycaena bellargus 47
Lythrum salicaria 32

Macroglossa sphingidae 89
Macroglossum stellatarum 47, 92, 99, *100,* 129, *129*
Magnolie 269, 276
Malachius bipustulatus 72, *73*
Malacodermata 46
Malva neglecta *66*
Malve 127
Mandibeln 84, *84*
Mandibeldrüse 248
Manna 94
Manning, A. 130
Martin, H. 161, 162
Markierungsflüge *248*
März-Veilchen 79
Masariden 43, *71*
Mäuseschwanz-Federschwingel *67*
Matapo Hills 42
Materialfluß, Hummelkolonie 255
Mauerbienen 71
Mauerpfeffer *26,* 27
Maulbeerbaum 14
Maulbeerfeige 14
Maulbeergewächse 14
Maxillen 84, *84*
Maxillarpalpus 74, *75*
Mayr, E. 31
Meeuse, B. J. D. 89
Megachilidae *117*
Meganeura monyi 271
Megistorhynchus longirostris *92*
Mehlprimel 28, 126, *155*
Meinecke, C.-Ch. 168
Melandrium album *58*
Melipona *247,* 249, 250, *250*
– merillae 249
– quadrifasciata 249, *250*
– seminigra 250
Melolontha melolontha 168
Mendel, G. 274, 278
Mensch, Farbspektrum 98
Mentum 84
Menzel, R. 204
Mesohelorus muchini *271*
Meßsonde, Elektrophysiologie *176*
Metamorphose, Blatt 30
Michener, Ch. 74
Micropterygiden 47, 74, *75*
Micropteryx calthella 74, *75*
Mikrovilli, Sehzellen 106, *107*
Mimikry 45
Mimulus guttatus 28, *53, 67,* 127
Minze 28
Misumena 59

Mohn 24, 32, *50,* 123, 130, 133;
s. a. Klatschmohn
Monarda punctata 131
Moraceae 14
Mörtelbienen 71
Moschusbock *59*
Mücken 44, 90
Mundwerkzeuge, Anatomie, vergleichende 84 f., *84, 85*
–, Bienen 85 f., *85, 117, 118, 119,* 187
–, Fliegen 85, 90 f., *91*
–, Käfer 71 f., *72, 73, 93,* 212
–, Rüssellängen 91 f., *92*
–, Schabe 47
–, Schmetterlinge 47, *58, 75,* 83 f., *85, 86, 89, 90,* 93, *100,* 120
Musca domestica *85*
Muscari racemosum 99, *100*
Muscidae 46
Müßiggang, Bienen 40
Muster, Erkennung und Lernen 128 f., *129, 131, 132,* 136 f., *137, 140, 141,* 208, 217 f., *217*
Myosotis 126
– alpestris *155*

Nachbarbestäubung 31
Nachtfalter 47, *58, 100,* 129
Nachtkerze 223
Nachtpfauenauge 169
Nachtschattengewächse 76, *76*
Nachttänzerinnen, Honigbiene 232
Nahorientierung 132, 161
Nährgewebe, Endosperm 66
Nahrung, Pollen 67 f.
Narbe 24, 65, *66,* 268
Narbenläppchen, Schwertlilie 33, *115*
Narcissus poeticus 145
– pseudonarcissus 145
Narzisse 145
Natriumion, Membranspannung 174, 179, *179*
Navigation 236
Nebenkrone 126
Nektar 77 f., 93 f., 133, 223
–, extrafloraler 77
–, floraler 77, 78
Nektarblätter *80*
Nektardiebe 43
Nektardrüse, Efeu *78*
Nektarien 78 f., *80, 115*
Nektarproduktion *81*
Nektarsammeln 83 f.
Nektarschuppen *80*
Nemobius silvestris 139
Nemognatha *93*
Nervenimpulse 151 f., *173,* 174 f.
Nestisolation, Hummeln *44,* 257
Netzfliege *92*
Neuhaus, W. 163
Neukombination, Erbgut 31, 33, 274
Newton, I. 195
Noctuidae 47
Nymphaea *216*
Nymphalidae 169

Oberflächenstruktur, Pollen 66, *109*
Oberkiefer 84, *84,* 86, 91, *117*
Oberlippe *84,* 91
Octanol-(1) 167
Odonata 48
Oenothera biennis 223
Öffnungswinkel 137, *137*
Ökonomie, Verhalten 253f.
Öl 74, *74,* 75
Ölblumen 74
Ölsammelapparat *74*
Ölsammler 74
Ommatidium 106f., *107*
Ophrys, Ragwurz 29, 195f., *196, 200, 201*
– apifera 33, *156,* 190, 196, 197
– arachnites *196,* 196
– araneifera 197
–, Bestäuber *196, 197, 199*
– bombyliflora 197, 198
– fuciflora *215*
– fusca 200, *201*
– insectifera 195, 196, *196, 200,* 201, *214*
– lutea *196, 197, 201*
– speculum 196, *201*
– tenthredinifera 196
Optische Fernwirkung 99
Optomotorik 206
Oraesia excavata 169
Orchideen, Duft und Prachtbienen 186f., *192, 193*
–, Kesselfallenblumen 29, *55,* 193, *193,* 194
–, Ölblumen 74
–, Pollenattrappe 134
–, Pollinien 67, *193, 197*
–, Selbstbestäubung 33, *156,* 197
–, Sexualtäuschblumen 195f., *196, 200, 201, 214, 215*
–, Sporn 79, 93
–, Ultraviolettmal *127*
Orchisarten 29
Orchis laxiflora *127*
– spec. 79
Orientierung im Duftfeld 152f., *161, 162, 163, 164*
–, klinotaktische und tropotaktische 161f.
Origanum vulgare 78
Orobanche gracilis 135, *157*
Orthoptera 48
Ortsdressur 97
Osche, G. 135

Papaver rhoeas, s. Klatschmohn
Papierwespe 140
Papilio machaon 47
– troilus 101
Papillenhaare, Narbe 65, *66*
Paraglossa *84*
Paratetrapedia melampoda 75
Paravespula germanica 101
Parfümsammler 186f.
Paris quadrifolia *216*
Parnassia palustris 78, *82,* 116
Patrouillengänge, Honigbiene 40
Pelzbienen 74, *75,* 92

Pendellauf, Honigbiene 162, *162*
Perlmutterfalter 47
Pergesa elpenor 47, *58*
Petiolus, Wärmeregulation 259f., *260*
Pfauenauge 181
Pflanzenwespen 43
Phänotyp 274
Pheromon 171
Phloem 78
Phlox 269, *269*
Phormia regina 182, 244, *245*
Phototaxis 194, 206
Pieris brassicae *85,* 87, 92, 101, 124
– napi 124
– rapae 124
Pijl, L. van der 191
Pilzkörper, Gehirn 220, *221*
Pinen 167
Pinguicula alpina 126, 127, 135
– vulgaris 29, *53*
Pinselkäfer 168
Pipalbaum 19
Platanthera bifolia 223
Platterbse 29, *54*
Plecoptera 48
Plinius der Ältere 13, 20, 42, 222, 242
Pohl, R. 98
Polarisation, Himmelslicht 234, *235*
Polarisationsempfindlichkeit 235
polarisationsempfindliche Kristalle 236
Polarisationsfilter 236, *236*
Pollen 24, 34, 39, 65f., *109,* 133f.
Pollenattrappen 133, 135, *158*
Pollenbesen 72, *72*
Pollenblume *50, 51, 56, 60,* 67
Pollenimitation 133f.
Pollenkamm *113*
Pollenkehrmaschine 71, *72*
Pollenkitt 66
Pollenkörbchen *17,* 18, *57,* 69f., *114*
Pollenkratzer *75*
Pollenmal 126f.
Pollenpaket *57,* 203f.
Pollensammelapparat *57,* 69f., *71, 72, 73, 75, 109–114*
Pollenschieber *113*
Pollenschlauch 24, *25,* 66
Pollensignal 133f., *157, 158*
Pollentöpfe *44,* 254, *255*
Pollentransport *25,* 34f.
Pollenwandung 66
Pollinium 67, *156,* 192, *193, 197,* 197
Polyterpene 66
Pouyanne, A. 196
Poren, Riechhaare 150, 176, *176*
Porenplatten 150f., *150, 160,* 165, 168, *169*
Porsch, O. 123
Potentilla aurea *126*
Prachtbienen *92,* 93, 186f., *187, 189, 192, 193,* 201, *211*
Prachtkäfer 46
Priesner, E. 199
Primärprozesse, Riechhaare *176,* 177
– Sehzellen 178, *178, 179*

Primeln 31, 32, 80
Primula auricula 122, 145, *154*
– farinosa 126, *155*
Prothallium 22, *23*
Protonema 22
Prunus avium 122
Pseudokopulation 196f., *196, 200, 214, 215*
Psithyrus 198
Pteridium aquilinum 77
Pulsatilla patens *60*
Puppenstadium 48
Pyke, G. 263

Qualität, figurale 140, *141*
Quasten, Ölsammler 74, *74,* 75
Queen Butterfly 169

Rachenblumen 29, *53*
Rachenblütler 27, *27*
Ragwurz, s. Ophrys
Ramirez, W. 18
Ranunculaceae, s. Hahnenfußgewächse
Raphanus raphanistrum 124
Reaktionsspektrum, Porenplatten 152
Reaktionstypen, Geruchssensillen, Fliege 166
Receptorpotential 174
Reguliergene 275
Reiztransformation 173
Reizwert, eines Musters 139
Rekombination 274
Renner, M. 225
Resilin 88f.
Rhabdom 106, *107*
Rhingia rostrata 45
Rhododendron 76
Rhodopsin, Sehfarbstoff 178, *178*
Rhopalocera 47
Richtungsweisung, Bienen 230, *231, 243,* 249, 250
Riechen, räumliches 150f.
Riechhaare *166,* 169, 176f., *176*
Riechschärfe 148f.
Riechsensillen, s. Geruchssinnesorgane
Riechtest 144f., *147,* 152f., *162, 163, 164*
Riesenhonigbiene 243, 244
Riesenlibelle 271
Rittersporn *80,* 263, *263, 268,* 269
Rohrzucker 23, 94
Rosa 28
– arvensis *51,* 128
Rosengewächse *51, 56,* 67, 73, 80
Rosenkäfer 46, 71, *72,* 168, *169*
Roßkastanie 125, 145
Rosmarin 148, 164
Rot, reines *50,* 123
Rotblindheit 97, 101
Rotsichtigkeit 101
Rückkehrstimmung, Honigbiene 140
Rundtanz, Honigbiene 229f., *229,* 246, 251
Rüssel, Bienen 85, *85, 117–119*
–, Fliegen *85,* 90, *91*
–, Käfer *93*

# Namen- und Sachverzeichnis 303

–, Längen 91f., *92*
–, Prachtbienen *92*, 187
–, Schmetterlinge 85, 86f., *86, 89, 90, 92, 100, 120, 129*
Rüsselreaktion, Fliege 181f., *184*; s. a. Kopf-Rüssel-Reaktion

Safthalter 79, 81
Saftmal 126f., *126, 129*, 155
Saftmaltheorie 126f.
Saint-Exupéry, A. de 26
Saintpaulia 133, *158*
Salomo, Hohelied 43
Salzreceptor, Fliege 183, 185
Samen 21, 24
Samenpflanzen 24
Samenzelle 22f.
Sandbienen 194, *196, 197*
Sandnelke *127*
Sarcophaga 166
Saturniidae 169
Sauerkleegewächs 32
Saugpumpe, Rüssel 86, 90
Saugquasten 74, *74*, 75
Saugrüssel, s. Rüssel
Scaptotrigona 247
Schaben 48, 84, *84*, 271, *271*
Schabkante, Ölsammler *74*
Schallsignale, Bienentanz 237f., *239,* 249f., *250*
Scheibenblumen 28, *50, 51, 56, 60*
Scheinnektarien *78, 82, 116*
Schiffchen, Schmetterlingsblüte 29
Schildläuse 94
Schillerfalter, großer 169
Schlammfliege 92; s. a. Eristalis
Schließbewegung, Blüten 81
Schlupfwespen 43
Schlüsselblume 28
Schmalböcke *212*
Schmeckhaare 182f., 183, 184, 213
Schmeißfliegen, s. Calliphora
Schmetterlinge, Bestäuber 38, 47f., *58,* 79, 269
–, Evolution 271, 277
–, Farbensehen 99f., *100*
–, Geruchssinn *159*, 166, 169f., 171, *171*, 172, 175f., *176*
–, Pollenfresser 74, 75
–, Raupe 48
–, Rotsichtigkeit 101
–, Rüssel *58, 85*, 86f., *86, 89, 90, 92, 92, 120*
–, Saftmal 129, *129*
–, Schüttelbewegungen 246
Schmetterlingsblumen 29, *54*
Schmetterlingsblütler 32, 33
Schneeglöckchen 28
Schneider, D. 151, 170
Schwalbenschwanz 47
Schwarmbahnen 191
Schwänzelschall 237f., *239, 250*
Schwänzeltanz *229*, 230, *231*, 238, *243*, 246, 250
Schwarm, Spurbienen 241

Schwärmer 47, *58*, 79, 92, 93, 99, *100, 129*
Schwebefliegen 44f., *59, 92*
Schwertlilie 33, *67*, 74, 79, *115*, 133, 145, *158*
Schwirrflug 45, *58*, 79
Scoliidae 196, 197
Scrophulariaceae 27, *27, 158*
Sedum 26
Seerose 216
Sehbahn, Gehirn 108
Sehen, musivisches 137
Sehfarbstoff 103, 104, 178, *178*, 179
Sehzellen 102f., *105, 107*, 178, *179*
Seidenspinner 148, *159*, 169f., 171f., *171*
Selbstbestäubung 31, 33, *156*, 197
Selbststerilität 31
Selektion 272f.
Selenicereus grandiflorus 222
Sensilla placodea, s. Porenplatten
Sequentielles Blühen 227
Setaria glauca 67
Sexuallockstoff 169, *171*, 198
Sexualtäuschblumen 195
Signalevolution 133f., *158*
Silberdistel 127, 142, *156*
Silberwurz 122
Silene noctiflora 222
– nutans 223
Sinnesleistungen, Evolution 272
Sinnesorgan, Funktionsprinzipien 172f., *173*
Sirach 77
Sky Compass 237
Soldanelle *52*, 128
Solidago canadensis *81*, 264, *265*
Solitärbienen 61, *61*, *196*, 197, *197*; s. a. Andrena, Eucera
Sommerwurz 135, *157*
Sonnenkompaß 232f.
Sonnenröschen 28, *51*, 122
Sonnenstandsänderung 232
Sonnensteine 236
Soziobiologie, Bienen 61f.
Spanner 47
Spektrale Empfindlichkeit 102f., *105*
Spektrum, sichtbares 98f., *98*
Spezialisierung 272f.
Spezialist, Duftsensillum 169, 179
Sphecidae 196
Sphingidae, s. Schwärmer
Sphinx ligustri 92
Spiegelragwurz 197
Spinnenragwurz 197
Sporangien 22, *23*
Sporen 22, *23*
Sporn, Nektar 79, 81, 93
Sporopollenin 66
Sprengel, Ch. K. 21, 24, 35, *36*, 78, 95, 126, 186, 267
Springkraut 29, *81*
Springschwanz 271
Spurbienen 241
Stabheuschrecken 139
Stachellose Bienen *57*, 246f., *247*, 248, *250*, 266

Stämme des Tierreiches 270
Stärke, Pollen 67
Stapelia 167, *210*
Starttemperatur, Hummel 258
Staubbeutel 22, 24, *25*
Staubblätter 24, *25*
Staubblattattrappe 133f., *158*
Stanhopeinae 188, 192, *192, 193*
Stechwespen 43
Steinbrech, R. A. 175
Steinfliegen 48
Steinhummel *44, 111*
Steinobstarten 32
Stempel 24, *25*, 66
Stevens, P. S. 126
Stiefmütterchen 127, 145
Stieltellerblumen 28, *154, 155*
Stiergeburt, Bienen 45
Stirnbehaarung, Masariden *71*
Strahlungsdichte 205
Strangalia maculata 72
Stratiomyidae 46
Strichmale 127, *115*
Strukturgene 275
Stubenfliege 85
Sturmhut, blauer 29, 79, *80*, 128
Submentum 84
Sumpfdotterblume 28, 74, 122, 127, 145, *154*
Sumpfenzian *126*
Sumpfwurz 79, 122
Sykomore 13, 15
Symmetrie, Blüten *268*, 269
Symphyta 43
Syrphidae 44f., *59, 92*
Syrphus 92

Tagesperiodizität, Blumen 216, 222f.
Tagfalter 47
Tagpfauenauge 47, 169
Tanz der Bienen 228f., *229, 231*, 239, 242f., *243, 250*
Tanzfliegen 48
Tanzsprache, s. Tanz d. Bienen
Tapinotaspis coerulea 75
Taraxacum officinale 222
Tarsaler Geschmackssinn 181f., *183, 184, 213*
Taster 84, *84*, 85, *85*, 212
Taubenschwänzchen 47, 92, 99, *100, 129*
Taubnessel 22
Tausendgüldenkraut 28
Temperaturregulation 255, 256f., *259, 260*
Terebrantes 43
Terpene 167, 188, 199
Territorialflüge 190
Tertiär 271
Teufelskralle 167, *210*
Thompson, d'Arcy W. 171
Thymian 164
Tierreich, Stämme 270
Tragopogon pratensis 222
Transportmittel, Pollen *25*, 34
Traubenhyazinthe 99, *100*
Traubenzucker, Honig 94

Tränendes Herz 26
Trauerstorchschnabel 222
Treibstoff 40, 240, 255, 258f.
Trichius fasciatus *169*
Trichodes apiarius 59
Trichromatisches Farbensehen 103f., *105*
Trichterblume 28, *52*
Trigona *57, 247,* 248f., *248,* 249
– corvina 266
– droryana *247*
– jaty, Oxitrigona *57*
– postica 248, *248*
– silvestriana 266
Trochilidae 123
Trollblume *79*, 122
Trollius europaeus *79*, 122
Tropaeolum majus 145
Tropotaxis 161
Tulpe 134
Türkenbund 28, 31, *79, 115,* 127, 128, 223

Überhitzungsgefahr 259
Uhr, innere 225f., 232
Ultraviolett, Blütenmale *116, 126,* 127f., *132, 154, 156*
Ultraviolettsichtigkeit 101, *105, 107,* 121f., *127, 132,* 235
Umfärben, Nektarmal 125
Umlernen 218
Uneigennützigkeit 63
Unhoch, N. 86, 150, 152, 161, 251
Unterkiefer 84, *84,* 86
Unterlippe 84, *84, 85,* 91
Unterlippentaster 84, *84, 85,* 91
Unterscheiden von Farbtönen 105f., *105*
Unterschiedsschwelle, Farbensinn *105,*
–, Geruchssinn *163*
Urmotten 47, 74, *75*
Usambaraveilchen 133, 134, *157*

Vanessa atalanta 169
– io 47, 169
– polychloros 169
– urticae *120*

Vareschi, E. 152
Variabilität, genetische 31, 274
Veilchenblüten 89
Verankerungsborste 70, *114*
Verbascum *27,* 122, 134, *158,* 223
Vergißmeinnicht 65, 126, *155*
Verköstigungspollen *68,* 134
Veronica chamaedrys 122
Verwandtschaftsselektion 63
Vespa 43
Vibrationssignale 237f., *239,* 249f., *250*
Vinca minor *66,* 127
Viola calcarata 89
– odorata 79
– tricolor 127, 145
Viscidium, Klebscheibe 192, *193*
Vitamine, Pollen 67
Vogel, St. 186, 189, 196
Vogelblüten, 123, 146
Vogelrot 123
Volucella bombylans 92
Vorkeim, Farn 22, *23*
Vormännlichkeit 33, *60,* 116
Vorweiblichkeit 33, *60*
Vulpia myurus 67

Wachdienst 40
Wachsdrüsen 40
Waffenfliegen 46
Waldhonig 94
Waldstorchschnabel 267
Wallace, A. R. 273
Wärmeregulation 255, 256f., *259,* 260
Wasserfaß, Orchidee 192, *193*
Wasserschierling 165
Wegmalve *66*
Wehner, R. 136, 141
Weichkäfer 46
Weidenröschen *81,* 264
Weinschwärmer 47, *58*
Wespen 43, 101
Wespe, deutsche 101
Widderchen 47
Wiesenbocksbart 222

Wiesenflockenblume 29, *54*
Wiesenglockenblume 145, *210*
Wiesenhahnenfuß *80*
Wiesenplatterbse *54*
Wiesensalbei 29
Wiesenstorchschnabel 127
Wikinger 236
Wilson, E. O. 38
Winkelstellung, Formensehen 140
Winterbienen 41
Wintertraube, Honigbiene 41
Wirkungsgrad, elastischer 88
Wollschweber 45, *59,* 92, 99f., *100*
Wollschweber-Ragwurz 197
Würgefeigen 14
Wurmfarn 22, *23*
Wüstenheuschrecke, Resilin 88
Wolkendecke, Orientierung 233

Xanthopan morgani 93
Xylocopa violacea *61*

Young-Helmhotz, Komponententheorie 108
Young, Th. 103

Zaunrübe *127*
Zeitgeber, sozialer 226
zeitgekoppeltes Lernen 226
Zeitsinn 224f.
Zipfelkäfer 72, *73*
Zitronensäure 23
Zuchtwahl 275
Zuckerkonzentration, Nektar 78, 223; Bienentanz 249
Zuckerreceptor, Fliege 182f.
Zunge, Bienenrüssel 85, *85, 118, 119*
Zungenblüten 29
Zwehl, V. von 103
Zweiflügler 38, 44f., 92, 244f.
Zwerghonigbienen 243
Zwitterblüten 25, 134
Zygaenidae 47